高等学校土建类专业“新工科”规划教材

CONSTRUCTION

MANAGEMENT

GONGCHENG HETONG GUANLI

工程合同管理

理论与实务

LILUN YU SHIWU

CONTRACT

莫俊文　李爱春　谢　斌　编著

中国建筑工业出版社

图书在版编目（CIP）数据

工程合同管理理论与实务 / 莫俊文等编著. —北京：中国建筑工业出版社，2019. 9
高等学校土建类专业“新工科”规划教材
ISBN 978-7-112-24188-0

Ⅰ. ①工… Ⅱ. ①莫… Ⅲ. ①建筑工程－经济合同－管理－高等学校－教材 Ⅳ. ① TU723.1

中国版本图书馆 CIP 数据核字 (2019) 第 193740 号

本书依据工程管理、工程造价本科专业规范以及全国造价工程师、监理工程师、建造师执业资格考试大纲，参考九部委颁布的施工、勘察、设计、监理、设备材料采购等现行“标准招标文件”以及住房和城乡建设部发布的相关合同“示范文本”，并结合铁路、公路、房建与市政等行业合同管理实践编写。内容包括合同管理基础理论、工程招标与投标、工程合同管理实务、国际工程合同管理四个部分。每一部分都含有引例、理论阐释、实务案例、行业应用等版块，以帮助学习者快速、深入地掌握相关内容。

本书主要面向工程管理、工程造价、土木工程等专业领域的大学生和从业者，同时可为参加建造师、造价工程师、监理工程师等执业资格考试的人员提供帮助。

如有出书意向或者索取课件，请发送邮件至 289052980@qq.com！

责任编辑：徐仲莉 张 磊
责任校对：焦 乐

高等学校土建类专业“新工科”规划教材
工程合同管理理论与实务
莫俊文 李爱春 谢 斌 编著
*
中国建筑工业出版社出版、发行（北京海淀三里河路9号）
各地新华书店、建筑书店经销
北京建筑工业印刷厂制版
廊坊市海涛印刷有限公司印刷
*
开本：787×1092毫米 1/16 印张：24½ 字数：607千字
2019年8月第一版 2019年8月第一次印刷
定价：**58.00**元（赠课件）
ISBN 978-7-112-24188-0
（34646）

前 言

随着我国社会主义市场经济的深入进行和工程建设的飞速发展，工程建设过程中的合同日趋规范、合同关系愈加复杂、合同额也越来越大。这些合同确定了工程施工、勘察、设计、监理、材料设备采购过程的质量、价款、期限等主要目标，规定了合同主体的权利义务关系，是一切工作的指南和依据。因此，合同管理也成了工程项目管理的核心，在工程管理领域发挥着越来越重要的作用。

工程合同管理无论是作为大学里的一门课程还是作为工程实践中的一个管理环节，都具有非常强的复合性。它关注的对象是工程建设过程，它的理论基础是民法部分的合同法原理、担保理论等，它解决的是工程建设中的管理问题。笔者在20年前，第一次承担“工程合同管理”类课程的教学任务时，就深深地感受到了这种复合性所带来的挑战。20年来，为了迎接这个挑战，笔者在工程施工现场兼任过监理员、在工程造价咨询机构兼任过造价工程师，获得了宝贵的工程经验；为了弄懂课程中深奥的法律原理，笔者投入大量时间学习法律知识，通过了国家司法考试，拿到了法律职业资格；为了更深入地理解管理的方法和理论，笔者攻读了工程管理专业的博士，拿到了管理学博士学位。

当前，在新时代“新工科”教育的大背景下，在以“学生为中心”的导向下，对教师、教材、教学过程都带来了更大的挑战。对于像“工程合同管理”这种复合性非常强的课程，就需要教师先做到对相关学科知识的深度理解和融合，需要能将多学科知识有机联系在一起的教材，需要在教学过程中将理论、实务、行业背景等深入浅出地展示给学生，需要将学生的学习过程与将来的执业资格联系起来。

本书根据工程管理、工程造价本科专业规范以及全国造价工程师、监理工程师、建造师执业资格考试大纲，参考九部委颁布的施工、勘察、设计、监理、设备材料采购等现行“标准招标文件”以及住房和城乡建设部发布的相关合同“示范文本”，并结合铁路、公路、房建与市政等行业合同管理实践编写。内容包括合同管理基础理论、工程招标与投标、工程合同管理实务、国际工程合同管理等四个部分。每一部分都含有引例、理论阐释、实务案例、行业应用等版块，以帮助学习者快速、深入地掌握相关内容。

本书面向工程管理、工程造价专业领域的大学生和从业者，可作为“工程合同管理”类课程的教材和参考书，也可以为参加建造师、造价工程师、监理工程师等执业资格考试的人员提供复习参考。

本书由兰州交通大学莫俊文、李爱春、谢斌编写，其中李爱春编写第17、18章，谢斌编写第19、20章，其余章节由莫俊文执笔并负责统稿。中国铁路兰州局集团公司建设部张宏、兰州交大工程咨询有限公司刘凤奎、兰州交大设计研究院有限公司闫林君为本书的编写提供了大量的资料，兰州交通大学教务处、土木工程学院、继续教育学院为本书的完成提供了良好条件，兰州交通大学党建武教授为本书的出版提供了鼎力支持，董婷、梁婉清、夏颢凡等研究生为本书的完成付出了辛勤劳动，在此一并感谢！

目　录

第1篇　合同管理基础理论

第2篇 工程招标与投标

第 4 篇　国际工程合同管理

第 1 篇

合同管理基础理论

第1章　导　　论

导 读

工程合同管理的对象是合同，本章第1节介绍合同的概念、特征以及法律效力，并结合实例阐述合同的不同分类。

工程合同管理的法律依据是《中华人民共和国合同法》(以下简称《合同法》)，本章第2节介绍合同法的概念与调整范围、我国合同法的体系、合同法的基本原则等内容。

工程合同与其他合同有显著的区别，本章第3节介绍工程合同的概念、类型，并分析工程建设各阶段的合同关系。

最后一节简要介绍工程合同管理的主要内容。

1.1　合同

1.1.1　合同的概念与特征

1. 合同的概念

《合同法》第二条　本法所称合同是平等主体的自然人、法人、其他组织之间设立、变更、终止民事权利义务关系的协议。

婚姻、收养、监护等有关身份关系的协议，适用其他法律的规定。

合同又称契约，是平等主体的自然人、法人、其他组织之间设立、变更、终止民事权利义务关系的协议。

对合同有广义和狭义两种理解，广义的合同不仅包括民法上的债权合同、物权合同、身份合同，而且也包括行政法上的行政合同，劳动法上的劳动合同等。狭义的合同仅指《合同法》调整范围内、民事领域涉及财产流转关系的合同，即债权合同。本课程所讲的“合同”指狭义的合同。

2. 合同的特征

(1) 合同是平等主体间的协议

合同主体地位平等，是指各方主体在合同订立和履行关系中，都有平等地享有民事权利和承担义务的资格，都有独立、自由、自主表达意思的权利，都平等地受法律的保护和约束，任何一方不得将自己的意志强加给另一方。

(2) 合同是双方或者多方法律行为

合同是一种法律行为，因为合同依法成立后能够引起民事法律关系的设立、变更或者消灭。例如，甲和乙依法订立房屋买卖合同，就是一种法律行为，因为在甲和乙之间设立了以房屋买卖为标的的权利义务关系；而朋友相约去游玩的协议，只是一种日常行为，不会在当事人之间引起民事权利义务关系的设立、变更或消灭的后果，不是法律行为，即使叫作协议，但不是合同。

法律行为有单方法律行为和双方或多方法律行为。单方法律行为是以一方当事人的意思表示产生相应法律效果的行为，如立遗嘱的行为、放弃继承权的行为等。双方或者多方法律行为则是两个或者两个以上的当事人意思表示一致的法律行为。合同是双方或者多方法律行为。

（3）合同的内容是在当事人之间设立、变更或者终止民事权利义务关系

合同法律行为所引起的合同法律关系就是合同的内容，即：设立、变更或者终止民事权利义务关系。①设立就是从无到有在当事人之间确立民事权利义务关系。②变更就是将当事人之间已经存在的民事法律关系内容加以局部的改变。③终止就是将当事人之间已经存在的民事权利义务关系的效力予以消灭。无论设立、变更或者终止都是当事人的特定的民事生活目的，都可以通过订立合同来实现。

3. 合同的法律效力

《合同法》第八条　依法成立的合同，对当事人具有法律约束力。当事人应当按照约定履行自己的义务，不得擅自变更或者解除合同。

依法成立的合同，受法律保护。

合同依法成立生效以后，对当事人就具有了法律约束力。所谓法律约束力，就是说，当事人应当按照合同的约定履行自己的义务，非依法律规定或者取得对方同意，不得擅自变更或者解除合同。如果不履行合同义务或者履行合同义务不符合约定，就要承担违约责任。

依法成立的合同受法律保护。所谓受法律保护，就是说，如果一方当事人未取得对方当事人同意，擅自变更或者解除合同，不履行合同义务或者履行合同义务不符合约定，从而使对方当事人的权益受到损害，受损害方向人民法院起诉要求维护自己的权益时，法院就要依法维护，对于擅自变更或者解除合同的一方当事人强制其履行合同义务并承担违约责任。

1.1.2 合同的分类

1. 双务合同和单务合同

这是根据合同双方是否互负义务为标准而作的一种分类。双务合同是指当事人双方互负对待给付义务的合同，买卖合同、保险合同、工程施工合同即为双务合同。单务合同，是指合同当事人仅有一方负有给付义务的合同，赠与合同、借用合同即为单务合同。

2. 有偿合同与无偿合同

这是根据合同当事人取得权益是否须付出相应代价为标准而作的一种分类。有偿合同是指当事人享受合同约定的权益，须向对方当事人偿付相应代价的合同，买卖合同、租赁合同、工程施工合同等为有偿合同。无偿合同是指当事人一方享有合同约定的权益，但无须付出相应代价的合同，赠与合同、借用合同即为无偿合同。有的合同既可以是有偿的，也可以是无偿的，取决于当事人的约定，如委托、保管、运输等合同。

在有偿合同中义务人承担的注意义务的程度一般比无偿合同中义务人的注意义务程度高，责任更重。例如，《合同法》第 406 条第 1 款规定："有偿的委托合同，因受托人的过错给委托人造成损失的，委托人可以要求赔偿损失。无偿的委托合同，因受托人的故意或重大过失给委托人造成损失的，委托人可以要求赔偿损失。"

【案例】小马急着出差遂将自己的电动自行车钥匙交由同单位的小刘代为保管。小刘下班回家时将小马的电动车骑回家中，同自家的电动车一起放到小区的保管站内。不料，当晚车棚被盗，小马的电动车被盗走。

本案例中小马与小刘之间是无偿保管关系，小刘将小马的电动车放到小区的保管站内，已经尽到了如同处理自己事务的注意义务，没有重大过失，故对电动自行车被盗不向小马负赔偿责任。假设小刘将电动车放到小区保管站时交了保管费，小区保管站与小刘之间成立的是有偿保管合同，则保管站就要负赔偿责任。如果小区保管站是无偿保管的，保管站能够证明自己没有重大过失的，则可以免除赔偿责任，只有等公安机关破案，抓住盗窃人以后由盗窃人赔偿小马的损失。

3. 有名合同与无名合同

这是根据法律上是否赋予合同以特定名称为标准所做的一种分类。有名合同是指法律上已经确定了一定的名称及规则的合同，如《合同法》中确定的买卖合同、保管合同、运输合同、建设工程合同等。无名合同是指法律上尚未确定一定的名称与规则的合同。需要注意的是，无名合同并不是说它没有名称，而是说其名称不是由法律明确规定的，而是当事人选定的。事实上，有名合同也是从无名合同发展来的，当某些合同在长期的适用中逐步规范，就可能在法律上获得肯定，发展成为有名合同。

4. 诺成合同与实践合同

这是以合同的成立是否须交付标的物为标准所做的一种分类。诺成合同是指当事人各方的意思表示一致即可成立的合同，买卖合同、建设工程合同、租赁合同等皆为诺成合同。实践合同是指除当事人各方意思表示一致以外，还须交付标的物才能成立的合同，借用合同、保管合同等为实践合同。

区分诺成合同与实践合同的意义在于二者的成立要件不同。诺成合同只要双方当事人意思表示一致，合同即告成立，实践合同除双方当事人意思表示一致外，还需要标的物的交付合同才告成立。例如，《合同法》第 367 条规定："保管合同自保管物交付时成立，但当事人另有约定的除外"。

5. 要式合同与不要式合同

这是根据合同的成立是否须采用法律要求的形式为标准所做的一种分类。要式合同是根据法律规定必须采取特定的形式方可发生法律效力的合同，融资租赁合同、建设工程合同为要式合同。不要式合同是指当事人订立合同无须采用特定形式即可生效的合同，买卖合同、赠与合同为不要式合同。这里应指出的是，不要式合同并不排斥当事人采用书面、公证等特定形式，当事人基于慎重考虑自愿采用书面、公证等形式的，不受限制。

6. 主合同与从合同

这是根据合同的主从关系为标准所做的一种分类。在有相互关联的若干合同中，凡不需要其他合同的存在为前提即可独立存在的合同，是主合同；凡需要以其他合同的存在为前提才能存在的合同，是从合同。如在担保借款合同中，借款合同是主合同，担保合同是从合同，没有借款合同，担保合同就无从成立，也没有任何意义。

7. 束己合同与涉他合同

这是以合同是否涉及第三人为标准进行的分类。束己合同是指当事人订立合同的目的是为自己设定权利，并取得利益。民事生活实践中，当事人订立合同的一般情况都是为实现自己的民事生活目的，为自己谋取利益的，所以大多数合同都是束己合同。但在一些情况下，订立合同的当事人订立合同的目的不是为自己取得利益，而是为了第三人的利益，这就是涉他合同。例如，投保人向保险公司投保订立的保险合同中约定受益人取得保险赔偿金。运输合同的托运人与承运人订立的货物运输合同中指定第三人为收货人等。

1.2 合同法

1.2.1 合同法的概念与调整范围

合同法有形式意义的合同法和实质意义的合同法之分。形式意义的合同法是以合同法命名的法律，在我国现行法上指的是《合同法》。实质意义的合同法，则是指调整合同关系的法律规范的总和。

民事法律关系的内容十分广泛，包括财产关系和人身关系，依据《合同法》第2条第2款的规定："婚姻、收养、监护等有关身份关系的协议，适用其他法律的规定。"例如，离婚协议适用《中华人民共和国婚姻法》、收养协议适用《中华人民共和国收养法》、监护协议适用《中华人民共和国民法通则》（以下简称《民法通则》）或者《中华人民共和国婚姻法》、遗赠抚养协议适用《中华人民共和国继承法》、劳务合同适用《中华人民共和国劳动合同法》等。由此，合同法调整的合同关系主要是指民事财产权利义务关系，而在财产关系中财产归属和利用关系主要由《中华人民共和国物权法》和《中华人民共和国知识产权法》等调整，《合同法》所调整的主要是财产流转过程的民事权利义务关系，即债权民事法律关系。

【惯例】实务中，不属于民事法律关系的行为，不适用合同法。

（1）政府对经济的管理活动，属于行政管理关系，不适用合同法。例如，贷款、租赁、买卖等民事合同关系，适用合同法；而财政拨款、征用、征购等，是政府行使行政管理职权，属于行政关系，适用有关行政法，不适用合同法。

（2）企业、单位内部的管理关系，是管理与被管理的关系，不是平等主体之间的关系，也不适用合同法。例如，加工承揽是民事关系，适用合同法；而工厂车间内的生产责任制，是企业的一种管理措施，不适用合同法。

（3）关于政府机关参与的合同，应当区别不同情况分别处理。

① 政府机关作为平等的主体与对方签订合同的，如购买办公用品，属于一般的合同关系，适用合同法；

② 属于行政管理关系的协议，如有关综合治理、计划生育、环境保护等协议，这些是行政管理关系，不是民事合同，不适用合同法；

③ 政府采购。政府的采购行为由《中华人民共和国政府采购法》来规范，但政府与对方之间订立的合同适用合同法。

1.2.2 我国合同法体系

在《合同法》出台以前，我国合同法体系由《中华人民共和国经济合同法》《中华人民共和国涉外经济合同法》《中华人民共和国技术合同法》三部合同法，《民法通则》中的合同制度，其他单行法律中的合同规范，以及有关合同的条例、办法、实施细则、司法解释等组成。全国人民代表大会于 1999 年颁布了《合同法》，统一了原有的三个单行合同法。现行的合同法体系，以《民法通则》和《合同法》为龙头，加上《著作权法》等单行法中的合同规范以及相关司法解释构成。

单就《合同法》本身来看，它由总则、分则和附则构成。总则包含一般规定、合同的订立、合同的效力、合同的履行、合同的变更和转让、合同的权利义务终止、违约责任、其他规定等八章。分则包含买卖，供用电、水、气、热力，赠与，借款，租赁，融资租赁，承揽，建设工程，运输，技术，保管，仓储，委托，行纪，居间等十五种典型的有名合同。附则规定了《合同法》的施行日期。《合同法》总则是高度抽象的立法技术的结果，它从各种具体合同中抽象概括出来，反映了具体合同的共性。所以，总则的各种规定一般都适用于各种具体合同。分则中的规范则是针对被类型化的合同（有名合同）所做的特殊规定，具有优先适用性。

1.2.3 合同法的基本原则

合同法的基本原则是合同法的基本精神。我国《合同法》规定了平等原则、自愿原则、公平原则、诚实信用原则和合法原则。这些基本原则对合同管理实践的指导意义在于，民事主体进行合同民事活动，要按照合同法基本原则所确认的基本价值取向订立合同、履行合同和正确处理合同争议；在合同问题没有具体法条时，应当依据合同法的基本原则对具体合同事实作出解释。

1. 平等原则

《合同法》第三条　合同当事人的法律地位平等，一方不得将自己的意志强加给另一方。

平等原则是指地位平等的合同当事人，在权利义务对等的基础上，经充分协商达成一致，以实现互利互惠的经济利益目的的原则。这一原则包括三方面内容：

（1）合同当事人的法律地位一律平等。在法律上，合同当事人是平等主体，没有高低、从属之分，不存在命令者与被命令者、管理者与被管理者。

（2）合同中的权利义务对等。所谓“对等”，是指享有权利，同时还应承担义务，而且，彼此的权利、义务是相应的。这要求当事人所取得财产、劳务或工作成果与其履行的义务大体相当；要求一方不得无偿占有另一方的财产，侵犯他人权益。

（3）合同当事人必须就合同条款充分协商，取得一致，合同才能成立。任何一方都不得凌驾于另一方之上，不得把自己的意志强加给另一方，更不得以强迫命令、胁迫等手段签订合同。协商一致的过程、结果，任何单位和个人不得非法干涉。

2. 自愿原则

《合同法》第四条 当事人依法享有自愿订立合同的权利，任何单位和个人不得非法干预。

自愿原则是合同法的重要基本原则，合同当事人通过协商，自愿决定和调整相互权利义务关系。自愿原则体现了民事活动的基本特征，是民事关系区别于行政法律关系、刑事法律关系的特有的原则。民事活动除法律强制性的规定外，由当事人自愿约定。

自愿原则是贯彻合同活动的全过程的，包括:（1）订不订立合同自愿，当事人依自己意愿自主决定是否签订合同;（2）与谁订立合同自愿，在签订合同时，有权选择对方当事人;（3）合同内容由当事人在不违法的情况下自愿约定;（4）在合同履行过程中，当事人可以协议补充、协议变更有关内容;（5）双方也可以协议解除合同;（6）可以约定违约责任，在发生争议时，当事人可以自愿选择解决争议的方式。总之，只要不违背法律、行政法规强制性的规定，合同当事人有权自愿决定。

3. 公平原则

《合同法》第五条 当事人应当遵循公平原则确定各方的权利和义务。

公平原则要求合同双方当事人之间的权利义务要公平合理，要大体上平衡，强调一方给付与对方给付之间的等值性，合同上的负担和风险的合理分配。具体包括:（1）在订立合同时，要根据公平原则确定双方的权利和义务，不得滥用权力，不得欺诈，不得假借订立合同恶意进行磋商;（2）根据公平原则确定风险的合理分配;（3）根据公平原则确定违约责任。

4. 诚实信用原则

《合同法》第六条 当事人行使权利、履行义务应当遵循诚实信用原则。

诚实信用原则要求当事人在订立、履行合同，以及合同终止后的全过程中，都要诚实，讲信用，相互协作。诚实信用原则具体包括:（1）在订立合同时，不得有欺诈或其他违背诚实信用的行为;（2）在履行合同义务时，当事人应当遵循诚实信用的原则，根据合同的性质、目的和交易习惯履行及时通知、协助、提供必要的条件、防止损失扩大、保密等义务;（3）合同终止后，当事人也应当遵循诚实信用的原则，根据交易习惯履行通知、协助、保密等义务，称为后契约义务。

5. 合法原则

《合同法》第七条 当事人订立、履行合同，应当遵守法律、行政法规，尊重社会公德，不得扰乱社会经济秩序，损害社会公共利益。

一般来讲，合同的订立和履行，由当事人自主约定，采取自愿的原则。但是，自愿也不是绝对的，不是想怎样就怎样，当事人订立合同、履行合同，应当遵守法律、行政法规，尊重社会公德，不得扰乱社会经济秩序，损害社会公共利益，即合法原则。比如，金融领域里发生的高息揽储情况，是违反有关金融法律、行政法规规定的，即使当事人双方自愿，该合同也是无效的，对违法者还应当依法追究法律责任。

1.3 工程合同

1.3.1 工程合同的概念

《合同法》第二百六十九条　建设工程合同是承包人进行工程建设，发包人支付价款的合同。

建设工程合同包括工程勘察、设计、施工合同。

这里所称的工程合同主要是建设工程合同，其概念有狭义和广义之分，狭义的工程合同指《合同法》第十六章规定的“建设工程合同”，即承包人进行工程建设，发包人支付价款的合同，包括工程勘察、设计、施工合同，其性质属于承揽合同。广义的工程合同，指在工程建设过程中，采购方与供应方订立的，以工程或者与工程建设有关的服务、货物等为标的合同，既包括工程勘察、设计、施工合同，还包括监理、货物采购等合同。需要注意的是，监理合同的性质属于委托合同，货物采购合同的性质属于买卖合同。

工程合同的客体是工程以及与工程建设有关的货物、服务。这里所称工程，是指建设工程，包括建筑物和构筑物的新建、改建、扩建及其相关的装修、拆除、修缮等，涉及房屋、铁路、公路、机场、港口、桥梁、矿井、水库、电站、通信线路等；与工程建设有关的货物，是指构成工程不可分割的组成部分，且为实现工程基本功能所必需的设备、材料等；与工程建设有关的服务，是指为完成工程所需的勘察、设计、监理等服务。

狭义的工程合同的主体是发包人和承包人。发包人，一般为建设工程的建设单位，即投资建设该项工程的单位，通常也称作“业主”。根据我国建设项目法人责任制的相关规定，由国有单位投资建设的经营性的工程建设，由依法设立的项目法人作为发包人。国有建设单位投资建设的非经营性的工程建设，应当由建设单位为发包人。承包人，即实施建设工程的勘察、设计、施工等业务的单位，包括对建设工程实行总承包的单位和承包分包工程的单位。另外，监理合同的主体是委托人和监理人，货物采购合同的主体则是采购方和供货方。

1.3.2 工程合同的类型

一项工程一般包括勘察、设计、施工、监理、材料设备采购等一系列过程，因此广义的工程合同通常包括工程勘察、设计、施工、监理、材料设备采购合同等。

1. 勘察设计合同

勘察设计合同是指勘察人、设计人完成工程勘察设计服务，发包人支付勘察设计费的协议。勘察服务包括制订勘察纲要、进行测绘、勘探、取样和试验等，查明、分析和评估地质特征和工程条件，编制勘察报告和提供发包人委托的其他服务。设计服务包括编制设计文件和设计概算、预算、提供技术交底、施工配合、参加竣工验收或发包人委托的其他服务。

《合同法》第二百七十四条 勘察、设计合同的内容包括提交有关基础资料和文件(包括概预算)的期限、质量要求、费用以及其他协作条件等条款。

2. 工程施工合同

施工合同是指施工人完成工程的建筑安装工作，发包人验收后，接受该工程并支付价款的合同。建筑安装工作包括建筑物和构筑物的新建、改建、扩建及其相关的装修、拆除、修缮等，涉及房屋、铁路、公路、机场、港口、桥梁、矿井、水库、电站、通信线路等领域。

《合同法》第二百七十五条 施工合同的内容包括工程范围、建设工期、中间交工工程的开工和竣工时间、工程质量、工程造价、技术资料交付时间、材料和设备供应责任、拨款和结算、竣工验收、质量保修范围和质量保证期、双方相互协作等条款。

3. 工程监理合同

监理合同是指监理人完成工程的监理服务，委托人支付报酬的合同。监理服务指监理人对建设工程勘察、设计或施工等阶段进行质量控制、进度控制、投资控制、合同管理、信息管理、组织协调和安全监理、环保监理的服务活动。

《合同法》第二百七十六条 建设工程实行监理的，发包人应当与监理人采用书面形式订立委托监理合同。发包人与监理人的权利和义务以及法律责任，应当依照本法委托合同以及其他有关法律、行政法规的规定。

4. 工程货物采购合同

工程货物采购合同是指供货人按照需求，提供工程建设所需要的货物及相关服务，采购人支付货款的合同。这里所称的货物，是指构成工程不可分割的组成部分，且为实现工程基本功能所必需的设备、材料等。

1.3.3 工程建设各阶段合同关系

工程项目从立项决策、实施到运营期，涉及众多参与方，各方之间的权利义务关系都需要用合同来确定和约束。工程建设各阶段涉及的合同关系如表1-1所示。作为工程建设过程中合同关系最为复杂的两个主体，业主方的主要合同关系如图1-1所示，施工方的主要合同关系如图1-2所示。

工程建设各阶段合同关系 **表1-1**

工程建设阶段	合同类型	合同主体
决策阶段	咨询合同、借款合同、土地征用与拆迁合同、土地使用权出让与转让合同等	业主、咨询公司、银行、政府、土地转让方等
实施阶段	勘察合同、设计合同、施工合同、监理合同、货物采购合同、招标代理合同、担保合同、保险合同、供用电(水、气、热力)合同、借款合同、租赁合同、融资租赁合同、运输合同、技术合同、保管合同、仓储合同等	业主、勘察单位、设计单位、施工单位、监理单位、供应商、招标代理机构、担保公司、保险公司、供电(水、气、热力)公司、银行、出租方、运输公司、科研院所、保管机构、仓储机构等
运营阶段	供用电(水、气、热力)合同、销售合同、租赁合同、运营管理合同、物业管理合同等	业主、供电(水、气、热力)公司、用户、承租方、物业公司等

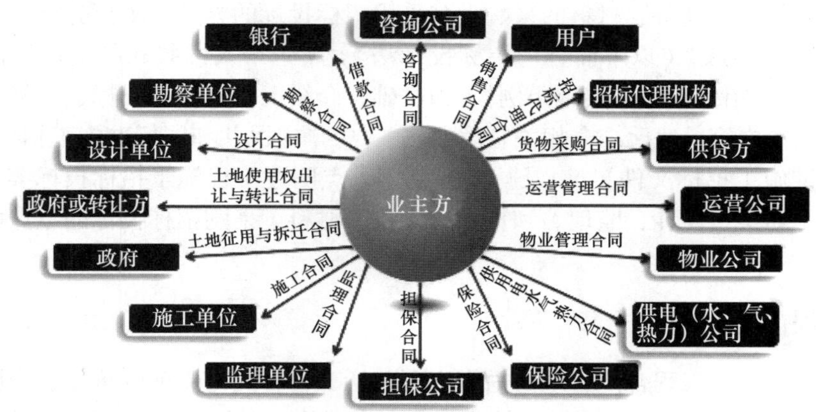

图 1-1 业主方主要合同关系

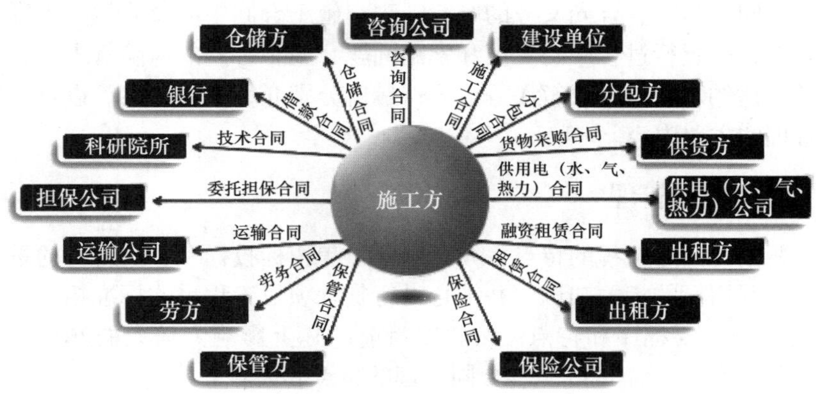

图 1-2 施工方主要合同关系

1.4 工程合同管理的主要内容

根据工程管理、工程造价专业规范以及全国建造师、监理工程师、造价工程师执业资格考试大纲，结合工程合同管理实践，经过对相关知识单元、知识点、考点、应用点的系统提炼，本书将工程合同管理的内容整合为合同管理基础理论、工程招标投标、工程合同管理、国际工程招投标与合同管理四个部分。

1.4.1 合同管理基础理论

合同管理的基础理论主要涉及民法领域的合同法总则部分以及民法总则、担保法、仲裁法等相关法律中涉及合同管理的内容。根据工程合同管理实践的理论需求，本部分主要介绍合同的订立、合同的效力、合同的履行、合同的担保、合同的变更和转让、合同的权利义务终止、违约责任、合同争议解决等内容。

1.4.2 工程招标投标

招标投标是订立合同的一种方式。在我国境内实施的工程建设项目，其勘察、设计、施工、监理以及重要设备、材料的采购大多采用招标投标的方式。本部分首先以《中华人民共和国招标投标法》(以下简称《招标投标法》)、《中华人民共和国招标投标法实施条例》(以下简称《招标投标法实施条例》)为基础，介绍工程招标、投标、定标以及电子招标投标等的基本内容；然后结合相关管理办法、《中华人民共和国标准施工招标文件》(以下简称《标准施工招标文件》)以及行业惯例，重点阐述工程施工招标投标实务；最后介绍工程服务（勘察、设计、监理）和货物（设备、材料）采购招标投标的重点内容及实务案例。

1.4.3 工程合同管理

从时间维度讲，工程合同管理的内容主要包括工程合同订立前的策划、合同订立阶段（即招标投标）的管理、合同履行阶段的管理和合同终止及以后的管理。本部分首先从整体角度，概述工程合同管理；然后以施工合同为重点，介绍其履行阶段和终止以后的管理内容，即施工合同的内容、合同义务的履行，工程施工合同中涉及质量、进度、价款等的控制，工程施工合同履行过程中的变更和索赔问题，施工合同的风险管理，施工合同的终止及缺陷责任、违约责任、争议解决等内容；最后分别介绍工程勘察、设计、监理、货物采购等合同管理的主要内容。

1.4.4 国际工程合同管理

本部分主要结合国际工程的特点，介绍国际工程招标投标和合同管理的重点内容。首先，介绍国际工程招标的相关知识，并结合世行贷款项目工程采购标准招标文件介绍国际工程招标、投标的主要程序和特点；然后以目前国际上影响力较大的FIDIC合同、NEC合同和AIA合同为例，介绍国际工程合同管理的特点和内容。

复习思考题

1. 查阅相关资料，说明买卖合同与劳务合同在性质和适用法律依据上有何区别?
2. 工程施工合同属于不同合同分类中的哪一类?
3. 工程建设过程中，一个企业或高校的基建部门会参与哪些合同关系?
4. 在修读这门课程（或本书）之前，你还从哪些渠道了解过哪些合同管理方面的知识?

第 2 章　合同的订立

导读

合同是个动态的过程，它始于合同的订立，终结于适当履行或责任承担。中间可能涉及合同的效力、保全、担保、变更、转让、解除、消灭等环节。合同的订立是合同生效并被履行的基础，也是合同管理的起点。合同订立的审慎、完备、适法，一方面可以加速交易进程，提高经济效益；另一方面可以保证合同管理的顺利进行，防止交易关系发生阻塞。

本章主要介绍订立合同的主体资格、合同的形式、合同的内容、订立合同的程序（要约和承诺）、合同成立的时间和地点以及缔约过失责任等。

2.1　订立合同的主体资格

【案例】王某今年 15 岁，身高体壮，自小酷爱汽车，平日喜欢浏览各类汽车网站，对各品牌汽车如数家珍。某一日，王某在汽车 4S 店闲逛期间，恰逢该店大促销，王某按捺不住，经过一番讨价还价之后，将该店价值 8 万元的某小型汽车的价格谈至 5 万元，并签订了购车合同，交付了 1000 元的定金。1 个月后，4S 店通知他提车。王某的父亲知道此事后，以王某是未成年人为由，拒绝提车，并要求 4S 店退回定金，4S 店拒绝。

该例中，王某是否具备订立合同的主体资格？

订立合同的主体也是合同关系的主体，又称为合同当事人，包括自然人、法人和其他组织。当事人订立合同，需要具备相应的资格。我国合同法对合同当事人的资格以及委托代理人订立合同做出了明确规定。

《合同法》第九条　当事人订立合同，应当具有相应的民事权利能力和民事行为能力。

当事人依法可以委托代理人订立合同。

2.1.1　当事人的民事权利能力

民事权利能力是指法律赋予民事主体享有民事权利和承担民事义务的能力，也就是民事主体享有权利和承担义务的资格，是作为民事主体进行民事活动的前提条件。

自然人的权利能力始于出生，终于死亡。自然人订立合同，应当具备相应的民事权利能力。一般说来，自然人民事权利能力不受限制，除非违背法律的强制性规定。比如，未成年人不具备工作的权利能力，不能签订工作合同。

法人的权利能力从成立时产生，到终止时消灭。法人的民事权利能力与自然人有很大不同。自然人的民事权利能力是普遍、一致和平等的，通常没有多少差别，而法人的民事权利能力的大小、范围，取决于成立的宗旨和任务，差别可能是很大的。某些民事权利能力只有自然人才能享有，如婚姻、收养、继承等，而某些民事权利能力只有法人才能享有，如烟草、黄金等只有法人才能经营。

2.1.2　当事人的民事行为能力

民事行为能力是指民事主体以自己的行为享有民事权利、承担民事义务的能力。也就是民事主体以自己的行为享有民事权利、承担民事义务的资格。

自然人的民事行为能力可以根据年龄和智力状况分为完全民事行为能力、无民事行为能力和限制民事行为能力三种情况。

1. 完全民事行为能力

民法总则规定，18 周岁以上的公民是成年人，具有完全民事行为能力，可以独立进行民事活动，是完全民事行为能力人。

2. 无民事行为能力

是指公民不具有以自己的行为参与民事法律关系取得民事权利和承担民事义务的资格。依据民法总则的规定，不满 8 周岁的未成年人和不能辨认自己行为的精神病人是无民事行为能力人。

3. 限制民事行为能力

又称不完全民事行为能力，按照民法总则的规定，8 周岁以上的未成年人和不能完全辨认自己行为的精神病人是限制民事行为能力人。

法人的民事行为能力在性质上与自然人的民事行为能力是一样的，是法人通过自己的行为参与民事活动、享有民事权利、承担民事义务的能力，是法人能够以自己的意思进行民事活动的资格。法人的民事权利能力与民事行为能力范围是一致的，一般都取决于其业务范围或者经营范围。法人的民事行为能力通过法人的法定代表人、代表机构或者代理人实现。

2.1.3　民事代理

自然人、法人进行民事活动，一是亲自实施某种民事法律行为，二是通过代理人实施某种民事法律行为。通过代理人实施民事法律行为，就涉及民法中的代理。

1. 民事代理的特点

《民法通则》规定，代理人在代理权限内，以被代理人的名义实施民事法律行为。被代理人对代理人的代理行为，承担民事责任。这一规定表明了代理的几个特点：

（1）代理人在代理权限内进行代理活动；

（2）代理人以被代理人的名义进行代理活动；

（3）代理人的代理活动是实施某种民事法律行为；

（4）代理人代理活动产生的法律后果由被代理人承担。

2. 民事代理的形式

（1）法定代理。基于法律的直接规定而产生的代理称为法定代理。《民法通则》规定，无民事行为能力人、限制民事行为能力人的法定代理人是其监护人。

（2）指定代理。依照法律规定因人民法院或者其他部门的指定而产生的代理为指定代理。在没有法定代理人、对法定代理人有争议或者法定代理人无正当理由不能代理的情况下，才会产生指定代理。比如，《民法通则》规定，对担任监护人有争议的，由未成年人的父、母的所在单位或者未成年人住所地的居民委员会、村民委员会在近亲属中指定。

（3）委托代理。委托代理是按照委托人的委托而产生的代理。委托代理是代理中适用最广泛、最普遍的一种形式，除具有人身关系性质的民事活动外，一般民事活动都可以实行委托代理。委托代理可以采用口头形式，也可以采用书面形式。如果是书面形式的委托代理，应当签发授权委托书。

2.2 合同的形式

【案例】小董是今年刚毕业的大学生，由于工作单位未提供宿舍，准备租一套小户型公寓。经过在租房网站浏览信息，发现单位附近一小区正好有出租的公寓。经过实地看房后，小董与房东口头约定了租金和租期，并给房东微信转账1000元作为定金。几日后，小董按约定的时间取公寓钥匙时，房东却说公寓已租给了别人，并与其他人订立了书面租房合同。因为小董手上无书面合同，房东拒绝给小董钥匙，只答应退还小董的定金。

该案例中，小董与房东是否达成了合同？日常生活中的合同都必须是书面形式的吗？

合同的形式是指当事人订立合同的合意的表达方式。我国《合同法》规定了三种合同的形式。

《合同法》第十条　当事人订立合同，有书面形式、口头形式和其他形式。

法律、行政法规规定采用书面形式的，应当采用书面形式。当事人约定采用书面形式的，应当采用书面形式。

2.2.1 书面形式

《合同法》第十一条　书面形式是指合同书、信件和数据电文（包括电报、电传、传真、电子数据交换和电子邮件）等可以有形地表现所载内容的形式。

书面形式是指以文字等方式可以有形再现内容的形式。这种形式明确肯定，有据可查，对于防止合同争议和解决纠纷，有积极意义。

书面形式的合同最通常的是当事人双方对合同有关内容进行协商订立的并由双方签字（或者同时盖章）的合同文本，也称作合同书或者书面合同。一般来说，作为合同书应当符合如下条件:（1）必须以某种文字、符号书写。（2）必须有双方当事人（或者代理人）的签字（或者同时盖章）。（3）必须规定当事人的权利义务。

合同也可以信件的方式订立，也就是平时我们所说的书信。书信有平信、邮政快件、挂号信以及特快专递等多种形式。

电报、电传、传真也属于书面形式，大量的合同通过这三种形式订立。

通过计算机网络系统订立合同，近年来在国内外发展迅速，主要形式有电子数据交换（英文为 Electronic Data Inter — change，简称 EDI）和电子邮件（英文简称为 e-mail）。

2.2.2　口头形式

口头形式是指当事人面对面谈话或者利用通信设备（如电话）交谈的形式。口头合同是老百姓日常生活中广泛采用的合同形式，其优点是直接、简便、快速。数额较小或者现款交易通常采用口头形式，如在自由市场买菜、在商店买衣服等。口头合同的缺点是没有凭证，发生争议后，难以取证，不易分清责任。

2.2.3　其他形式

除了书面形式和口头形式，合同还可以采用其他形式订立。包括根据当事人的行为或者特定情形推定合同成立，或者默示合同等。如租赁房屋的合同，在租赁期满后，承租人未表示退房而是继续交房租，出租人仍然接受租金，则可以根据双方当事人的行为推定租赁合同继续有效。再如，当乘客乘上公共汽车时，尽管乘客与公交公司之间没有明示协议，但可以依当事人的行为推定运输合同成立。

2.3　合同的内容

【案例】小夏是大四的学生，刚开始选修《工程合同管理》这门课程。周末回家的时候，家里告诉她最近准备盖两间新房，并且已经与村里的施工队初步谈好了工钱和工期，正发愁怎么签合同呢。小夏问清楚情况，就立即着手草拟合同条款了。

该案例中，小夏应该怎样拟订合同条款？日常生活中的合同，一般包括哪些内容？是不是所有的合同条款，都需要当事人双方逐条拟定呢？

合同的内容是当事人权利义务的体现，其存在形式就是合同的条款，合同条款要尽量明确、具体、齐备、完整、协调。当事人订立合同，既可以逐条约定合同条款，也可以参照相关示范文本订立，还可以选择某一方提出的格式条款。

《合同法》第十二条　合同的内容由当事人约定，一般包括以下条款：

（一）当事人的名称或者姓名和住所；

（二）标的；

（三）数量；

（四）质量；

（五）价款或者报酬；

（六）履行期限、地点和方式；

（七）违约责任；

（八）解决争议的方法。

当事人可以参照各类合同的示范文本订立合同。

2.3.1 合同的主要条款

合同的条款是合同中经双方当事人协商一致、规定双方当事人权利义务的具体条文。合同条款是否齐备、准确，决定了合同能否成立、生效以及能否顺利地履行、实现订立合同的目的。

合同的主要条款或者内容要由当事人约定，一般包括《合同法》第12条规定的八项内容，但不限于这八项，也不是说缺了其中任何一项就会导致合同的不成立或者无效。主要条款的规定只具有提示性与示范性。比如，买卖合同中有价格条款，而在无偿合同如赠与合同中就没有此项。

1. 当事人的名称或者姓名和住所

当事人是合同的主体，是每一个合同必须具备的条款。合同中如果不写明当事人，谁与谁做交易都搞不清楚，就无法确定权利的享受和义务的承担，发生纠纷也难以解决。合同中不仅要把应当规定的当事人都规定到合同中去，而且要把各方当事人名称或者姓名和住所都规定准确、清楚。

2. 标的

标的是合同当事人的权利义务指向的对象，是合同成立的必要条件，是一切合同的必备条款。没有标的，合同不能成立，合同关系无法建立。

合同的种类很多，合同的标的也多种多样，一般包括有形财产、无形财产、劳务、工作成果等。合同对标的的规定应当清楚明白、准确无误，对于名称、型号、规格、品种、等级、花色等都要约定得细致、准确、清楚，防止差错。特别是对于不易确定的无形财产、劳务、工作成果等更要尽可能地描述准确、明白。

3. 数量

在多数合同中，数量是必备条款，没有数量，合同是不能成立的。对于有形财产，数量是对个数、体积、面积、长度、容积、重量等的计量；对于无形财产，数量是个数、件数、字数以及使用范围等多种量度；对于劳务，数量为劳动量；对于工作成果，数量是工作量及成果数量。一般而言，合同的数量要准确，要选择使用共同接受的计量单位、计量方法和计量工具。根据不同情况，要求不同的精确度，允许的尾差、磅差、超欠幅度、自然耗损率等。

4. 质量

质量指标准、技术要求，包括性能、效用、工艺等，一般以品种、型号、规格、等级等体现。合同中应当对质量问题尽可能地规定细致、准确和清楚。国家有强制性标准规定的，必须按照规定的标准执行。如有其他质量标准的，应尽可能约定其适用的标准。当事人可以约定质量检验的方法、质量责任的期限和条件、对质量提出异议的条件与期限等。

5. 价款或者报酬

价款或者报酬，是一方当事人向对方当事人所付代价的货币支付。价款一般指对提供财产的当事人支付的货币。报酬一般是指对提供劳务或者工作成果的当事人支付的货币。价款或者报酬应当在合同中规定清楚或者明确规定计算方法。如果有政府定价和政府指导价的，要按照规定执行。

6. 履行期限、地点和方式

履行期限是指合同当事人履行义务的时间界限。履行期限直接关系到合同义务完成的时间，涉及当事人的期限利益，也是确定合同是否按时履行或者迟延履行的客观依据。不同的合同，其履行期限的具体含义是不同的。买卖合同中卖方的履行期限是指交货的日期，买方的履行期限是交款日期；运输合同中承运人的履行期限是指从起运到目的地卸载的时间；工程建设合同中承包方的履行期限是从开工到竣工的时间。正因如此，期限条款应当尽量明确、具体，或者明确规定计算期限的方法。

履行地点是指当事人履行合同义务和对方当事人接受履行的地点。履行地点往往是确定运费、风险、所有权转移以及诉讼管辖的依据。因此，履行地点在合同中应当规定得明确、具体。

履行方式是指当事人履行合同义务的具体做法，如买卖合同的交付方式和付款方式、运输合同的运输方式等。履行方式与当事人的利益密切相关，合同中应当明确规定履行方式，并考虑方便、快捷和防止欺诈等因素。

7. 违约责任

违约责任是指当事人一方或者双方不履行合同或者不适当履行合同，依照法律的规定或者按照当事人的约定应当承担的法律责任。违约责任是促使当事人履行合同义务，使对方免受或少受损失的法律措施，也是保证合同履行的主要条款。当事人为了保证合同义务严格按照约定履行，为了更加及时地解决合同纠纷，可以在合同中约定违约责任，如约定定金、违约金、赔偿金额以及赔偿金的计算方法等。

8. 解决争议的方法

解决争议的方法指合同争议的解决途径，对合同条款发生争议时的解释以及法律适用等。解决争议的途径主要有和解、调解、仲裁、诉讼等。当事人可以约定解决争议的方法。解决争议的方法的选择对于纠纷发生后当事人利益的保护非常重要，应该慎重对待，并且要约定得具体、清楚。比如选择仲裁，要明确约定仲裁机构和仲裁事项，不能笼统地规定“采用仲裁解决”。否则，将无法确定仲裁条款的效力。

2.3.2 合同的示范文本

合同的示范文本，是指由合同当事人、有关业务主管部门、专家学者等就某一种或者某一类合同所制定的具有各种必要条款的合同文本样式，具有指导性、内容完备性等特点。实践中，示范文本可以提示当事人在订立合同时更好地明确各自的权利义务，使订立的合同更加规范，同时减少合同中缺款少项、容易引起纠纷的情况。

建设工程领域的勘察、设计、施工、监理、咨询等合同，一般都有相关部门制定的示范文本，订立该类合同时，可参考选用。

2.3.3 格式条款

1. 格式条款及提供者义务

《合同法》第三十九条　采用格式条款订立合同的，提供格式条款的一方应当遵循公平原则确定当事人之间的权利和义务，并采取合理的方式提请对方注意免除或者限制其责任的条款，按照对方的要求，对该条款予以说明。

格式条款是当事人为了重复使用而预先拟定，并在订立合同时未与对方协商的条款。

格式条款，是当事人为了重复使用而预先拟定，并在订立合同时未与对方协商的条款，又称为格式合同、定式合同等，是某些行业在频繁地、重复地交易过程中为了简化合同订立程序而形成的。这些行业往往具有垄断性，如水、电、热力、燃气、邮电、电信、保险、铁路、航空，公路、海运等行业。

使用格式条款的好处是，简捷、省时、方便、降低交易成本；但其弊端在于，提供商品或者服务的一方往往利用其优势地位，制定有利于自己而不利于对方的条款，这一点在消费者作为合同相对方时特别突出。因此，我国《合同法》规定了提供格式条款一方在拟定格式条款时应当遵循的原则和义务。首先，应当遵循公平原则确定双方的权利和义务，不能利用优势地位制定对对方不公平的条款。其次，提供格式条款的一方应当采取合理的方式提请对方注意免除或者限制其责任的条款，并按照对方提出的要求，对该类条款予以说明。

2. 格式条款无效的情形

《合同法》第四十条　格式条款具有本法第五十二条和第五十三条规定情形的，或者提供格式条款一方免除其责任、加重对方责任、排除对方主要权利的，该条款无效。

《合同法》第五十二条是对于无效合同的规定，第五十三条是对合同中无效的免责条款的规定。如果格式条款具有第五十二条、五十三条规定的情形，当然无效。

除了上述两种情况，如果提供格式条款的一方当事人免除其责任、加重对方责任、排除对方当事人的主要权利，则该条款无效。

3. 对格式条款的解释

《合同法》第四十一条　对格式条款的理解发生争议的，应当按照通常理解予以解释。对格式条款有两种以上解释的，应当作出不利于提供格式条款一方的解释。格式条款和非格式条款不一致的，应当采用非格式条款。

对格式条款的理解发生争议，按通常理解予以解释，这对保护采用格式条款订立合同的公民、小企业是有利的。有两种以上解释的，应当做出不利于提供格式条款一方的解释，这也是合同法公平原则的体现。

非格式条款一般是在格式条款外另行商定的条款，或对原来的格式条款重新协商修改的条款，是当事人特别约定的，如果与格式条款不一致，当然采用非格式条款。

2.4 订立合同的程序

【案例】中国A建材公司于8月7日发商务电传至新西兰B建筑公司，该电传称：“可供××型号建筑钢材1000t，价格4200元人民币每吨，CFR奥克兰，11月装船，不可撤销信用证付款，本月内答复有效。”B公司于8月20日回电：“你方8月7日报盘我接受，需提供通常单据及检验证明”。A公司未予答复。

该案例中，A公司与B公司之间的合同关系是否成立？订立合同一般要经过哪些程序？

合同本质上是一种合意。当事人协商一致、订立合同的过程，是经过要约、承诺完成的。通俗地讲，向对方提出合同条件做出签订合同的意思表示称为“要约”，而另一方如果表示接受就称为“承诺”。一般而言，一方发出要约，另一方做出承诺，合同就成立了。当然，有时要约和承诺往往难以区分，很多合同也是经过反复磋商才得以达成。

《合同法》第十三条　当事人订立合同，采取要约、承诺方式。

2.4.1　要约

1. 要约的概念

《合同法》第十四条　要约是希望和他人订立合同的意思表示，该意思表示应当符合下列规定：

（一）内容具体确定；

（二）表明经受要约人承诺，要约人即受该意思表示约束。

要约是希望和他人订立合同的意思表示，在不同的情况下也可以称为“发盘”“发价”等，发出要约的一方称“要约人”，接收要约的一方称“受要约人”。要约需要满足两个核心要件：

（1）要约的内容必须具体确定。即要约的内容必须是确定的和完整的。所谓确定的是要求必须明确清楚，不能模棱两可、产生歧义。所谓完整的是要求要约的内容必须满足构成一个合同所必备的条件，一经被受要约人承诺，合同即可成立。

（2）要约必须具有缔约目的并表明经承诺即受此意思表示的拘束。缔约的意思表示能否构成要约的关键在于，这种意思表示是否表达了与被要约人订立合同的真实意愿。如甲对乙说：“我打算五万元把我现在开的那辆车卖掉”，这尽管是特定当事人对特定当事人的陈述，也不构成一个要约。

讨论：工程合同订立过程中的招标公告是不是要约？

2. 要约邀请

《合同法》第十五条　要约邀请是希望他人向自己发出要约的意思表示。寄送的价目表、拍卖公告、招标公告、招股说明书、商业广告等为要约邀请。

商业广告的内容符合要约规定的，视为要约。

要约邀请，又称要约引诱，是邀请或者引诱他人向自己发出订立合同的要约的意思表示。要约邀请可以是向特定人发出的，也可以是向不特定的人发出的。要约邀请与要约不同，要约是一个一经承诺就成立合同的意思表示，而要约邀请只是邀请他人向自己发出要约，自己如果承诺才成立合同。

在理论上，要约与要约邀请有很大区别，但事实上往往很难区分。当事人可能原意是发出要约，但由于内容不确定只能被看作是一个要约邀请。当事人可能原意是发出要约邀请，但由于符合了要约的条件而会被判定为是一个要约。实践中，寄送的价目表、拍卖公告、招标公告、招股说明书、商业广告等一般不具备要约的要件，视为要约邀请。但商业广告的内容符合要约规定的，视为要约。比如某广告：“我公司现有某型号的水泥1000t，每吨价格500元，先来先买，欲购从速”，则该广告可视为要约。

3. 要约的生效

《合同法》第十六条　要约到达受要约人时生效。

采用数据电文形式订立合同，收件人指定特定系统接收数据电文的，该数据电文进入该特定系统的时间，视为到达时间；未指定特定系统的，该数据电文进入收件人的任何系统的首次时间，视为到达时间。

关于要约的生效时间，国际上通常有“投邮主义”“到达主义”和“了解主义”三种理解。我国《合同法》采用“到达主义”，即要约到达受要约人时生效。需要说明的是，这种“到达”并不是指一定实际送达到受要约人或者其代理人手中，而是只要送达到受要约人通常的地址、住所或者能够控制的地方（如信箱等）即为送达。

数据电文是现代化的通信工具传送的信息，发出就已到达。采用数据电文形式订立合同，收件人指定特定系统接收数据电文的，该数据电文进入该特定系统的时间，视为到达时间；未指定特定系统的，该数据电文进入收件人的任何系统的首次时间，视为到达时间。

4. 要约的撤回

《合同法》第十七条　要约可以撤回。撤回要约的通知应当在要约到达受要约人之前或者与要约同时到达受要约人。

要约的撤回，是指在要约发出之后但在发生法律效力以前，要约人欲使该要约不发生法律效力而做出的意思表示。要约得以撤回的原因是，要约尚未发生法律效力，所以不会对受要约人产生任何影响，不会对交易秩序产生任何影响。

撤回要约的条件是，撤回要约的通知在要约到达之前或者同时到达受要约人。此时要约尚未生效，而撤回要约的通知生效了，因此要约得以撤回。如果撤回要约的通知在要约之后到达受要约人，则要约已经生效，此时能否使要约失效，要看是否符合要约撤销的条件。

5. 要约的撤销

《合同法》第十八条　要约可以撤销。撤销要约的通知应当在受要约人发出承诺通知之前到达受要约人。

要约的撤销是指，要约人在要约发生法律效力之后、受要约人承诺之前，欲使该要约失去法律效力的意思表示。要约的撤销与撤回不同：要约的撤回发生在要约生效之前，而要约的撤销发生在要约生效之后；要约的撤回是使一个未发生法律效力的要约不发生法律效力，要约的撤销是使一个已经发生法律效力的要约失去法律效力；要约撤回的通知只要在要约到达之前或与要约同时到达就发生效力，而要约撤销的通知要在受要约人发出承诺通知之前到达受要约人，且不一定发生效力。《合同法》第十九条规定了要约不得撤销的情形。

《合同法》第十九条　有下列情形之一的，要约不得撤销：

（一）要约人确定了承诺期限或者以其他形式明示要约不可撤销；

（二）受要约人有理由认为要约是不可撤销的，并已经为履行合同作了准备工作。

6. 要约的失效

《合同法》第二十条　有下列情形之一的，要约失效：

（一）拒绝要约的通知到达要约人；

（二）要约人依法撤销要约；

（三）承诺期限届满，受要约人未作出承诺；

（四）受要约人对要约的内容作出实质性变更。

要约的失效，也可以称为要约的消灭或者要约的终止，指要约丧失法律效力，要约人与受要约人均不再受其约束。《合同法》规定了要约失效的几种情形。

（1）对要约的拒绝

受要约人接到要约后，通知要约人不同意与之签订合同，则拒绝了要约。在拒绝要约的通知到达要约人时，该要约失去法律效力。

（2）要约人撤销要约

要约被撤销当然使要约失效，不再赘述。

（3）受要约人未在承诺期限内承诺

如果要约中确定了承诺期限，表明要约人规定了要约发生法律效力的期限，超过这个期限不承诺，要约的效力当然归于消灭。

（4）受要约人对要约的内容做出实质性变更

受要约人对一项要约的内容做出实质性的变更，视为反要约。提出反要约就是对要约的拒绝，使要约失去效力，要约人即不受其要约的拘束。

2.4.2　承诺

1. 承诺的概念和方式

（1）承诺的概念

《合同法》第二十一条　承诺是受要约人同意要约的意思表示。

承诺是受要约人同意要约的意思表示，即受要约人同意接受要约的全部条件以缔结合同的意思表示。在一般情况下，承诺生效后合同即告成立。承诺必须具备一定的条件：

1）承诺必须由受要约人做出。受要约人是要约人选定的交易相对方。第三人进行承诺不是承诺，只能视作对要约人发出了要约。

2）承诺须向要约人做出。如果承诺不是向要约人做出，则做出的“承诺”不视为承诺，达不到与要约人订立合同的目的。

3）承诺的内容须与要约保持一致。这是承诺最核心的要件，承诺必须是对要约完全的、单纯的同意，必须在内容上与要约的内容一致。如果受要约人在承诺中对要约的内容加以扩张、限制或者变更，便不能构成承诺，而应当视为拒绝要约的同时提出了一项新的要约。当然，如果仅仅是表述的形式不同，而不是实质的不一致，则不应当否定承诺的效力。针对这一点，我国《合同法》亦有明确的规定：

《合同法》第三十条　承诺的内容应当与要约的内容一致。受要约人对要约的内容作出实质性变更的，为新要约。有关合同标的、数量、质量、价款或者报酬、履行期限、履行地点和方式、违约责任和解决争议方法等的变更，是对要约内容的实质性变更。

第三十一条　承诺对要约的内容作出非实质性变更的，除要约人及时表示反对或者要约表明承诺不得对要约的内容作出任何变更的以外，该承诺有效，合同的内容以承诺的内容为准。

4）承诺必须在承诺期限内做出。如果要约规定了承诺期限，则承诺应在规定的承诺期限内做出，如果要约没有规定承诺期限，则承诺应当在合理的期限内做出。否则，做出的“承诺”不能视为承诺，只能视为新要约。

（2）承诺的方式

《合同法》第二十二条　承诺应当以通知的方式作出，但根据交易习惯或者要约表明可以通过行为作出承诺的除外。

承诺一般以通知的方式做出，可以是口头形式或者书面形式。承诺也可以行为的方式做出，比如预付价款、装运货物或在工地上开始工作等。如果要约人在要约中规定承诺需用特定方式的，承诺人做出承诺时，必须符合要约人规定的承诺方式。

2. 承诺的期限

（1）承诺期限的一般规定

《合同法》第二十三条　承诺应当在要约确定的期限内到达要约人。

要约没有确定承诺期限的，承诺应当依照下列规定到达：

（一）要约以对话方式作出的，应当即时作出承诺，但当事人另有约定的除外；

（二）要约以非对话方式作出的，承诺应当在合理期限内到达。

要约中规定了承诺期限的，承诺必须在要约规定的期限内到达要约人。因为超过承诺期限，则要约失效。

要约没有规定承诺期限的，如果是对话方式做出的，必须即时承诺才有效。如果当时不立即表示接受，则在对话结束后，该要约即失效，除非要约人在对话中约定了其他情况。

要约没有规定承诺期限的，如果以非对话方式做出，承诺应当在合理期限内到达。该“合理期限”根据通信方式和通常标准确定。

（2）承诺期限的起算

《合同法》第二十四条　要约以信件或者电报作出的，承诺期限自信件载明的日期或者电报交发之日开始计算。信件未载明日期的，自投寄该信件的邮戳日期开始计算。要约以电话、传真等快速通讯方式作出的，承诺期限自要约到达受要约人时开始计算。

对于以通讯方式发出要约的，如果在要约中规定了承诺期限，要约人与受要约人需确定承诺期限的起止时期，以决定何时不再受要约拘束、是否做出承诺、何时做出承诺、以何种方式作出承诺等。我国《合同法》参考了国际惯例，规定以信件做出的要约，其承诺期限自信件中载明的日期起算，如果信件中没有载明日期则从信封上的日期起算；以电报做出的要约，则从电报交发时起算；对于电话、传真等快速通讯方式做出的要约，承诺期限从要约到达受要约人时起算。

3. 承诺的生效

《合同法》第二十六条　承诺通知到达要约人时生效。承诺不需要通知的，根据交易习惯或者要约的要求作出承诺的行为时生效。

采用数据电文形式订立合同的，承诺到达的时间适用本法第十六条第二款的规定。

我国《合同法》对承诺的生效采用与要约一样的方式，即到达生效。承诺不需要通知的，根据交易习惯或者要约的要求做出承诺的行为时，承诺生效。

采用数据电文形式订立合同的，承诺到达的时间适用要约生效的规定。

承诺一旦生效，合同即告成立。

4. 承诺的撤回

《合同法》第二十七条　承诺可以撤回。撤回承诺的通知应当在承诺通知到达要约人之前或者与承诺通知同时到达要约人。

承诺的撤回是指受要约人阻止承诺发生法律效力的意思表示。由于承诺一经送达要约人即发生法律效力，合同即刻成立，所以撤回承诺的通知应当在承诺通知到达之前或者与承诺通知同时到达要约人。如果撤回承诺的通知晚于承诺的通知到达要约人，则承诺已经生效，合同已经成立。

5. 承诺的逾期

（1）迟延承诺

《合同法》第二十八条　受要约人超过承诺期限发出承诺的，除要约人及时通知受要约人该承诺有效的以外，为新要约。

承诺本应在承诺期限内做出，超过有效的承诺期限，要约已经失效，对于失效的要约发出承诺，不能发生承诺的效力，一般应视为新要约。当然，要约人若及时通知受要约人该承诺有效的，则认为该承诺有效。

（2）迟到承诺

《合同法》第二十九条　受要约人在承诺期限内发出承诺，按照通常情形能够及时到达要约人，但因其他原因承诺到达要约人时超过承诺期限的，除要约人及时通知受要约人因承诺超过期限不接受该承诺的以外，该承诺有效。

受要约人在要约的有效期限内发出承诺通知，依通常情形可于有效期限内到达要约人而迟到的，对这样的承诺，如果要约人不愿意接受，即负有对承诺人发迟到通知的义务。要约人及时发出迟到通知后，该迟到的承诺不生效力，合同不成立。如果要约人怠于发迟到通知，则该迟到的承诺视为未迟到的承诺，具有承诺的效力，合同成立。

2.5 合同的成立

【案例】兰州嘉文建筑公司需要水泥100t，委托其采购员小刘购买，小刘便于5月4日向白银建隆建材公司打电话，要求建隆公司给嘉文建筑公司供应水泥100t，建隆公司随即于5月6日给嘉文建筑公司发去水泥100t，建筑公司当天清点、验收后，将这100t水泥存入库房。当建材公司按公司的销售价格向嘉文建筑公司收取货款时，建筑公司认为价格偏高，提出合同还没有订立，拒绝付款。

该案例中，嘉文公司与建隆公司之间的水泥购销合同是否成立？合同成立的时间、地点一般应如何确定？

2.5.1 合同成立的时间

《合同法》第二十五条　承诺生效时合同成立。

第三十二条　当事人采用合同书形式订立合同的，自双方当事人签字或者盖章时合同成立。

第三十三条　当事人采用信件、数据电文等形式订立合同的，可以在合同成立之前要求签订确认书。签订确认书时合同成立。

采用不同方式所订立的合同，其成立时间不同：

（1）采用要约、承诺的方式所订立的合同，承诺生效时合同成立。

（2）采用合同书形式所订立的合同，自双方当事人签字或者盖章时合同成立。

（3）采用信件、数据电文等形式所订立的合同，当事人可以在要约或者承诺中提出签订确认书的要求，合同在最后签订确认书时成立。注意，当事人不能在承诺生效后即合同成立后提出签订确认书的要求。

2.5.2 合同成立的地点

《合同法》第三十四条　承诺生效的地点为合同成立的地点。

采用数据电文形式订立合同的，收件人的主营业地为合同成立的地点；没有主营业地的，其经常居住地为合同成立的地点。当事人另有约定的，按照其约定。

第三十五条　当事人采用合同书形式订立合同的，双方当事人签字或者盖章的地点为合同成立的地点。

采用不同方式所订立的合同，其成立地点不同：

（1）采用要约、承诺的方式所订立的合同，承诺生效的地点为合同成立的地点。采用数据电文形式订立合同的，收件人的主营业地为合同成立的地点；没有主营业地的，其经常居住地为合同成立的地点。当事人另有约定的，按照其约定。

（2）采用合同书形式所订立的合同，双方当事人签字或者盖章的地点为合同成立的地点。

2.5.3 合同的推定成立

《合同法》第三十六条　法律、行政法规规定或者当事人约定采用书面形式订立合同，当事人未采用书面形式但一方已经履行主要义务，对方接受的，该合同成立。

第三十七条　采用合同书形式订立合同，在签字或者盖章之前，当事人一方已经履行主要义务，对方接受的，该合同成立。

法律、行政法规规定或者当事人约定采用书面形式订立的合同，当事人应当采用书面形式订立合同，否则，应当推定合同不成立。但是，形式不是主要的，重要的在于当事人之间是否真正存在一个合同。如果合同主要义务已经得到履行，只要合同不违反法律的强制性规定，就是有效的。

同样，合同书中如果没有双方当事人的签字盖章，就不能最终确认当事人对合同的内容协商一致，不能证明合同的成立有效。但是，签字盖章也只是形式问题，实质上应当追求当事人的真实意思。当事人既然已经履行，合同当然成立，除非违背法律的强制性规定。

案例中，虽然没有订立书面合同，但建材公司已经履行了合同的主要义务，建筑公司也已经接受了履行，因此，合同已经成立。如果双方对价格条款没有达成一致，则应协商解决，协商不成的，则应当依据《合同法》第62条规定的原则确定（见本书第4章）。

2.6 缔约过失责任

【案例】骄文公司是从事建筑新材料研发的小型科创公司，最近研发出国内领先的一种MJ型防水材料。处于同一产业链的汇根建筑公司知晓后，想购买该防水材料的专利技术，但因出价达不到骄文公司的要求而作罢。后来汇根公司又想并购骄文公司，并展开了多轮谈判。在谈判接近达成一致之前，骄文公司发现，汇根公司将谈判期间知悉的MJ型防水材料的商业秘密泄露给了汇根旗下子公司，给骄文公司造成了巨大损失。骄文公司遂要求汇根公司赔偿损失，但汇根公司认为双方尚未达成并购协议，无法承担违约责任。

该案例中，双方并购合同是否成立？汇根公司是否应该给骄文公司承担损失赔偿责任？

缔约过失责任，指在合同订立过程中，一方因违背依诚实信用原则所应负的先合同义务，导致对方信赖利益损失而应当承担的民事责任。缔约过失责任是一种合同前的责任，不同于合同中的违约责任。

2.6.1 违背诚实信用原则的赔偿责任

《合同法》第四十二条 当事人在订立合同过程中有下列情形之一，给对方造成损失的，应当承担损害赔偿责任：

（一）假借订立合同，恶意进行磋商；

（二）故意隐瞒与订立合同有关的重要事实或者提供虚假情况；

（三）有其他违背诚实信用原则的行为。

根据自愿原则，当事人可以自由决定是否订合同，与谁订合同，订什么样的合同。为订立合同与他人进行协商，协商不成的，一般不承担责任。但是，当事人进行合同的谈判，应当遵循诚实信用原则。有下列情况之一，给对方当事人造成损失的，应当承担损害赔偿责任。

（1）假借订立合同，恶意进行磋商。所谓“假借”就是根本没有与对方订立合同的目的，与对方进行谈判只是借口，目的是损害对方或者第三人的利益，恶意地与对方进行合同谈判。比如，甲知道乙有转让餐馆的意图，甲并不想购买该餐馆，但为了阻止乙将餐馆卖给竞争对手丙，却假意与乙进行了长时间的谈判。当丙买了另一家餐馆后，甲中断了谈判。后来乙只得以比甲出价更低的价格将餐馆转让了。

（2）在订立合同中隐瞒重要事实或者提供虚假情况。

（3）其他违背诚实信用原则的行为。

负有缔约过失责任的当事人，应当赔偿受损害的当事人。赔偿应当以受损害的当事人的损失为限。这个损失包括直接利益的减少，如谈判中发生的费用，还应当包括受损害的当事人因此失去的与第三人订立合同的机会的损失。

2.6.2 泄露商业秘密的赔偿责任

《合同法》第四十三条 当事人在订立合同过程中知悉的商业秘密，无论合同是否成立，不得泄露或者不正当地使用。泄露或者不正当地使用该商业秘密给对方造成损失的，应当承担损害赔偿责任。

商业秘密是指，不为公众所知悉、能为权利人带来经济利益、具有实用性并经权利人采取保密措施的技术信息和经营信息。如果订立合同的过程中知悉到商业秘密，无论合同是否成立，不得泄露或者不正当地使用。泄露或者不正当地使用该商业秘密给对方造成损失的，应当承担损害赔偿责任。

当然，在一般的合同订立过程中，没有必要将当事人双方在合同谈判的过程中交换的信息都作为商业秘密来处理。即使是很有价值的信息，如果不是商业秘密，当事人均可以使用这些信息。

复习思考题

1. 请思考，工程施工合同的订立过程中，合同当事人应具备哪些资格？
2. 订立合同可以采用哪些形式？你认为哪些合同必须采用书面形式？

3. 《合同法》第 12 条规定的合同条款中，你认为哪些是合同成立应该必须具备的？
4. 要约邀请和要约有何区别？
5. 要约、承诺在撤回、撤销的过程中有何区别？
6. 工程施工合同订立过程中的哪些环节分别对应要约邀请、要约和承诺，为什么？
7. 合同成立的意义是什么，是不是代表着合同生效？
8. 请思考，缔约过失责任和违约责任有何区别？

第 3 章　合同的效力

导读

合同的效力，是指已经成立的合同在当事人之间产生的一定的法律约束力，也就是通常说的合同的法律效力。合同的成立只意味着当事人就合同的内容达成了意思表示一致，但是否生效还要看是否符合法律规定和双方的约定。

本章首先介绍合同生效的概念、要件和时间，然后介绍效力待定合同、无效合同、可变更合同、可撤销合同等合同的效力状态，最后介绍合同无效或被撤销后的法律后果。

3.1　合同的生效

【案例】2014 年初，某建筑公司获悉张家口市拟申办 2022 年冬季奥运会，打算在申办成功后进入张家口市建筑市场。建筑公司担心过几年房租上涨，因此委托办事员小李提前到张家口市租写字楼和员工公寓。小李与出租方谈妥了价格，并且签订了租赁合同，但在合同最后备注了一句话："本合同自张家口市成功申办 2022 年冬季奥运会时生效"。

请问，小李在合同最后备注的这句话有没有法律效力？

3.1.1　合同生效的概念

合同生效是指合同产生法律约束力。合同生效后产生的法律效果主要体现在：

（1）在当事人之间产生法律效力。合同一旦生效，当事人依法受合同的拘束，应当依照合同的约定，享有权利，承担义务。这是合同的对内效力。在客观情况发生变化时，当事人必须依照法律或者取得对方的同意，才能变更或解除合同。

（2）对第三人产生一定的法律约束力。合同一旦生效，任何单位或个人都不得侵犯当事人的合同权利，不得非法阻挠当事人履行义务。这是合同的对外效力。

（3）当事人违反合同的，将依法承担民事责任。

3.1.2　合同生效的要件

根据《民法通则》的规定，合同生效应该具备下列条件：

（1）当事人具有相应的民事权利能力和民事行为能力；

（2）合同的意思表示真实；

（3）不违反法律或者社会公共利益。

这是合同生效的必要条件。如果不具备以上要件，所订立的合同不会生效，其效力状态可能是待定的、无效的或可变更、可撤销的。

3.1.3　合同生效的时间

根据《合同法》的规定，不同情形下，合同生效的时间不同。

《合同法》第四十四条　依法成立的合同，自成立时生效。

法律、行政法规规定应当办理批准、登记等手续生效的，依照其规定。

1. 成立生效

依法成立的合同，自成立时生效。也就是说，合同的生效，原则上是与合同的成立一致的，合同成立就产生效力。这也是实务中最常见的一种情形，如果当事人对合同的生效没有特别约定，那么双方对合同的主要内容达成一致时，合同就成立并且生效。

2. 批准登记生效

法律、行政法规规定应当办理批准、登记等手续生效的，依照其规定。也就是说，法律、行政法规规定某些合同的生效要经过特别程序后才产生法律效力，这是合同生效的特别要件。例如，我国《中华人民共和国城市房地产管理法》规定，房地产转让、抵押，当事人应当依照规定办理权属登记，这意味着房地产转让合同、抵押合同，须经过有关部门办理登记以后才生效。

3. 约定生效

合同法规定了约定条件和约定期限两种情形。

（1）约定生效（解除）条件

《合同法》第四十五条　当事人对合同的效力可以约定附条件。附生效条件的合同，自条件成就时生效。附解除条件的合同，自条件成就时失效。

当事人为自己的利益不正当地阻止条件成就的，视为条件已成就；不正当地促成条件成就的，视为条件不成就。

合同的双方当事人可以对合同的效力附条件，即双方当事人在合同中约定某种事实状态，并以其将来发生或者不发生作为合同生效或者解除的限制条件。所附条件必须是指合同当事人自己约定的、未来有可能发生的、用来限定合同效力的某种合法事实。过去的、现存的事实、将来必定发生或必定不发生的事实不能作为所附条件。

所附条件可分为生效条件和解除条件。生效条件即条件成就之前，合同的效力处于不确定状态，当条件成就后，合同生效。例如甲与乙签订买卖合同，甲同意把房子卖给乙，但是条件是要在甲调到外地工作过后。这个条件出现后，卖房的合同才生效。解除条件是指对具有效力的合同，当约定的条件成就时，合同的效力归于消灭。

由于附条件的合同的生效或者终止的效力取决于所附条件的成就或者不成就，并且所附条件是不确定的。因此，任何一方不得以违背诚实信用原则的方法恶意地促成（或阻止）条件的成就，否则，视为条件不成就（或成就）。

（2）约定附期限合同

《合同法》第四十六条　当事人对合同的效力可以约定附期限。附生效期限的合同，自期限届至时生效。附终止期限的合同，自期限届满时失效。

合同的双方当事人可以对合同的效力附期限，即附有将来确定到来的某个期限作为合同生效或者终止的时间。

附期限合同中的期限可以是一个具体的日期，如某年某月某日；也可以是一个期间，如“合同成立之日起5个月”。

3.2　效力待定合同

【案例】为庆贺小红12岁生日，小红的姑姑给她买了一把价值500元的吉他，生日后不久，小红在学校里以吉他交换14岁的同学小杰的价值100元的电动玩具1个。3个月后，小红的母亲知道此事，将电动玩具返还给了小杰，并要求小杰返还吉他，小杰拒不返还。

小红的母亲要求小杰返还吉他的请求能否得到法律的支持?

效力待定合同是指合同虽然成立，但因其不完全符合合同的生效要件，效力处于不确定状态，一般须经权利人确认才能确定其效力。我国《合同法》规定了三种效力待定合同。

3.2.1　限制民事行为能力人订立的合同

《合同法》第四十七条　限制民事行为能力人订立的合同，经法定代理人追认后，该合同有效，但纯获利益的合同或者与其年龄、智力、精神健康状况相适应而订立的合同，不必经法定代理人追认。

相对人可以催告法定代理人在一个月内予以追认。法定代理人未作表示的，视为拒绝追认。合同被追认之前，善意相对人有撤销的权利。撤销应当以通知的方式作出。

当事人具有相应的民事行为能力是合同有效的必要条件之一。限制民事行为能力人（或无民事行为能力人，下同）所签订的合同从主体资格上讲是有瑕疵的，因为当事人缺乏完全的缔约能力和履约能力。要使这类合同生效，一个最重要的条件就是要经过其法定代理人的追认，在没有经过追认前，该合同虽然成立，但是并没有实际生效。

所谓追认，是指法定代理人明确无误地表示同意限制民事行为能力人与他人签订的合同。这种同意是一种单方意思表示，无须合同的相对人同意即可发生效力。为避免限制民事行为能力人签订的合同长期处于不确定状态，相对人可以催告限制民事行为能力人的法定代理人在1个月内予以追认。法定代理人未作表示的，视为拒绝追认。合同被追认之前，善意相对人拥有撤销该合同的权利。所谓“善意”，是指合同的相对人在签订合同之时并不知道或者也不可能知道对方是限制民事行为能力人。倘若相对人明知对方是限制民事行为能力人而仍然与对方签订合同，那么相对人就没有撤销合同的权利。相对人做出撤销的意思表示时，应当用通知的方式做出，任何默示的方式都不构成对此类合同的撤销。

对于限制民事行为能力人签订的合同，并非所有的都必须经过法定代理人的追认。纯获利益的合同或者与其年龄、智力、精神健康状况相适应的合同，不必经法定代理人追认就具有法律效力。限制民事行为能力人接受奖励、赠与、报酬等的合同就属于“纯获利益”的合同，日常生活中购买书本、乘坐交通工具等就属于与其年龄、智力状况相适应的合同。不能完全辨认其行为的精神病人在其健康状况允许时，可订立某些合同，而不经法定代理人追认。

3.2.2　无权代理合同

1. 一般的无权代理合同

《合同法》第四十八条　行为人没有代理权、超越代理权或者代理权终止后以被代理人名义订立的合同，未经被代理人追认，对被代理人不发生效力，由行为人承担责任。

相对人可以催告被代理人在一个月内予以追认。被代理人未作表示的，视为拒绝追认。合同被追认之前，善意相对人有撤销的权利。撤销应当以通知的方式作出。

无权代理合同有三种情形:（1）根本没有代理权而签订的合同。是指签订合同的人根本没有经过被代理人的授权，就以被代理人的名义签订的合同。（2）超越代理权而签订的合同。例如，甲委托乙购买电视机 300 台，但是乙擅自签订了购买 500 台电视机的合同，就是超越代理权订立的合同。（3）代理关系终止后签订的合同。

对于无权代理合同，合同法规定其效力为待定状态。经过被代理人追认，合同有效；未经被代理人追认，合同对被代理人不发生效力，由行为人承担责任。这种追认，是指被代理人明确向相对人做出的承认代理行为有效的一种单方意思表示。

与限制民事行为能力人订立的合同一样，无权代理合同的相对人享有催告权和撤销权。相对人可以催告被代理人在一个月内予以追认。被代理人未作表示的，视为拒绝追认。合同被追认之前，善意相对人有撤销的权利。撤销应当以通知的方式做出。

2. 表见代理合同

《合同法》第四十九条　行为人没有代理权、超越代理权或者代理权终止后以被代理人名义订立合同，相对人有理由相信行为人有代理权的，该代理行为有效。

所谓表见代理，是指对于无权代理合同，如果相对人有理由相信行为人有代理权，那么相对人就可以向“被代理”人主张该合同的效力，要求承担合同义务，受合同约束。表见代理本质上还是无权代理，《合同法》设立表见代理制度是为保护合同相对人的利益，并维护交易的安全，依诚实信用原则使怠于履行其注意义务的“被代理”人直接承受无权代理合同的法律后果。比如某公司管理制度混乱，导致其公章、介绍信等被他人借用或者冒用而订立了合同，该公司应承担合同责任。

构成表见代理要求合同的相对人在主观上必须是善意的、无过失的。如果相对人明知或者理应知道行为人是无权代理，而仍与之签订合同，那么就不构成表见代理，合同相对人也就不能受到保护。

3. 法人代表、负责人超越权限订立的合同

《合同法》第五十条　法人或者其他组织的法定代表人、负责人超越权限订立的合同，除相对人知道或者应当知道其超越权限的以外，该代表行为有效。

法人或者其他组织订立合同，是由法定代表人、负责人代表其进行谈判、签订合同。但是在现实经济活动中，却存在着法定代表人、负责人超越权限订立合同的情形，如何对待此类合同的效力？

一般说来，法定代表人或者其他组织的负责人的行为就是法人或者其他组织的行为，他们执行职务的行为所产生的一切后果都应当由法人或者其他组织承担。对于合同的相对人来说，他只认为法定代表人或者其他组织的负责人就是代表法人或者其他组织。他一般并不知道也没有义务知道法定代表人或者其他组织负责人的权限到底有哪些，法人或者其他组织的内部规定也不应对合同的相对人构成约束力，否则，将不利于保护交易的安全。如果对法定代表人或者其他组织的负责人超越权限而订立的合同作无效处理，将会严重地损害合同相对人的利益，助长一些法人或者其他组织借此逃避责任，谋取非法利益。因此，合同法规定法定代表人或者其他组织的负责人超越权限的行为一般也有效。

需要特别注意的是，在订立合同的过程中，合同的相对人如果知道或者应当知道法定代理人或者其他组织的行为超越了权限，而仍与之订立合同，则具有恶意，此时，合同就不具效力。

3.2.3　无处分权人处分他人财产的合同

《合同法》第五十一条　无处分权的人处分他人财产，经权利人追认或者无处分权的人订立合同后取得处分权的，该合同有效。

所谓无处分权人，就是对归属于他人的财产没有进行处置的权利或者虽对财产拥有所有权，但由于在该财产上负有义务而不能进行自由处分的人。例如，A将某物租赁给B使用,B却将该物非法转让给C，则B与C之间的买卖合同就属于因无权处分而订立的合同。因无权处分他人财产而签订的合同一般具有以下特点:

（1）无处分权人实施了处分他人财产的行为。这里所说的处分，是指法律意义上的处分，例如财产的转让、赠与、设定抵押权等行为。财产只能由有处分权的人进行处分，无处分权人对他人财产进行处分是对他人财产的侵害。即使是对共有财产享有共有权的共有人，也只能依法处分其应有的部分，不能擅自处分共有财产。

（2）无处分权人处分他人财产而签订的合同必须经过权利人的事后追认或者在合同订立后取得对财产的处分权。这里的权利人，是指对财产享有处分权的人。所谓追认是指权利人事后同意该处分财产行为的意思表示。这种追认可以直接向买受人做出，也可以向处分人做出。在权利人追认前，因无权处分而订立的合同处于效力待定状态，在得到追认以前，买受人可以撤销该合同；在追认以后，则合同将从订立合同时起就产生法律效力，任何一方当事人都可以请求对方履行合同义务。

3.3 无效合同

3.3.1 无效合同的特征

所谓无效合同就是不具有法律约束力和不发生履行效力的合同。一般合同一旦依法成立，就具有法律拘束力，但如果违反法律、行政法规的强制性规定或者损害国家、社会公共利益，即使其成立，也不具有法律拘束力。无效合同一般具有以下特征：

（1）具有违法性。一般来说无效合同都具有违法性，它们大都违反了法律和行政法规的强制性规定和损害了国家利益、社会公共利益，例如，合同当事人非法买卖毒品、枪支等。无效合同的违法性表明此类合同不符合国家的意志和立法的目的，所以，对此类合同国家就应当实行干预，使其不发生效力，而不管当事人是否主张合同的效力。

（2）自始无效。所谓自始无效，就是合同从订立时起，就没有法律约束力，以后也不会转化为有效合同。由于无效合同从本质上违反了法律规定，因此，国家不承认此类合同的效力。对于已经履行的，应当通过返还财产、赔偿损失等方式使当事人的财产恢复到合同订立前的状态。

3.3.2 合同无效的情形

《合同法》第五十二条　有下列情形之一的，合同无效。

（一）一方以欺诈、胁迫的手段订立合同，损害国家利益；

（二）恶意串通，损害国家、集体或者第三人利益；

（三）以合法形式掩盖非法目的；

（四）损害社会公共利益；

（五）违反法律、行政法规的强制性规定。

（1）一方以欺诈、胁迫的手段订立合同，损害国家利益。

所谓欺诈，就是故意隐瞒真实情况或者故意告知对方虚假的情况，欺骗对方，诱使对方做出错误的意思表示而与之订立合同。欺诈的种类很多，例如，出售假冒伪劣产品，提供虚假的商品说明书，在没有履行能力的情况下，对外签订合同骗取定金或者货款等。所谓胁迫，是指行为人以将要发生的损害或者以直接实施损害相威胁，使对方当事人产生恐惧而与之订立合同。比如以生命、身体、财产、名誉、自由、健康等相威胁，采用殴打、散布谣言、诽谤对方等方式，使他人产生恐惧，迫使其签订合同。

在经济生活中出现很多以此类合同的方式侵吞国有资产和侵害国家利益的情形，但是受害方当事人害怕承担责任或者对国家财产漠不关心，致使国有资产大量流失。因此，《合同法》规定此类合同无效。

（2）恶意串通，损害国家、集体或者第三人利益的合同。

所谓恶意串通的合同，就是合同的双方当事人非法勾结，为牟取私利，而共同订立的损害国家、集体或者第三人利益的合同。例如，甲企业产品的质量低劣，销不出去，就向乙企业的采购人员或者其他订立合同的主管人员行贿，然后相互串通订立合同，将次品当成合格产品买入。在实践中比较常见的还有代理人与第三人勾结，订立合同，损害被代理人利益的行为。工程招投标过程中的“串标”“围标”等亦属于“恶意串通”的情形。

（3）以合法形式掩盖非法目的而订立合同。

此类合同中，行为人为达到非法目的以迂回的方法避开了法律或者行政法规的强制性规定，所以又称为伪装合同。例如，当事人通过虚假的买卖行为达到隐匿财产、逃避债务的目的就是一种比较典型的以合法形式掩盖非法目的的合同。由于这种合同被掩盖的目的违反法律、行政法规的强制性规定，并且会造成国家、集体或者第三人利益的损害，所以也纳入了无效合同中。

（4）损害社会公共利益的合同。

许多国家的法律都规定违反了公序良俗或者公共秩序的合同无效。我国《民法通则》也规定，违反法律或者社会公共利益的民事行为无效。损害社会公共利益的合同实质上是违反了社会的公共道德，破坏了社会经济秩序和生活秩序。例如，与他人签订合同出租赌博场所。

（5）违反法律、行政法规的强制性规定的合同。

法律、行政法规包含强制性规定和任意性规定。强制性规定排除了合同当事人的意思自由，即当事人在合同中不得合意排除法律、行政法规强制性规定的适用，如果当事人约定排除了强制性规定，则构成本项规定的情形；对任意性规定，当事人可以约定排除，如当事人可以约定商品的价格。

应当特别注意的是本项的规定只限于法律和行政法规，不能任意扩大范围。这里的法律是指全国人大及其常委会颁布的法律，如工程的建筑法、招标投标法等；行政法规是指由国务院颁布的法规，如工程领域涉及质量、安全等的管理条例等。若将违反地方行政管理规定的合同都认定为无效是不妥当的。

3.3.3 无效的免责条款

合同中的免责条款是指双方当事人在合同中约定的，为免除或者限制一方或者双方当事人未来责任的条款。一般来说，当事人经过充分协商确定的免责条款，只要是完全建立在当事人自愿的基础上，在不违反社会公共利益的情形下，法律是承认其效力的。但是对于严重违反诚实信用原则和社会公共利益的免责条款，法律是禁止的。《合同法》规定了两种无效的免责条款。

《合同法》第五十三条　合同中的下列免责条款无效：

（一）造成对方人身伤害的；

（二）因故意或者重大过失造成对方财产损失的。

1. 造成对方人身伤害的免责条款无效

对于人身的健康和生命安全，法律是给予特殊保护的，并且从整体社会利益的角度来考虑，如果允许免除一方当事人对另一方当事人人身伤害的责任，那么就无异于纵容当事人利用合同形式对另一方当事人的生命进行摧残，这与保护公民的人身权利的宪法原则是相违背的。在实践当中，这种免责条款一般都是与另一方当事人的真实意思相违背的。所以我国《合同法》对于此类免责条款加以禁止。

2. 因故意或者重大过失给对方造成财产损失的免责条款

因故意或者重大过失造成合同一方当事人财产损失的免责条款无效，是因为这种条款严重违反了诚实信用原则，如果允许这类条款的存在，就意味着允许一方当事人可能利用这种条款欺骗对方当事人，损害对方当事人的合同权益，这是与合同法的立法目的完全相违背的。

需要注意的有两点:（1）对于免除一方当事人因一般过失而给对方当事人造成财产损失责任的条款，可以认定为有效。（2）必须是免除因故意或者重大过失给对方当事人造成财产损失的条款无效。也就是说，对于故意或者重大过失行为必须限于财产损失，如果是免除人身伤害的条款，无论当事人是否有故意或者重大过失，都依据本条第一项的规定应当使之无效。

3.4　可撤销合同

3.4.1　合同可撤销的情形

《合同法》规定了三种可撤销（或变更）的合同。

《合同法》第五十四条　下列合同，当事人一方有权请求人民法院或者仲裁机构变更或者撤销:

（一）因重大误解订立的;

（二）在订立合同时显失公平的。

一方以欺诈、胁迫的手段或者乘人之危，使对方在违背真实意思的情况下订立的合同，受损害方有权请求人民法院或者仲裁机构变更或者撤销。

当事人请求变更的，人民法院或者仲裁机构不得撤销。

1. 因重大误解而订立的合同

所谓重大误解，是指误解者做出意思表示时，对涉及合同法律效果的重要事项存在着认识上的显著缺陷，其后果是使误解者的利益受到较大的损失，或者达不到误解者订立合同的目的。但这种情况的出现，并不是由于行为人受到对方的欺诈、胁迫或者对方乘人之危造成的，而是由于行为人自己的大意、缺乏经验或者信息不通而造成的。因此，对于这种合同，不能与无效合同一样处理，而应由一方当事人请求变更或者撤销。

实践中，重大误解一般包括以下几种情况:（1）对合同的性质发生误解。如当事人误以为出租为出卖，这与当事人在订约时所追求的目的完全相反。（2）对对方当事人发生的误解。如把甲当事人误以为乙当事人与之签订合同。（3）对标的物种类的误解。如把大豆误以为黄豆加以购买。（4）对标的物的质量的误解直接涉及当事人订约的目的或者重大利益的。如误将仿冒品当成真品。除此之外，对标的物的数量、履行地点或者履行期限、履行方式等发生误解，足以对当事人的利益造成重大损害的，也可认定为重大误解的合同。

2. 在订立合同时显失公平的

所谓显失公平的合同，就是一方当事人在紧迫或者缺乏经验的情况下订立的使当事人之间享有的权利和承担的义务严重不对等的合同。标的物的价值和价款过于悬殊，责任、风险承担显然不合理的合同，都可称为显失公平的合同。

实践中，在考察是否构成显失公平时，一般须把主观要件和客观要件结合起来。客观要件，即在客观上当事人之间的利益不平衡。主观要件，即一方当事人故意利用其优势或者另一方当事人的草率、无经验等订立了合同。

掌握显失公平制度还要搞清其与正常的商业风险的区别。在市场经济条件下，要求各种交易中给付和对价给付都达到完全的对等是不可能的，做生意都是有赔有赚，从事交易必然要承担风险，并且这种风险都是当事人自愿承担的，这种风险造成的不平衡如果是法律允许的限度范围之内，就是商业风险。显失公平制度并不是为了免除当事人所应承担的正常商业风险，而是限制一方当事人获得超过法律允许的利益。

3. 欺诈、胁迫或者乘人之危订立的合同

欺诈、胁迫的手段订立的合同，如果损害国家利益的，是无效合同；如果未损害国家利益，受欺诈、胁迫的一方可以自主决定是否变更或者撤销该合同。乘人之危的情形下订立的合同，如果确实违背了对方的真实意思，受损害方可以申请变更或者撤销。

3.4.2 撤销权的行使

1. 撤销权人

可撤销合同中，因重大误解而订立的合同、订立合同时显失公平的，误解方或者受害方有权请求撤销合同；一方以欺诈、胁迫手段或者乘人之危而订立的合同中，受损害方有权请求撤销合同。

2. 撤销机构

撤销权人只能向人民法院或者仲裁机构申请变更或者撤销。

3. 变更或撤销

在可撤销合同中，具有撤销权的一方当事人并非一定要求撤销合同，他也可以要求对合同进行变更。当事人请求变更的，人民法院或者仲裁机构不得撤销。

4. 撤销权的消灭

《合同法》第五十五条　有下列情形之一的，撤销权消灭：

（一）具有撤销权的当事人自知道或者应当知道撤销事由之日起一年内没有行使撤销权；

（二）具有撤销权的当事人知道撤销事由后明确表示或者以自己的行为放弃撤销权。

在可撤销合同中，撤销权人有权撤销合同，但是这种撤销权并非没有任何限制。如果撤销权人长期不行使其权利，不主张撤销合同，就会让合同长期处于不稳定的状态，这既不利于社会经济秩序的稳定，也不利于加快交易的发展；同时还可能使法院或者仲裁机构在判断是否准予撤销时，由于时间太长而无法做出正确的判断。这里规定撤销权人行使撤销权的期限为 1 年，起算时间自撤销权人知道或者应当知道撤销事由之日起计算，而不是由撤销事由发生之日起算。

撤销权是撤销权人的一种权利，可以行使，也可以放弃。撤销权人放弃撤销权有两种方式：第一种是撤销权人知道撤销事由后明确以口头或书面的方式表示放弃撤销权。第二种是撤销权人以自己的行为放弃了撤销权。例如撤销权人在合同履行期限到来时，自动履行了合同中规定的义务或者向对方要求合同中规定的债权，再例如撤销权人向法院起诉对方当事人违约而不是申请撤销合同等都是对撤销权放弃的行为。

具有撤销权的当事人放弃撤销权后，造成的法律效果就是，该撤销权消灭，合同产生绝对的效力，该当事人不得再以相同的理由要求撤销该合同，而应按照合同的规定履行自己的义务，否则构成违约。

3.4.3　可撤销合同与无效合同的区别

可撤销合同与无效合同有相同之处，如都会因被确认无效或者被撤销后而使合同自始不具有效力，但是二者是两个不同的概念。

可撤销合同主要是涉及意思不真实的合同，而无效合同主要是违反法律的强制性规定和社会公共利益的合同；可撤销合同在没有被撤销之前是有效的，而无效合同在被确认为无效前也不具有效力；可撤销合同中的撤销权是有时间限制的，无效合同的确认没有时间限制；可撤销合同中的撤销权人有选择的权利，他可以申请撤销合同，也可以让合同继续有效，他可以申请变更合同，也可以申请撤销合同，而无效合同是当然的无效，当事人无权进行选择。

3.5　合同无效或被撤销后的法律后果

3.5.1　合同无效或被撤销后自始无效

《合同法》第五十六条　无效的合同或者被撤销的合同自始没有法律约束力。合同部分无效，不影响其他部分效力的，其他部分仍然有效。

所谓的自始无效，就是指合同被确认无效或被撤销后，将溯及既往，从合同成立之时就无效，而不是从确认无效或被撤销之日起无效。

合同部分无效，不影响其他部分效力的，其他部分仍然有效。这里有两层意思：

（1）如果无效的部分条款与合同的其他内容相比较，是相对独立的，与合同的其他部分具有可分性，则这一部分条款的无效不影响合同其他部分的效力。如果部分无效的条款与其他条款具有不可分性，或者当事人约定某条款为合同成立生效的必要条款，那么该合同的部分无效就会导致整个合同的无效。

（2）如果合同的目的是违法的，或者根据合同法的原则或交易习惯，剩余部分的合同内容的效力对当事人已没有任何意义或者不公平合理的，合同应全部确认为无效。

3.5.2　不影响解决争议条款的效力

《合同法》第五十七条　合同无效、被撤销或者终止的，不影响合同中独立存在的有关解决争议方法的条款的效力。

合同无效或者被撤销后，要使当事人负返还财产、赔偿损失的民事责任。同样，在合同终止的情况下，双方当事人之间也有民事责任存在。对于如何划分这些民事责任，解决双方之间的民事争议，双方当事人在原合同中往往订有解决争议的条款存在，当事人希望用约定的解决争议的方法来解决双方之间的争议。这些条款的效力是独立于合同的效力的，合同的有效与否、变更与否或者终止与否都不影响解决争议条款的效力。

这里所说的有关解决争议方法的条款常见的有：

1. 仲裁条款

仲裁条款是仲裁协议的一种表现形式，是当事人在合同中约定的用仲裁方式解决双方争议的条款。我国《仲裁法》规定，仲裁协议独立存在，合同的变更、解除、终止或者无效，不影响仲裁协议的效力。

2. 选择受诉法院的条款

我国《民事诉讼法》规定，合同的双方当事人可以在书面合同中协议选择被告住所地、合同履行地、合同签订地、原告住所地、标的物所在地人民法院管辖，但不得违反本法对级别管辖和专属管辖的规定。当事人选择受诉人民法院的条款，不受其他条款的效力影响。

3. 选择检验、鉴定机构的条款

当事人可以在合同中约定，若对标的物质量或技术的品种发生争议，在提交仲裁或者诉讼前，应当将标的物送交双方认可的机构或科研单位检验或鉴定，以检验或鉴定作为解决争议的依据，这种约定出于双方自愿，不涉及合同的实体权利和义务，应当承认其效力。

4. 法律适用条款

例如，对于具有涉外因素的合同，当事人就可以选择处理合同争议所适用的法律，当事人没有选择的，不影响合同的效力。当然，对于中国具有专属管辖权的合同，与我国的社会公共利益、主权、安全等密切相关的合同只能适用中国的法律。

3.5.3 财产后果的处理

《合同法》规定，在合同无效或者被撤销的情形下，当事人仍应负相关民事责任。

> 《合同法》第五十八条　合同无效或者被撤销后，因该合同取得的财产，应当予以返还；不能返还或者没有必要返还的，应当折价补偿。有过错的一方应当赔偿对方因此所受到的损失，双方都有过错的，应当各自承担相应的责任。
>
> 第五十九条　当事人恶意串通，损害国家、集体或者第三人利益的，因此取得的财产收归国家所有或者返还集体、第三人。

1. 返还财产

合同无效或者被撤销后，就意味着双方当事人之间没有任何合同关系存在，那么就应该让双方当事人的财产状况恢复到如同没有订立合同时的状态。所以不论接受财产的一方是否具有过错，都应当负有返还财产的义务。

2. 折价补偿

《合同法》规定了以返还财产为恢复原状的原则，但是在有的情况下，财产是不能返还或者没有必要返还的，此时，为了达到恢复原状的目的，就应当折价补偿对方当事人。

不能返还可分为法律上的不能返还和事实上的不能返还。法律上的不能返还，主要是受善意取得制度的限制。即当一方将受领的财产转让给第三人，而第三人取得该项财产时在主观上没有过错，不知道或者没有责任知道该当事人与另一方当事人的合同无效或者被撤销，善意第三人就可以不返还该原物，并且该原物也是不可替代的。事实上的不能返还，主要是指标的物灭失造成不能返还原物，并且原物又是不可替代的。在这些情况下，取得该财产的当事人应当依据该原物当时的市价进行折价补偿。

没有必要返还的，主要包括两种情况:（1）如果当事人接受财产是劳务或者利益，在性质上不能恢复原状的，以当时国家规定的价格计算，以钱款返还；没有国家规定的价格，以市场价格或同类劳务的报酬标准计算，以钱款返还。（2）如果一方取得的是使用知识产权而获得的利益，则该方当事人可以折价补偿对方当事人。

3. 赔偿损失

在合同被确认无效或者被撤销后，凡是因合同的无效或者被撤销而给对方当事人造成的损失，主观上有故意或者过失的当事人都应当赔偿对方的财产损失。

4. 追缴财产

《合同法》第五十九条　当事人恶意串通，损害国家、集体或者第三人利益的，因此取得的财产收归国家所有或者返还集体、第三人。

恶意串通是指合同当事人在订立合同过程中，为牟取不法利益合谋实施的违法行为。例如在招标投标过程中，投标人之间串通，压低标价；在买卖中，双方抬高货物的价格以获取贿赂等。

恶意串通的合同一般都损害了国家、集体或者第三人的利益，是情节恶劣的违法行为。因此，这种合同在被确认无效后，在处理上不是一方赔偿另一方的损失或者互相赔偿损失，而是由有关国家机关依法收缴双方所得的财产，收归国家所有或者返还集体、第三人。

复习思考题

1. 请思考，合同生效意味着什么？
2. 请查阅，哪些合同需要经过批准登记才生效？
3. 效力待定合同是否必须经过权利人追认才生效，为什么？
4. 请查阅相关资料，举几个表见代理的实例。
5. 请查阅相关法律法规，论述施工合同无效的情形具体有哪些？
6. 可撤销合同和无效合同的情形有什么区别？
7. 合同无效或被撤销后，哪些条款还是有效的？

第4章　合同的履行

导读

合同的履行是合同生效以后，合同当事人依照合同约定全面适当地完成合同义务的行为。作为当事人双方各自合同利益实现和满足的途径，合同履行是实现合同目的、完成法律对合同关系调整的重要手段与基础。它既是合同法律效力的最集中体现，又是全部合同法法律制度的核心。

本章首先介绍合同主体、标的、地点、期限、方式等的适当履行；然后介绍合同履行的抗辩权，即同时履行抗辩权、先履行抗辩权和不安抗辩权；最后对代位权和撤销权这两种合同的保全方式予以阐述。

合同履行过程中，当事人应当遵循全面履行原则和诚实信用原则，按照约定全面履行自己的义务，根据合同的性质、目的和交易习惯履行通知、协助、保密等义务。

4.1　合同的适当履行

合同的适当履行，即当事人应当严格按照合同约定的标的、数量、质量，由适当的主体在适当的期限、适当的地点，按照适当的价款或报酬，以适当的方式全面、正确地完成合同义务。如果合同中对有关内容没有约定或者约定不明确的，根据《合同法》第61条确定。

《合同法》第六十一条　合同生效后，当事人就质量、价款或者报酬、履行地点等内容没有约定或者约定不明确的，可以协议补充；不能达成补充协议的，按照合同有关条款或者交易习惯确定。

合同的标的、数量是合同的必备条款，需由当事人明确约定。当事人没有约定，或者约定不明确的，合同内容无法确定，合同不成立。

当事人对质量、价款或者报酬、履行地点、履行方式、履行期限、履行费用未做出约定，或者约定不明确，可以协议补充。不能达成补充协议的，可以通过合同的有关条款或者交易习惯确定，仍不能确定的，按照《合同法》第62条的规定履行。

《合同法》第六十二条　当事人就有关合同内容约定不明确，依照本法第六十一条的规定仍不能确定的，适用下列规定：

（一）质量要求不明确的，按照国家标准、行业标准履行；没有国家标准、行业标准的，按照通常标准或者符合合同目的特定标准履行。

（二）价款或者报酬不明确的，按照订立合同时履行地的市场价格履行；依法应当执行政府定价或者政府指导价的，按照规定履行。

（三）履行地点不明确，给付货币的，在接受货币一方所在地履行；交付不动产的，在不动产所在地履行；其他标的，在履行义务一方所在地履行。

（四）履行期限不明确的，债务人可以随时履行，债权人也可以随时要求履行，但应当给对方必要的准备时间。

（五）履行方式不明确的，按照有利于实现合同目的的方式履行。

（六）履行费用的负担不明确的，由履行义务一方负担。

4.1.1　履行主体适当

通常情况下，履行合同的主体就是合同当事人。但在某些情况下，根据合同的性质、特点和当事人的约定，合同的履行主体可以是第三人。

1. 向第三人履行合同

《合同法》第六十四条　当事人约定由债务人向第三人履行债务的，债务人未向第三人履行债务或者履行债务不符合约定，应当向债权人承担违约责任。

向第三人履行的合同，又称利他合同，或者为第三人合同，指双方当事人约定，由债务人向第三人履行债务，第三人直接取得请求权的合同。合同的第三人亦称受益人。向第三人履行的合同在生活中比较多见。例如投保人与保险人订立保险合同，可以约定保险人向作为第三人的被保险人、受益人履行，被保险人、受益人享有保险金请求权。

债权人与债务人订立向第三人履行的合同，债权人可以事先征得第三人的同意，也可以不告知第三人。

债务人不向第三人履行合同的，债权人按照约定有权请求其向第三人履行，或者向第三人赔偿损失；第三人也有权请求债务人履行，或者赔偿损失。债务人瑕疵履行的，债权人有权请求其向第三人承担瑕疵履行责任，第三人也有权请求债务人承担瑕疵履行责任。

向第三人履行的合同中，第三人对债务人虽取得债权人的地位，可以行使一般债权，但由于其不是合同当事人，合同本身的权利，如解除权、撤销权，第三人不得行使。

2. 由第三人履行合同

《合同法》第六十五条　当事人约定由第三人向债权人履行债务的，第三人不履行债务或者履行债务不符合约定，债务人应当向债权人承担违约责任。

由第三人履行的合同，又称第三人负担的合同，指双方当事人约定债务由第三人履行的合同。例如甲乙约定，甲欠乙的钱由丙偿付，即是由第三人履行的合同。

第三人负担的合同以第三人的履行行为为标的，故双方签订由第三人履行的合同，债务人事先应当征得第三人的同意。债务人未征询第三人意见而签订合同，事后征得第三人同意的，第三人也应向债权人履行。

由第三人履行的合同以债权人、债务人为合同双方当事人，第三人不是合同的当事人。第三人只负担向债权人履行，不承担合同责任。第三人同意履行后又反悔的，或者债务人事后征询第三人意见，第三人不同意向债权人履行的，或者第三人向债权人瑕疵履行的，违约责任均由债务人承担。

【案例】甲公司欲为其新研制开发的低能耗小轿车打开市场销路，与乙广告公司订立一份广告制作及播放合同，合同要求乙公司制作广告并安排在该市电视台播放，广告播出时间为：当年5月～7月，每晚黄金时段8时～10时之间。甲公司提供拍摄及制作广告的必要条件，并支付广告制作费2万元，广告播放费12万元。合同签订后，乙公司如期完成广告制作，甲公司即将广告制作及播放费14万元一次性支付给乙广告公司。但事后由于该市电视台全面压缩广告播放时间，该广告未能按期、按时播出，双方因此发生纠纷，经协商无效，甲公司遂将乙公司诉至法院，要求乙公司返还广告制作费和播放费14万元，并赔偿损失。

本案中，甲公司与乙公司实际上订立了两个合同，即广告制作合同和广告播放合同，前者属于加工承揽类合同，双方均已履行该合同，未有争议发生。后者为乙公司约定的由第三人，即电视台履行的合同，在该合同中，第三人并不是合同当事人，亦不负有合同义务，合同当事人仍是乙公司，因此，电视台未按期按时播放低能耗小轿车广告的责任应由广告公司承担，电视台作为履行合同的第三人不承担责任。

4.1.2 履行标的适当

所谓履行标的适当，是指债务履行的标的应当完全符合合同约定的债务内容，未经当事人双方协议，任何一方不得任意变更当事人约定的标的。这里讲的履行标的适当主要包括履行标的数量适当、履行标的质量适当和履行标的价格适当三个方面。

1. 履行标的数量适当

要求债务人履行债务时应当按照数量要求为全部履行，而不得仅为部分履行或者全部不履行。通常，依照合同约定，债务应当一次性全部履行时，原则上履行人不得分次履行，否则受领人有权拒绝受领。但是倘若分次履行对债权人并无不利或不便时，依照诚实信用原则，受领人不得拒绝受领。

2. 履行标的质量适当

要求债务人履行债务的标的应当符合合同所要求的品种、规格和标准。根据我国《合同法》第62条规定，合同履行标的的质量，由当事人协商确定。

当事人在合同中没有约定或约定不明的，依合同有关条款或交易习惯确定。仍无法确定的，依国家标准、行业标准确定。没有国家标准、行业标准的，按照通常标准或符合合同目的的特定标准确定。这里的“国家标准”是指由国务院制定颁布的统一标准，包括国家强制性标准和国家推荐性标准，对前者，当事人必须遵守，不得违反，即使当事人之间有约定，该约定也不得违反国家的强制性规定；对后者，当事人之间的约定可以与之不同，但在未约定或约定不清时，即应按照该国家标准来确定质量要求。“行业标准”也称部门标准，是由有关行政主管部门对没有国家标准而又需要在全国某个行业范围内有统一的技术要求而制定的标准。这里的“通常标准”，指的是同一价格的中等质量标准。

3. 履行标的价格适当

要求当事人履行合同时应按照约定的价款或报酬履行，若价款或报酬不明确，则按照市场价格履行。这里的市场价格是订立合同时的履行地市场价格，而非履行合同时的履行地市场价格。

《合同法》第六十三条　执行政府定价或者政府指导价的，在合同约定的交付期限内政府价格调整时，按照交付时的价格计价。逾期交付标的物的，遇价格上涨时，按照原价格执行；价格下降时，按照新价格执行。逾期提取标的物或者逾期付款的，遇价格上涨时，按照新价格执行；价格下降时，按照原价格执行。

对于执行政府定价或政府指导价的合同，合同履行期间如遇国家对该价格进行调整的，则遇履行情况的变化，当事人应按照调整后的价格来履行，即遇涨则涨，遇降则降。若债务人逾期履行合同，交货时遇价格上涨，合同的价格应按合同原规定的价格执行；遇价格下降，按下降后的新价格执行，即对违约的债务人，遇涨不涨，遇降不降。若债权人逾期提货或逾期付款，遇价格上涨，则按上涨后的新价格执行；遇价格下降，则按合同原规定价格执行，即对违约的债权人，遇涨则涨，遇降不降。此可称为价格罚款，目的是使违约方自己承担价格变化的风险。

4.1.3　履行地点适当

履行地点是债务人履行债务和债权人接受履行的地点。合同的履行地点既涉及合同履行费用的分配、风险的移转，又关系到违约与否的判断，以及诉讼管辖地的确定等与当事人利益相关的一系列重大问题。因此，明确合同的履行地点，对当事人双方均具有重要的法律意义。通常，合同的履行地点由当事人约定。当事人未约定或者约定不明的，依合同有关条款或交易习惯确定。若仍无法确定的，给付货币的，在接受货币一方所在地履行；交付不动产的，在不动产所在地履行；其他标的，在履行义务一方所在地履行。

【案例】兰州市A建材公司与西宁市B钢结构公司签订了一份买卖合同，约定由A公司向B公司供应某型号钢材10t，B公司支付货款4.2万元。在履行合同时发现，双方未约定交货地点，协商过程中，双方均坚持自己公司所在地为交货地点，未达成补充协议，根据合同的有关条款或交易习惯也难以确定交货地点。此时应如何处理？

4.1.4　履行期限适当

当事人应当在合同关系规定的期间或者日期履行债务和接受履行，任何一方不得无故逾期或迟延。

通常，合同的履行期限由当事人在合同中明确约定。当事人未约定或者约定不明的，依合同有关条款或交易习惯确定。仍无法确定的，债务人可以随时履行，债权人也可以随时要求履行，但应当给对方必要的准备时间。

履行期限直接关系到合同义务完成的时间，在履行期后所为的履行属于合同的迟延或逾期履行，应承担相应的民事责任；履行期到来之前所为的合同履行是否属于适当履行，应视情况而定，若提前履行会损害债权人的利益，债权人可拒绝受领。

《合同法》第七十一条　债权人可以拒绝债务人提前履行债务，但提前履行不损害债权人利益的除外。

债务人提前履行债务给债权人增加的费用，由债务人负担。

【案例】某建筑公司与建材公司订立了一份商品混凝土采购合同，约定建材公司于2019年5月3日向建筑公司交付一批商品混凝土。考虑到“五一”期间放假，建材公司于4月30日将约定的商品混凝土运送到建筑公司。此时建筑公司应作何处理？

本案例中，建材公司交付商品混凝土属于提前履行，该履行若损害建筑公司利益，则建筑公司可拒绝受领。

4.1.5　履行方式适当

履行方式是指债务人履行义务的方式，如一次性履行、分次分批履行、定期履行等。合同的履行方式是由法律规定或者合同约定的，或由标的物的性质所决定。凡要求一次性履行的债务，债务人不得分批履行；反之，凡要求分期分批履行的债务，债务人也不得一次性履行。履行方式没有明确规定或者约定的，当事人之间应依诚实信用原则达成补充协议，不能达成补充协议的，应按照有利于实现合同目的的方式履行。

《合同法》第七十二条　债权人可以拒绝债务人部分履行债务，但部分履行不损害债权人利益的除外。

债务人部分履行债务给债权人增加的费用，由债务人负担。

4.2　合同履行抗辩权

所谓抗辩权，又称异议权，是指对抗他人请求权的权利。抗辩权是一种防御性权利，其主要功能在于对抗、延缓请求权的行使，或使请求权归于消灭。我国《合同法》规定了同时履行抗辩权、先履行抗辩权和不安抗辩权，这些抗辩权均发生在双务合同中。

4.2.1　同时履行抗辩权

《合同法》第六十六条　当事人互负债务，没有先后履行顺序的，应当同时履行。一方在对方履行之前有权拒绝其履行要求。一方在对方履行债务不符合约定时，有权拒绝其相应的履行要求。

1. 同时履行抗辩权的概念

同时履行抗辩权是指双务合同的当事人在无先后履行顺序时，一方在对方未为对待给付之前，可以拒绝履行自己债务的权利。

需要指出的是，行使同时履行抗辩权目的不在于免除权利人一方的履行义务，而在于敦促对方履行。

2. 同时履行抗辩权的适用条件

同时履行抗辩权的适用，必须具备以下条件：

（1）双方在同一双务合同中互负对价给付义务；

（2）双方债务无履行先后顺序且已届清偿期；

（3）相对方未履行债务；

（4）相对方在客观上有履行债务的可能。

【案例】日常买卖合同中的“一手交钱，一手交货”，就是典型的同时履行抗辩权的体现。

日常生活中的买卖合同，一般需要同时履行或者没有约定的先后顺序，如果一方不给钱，另一方就可以行使同时履行抗辩权，即不会给货。反之亦然。

4.2.2 先履行抗辩权

《合同法》第六十七条　当事人互负债务，有先后履行顺序，先履行一方未履行的，后履行一方有权拒绝其履行要求。先履行一方履行债务不符合约定的，后履行一方有权拒绝其相应的履行要求。

1. 先履行抗辩权的概念

先履行抗辩权，是指在双务合同中应当先履行义务的一方当事人未履行或者不适当履行，后履行义务的一方当事人有权拒绝对应的履行要求。先履行抗辩权是后履行义务方享有的权利，故又称为后履行抗辩权，其本质上是对违约的抗辩，所以又可以称为违约救济权。

2. 先履行抗辩权的适用条件

先履行抗辩权的适用，同样须符合以下条件：

（1）双方当事人基于同一双务合同互负债务；

（2）合同双方债务的履行有先后顺序；

（3）先履行义务方未履行义务或履行义务不符合合同约定；

（4）先履行一方当事人应当先行履行的债务客观上是可能的。

【案例】双务合同中，履行顺序的确立，或依法律规定，或按当事人约定，或按交易习惯。例如，在饭馆用餐，一般是先吃饭后交钱。如果还没上菜呢，就要求买单，顾客则可以拒绝，此为行使先履行抗辩权。

笔者第一次到兰州吃牛肉面时，坐在饭桌前半天没人理，好不容易喊来服务员，居然要求先付款再吃饭，这让笔者很不适应。但后来发现，整个兰州牛肉面的交易习惯就是先买单再吃饭。在此背景下，显然，服务员对顾客提出先交钱的要求，也是先履行抗辩权的体现。

4.2.3 不安抗辩权

《合同法》第六十八条 应当先履行债务的当事人，有确切证据证明对方有下列情形之一的，可以中止履行：

（一）经营状况严重恶化；

（二）转移财产、抽逃资金，以逃避债务；

（三）丧失商业信誉；

（四）有丧失或者可能丧失履行债务能力的其他情形。

当事人没有确切证据中止履行的，应当承担违约责任。

1. 不安抗辩权的概念

不安抗辩权，指双务合同成立后，应当先履行的当事人有证据证明对方不能履行义务，或者有不能履行合同义务的可能时，在对方没有履行或者提供担保之前，有权中止履行合同义务。

双务合同中，应当先履行义务的一方当事人，原则上应履行到期义务。但后履行一方当事人若财产状况恶化，有可能无法履行其对待给付义务，从而会危及先履行一方当事人债权的实现时，如果仍然强迫先履行一方为先行给付，则有悖于公平原则。因此，为谋求双方当事人利益关系的平衡，避免先履行义务方蒙受不必要的损失，设立了不安抗辩权制度。

2. 不安抗辩权的适用条件

不安抗辩权的适用须具备以下条件：

（1）双方当事人因同一双务合同而互负债务；

（2）双方当事人各自债务的履行有先后顺序；

（3）先履行义务一方有确切证据证明对方履行能力明显降低或丧失履行能力。

这是行使不安抗辩权的实质要件。后履行合同义务的当事人的情形发生变化，可能是财产上减少，也可能是其他变化。这种变化包括经营状况恶化，转移财产、抽逃资金以逃避债务，丧失商业信誉和其他丧失、可能丧失履行债务能力的情形。例如，某商业银行发放贷款前由于市场骤然变化使该企业产品难以销售，可能导致无力还贷，商业银行有权行使不安抗辩权，中止贷款。

3. 不安抗辩权的行使

《合同法》第六十九条 当事人依照本法第六十八条的规定中止履行的，应当及时通知对方。对方提供适当担保时，应当恢复履行。中止履行后，对方在合理期限内未恢复履行能力并且未提供适当担保的，中止履行的一方可以解除合同。

行使不安抗辩权，举证责任在先履行合同义务的当事人，其应当有证据证明对方不能履行合同或者有不能履行合同的可能性。行使不安抗辩权错误的，应承担违约责任。

当事人行使不安抗辩权后，应当立即通知对方当事人。

不安抗辩权属延期抗辩权，当事人仅是中止合同的履行。倘若对方当事人提供了担保或者做了对待给付，不安抗辩权消灭，当事人应当履行合同。

应当先履行的当事人行使了不安抗辩权，对方当事人既未提供担保，也不能证明自己的履行能力，行使不安抗辩权的当事人有权解除合同。

4.3　合同的保全

合同履行过程中，债务人的责任财产是其向债权人履行债务的根本性物质保障。债务人责任财产的充实与否，将直接影响到债权人债权利益的安全。当债务人的责任财产发生不当减少时，债权人为避免对自身债权造成损害，可依法对债务人的责任财产实施保全，以维护债权利益的实现，这就是合同的保全制度。《合同法》规定了代位权和撤销权两种合同保全制度。

4.3.1　代位权

【案例】甲公司欠乙公司材料款 20 万元已近一年，其资产已不足以清偿。乙公司在追债过程中发现，甲公司在一年半之前作为保证人向某银行清偿了丙公司的 30 万元贷款后一直没有向其追偿。鉴于此，乙公司欲直接起诉丙公司，要求其支付 20 万元。请问是否妥当？

《合同法》第七十三条　因债务人怠于行使其到期债权，对债权人造成损害的，债权人可以向人民法院请求以自己的名义代位行使债务人的债权，但该债权专属于债务人自身的除外。

代位权的行使范围以债权人的债权为限。债权人行使代位权的必要费用，由债务人负担。

1. 代位权的概念

代位权指债务人怠于行使权利，债权人为保全债权，以自己的名义向第三人行使债务人现有债权的权利。代位权的行使，是债权人代位行使债务人对次债务人，即债务人的债务人到期债权的权利。因此，代位权法律关系的主体是债权人和次债务人。

案例中，乙公司可以代位甲请求丙公司清偿债务。

2. 代位权的成立要件

根据《最高人民法院关于适用〈中华人民共和国合同法〉若干问题的解释（一）》第 11 条的规定，债权人依照《合同法》第 73 条的规定提起代位权诉讼，应当符合下列条件：

（1）债权人对债务人的债权合法。

即非法的债权无法行使代位权，如赌博之债。

（2）债务人怠于行使其到期债权，对债权人造成损害。

指债务人不履行其对债权人的到期债务，又不以诉讼方式或者仲裁方式向其债务人主张其享有的具有金钱给付内容的到期债权，致使债权人的到期债权未能实现。

这里次债务人（即债务人的债务人）不认为债务人有怠于行使其到期债权情况的，应当承担举证责任。

（3）债务人的债权已到期。

倘若债务人对次债务人不享有债权，或者虽有债权但是并未届满行使期限，债权人均不可主张代位权，不存在债权人对第三人代位行使债务人权利的问题。

（4）债务人的债权不是专属于债务人自身的债权。

专属于债务人自身的债权，是指基于扶养关系、抚养关系、赡养关系、继承关系产生的给付请求权和劳动报酬、退休金、养老金、抚恤金、安置费、人寿保险、人身伤害赔偿请求权等权利。

【案例】在前述案例中，若甲公司账面还有100万元，虽然甲公司怠于行使其对丙公司的到期债权，但是其仍有资力偿还乙公司的欠款，并没有危及乙公司债权的实现，此时乙公司是不能提起代位权诉讼的。

3. 代位权的行使

（1）代位权以债权人自己的名义而不是以债务人的名义行使。

（2）代位权以诉讼的方式行使。

债权人需要通过法院以诉讼的方式行使代位权，而不能由债权人直接向次债务人追偿。债权人以次债务人为被告向人民法院提起代位权诉讼，未将债务人列为第三人的，人民法院可以追加债务人为第三人。

（3）代位权的行使不能超过债务人权利的范围。

债权人行使代位权请求清偿的财产额，应以债务人的债权额和债权人所保全的债权为限，超越此范围，债权人不能行使。比如，前述案例中债权人乙公司只能通过法院请求次债务人丙公司向其清偿20万元，而不能请求偿还30万元。

4.3.2 撤销权

【案例】乙欠甲10万元，到期未还。乙仅有15万元的汽车一辆。一日，乙赠汽车于丙，丙不知甲乙之间的债务情况。甲应如何保全自己的权利？

《合同法》第七十四条　因债务人放弃其到期债权或者无偿转让财产，对债权人造成损害的，债权人可以请求人民法院撤销债务人的行为。债务人以明显不合理的低价转让财产，对债权人造成损害，并且受让人知道该情形的，债权人也可以请求人民法院撤销债务人的行为。

撤销权的行使范围以债权人的债权为限。债权人行使撤销权的必要费用，由债务人负担。

1. 撤销权的概念与成立要件

撤销权是指当债务人所为的减少其财产的行为危害债权人的债权实现时，债权人为保全债权享有请求法院撤销该行为的权利。根据我国《合同法》的规定，案例中甲可以行使撤销权保全自己的权利。撤销权的构成要件包括客观要件和主观要件。

（1）客观要件

1）债务人实施了导致责任财产减少的民事行为。

2）债务人处分财产的行为危害债权人债权的实现。

如果债务人处分财产后剩余的财产的总额不足以清偿债权人的债权，就应当认定为危害债权，债权人就可以行使撤销权。反之，债务人虽然实施导致责任财产减少的行为，但是在减少后的责任财产范围内，其仍有资力清偿债务全额的，其行为不得撤销。

3）债务人处分财产的行为必须发生在债权人与债务人的债权债务关系有效存续期间。

债权人与债务人之间存在有效债权，才能发生债的效力。无效的债权，超过诉讼时效的债权，自然不能发生撤销权。债务人的行为须是在债权人的债权成立后实施的，于债权成立前已经存在的行为，不得作为撤销权的标的。

【案例】前述案例中，乙赠汽车于丙的行为若发生在甲乙产生债务之前，则甲无法行使撤销权。

（2）主观要件

债权人撤销权成立的主观要件，是指债务人以及受益人的过错，主观表现形式是恶意。

1）当债务人所为的行为是无偿时，只需要具备上述的三方面客观要件即可行使撤销权，无须考虑债务人和受益人的主观方面是如何。

2）当债务人所为的行为是有偿时，只有行为时明知有损于债权人债权，并且受让人知道该情形的，债权人才可以行使撤销权。即债权人行使撤销权以债务人和第三人行为时均有主观恶意为要件。

2. 撤销权的行使

（1）撤销权行使的方式

撤销权由债权人以自己的名义通过诉讼的方式行使。债权人提起撤销权诉讼时只以债务人为被告，未将受益人或者受让人列为第三人的，人民法院可以追加该受益人或者受让人为第三人。

（2）撤销权行使的范围

撤销权的行使范围以债权人的债权为限。债权人行使撤销权的必要费用，由债务人负担。

（3）撤销权行使的期限

《合同法》第七十五条　撤销权自债权人知道或者应当知道撤销事由之日起一年内行使。自债务人的行为发生之日起五年内没有行使撤销权的，该撤销权消灭。

合同法规定撤销权行使的期间为一年，自债权人知道或应当知道撤销事由之日起计算，但自债务人处分财产的行为发生之日起不得超过五年。期间届满，债权人的撤销权消灭。

复习思考题

1. 请分析工程施工合同分包的法律性质。

2. 若合同标的物是一种新材料或新工艺，没有相关质量标准，则对其质量应如何要求？

3. 若执行市场价的某种建筑材料，在履行时市场价格发生变动，能否套用《合同法》第63条？为什么？

4. 中止履行的前提是什么？什么情形下需要继续履行？

5. 代位权和撤销权有何区别？

第 5 章　合同的担保

导 读

合同的担保，是促使债务人履行其债务，保障债权人的债权得以实现的法律措施。第 4 章所讲的合同保全制度在保障债权实现方面的弱点明显，即在债务人责任财产不足的情况下，债权人的债权便不能全部实现。本章所称合同的担保，是指以第三人的信用或者以特定财产保障债务人履行合同义务的法律制度。

本章主要根据《中华人民共和国担保法》(以下简称《担保法》) 和《中华人民共和国物权法》(以下简称《物权法》)，介绍保证、抵押、质押、留置、定金等担保方式。

5.1　合同的担保概述

5.1.1　担保的概念与特征

合同的担保是指合同当事人为了保障合同目的的实现，依照法律规定或合同的约定而设立的一种保证合同履行的法律制度。合同的担保制度是通过债务人不履行债务时由担保人承担担保责任的方式保证合同履行。相对于合同的保全制度来说，担保制度是一种更积极的保障债权人债权实现的方式。

担保制度是合同法律制度的重要组成部分。我国《担保法》规定了保证、抵押、质押、留置、定金五种基本的担保方式;《物权法》对抵押、质押、留置这三种担保物权作了规定。《担保法》与《物权法》的规定不一致的，适用《物权法》。

担保具有以下特征:

1. 从属性

《担保法》第五条　担保合同是主合同的从合同，主合同无效，担保合同无效。担保合同另有约定的，按照约定。

担保合同被确认无效后，债务人、担保人、债权人有过错的，应当根据其过错各自承担相应的民事责任。

担保的从属性，是指担保关系的成立、变更和消灭必须以一定的合同关系的存在为前提。被担保的合同关系是一种主法律关系，所设的担保关系是一种从法律关系。如果主合同尚未成立，担保权则无从成立；主合同无效，担保合同亦无效；主债权消灭，担保权亦随之消灭；主债权发生转移和变更，担保关系相应转移和变更。

当然，担保有自己的成立、生效和消灭的原因，担保的不成立、无效或消灭，对其所担保的主合同不发生影响。

【案例】某县水泥厂和服装厂达成一份联营协议，约定由服装厂向水泥厂注入资金200万元，水泥厂每年支付给服装厂利润20万元，两年后归还服装厂的出资，并且服装厂的利润分配不受水泥厂盈亏的影响。协议达成后，为保证水泥厂能正常履行协议，水泥厂请当地化肥厂以其自有厂房向服装厂提供抵押担保，并就抵押事宜到有关登记机构办理了抵押登记。请问：抵押权是否已设立？

该案例中抵押权并未成立。由于水泥厂与服装厂之间的协议明为联营，实际上是借贷合同。根据我国法律规定，法人之间借贷是非法的，属无效行为，因此主合同实际上是无效合同，抵押合同作为从合同自然也无效，抵押权不成立。若化肥厂明知主合同有问题仍提供担保，应认定其主观上有过错，并应根据其过错程度承担过错赔偿责任。

---

2. 补充性

在担保法律关系中，义务人即担保人，可能是主债务人，也可能是第三人。但是担保人并不因其承担了担保义务而取代主债务人的地位，主债务人也不因担保人的产生而免除给付的义务。债的担保增强了债权人债权实现的可能性，只有在主债务不履行时，担保人才承担代为履行的义务，进而实现主债权。

5.1.2 担保的分类

1. 约定担保和法定担保

根据担保的产生依据，担保可以分为约定担保和法定担保。

约定担保又称为意定担保，是指依照当事人的意思表示，以合同的方式设立并发生效力的担保。约定担保具有自愿性，是否设定担保，采取何种形式设定担保，担保的债务的范围等完全依照当事人的意思而设立。保证、抵押、质押、定金等都属于约定担保。

法定担保，是指无须当事人约定，直接依照法律的规定而成立并发生效力的担保。法定担保具有法定性，只要具备了法律规定的条件，法定担保即可成立，如留置。

2. 人的担保与物的担保

根据担保的方式，担保可以分为人的担保和物的担保。

人的担保，又称为信用担保，是指以第三人的信用保证债的履行的担保方式。比如保证，债务人不履行债务时，债权人有权请求保证人承担保证责任。

物的担保，是以债务人或第三人的特定财产作为担保债权的标的，债务人不履行债务时，债权人可以将财产变价，并从中优先受偿。如抵押、质押、留置等。

金钱担保，是指以金钱为标的物而设定的担保，如定金。金钱可以视为特殊的物，所以定金属于物的担保的一种特殊形态。

实践中必须注意的是：在同一债权上人的担保和物的担保共存的情况下，债权人应当按照与担保人的约定实现债权，如果没有约定或者约定不明确的，债务人自己提供物的担保与第三人提供物的担保在处理上是有区别的。

《物权法》第一百七十六条　被担保的债权既有物的担保又有人的担保的，债务人不履行到期债务或者发生当事人约定的实现担保物权的情形，债权人应当按照约定实现债权；没有约定或者约定不明确，债务人自己提供物的担保的，债权人应当先就该物的担保实现债权；第三人提供物的担保的，债权人可以就物的担保实现债权，也可以要求保证人承担保证责任。提供担保的第三人承担担保责任后，有权向债务人追偿。

根据《物权法》第 176 条，当物的担保为债务人自己所提供时，要求债务人首先用自己提供的财产来满足债权人的债权，不足部分再由保证人承担清偿责任；但是当物的担保是由第三人提供时，债权人就具有选择权，可以斟酌对自己有利的方式，选择行使担保物权，或是行使担保债权，而非必须先行使担保物权。

5.2　保证

【案例】小张最近在搞大学生创业，初期资金周转比较困难，想去银行贷款 5 万元。但小张作为在校生，目前没有可以向银行提供担保的财产，放贷经理说找个有清偿能力的人来担保也可以。因此，小张就找到了班主任刘老师，刘老师很爽快，答应了小张的请求，与银行签订了保证合同。一年后，小张创业失败，银行欠款也到期未还。银行一看小张没有清偿能力，就直接找到了刘老师，要求直接承担保证责任，归还欠款本金以及利息和相关费用。

请问刘老师是否应承担保证责任，他应该如何保护自己的权利？

5.2.1　保证与保证合同

1. 保证的概念

《担保法》第六条　本法所称保证，是指保证人和债权人约定，当债务人不履行债务时，保证人按照约定履行债务或者承担责任的行为。

保证是指债务人以外的第三人作保证人，担保债务人履行债务的制度。保证涉及三方法律关系：一是债权人与债务人之间的主债权债务关系；二是保证人与被保证人之间的委托关系；三是保证人与债权人之间的保证关系。

案例中，银行为债权人，小张为债务人，刘老师为保证人。

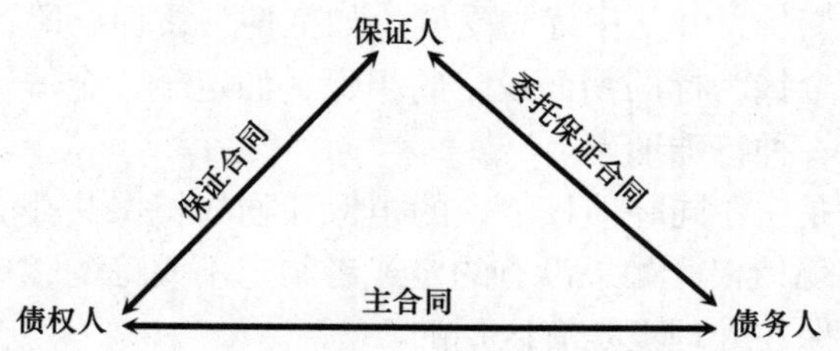

2. 保证合同的概念

《担保法》第十三条　保证人与债权人应当以书面形式订立保证合同。

第十四条　保证人与债权人可以就单个主合同分别订立保证合同，也可以协议在最高债权额限度内就一定期间连续发生的借款合同或者某项商品交易合同订立一个保证合同。

保证合同是保证人与债权人订立的，在债务人不履行债务时，由保证人承担保证责任的协议。保证合同的当事人是保证人和债权人，保证人和债权人可以就单个主合同分别订立保证合同，也可以协议在最高债权额限度内就一定期间连续发生的借款合同或者某项商品交易合同订立一个保证合同。保证合同应当采用书面形式。

【思考】工程建设行业的“投标保函”“履约保函”的法律性质为何?

3. 保证合同的特征

（1）保证合同是单务合同。在保证合同中，只有保证人承担债务（也即保证责任），债权人不负对待给付义务。

（2）保证合同是无偿合同。在保证合同中，保证人对债权人承担保证责任，债权人对此不提供相应的代价。至于主债务人对此是否付出代价，因其不是保证合同的当事人，故不影响保证合同无偿的性质。

（3）保证合同是诺成合同。保证合同的成立须保证人和债权人就保证债务问题协商一致，但无须交付标的物。

（4）保证合同为要式合同。根据我国《担保法》的规定，保证合同应当采取书面形式。

（5）保证合同为从合同。

4. 保证合同的内容

《担保法》第十五条　保证合同应当包括以下内容:

（一）被保证的主债权种类、数额;

（二）债务人履行债务的期限;

（三）保证的方式;

（四）保证担保的范围;

（五）保证的期间;

（六）双方认为需要约定的其他事项。

保证合同不完全具备前款规定内容的，可以补正。

保证合同应当包括《担保法》第 15 条规定的六项内容。保证合同可以在主合同成立之前订立，也可以在其成立之后订立。保证合同订立时若不完全具备上述内容的，事后仍然可以补充。

5.2.2　保证人

1. 保证人资格

《担保法》第七条　具有代为清偿债务能力的法人、其他组织或者公民，可以作保证人。

保证是以保证人的信用担保债务人履行债务的，因而保证人只能是债务人以外的第三人，而不能是债务人自己。第三人作为保证人应具有代为清偿债务的能力。对于保证人而言，保证合同是一种民事行为，且保证合同是无偿的单务合同，因而自然人作为保证人须为完全民事行为能力人。法人和其他组织可以作为保证人，但并非所有的法人和其他组织都可以作为保证人。根据我国《担保法》的规定，下列法人或其他组织不得为保证人。

《担保法》第八条　国家机关不得为保证人，但经国务院批准为使用外国政府或者国际经济组织贷款进行转贷的除外。

第九条　学校、幼儿园、医院等以公益为目的的事业单位、社会团体不得为保证人。

第十条　企业法人的分支机构、职能部门不得为保证人。

企业法人的分支机构有法人书面授权的，可以在授权范围内提供保证。

2. 两个以上保证人

《担保法》第十二条　同一债务有两个以上保证人的，保证人应当按照保证合同约定的保证份额，承担保证责任。没有约定保证份额的，保证人承担连带责任，债权人可以要求任何一个保证人承担全部保证责任，保证人都负有担保全部债权实现的义务。已经承担保证责任的保证人，有权向债务人追偿，或者要求承担连带责任的其他保证人清偿其应当承担的份额。

两个或两个以上保证人担保同一债权的保证称为共同保证，有按份共同保证和连带共同保证两种情形。按份共同保证是指，共同保证人按照保证合同约定的保证份额承担保证责任；连带共同保证是指，各保证人与债权人没有约定保证份额的，则应当承担连带保证责任，债权人可以要求任何一个保证人承担全部保证责任。需要注意的是，连带共同保证的保证人不得以其相互之间约定各自承担的份额对抗债权人。

3. 保证人的追偿权

《担保法》第三十一条　保证人承担保证责任后，有权向债务人追偿。

第三十二条　人民法院受理债务人破产案件后，债权人未申报债权的，保证人可以参加破产财产分配，预先行使追偿权。

保证人在履行保证债务后，享有向债务人追偿的权利，追偿的范围以保证人履行保证债务的范围为限。人民法院受理债务人破产案件后，债权人未申报债权的，保证人可以参加破产财产分配，预先行使追偿权。

按份共同保证的保证人按照保证合同约定的保证份额承担保证责任后，在其履行保证责任的范围内对债务人行使追偿权。

连带共同保证的保证人承担保证责任后，向债务人不能追偿的部分，由各连带保证人按其内部约定的比例分担。没有约定的，平均分担。

【案例】甲公司向银行借款 100 万元，乙公司和丙公司与银行约定在甲到期不能还款时，由乙和丙作为保证人承担保证责任。同时，甲、乙、丙三方也约定乙和丙分别承担 50% 的保证责任。后来，甲公司和乙公司均因经营不善而破产，甲公司的银行欠款也未能偿还，银行遂要求丙公司承担全部保证责任，但丙公司坚持只承担 50% 的保证责任。

该案的关键在于，乙和丙的共同保证是按份共同保证还是连带共同保证。虽然甲、乙、丙三方约定了保证份额，但保证人未与债权人约定保证份额，因此应视为连带共同保证，银行有权要求丙公司承担全部保证责任。丙公司承担全部保证责任后，可以向甲追偿，不能追偿的部分，可以和乙公司按 50% 的比例分担。若法院受理了甲公司的破产案件，而银行未申报债权，则乙公司和丙公司可以参加破产财产分配，预先行使追偿权。

5.2.3 保证方式

《担保法》第十六条　保证的方式有：

（一）一般保证；

（二）连带责任保证。

1. 一般保证

《担保法》第十七条　当事人在保证合同中约定，债务人不能履行债务时，由保证人承担保证责任的，为一般保证。

一般保证的保证人在主合同纠纷未经审判或者仲裁，并就债务人财产依法强制执行仍不能履行债务前，对债权人可以拒绝承担保证责任。

有下列情形之一的，保证人不得行使前款规定的权利：

（一）债务人住所变更，致使债权人要求其履行债务发生重大困难的；

（二）人民法院受理债务人破产案件，中止执行程序的；

（三）保证人以书面形式放弃前款规定的权利的。

一般保证是保证人仅对债务人不履行债务负补充责任的保证。在一般保证中，保证人享有先诉抗辩权。

所谓先诉抗辩权是指，在主合同纠纷未经审判或仲裁，并就债务人财产依法强制执行以前，保证人有权对债权人的请求进行抗辩。有《担保法》第 17 条规定的三种情形之一的，保证人不得行使先诉抗辩权。

因此，在一般保证中，保证人承担保证责任的前提有两个：（1）被担保的主债权已经法院审判或仲裁机构仲裁；（2）主债务人的财产已经法院强制执行，仍不能履行全部债务。

2. 连带责任保证

《担保法》第十八条　当事人在保证合同中约定保证人与债务人对债务承担连带责任的，为连带责任保证。

连带责任保证的债务人在主合同规定的债务履行期届满没有履行债务的，债权人可以要求债务人履行债务，也可以要求保证人在其保证范围内承担保证责任。

第十九条　当事人对保证方式没有约定或者约定不明确的，按照连带责任保证承担保证责任。

连带责任保证是指保证人在债务人不履行债务时与债务人负连带责任的保证。

相比于一般保证人来说，连带责任保证的保证人承担的责任要更重。一般保证的保证人只在债务人不能履行债务时才承担保证责任；而对连带责任的保证人来说，只要债务人未履行债务，它就有义务承担保证责任，不论债务人能否履行债务，即连带责任保证的保证人不享有先诉抗辩权。

【案例】本节第 1 个案例中，刘老师与银行签订了保证合同，但未说明保证方式。可按两种情况分析：

（1）若保证合同中约定为一般保证，则刘老师享有先诉抗辩权，在银行对小张提起诉讼并且对其财产强制执行前，刘老师可以拒绝承担保证责任；（2）若保证合同中约定为连带责任保证或者未作约定（视为连带责任保证），则刘老师不享有先诉抗辩权，银行可以直接要求其承担连带保证责任，刘老师只能在承担保证责任后向小张追偿，以保障自己的权利。

5.2.4 保证责任

1. 保证责任的范围

《担保法》第二十一条　保证担保的范围包括主债权及利息、违约金、损害赔偿金和实现债权的费用。保证合同另有约定的，按照约定。

当事人对保证担保的范围没有约定或者约定不明确的，保证人应当对全部债务承担责任。

保证责任的范围，即保证人承担保证债务的范围。当事人可以在保证合同中对保证责任的范围进行约定，保证人仅在约定的范围内承担保证债务。当事人未明确约定保证责任范围的，应当对全部债务承担责任。这里的全部债务包括主债权及利息、违约金、损害赔偿金和实现债权的费用。

2. 保证期间

《担保法》第二十五条　一般保证的保证人与债权人未约定保证期间的，保证期间为主债务履行期届满之日起六个月。

在合同约定的保证期间和前款规定的保证期间，债权人未对债务人提起诉讼或者申请仲裁的，保证人免除保证责任；债权人已提起诉讼或者申请仲裁的，保证期间适用诉讼时效中断的规定。

第二十六条　连带责任保证的保证人与债权人未约定保证期间的，债权人有权自主债务履行期届满之日起六个月内要求保证人承担保证责任。

在合同约定的保证期间和前款规定的保证期间，债权人未要求保证人承担保证责任的，保证人免除保证责任。

保证期间，是指保证人承担保证责任的存续期间。从保证人的角度来看，超过保证期间，保证人的保证责任免除，保证人不再承担保证责任。从债权人行使保证权的角度来看，保证期间是督促债权人积极行使保证权利的期间。《担保法》第25条、26条明确规定了当事人之间可以约定保证期间，没有约定保证期间的，保证期间为主债务履行期届满之日起6个月。

3. 主合同转让或变更后的保证责任

（1）主债权转让后的保证责任

《担保法》第二十二条　保证期间，债权人依法将主债权转让给第三人的，保证人在原保证担保的范围内继续承担保证责任。保证合同另有约定的，按照约定。

保证期间，债权人依法将主债权转让给第三人的，保证债权同时转让，保证人在原保证担保的范围内对受让人承担保证责任。但是保证人与债权人事先约定仅对特定的债权人承担保证责任或者禁止债权转让的，保证人不再承担保证责任。

（2）主债务转让后的保证责任

《担保法》第二十三条　保证期间，债权人许可债务人转让债务的，应当取得保证人书面同意，保证人对未经其同意转让的债务，不再承担保证责任。

保证期间，债权人许可债务人转让部分债务未经保证人书面同意的，保证人对未经其同意转让部分的债务，不再承担保证责任。但是，保证人仍应当对未转让部分的债务承担保证责任。

（3）主合同变更后的保证责任

《担保法》第二十四条　债权人与债务人协议变更主合同的，应当取得保证人书面同意，未经保证人书面同意的，保证人不再承担保证责任。保证合同另有约定的，按照约定。

保证期间，债权人与债务人对主合同数量、价款、币种、利率等内容作了变动，未经保证人同意的，如果减轻债务人债务的，保证人仍应当对变更后的合同承担保证责任；如果加重债务人债务的，保证人对加重的部分不承担保证责任。

债权人与债务人对主合同履行期限作了变动，未经保证人书面同意的，保证期间为原合同约定的或者法律规定的期间。

债权人与债务人协议变动主合同内容，但并未实际履行的，保证人仍应当承担保证责任。

4. 保证责任的消灭

根据我国《担保法》的规定，保证责任在以下情形下消灭：

（1）主债务消灭。保证债务为从债务，保证债务随主债务的消灭而消灭。因此，在主债务因履行、抵消、免除、混同等原因而消灭时，保证人的保证责任也消灭。

（2）保证期间届满而债权人未为请求。保证人承担保证责任并非是无期限的，保证人仅在保证期限内承担保证责任。对于一般保证，债权人在保证期限内未对债务人提起诉讼或者申请仲裁，则保证责任消灭；对于连带责任保证，债权人未在保证期限内要求保证人承担保证责任，则保证责任消灭。

（3）主合同当事人的瑕疵行为。主要包括以下情形：债权人许可债务人转让部分债务未经保证人书面同意的，保证人对未经其同意转让部分的债务，不再承担保证责任；债权人与债务人协议变更主合同，未经保证人书面同意的，保证人不再承担保证责任；同一债权既有保证又有物的担保，债权人放弃物的担保的，保证人在债权人放弃权利的范围内免除保证责任。

（4）主合同当事人恶意串通或欺诈胁迫的行为。见《担保法》第30条的规定。

《担保法》第三十条　有下列情形之一的，保证人不承担民事责任：

（一）主合同当事人双方串通，骗取保证人提供保证的；

（二）主合同债权人采取欺诈、胁迫等手段，使保证人在违背真实意思的情况下提供保证的。

5.3　抵押

【案例】小潘在大学毕业后，办了一家小型建材厂。近日，由于扩展业务的需要，以目前建材厂的设备作为抵押，向某小额贷款公司贷款50万元，借期一年。双方签订了借款合同，合同中约定，一旦小潘的建材厂到期偿还不了贷款，则抵押的建材厂设备归贷款公司所有。

请问双方是否成立抵押合同？若1年后小潘的建材厂偿还不了借款，贷款公司应如何保护自己的权益？

5.3.1　抵押与抵押合同

1. 抵押的概念

《担保法》第三十三条　本法所称抵押，是指债务人或者第三人不转移对本法第三十四条所列财产的占有，将该财产作为债权的担保。债务人不履行债务时，债权人有权依照本法规定以该财产折价或者以拍卖、变卖该财产的价款优先受偿。

前款规定的债务人或者第三人为抵押人，债权人为抵押权人，提供担保的财产为抵押物。

所谓抵押，是指债权人对于债务人或者第三人不转移占有的、作为履行债务担保的特定财产，在债务人到期不履行债务时，有权就该财产的变价优先受偿的担保方式。在抵押法律关系中，提供担保财产的债务人或者第三人为抵押人，享有抵押权的债权人为抵押权人，抵押人提供的担保财产称为抵押物。

2. 抵押的特征

抵押作为一种担保方式，除具有担保的一般特征之外，还具有自身的特点：

（1）不转移对标的物的占有。在设定抵押时，不以移转标的物的占有为前提，这是抵押区别于质押和留置的重要标志。正是不转移对标的物的占有，才使抵押既发挥了担保功能，又不影响抵押人对抵押物的占有或使用，同时又免除了抵押权人保管抵押物之累。所以，抵押被誉为最理想可靠的担保方式，有"担保之王"之称。

（2）以不动产、动产或权利为标的物。抵押财产既可以是不动产，也可以是动产或法律规定的可用于抵押的不动产权利。与之相比，质押和留置的标的物只能是动产或者动产权利。

（3）抵押权人享有标的物的优先受偿权。抵押权人在债务人不履行债务时，有权依据法律从抵押物的变价中优先受偿。

3. 抵押合同

抵押的设立主要基于当事人之间所订立的抵押合同，根据我国法律的规定，抵押合同应当采用书面形式。《物权法》第 185 条规定了抵押合同的基本条款。

《物权法》第一百八十五条　设立抵押权，当事人应当采取书面形式订立抵押合同。

抵押合同一般包括下列条款：

（一）被担保债权的种类和数额；

（二）债务人履行债务的期限；

（三）抵押财产的名称、数量、质量、状况、所在地、所有权归属或者使用权归属；

（四）担保的范围。

需要注意的是，当事人不得在抵押合同中约定，债务履行期满债权人未受清偿时，抵押物归债权人所有。因此，本节第 1 个案例中的抵押合同并没有成立。

《物权法》第一百八十六条　抵押权人在债务履行期届满前，不得与抵押人约定债务人不履行到期债务时抵押财产归债权人所有。

5.3.2 抵押物

1. 可以抵押的财产

《物权法》第一百八十条　债务人或者第三人有权处分的下列财产可以抵押：

（一）建筑物和其他土地附着物；

（二）建设用地使用权；

（三）以招标、拍卖、公开协商等方式取得的荒地等土地承包经营权；

（四）生产设备、原材料、半成品、产品；

（五）正在建造的建筑物、船舶、航空器；

（六）交通运输工具；

（七）法律、行政法规未禁止抵押的其他财产。

抵押人可以将前款所列财产一并抵押。

由《物权法》第180条可知，动产、不动产和权利都可以作为抵押物，并且可以一并抵押。这里动产主要指生产设备、原材料、半成品、产品（包括现有的以及将有的，见《物权法》第181条），正在建造的船舶、航空器，以及交通运输工具等；不动产主要指建筑物和其他土地附着物、正在建造的建筑物等；权利主要指不动产权利，包括可以抵押的建设用地使用权和土地承包经营权。需要注意的是，不动产和不动产的权利需要一并抵押，不得单独抵押（见《物权法》第182条、183条）。

《物权法》第一百八十一条　经当事人书面协议，企业、个体工商户、农业生产经营者可以将现有的以及将有的生产设备、原材料、半成品、产品抵押，债务人不履行到期债务或者发生当事人约定的实现抵押权的情形，债权人有权就实现抵押权时的动产优先受偿。

第一百八十二条　以建筑物抵押的，该建筑物占用范围内的建设用地使用权一并抵押。以建设用地使用权抵押的，该土地上的建筑物一并抵押。

抵押人未依照前款规定一并抵押的，未抵押的财产视为一并抵押。

第一百八十三条　乡镇、村企业的建设用地使用权不得单独抵押。以乡镇、村企业的厂房等建筑物抵押的，其占用范围内的建设用地使用权一并抵押。

2. 不得抵押的财产

《物权法》第一百八十四条　下列财产不得抵押：

（一）土地所有权；

（二）耕地、宅基地、自留地、自留山等集体所有的土地使用权，但法律规定可以抵押的除外；

（三）学校、幼儿园、医院等以公益为目的的事业单位、社会团体的教育设施、医疗卫生设施和其他社会公益设施；

（四）所有权、使用权不明或者有争议的财产；

（五）依法被查封、扣押、监管的财产；

（六）法律、行政法规规定不得抵押的其他财产。

根据《物权法》第180条和第184条，对于抵押物的范围，可以做如下理解：

（1）必须是有权处分的财产才可以抵押，无权处分的财产不得抵押。所以：① 土地所有权不得抵押，因为我国土地的所有权属于国家和集体；② 所有权、使用权不明或者有争议的财产不得抵押；③ 依法被查封、扣押、监管的财产不得抵押。

（2）对于土地使用权，又分两种情况：① 建设用地的使用权可以抵押；② 耕地、宅基地、自留地、自留山等集体所有的土地使用权不得抵押（除了以招标、拍卖、公开协商等方式取得的荒地的土地承包经营权之外）。

（3）不动产可以抵押，但需要和其占用范围内的建设用地使用权一并抵押，如建筑物和其他土地附着物、正在建造的建筑物等。

（4）动产可以抵押，包括现有的以及将有的生产设备、原材料、半成品、产品，船舶、航空器，交通运输工具等。

（5）公益设施不得抵押，如学校、幼儿园、医院等以公益为目的的事业单位、社会团体的教育设施、医疗卫生设施和其他社会公益设施等。

3. 抵押物登记

由于抵押物的设立，不仅涉及抵押人和抵押权人，而且还涉及抵押人的一般债权人和其他与抵押物有利害关系的人。因此，法律对抵押物的设立，要求具备严格的形式要件。

（1）应当办理登记的抵押物。

《物权法》第一百八十七条　以本法第一百八十条第一款第一项至第三项规定的财产或者第五项规定的正在建造的建筑物抵押的，应当办理抵押登记。抵押权自登记时设立。

根据《物权法》的规定，下列财产的抵押，应当办理抵押登记，抵押权自登记时设立：

1）建筑物和其他土地附着物；

2）建设用地使用权；

3）以招标、拍卖、公开协商等方式取得的荒地等土地承包经营权；

4）正在建造的建筑物。

可以看出，凡是以不动产或不动产权利为标的物设定的抵押，奉行登记生效主义，当事人不登记，不动产或不动产权利抵押的设定不发生效力。

【案例】2019年3月23日，某甲向当地商业银行贷款，商业银行要求其提供担保，某甲即同意以其所有的一套住房作为抵押物。双方签订了借款合同及抵押合同。由于银行工作人员的疏忽，双方并未到有关登记部门办理登记手续。请问：房屋抵押权是否已设立？商业银行应采取什么补救措施？

该案例中房屋抵押权尚未设立，因为房屋的抵押需要办理登记；商业银行可要求某甲补办抵押登记，虽然商业银行与某甲之间的抵押合同尚未生效，但已成立，因此商业银行可以基于合同要求某甲补办抵押登记手续。

（2）自愿办理登记的抵押物。

《物权法》第一百八十八条　以本法第一百八十条第一款第四项、第六项规定的财产或者第五项规定的正在建造的船舶、航空器抵押的，抵押权自抵押合同生效时设立；未经登记，不得对抗善意第三人。

第一百八十九条　企业、个体工商户、农业生产经营者以本法第一百八十一条规定的动产抵押的，应当向抵押人住所地的工商行政管理部门办理登记。抵押权自抵押合同生效时设立；未经登记，不得对抗善意第三人。

依照本法第一百八十一条规定抵押的，不得对抗正常经营活动中已支付合理价款并取得抵押财产的买受人。

根据《物权法》的规定，以应当办理登记的抵押物之外的财产抵押的，可以自愿办理抵押登记，抵押权自抵押合同生效时设立，未经登记，不得对抗善意第三人。这一类抵押物包括：

1）生产设备、原材料、半成品、产品；

2）正在建造的船舶、航空器；

3）交通运输工具。

可以看出，凡是以动产为标的物设定的抵押，奉行登记对抗主义，抵押权自抵押合同生效时设立，不登记不得对抗善意第三人。

另外需要注意的是，抵押人将生产设备、原材料、半成品、产品抵押的，无论是否登记，均不得对抗正常经营活动中已支付合理价款并取得抵押财产的买受人。这是因为该情形下的买受人已取得抵押物的所有权。

【思考】结合第三章“合同的效力”所讲的内容，对于抵押权的设立，是否可以这样理解：

无论应当办理登记还是自愿办理登记的情形，抵押权的设立都依赖于抵押合同的生效。只是对于应当办理登记的抵押物（即不动产和不动产权利），抵押合同的生效以登记为要件；而对于自愿办理登记的抵押物（即动产），抵押合同的生效不以登记为要件。

5.3.3 抵押的效力

1. 抵押的效力范围

抵押的效力范围包括抵押所担保的债权范围与抵押及于标的物范围。

《物权法》第一百七十三条 担保物权的担保范围包括主债权及其利息、违约金、损害赔偿金、保管担保财产和实现担保物权的费用。当事人另有约定的，按照约定。

抵押所担保的债权范围，应由当事人约定，未约定或约定不明的，应包括主债权及其利息、违约金、损害赔偿金、保管担保财产和实现担保物权的费用。

抵押及于标的物范围包括抵押物本身及其从物、添附物、孳息、从权利等。

2. 抵押人对抵押物的权利

（1）抵押物的占有、使用、收益权。

由于抵押权的设定并不移转抵押物的占有，因此在抵押权成立后，抵押人仍享有对抵押物占有、使用、收益的权利。

（2）抵押物的出租权。

《物权法》第一百九十条 订立抵押合同前抵押财产已出租的，原租赁关系不受该抵押权的影响。抵押权设立后抵押财产出租的，该租赁关系不得对抗已登记的抵押权。

抵押人在已出租的财产上设定抵押时，由于租赁权在先，抵押权在后，租赁权不受抵押权的影响，即“抵押不破租赁”。

在抵押权存续期间，抵押人将抵押物出租的，由于抵押权在先，租赁权在后，承租权不能对抗已登记的抵押权，在抵押权实现时，租赁权应当然终止。

【案例】甲建筑公司与乙银行签订借款合同，约定甲向乙借款 20 万元，借期 1 年，以甲的一套施工机械设立抵押，并办理了抵押登记，后来甲又将该机械租与丙施工队使用。甲的借款到期未能清偿，乙要求行使抵押权，而丙以其享有租赁权抗辩。问乙能否实现抵押权?

显然，该案例中，乙能实现抵押权，丙享有的租赁权在后，不能对抗乙的抵押权。

（3）抵押物的处分权。抵押人就标的物设立抵押权后，并不丧失对抵押物的所有权。因此抵押人对抵押物仍享有处分权，但这种处分权是受到限制的。

《物权法》第一百九十一条　抵押期间，抵押人经抵押权人同意转让抵押财产的，应当将转让所得的价款向抵押权人提前清偿债务或者提存。转让的价款超过债权数额的部分归抵押人所有，不足部分由债务人清偿。

抵押期间，抵押人未经抵押权人同意，不得转让抵押财产，但受让人代为清偿债务消灭抵押权的除外。

（4）抵押物的出抵权。指抵押人在抵押物上设定抵押权后，为了担保其他债权的实现，而在抵押物上再次设定抵押权的权利。

《担保法》第三十五条　抵押人所担保的债权不得超出其抵押物的价值。

财产抵押后，该财产的价值大于所担保债权的余额部分，可以再次抵押，但不得超出其余额部分。

【案例】2017 年 11 月，甲公司因经营资金不足，向本市乙银行借款 80 万元，约定于 2018 年 11 月归还，但是到期未能偿还。2018 年 12 月，双方签订了一份书面借款抵押协议书，约定甲公司 80 万元贷款于 2019 年 1 月底偿还，若不能偿还，甲公司愿将价值80万元的设备作为履行债务的抵押担保。2019年1月底，甲公司偿还银行贷款40万元，尚欠本金 40 万元以及利息无力偿还。乙银行遂诉至法院，要求甲公司归还贷款，否则实现抵押权。

此外，甲公司在 2017 年还借有本市丙小额贷款公司 50 万元，双方约定在 2019 年 4 月 1 日归还，如到期未还清，甲公司愿以企业的设备作为履行债务的抵押担保，并于 2018 年 4 月签订了书面抵押合同。

本案中，甲公司在其价值为 80 万元的设备上，分别为乙银行和丙公司设定了两个抵押权，并且分别签订了书面抵押合同，表明两个抵押权成立并生效。但是，丙公司抵押权的设定先于乙银行的抵押权，所以乙银行的抵押权仅在丙公司抵押权担保的债权 50 万元及其利息的余额部分有效。

3. 抵押权人的权利

（1）抵押权的处分权。指抵押权人依法转让并处分其抵押权的权利，包括抵押权的转让、抵押权的放弃、抵押权顺位的变更等。

《物权法》第一百九十二条　抵押权不得与债权分离而单独转让或者作为其他债权的担保。债权转让的，担保该债权的抵押权一并转让，但法律另有规定或者当事人另有约定的除外。

第一百九十四条　抵押权人可以放弃抵押权或者抵押权的顺位。抵押权人与抵押人可以协议变更抵押权顺位以及被担保的债权数额等内容，但抵押权的变更，未经其他抵押权人书面同意，不得对其他抵押权人产生不利影响。

债务人以自己的财产设定抵押，抵押权人放弃该抵押权、抵押权顺位或者变更抵押权的，其他担保人在抵押权人丧失优先受偿权益的范围内免除担保责任，但其他担保人承诺仍然提供担保的除外。

（2）保全抵押权的权利。指在抵押权存续期间抵押物的价值受侵害时，抵押权人依法所享有的、保全其抵押权益的权利。

《物权法》第一百九十三条　抵押人的行为足以使抵押财产价值减少的，抵押权人有权要求抵押人停止其行为。抵押财产价值减少的，抵押权人有权要求恢复抵押财产的价值，或者提供与减少的价值相应的担保。抵押人不恢复抵押财产的价值也不提供担保的，抵押权人有权要求债务人提前清偿债务。

（3）优先受偿权。指在抵押权实现时，抵押权人以抵押物的变价优先受清偿的权利。

《物权法》第一百九十五条　债务人不履行到期债务或者发生当事人约定的实现抵押权的情形，抵押权人可以与抵押人协议以抵押财产折价或者以拍卖、变卖该抵押财产所得的价款优先受偿。协议损害其他债权人利益的，其他债权人可以在知道或者应当知道撤销事由之日起一年内请求人民法院撤销该协议。

抵押权人与抵押人未就抵押权实现方式达成协议的，抵押权人可以请求人民法院拍卖、变卖抵押财产。

抵押财产折价或者变卖的，应当参照市场价格。

5.3.4　抵押权的实现

抵押权的实现，是指抵押权人行使抵押权以实现抵押物的价值，并从中优先受偿其债权的法律行为。

1. 抵押权实现的条件

根据《物权法》第 179 条、195 条的规定，抵押权的实现必须具备以下条件：

（1）必须以抵押权的有效存在为前提；

（2）债务人的债务已届清偿期；

（3）债务人未清偿债务或者发生当事人约定的实现抵押权的情形；

（4）债务未清偿不是由于债权人方面的原因。

2. 抵押权实现方式

根据《物权法》第195条的规定，首先，抵押权人可与抵押人协商以抵押物折价或拍卖、变卖抵押物的方式实现抵押权；其次，只有在双方协商不成时，抵押权人才可向法院起诉，请求法院拍卖、变卖抵押物。抵押财产折价或者拍卖、变卖后，其价款超过债权数额的部分归抵押人所有，不足部分由债务人清偿。

3. 同一财产上多个抵押权的实现顺序

我国《物权法》第199条规定了当抵押物上存在多个抵押权时，拍卖、变卖抵押物所得的价款，如何用于清偿抵押物所担保债权的顺序。

《物权法》第一百九十九条　同一财产向两个以上债权人抵押的，拍卖、变卖抵押财产所得的价款依照下列规定清偿：

（一）抵押权已登记的，按照登记的先后顺序清偿；顺序相同的，按照债权比例清偿；

（二）抵押权已登记的先于未登记的受偿；

（三）抵押权未登记的，按照债权比例清偿。

5.4 质押

5.4.1 质押概述

1. 质押的概念

质押是指债务人或第三人将其动产或者权利移交债权人占有，以该动产或权利作为债权的担保，当债务人不履行债务时，债权人有权依法以该动产或权利折价，或者以拍卖、变卖该动产或权利所得价款优先受偿。

在质押法律关系中，债务人或者第三人为出质人，债权人为质权人，交付的动产或权利为质押财产。

质押以动产或权利为标的物，不动产不能出质。质押与抵押的根本区别在于质押会转移对标的物的占有。

2. 质押合同

我国《物权法》第210条规定了质押合同的形式和一般条款。

《物权法》第二百一十条　设立质权，当事人应当采取书面形式订立质权合同。

质权合同一般包括下列条款：

（一）被担保债权的种类和数额；

（二）债务人履行债务的期限；

（三）质押财产的名称、数量、质量、状况；

（四）担保的范围；

（五）质押财产交付的时间。

与抵押一样，质押合同也禁止“流质”条款（《物权法》第211条）。

《物权法》第二百一十一条　质权人在债务履行期届满前，不得与出质人约定债务人不履行到期债务时质押财产归债权人所有。

3. 质押的效力范围

质押所担保的债权范围与抵押类似，一般应由当事人约定，未约定或约定不明的，应包括主债权及其利息、违约金、损害赔偿金、保管担保财产和实现担保物权的费用。质押及于标的物的范围同样包括质物本身及其从物、添附物、孳息、从权利等。

4. 质押的实现方式

质押的实现方式与抵押类似，有质物的拍卖、变卖和折价三种。质物折价或者拍卖、变卖后，其价款超过债权数额的部分归抵押人所有，不足部分由债务人清偿。

《物权法》第二百一十九条　债务人履行债务或者出质人提前清偿所担保的债权的，质权人应当返还质押财产。

债务人不履行到期债务或者发生当事人约定的实现质权的情形，质权人可以与出质人协议以质押财产折价，也可以就拍卖、变卖质押财产所得的价款优先受偿。

质押财产折价或者变卖的，应当参照市场价格。

第二百二十一条　质押财产折价或者拍卖、变卖后，其价款超过债权数额的部分归出质人所有，不足部分由债务人清偿。

5.4.2　动产质押

1. 动产质押的设立

（1）质物。

动产质押的标的物简称为质物，是指出质人转移给质权人占有的标的物。按照我国法律的相关规定，质物必须具备如下条件：①必须是动产，不动产不能作为质权的客体。②必须是特定的动产，不特定的动产或者抽象的、一般的动产，不能作为质权的客体。对于金钱等种类物，只要能以一定的方式使之特定化，也可以作为质权的客体，如特户、封金、保证金等。③必须是流通的动产，法律禁止流通的动产，不能作为质物。④必须是出质人原则上有权处分的动产，出质人以其不具有所有权但合法占有的动产出质的，善意的质权人行使质权后，给动产所有人造成损失的，由出质人承担赔偿责任。

【思考】工程建设行业的“投标保证金”“履约保证金”的法律性质为何?

《担保法》解释第 85 条：债务人或者第三人将其金钱以特户、封金、保证金等形式特定化后，移交债权人占有作为债权的担保，债务人不履行债务时，债权人可以以该金钱优先受偿。

（2）动产质押的设立要件。

根据我国法律的规定，动产质押的设立以质物的交付为要件。未转移对质物的占有，动产质押不生效（《物权法》第 212 条）。

《物权法》第二百一十二条　质权自出质人交付质押财产时设立。

2. 质权人的权利与义务

因为质押关系存续期间，质权人占有质物，因此质权人享有对质物的占有、孳息收取以及对质权的保全和放弃等权利，同时也负有妥善保管质物的义务，以及不得擅自处分和使用质物，未经出质人同意不得转质等。《物权法》第 213 条～第 218 条规定了这些权利与义务。

（1）孳息收取权。

《物权法》第二百一十三条　质权人有权收取质押财产的孳息，但合同另有约定的除外。

前款规定的孳息应当先充抵收取孳息的费用。

（2）保全质权的权利。

《物权法》第二百一十六条　因不能归责于质权人的事由可能使质押财产毁损或者价值明显减少，足以危害质权人权利的，质权人有权要求出质人提供相应的担保；出质人不提供的，质权人可以拍卖、变卖质押财产，并与出质人通过协议将拍卖、变卖所得的价款提前清偿债务或者提存。

（3）放弃质权的权利。

《物权法》第二百一十八条　质权人可以放弃质权。债务人以自己的财产出质，质权人放弃该质权的，其他担保人在质权人丧失优先受偿权益的范围内免除担保责任，但其他担保人承诺仍然提供担保的除外。

（4）妥善保管质物的义务。

《物权法》第二百一十五条　质权人负有妥善保管质押财产的义务；因保管不善致使质押财产毁损、灭失的，应当承担赔偿责任。

质权人的行为可能使质押财产毁损、灭失的，出质人可以要求质权人将质押财产提存，或者要求提前清偿债务并返还质押财产。

（5）不得对质物擅自处分、使用和转质。

《物权法》第二百一十四条　质权人在质权存续期间，未经出质人同意，擅自使用、处分质押财产，给出质人造成损害的，应当承担赔偿责任。

第二百一十七条　质权人在质权存续期间，未经出质人同意转质，造成质押财产毁损、灭失的，应当向出质人承担赔偿责任。

5.4.3 权利质押

权利质押是指以依法可以转让的财产权利为客体而设定的质押。我国《物权法》第 223 条规定了 7 种可以出质的权利。

《物权法》第二百二十三条　债务人或者第三人有权处分的下列权利可以出质：
（一）汇票、支票、本票；
（二）债券、存款单；
（三）仓单、提单；
（四）可以转让的基金份额、股权；
（五）可以转让的注册商标专用权、专利权、著作权等知识产权中的财产权；
（六）应收账款；
（七）法律、行政法规规定可以出质的其他财产权利。

这些权利可以分为证券债权、股权、知识产权、应收账款和一般债权。权利质押也适用动产质押的一般规定，以下只介绍权利质押的特殊规定。

1. 证券债权质押

以有价证券表示的权利为客体的质押，通常称为证券债权质押。证券债权质押的设定，由质权人与出质人双方订立书面质押合同，合同中应约定证券交付的时间。在质押合同订立后，出质人应当依法在合同约定的时间内将证券交付给质权人，权利质押自证券交付质权人占有之时起设立。

《物权法》第二百二十四条　以汇票、支票、本票、债券、存款单、仓单、提单出质的，当事人应当订立书面合同。质权自权利凭证交付质权人时设立；没有权利凭证的，质权自有关部门办理出质登记时设立。

需要注意的是，对于记名证券或者指示证券出质的，当事人还应当在证券上签名和背书，否则，不发生出质的效力。

另外，若有价证券的兑现日期或者提货日期先于主债权到期的，质权人可以兑现或者提货，并与出质人协议将兑现的价款或者提取的货物提前清偿债务或者提存。

《物权法》第二百二十五条　汇票、支票、本票、债券、存款单、仓单、提单的兑现日期或者提货日期先于主债权到期的，质权人可以兑现或者提货，并与出质人协议将兑现的价款或者提取的货物提前清偿债务或者提存。

2. 股权质押

股权质押，又称股份质押、股票质押，是指以基金份额、股权为质押客体而设定的质权。

《物权法》第二百二十六条　以基金份额、股权出质的，当事人应当订立书面合同。以基金份额、证券登记结算机构登记的股权出质的，质权自证券登记结算机构办理出质登记时设立；以其他股权出质的，质权自工商行政管理部门办理出质登记时设立。

基金份额、股权出质后，不得转让，但经出质人与质权人协商同意的除外。出质人转让基金份额、股权所得的价款，应当向质权人提前清偿债务或者提存。

根据《物权法》第 226 条的规定，股权质押的设定可以分为两种情形：

（1）以基金份额和在证券登记结算机构登记的股权出质的，除双方订有书面的质押合同外，还须在证券登记结算机构亦即证券交易所办理出质登记，股权质押自登记时设立。

简言之，凡是以基金份额和上市公司、公开发行股份的公司的股票出质的，除当事人双方签订书面质押合同外，还须在证券交易所办理出质登记手续，质押自登记时设立。

（2）以其他股权出质的，亦即以基金份额或上市公司股票以外的股权，包括不公开发行股份的股份有限公司和有限责任公司的股权出质的，除双方当事人订有书面质押合同之外，还须依法向工商行政管理部门办理出质登记手续，质押自登记时设立。需要注意的是，以有限责任公司的股权出质的，应当适用《中华人民共和国公司法》有关股份转让的规定。

3. 知识产权质押

知识产权质押，是指以知识产权中的财产权为客体的质押。

《物权法》第二百二十七条　以注册商标专用权、专利权、著作权等知识产权中的财产权出质的，当事人应当订立书面合同。质权自有关主管部门办理出质登记时设立。

知识产权中的财产权出质后，出质人不得转让或者许可他人使用，但经出质人与质权人协商同意的除外。出质人转让或者许可他人使用出质的知识产权中的财产权所得的价款，应当向质权人提前清偿债务或者提存。

根据《物权法》第227条的规定，以知识产权中的财产权出质的，除双方当事人签订书面质押合同之外，还应当在主管部门办理登记手续，质押自登记时设立。

4. 应收账款质押

这里所谓的应收账款，是指债权人因提供一定的货物、服务或者设施而依法享有的请求债务人支付一定款项的权利。应收账款作为一般金钱债权，不仅包括已经形成的既得的金钱债权，而且应当包括将来发生的期待的金钱债权，如公路、桥梁、电网等收费权。

《物权法》第二百二十八条　以应收账款出质的，当事人应当订立书面合同。质权自信贷征信机构办理出质登记时设立。

应收账款出质后，不得转让，但经出质人与质权人协商同意的除外。出质人转让应收账款所得的价款，应当向质权人提前清偿债务或者提存。

根据《物权法》第228条的规定，应收账款质押的设定，除双方当事人订立书面质押合同以外，还需要双方到信贷征信机构即中国人民银行信贷征信中心办理出质登记手续，应收账款质押自登记时设立。

5.5　留置

【案例】小张同学的自行车坏了，推到自行车修理摊子上，跟修车大爷说："车子坏了，您给我修一下"，然后就上课去了。等放学回来取车子的时候，修车大爷说车胎破了，没法补，只能换，另外脚踏也换了，修理费50元。小张一听，这车子本来就是不到100元买的旧的，花50元修不值得，故不想支付修理费，修车大爷就不让他把自行车骑走。

请问修车人的做法是否妥当？为什么？

5.5.1　留置概述

《物权法》第二百三十条　债务人不履行到期债务，债权人可以留置已经合法占有的债务人的动产，并有权就该动产优先受偿。

前款规定的债权人为留置权人，占有的动产为留置财产。

1. 留置的概念与特征

留置，是指债务人未履行债务时，债权人可以留置已经合法占有的债务人的动产，并有权就该动产优先受偿。留置关系中债权人为留置权人，被留置的财产为留置物。留置权的特征主要表现在:

（1）留置权是法定担保物权。留置权人根据法律的规定，直接于占有的债务人财产上取得留置权，无须当事人之间的约定，这有别于抵押和质押。

（2）留置权人事先占有留置物。留置的产生，是以债权人占有债务人的动产为前提条件。

（3）留置物只能是动产，不能是不动产和权利。

2. 留置的成立条件

取得留置权应当基于法律规定，并符合下列条件:

（1）必须是债权人合法占有债务人的动产。只有债权人以合法的原因占有债务人的动产时，才有可能发生留置权。比如债权人因保管合同、仓储合同、运输合同、加工承揽合同、行纪合同而占有债务人的动产等。因侵权行为占有他人的动产，不发生留置权。债权人合法占有债务人交付的动产时，不知债务人无处分该动产的权利，债权人仍然可以行使留置权。

【案例】上述案例中，修车人就是基于双方约定的自行车修理合同而合法占有债务人的动产，故修车人可以行使留置权。

另外，若小张拿去修理的是偷来的自行车，修车人也可以行使留置权。

（2）必须是债权已届清偿期。债权人的债权未届清偿期，其交付占有标的物的义务已届履行期的，不能行使留置权。但是，债权人能够证明债务人无支付能力的除外。

（3）必须是留置物与债权属于同一法律关系。

《物权法》第二百三十一条　债权人留置的动产，应当与债权属于同一法律关系，但企业之间留置的除外。

【案例】上述案例中，若小张同学前几天在水果摊买水果时没带钱，借了相熟的修车人 20 元钱，尚未归还。今天修完自行车后，他只带了 50 元钱，支付了修车费后身上再也没钱了。

此时修车人可否因 20 元的借款，对小张的自行车留置？

只有债权人的债权与债权人对于标的物的占有基于同一法律关系而发生，才可以成立留置权。相反，如果债权人对债务人动产的占有与债权人的债权基于不同的合同关系而发生，则不能成立留置权。

需要注意的是，企业之间的留置可以不限于同一法律关系。这是因为，在商业实践中，企业之间相互交易频繁，追求交易效率，讲究商业信用，要运用包括留置在内的多种形式维护权益，如果严格要求留置物必须与债权基于同一法律关系，则有悖于交易安全迅速之原则。

【案例】甲公司在1月份与乙公司签订运输合同，委托乙运输自己的货物到码头；结果乙公司把货物运送到目的地后，甲公司未按照合同约定支付运费。在4月份甲公司又委托乙运输另一批货物，签订了运输合同，在运送货物后，乙要求甲公司一并支付上一次的运费，甲公司不同意，于是乙公司就留置了这一批货物。

乙公司的做法是否妥当？

（4）法律规定或者当事人约定不得留置的动产，不得留置。

《物权法》第二百三十二条　法律规定或者当事人约定不得留置的动产，不得留置。

5.5.2 留置的效力

1. 留置的效力范围

留置权所担保的范围包括主债权和利息、违约金、损害赔偿金、留置物保管费用和实现留置权的费用。

留置物的范围，除了留置物本身以外，还包括其从物、孳息和代位物，但从物未随同主物被留置的除外。留置的动产为可分物的，留置动产的价值应当相当于债务的金额。

《物权法》第二百三十三条　留置财产为可分物的，留置财产的价值应当相当于债务的金额。

2. 留置权人的权利与义务

留置权人基于法律规定留置已经占有的动产，享有对留置物的占有、孳息收取等权利，同时也负有妥善保管留置物的义务。《物权法》第234条、235条规定了这些权利与义务。

（1）孳息收取权。

《物权法》第二百三十五条　留置权人有权收取留置财产的孳息。

前款规定的孳息应当先充抵收取孳息的费用。

（2）妥善保管留置物的义务。

《物权法》第二百三十四条　留置权人负有妥善保管留置财产的义务；因保管不善致使留置财产毁损、灭失的，应当承担赔偿责任。

5.5.3 留置权的实现与消灭

1. 留置权的实现

留置权的实现方式与抵押和质押类似，有变卖、拍卖、折价三种方式。留置财产折价或者拍卖、变卖后，留置权人从所得价款优先受偿，价款超过债权数额的部分归债务人所有，不足部分由债务人清偿。

需要注意的是，留置财产后，在留置权实现前，留置权人应当给债务人合理的履行债务时间。

《物权法》第二百三十六条　留置权人与债务人应当约定留置财产后的债务履行期间；没有约定或者约定不明确的，留置权人应当给债务人两个月以上履行债务的期间，但鲜活易腐等不易保管的动产除外。债务人逾期未履行的，留置权人可以与债务人协议以留置财产折价，也可以就拍卖、变卖留置财产所得的价款优先受偿。

留置财产折价或者变卖的，应当参照市场价格。

2. 留置权与其他担保物权的竞合

留置权实现时，留置物上还设有其他担保物权的，留置权人优先受偿。

《物权法》第二百三十九条　同一动产上已设立抵押权或者质权，该动产又被留置的，留置权人优先受偿。

3. 留置权的消灭

《物权法》第二百四十条　留置权人对留置财产丧失占有或者留置权人接受债务人另行提供担保的，留置权消灭。

留置权因债权消灭、留置权实现、债务人另行提供担保、留置物灭失或留置权人对留置物丧失占有等原因而消灭。

5.6 定金

【案例】小董同学为了考研，想在学校附近租一套房子用来学习。某一日，通过租房网站发现附近有一套很不错的房子出租，实地考察了以后，小董对这个房子很满意，就和房东谈好了租金，并给房东留了1000元定金，房东收了定金并写了定金收据。

等到了相约正式签订合同的一天，房东又反悔了，说把房子租给了别人，并退给了小董1000元定金。

请问小董有没有办法维护自己的权益?

5.6.1 定金的概念

定金，是指当事人为了促成合同的成立，或确保合同的履行，依据法律规定或双方的约定，由一方当事人按合同标的额的一定比例，向对方预先支付的金钱。一旦合同顺利达成或履行，定金抵作价款或者收回；若未达成定金之目的，则适用定金罚则。

《担保法》第八十九条　当事人可以约定一方向对方给付定金作为债权的担保。债务人履行债务后，定金应当抵作价款或者收回。给付定金的一方不履行约定的债务的，无权要求返还定金；收受定金的一方不履行约定的债务的，应当双倍返还定金。

显然，案例中小董至少可以要求对方双倍返还定金，即返还 2000 元。若小董还有其他损失，则视情况要求房东赔偿（详见本书第 7 章）。

5. 6. 2　定金合同

根据我国《担保法》的规定，定金应当以书面形式约定，定金合同从实际交付定金之日起生效。

《担保法》第九十条　定金应当以书面形式约定。当事人在定金合同中应当约定交付定金的期限。定金合同从实际交付定金之日起生效。

定金合同是定金担保的法律基础，当事人订立定金合同时，应当明示“定金”二字；若当事人没有使用“定金”二字，依照当事人的意思，其担保的内容有担保双方当事人履行合同义务的效果，且以双倍返还来促使定金接受人履行自己的义务的，仍可成立定金合同。

【案例】甲装修公司与乙建材公司于 4 月 9 日签订一份涂料采购合同，内有定金条款，约定甲给付乙定金 2 万元。后甲于 4 月 19 日交付 1.5 万元定金给乙，乙予以接受。

该案例中，定金合同何时成立？定金数额是多少？

5. 6. 3　定金的数额

定金的数额应由当事人自由约定，但不得超过法律规定的最高限额。当事人交付的定金超过限额的，超过的部分无效。

《担保法》第九十一条　定金的数额由当事人约定，但不得超过主合同标的额的百分之二十。

若当事人一方不完全履行合同的，应当按照未履行部分所占合同约定内容的比例，适用定金罚则。

【案例】甲承包商与乙建筑设备商约定以每台 10 万元的价格购买乙公司 5 台小型挖掘机。协议签订后，甲公司预付给乙公司定金 15 万元，乙公司给甲公司出具了一份收据，上面注明“收到甲公司定金 15 万元，1 月内交货”。1 月后，乙公司只交付了 2 台挖掘机，其余未能交付。后双方因退款问题产生争议，甲方要求双倍返还定金 30 万元，乙方则坚持收到的 15 万元应抵为货款，要求甲方再支付剩余 5 万元的货款。双方协商不成，诉至法院。

请问：法院应如何判决，双方合同价款应如何结算？

分析:（1）该案标的额为50万元，定金不能超过10万元，超过的5万元部分应视作预付款;（2）乙公司交付了2台挖掘机，剩余3台未交付，因此，10万元定金中，4万元应抵作价款，6万元的部分适用定金罚则;（3）甲公司共应支付乙公司货款20万元，已支付5万元预付款和4万元货款，应再付11万元;（4）乙公司应给甲公司双倍返还未履行部分的定金共12万元。综上，乙公司应再付甲公司1万元。

复习思考题

1. 同一债权，人的担保和物的担保共存时，应如何处理?
2. 一般保证与连带责任保证有何区别?
3. 请对土地和不动产能否抵押的情形进行归纳和分析。
4. 抵押物登记和不登记有何区别?
5. 抵押和质押有何区别?
6. 请查阅相关资料，分析在建工程可否留置?

第 6 章　合同的变更、转让与终止

导读

合同的变更有广义与狭义之分。广义的合同变更包括合同主体的变更和合同内容的变更。合同主体的变更是指合同当事人的变动，即原来的当事人退出合同关系，第三人成为合同的新当事人，其实就是合同的转让。狭义的合同变更仅指合同内容的变更，又包括约定变更和法定变更两种情况。约定变更是指合同当事人合意变更合同。法定变更是指当发生法律规定的可以变更合同的事由时，一方当事人可请求人民法院或仲裁机构变更合同的内容，而无须征得另一方当事人同意。法定变更其实就是第 3 章所讲的“可变更合同”。本章所讲“合同的变更”是指合同的约定变更。合同权利义务的终止即合同关系的消灭，是指因一定法律事实的出现，导致当事人之间既存的合同关系归于消灭。即债权人不再享有债权，而债务人也无须再履行债务的一种状态。

合同的变更、转让和终止在法律上都会引起当事人权利义务的变化，因此，都要符合法定或约定的条件和程序。本章首先介绍合同变更的条件和效力；然后介绍合同权利转让、义务转让和权利义务一并转让等内容；最后介绍清偿、提存、抵销、免除、混同和解除等合同权利义务终止的情形。

6.1　合同的变更

这里所讲合同的变更，即狭义的合同内容的约定变更，指合同成立以后，尚未履行或者尚未完全履行之前，在合同当事人不变的情形下，改变合同中所约定的债权、债务。

6.1.1　合同变更的条件

1. 须存在有效的合同关系

合同变更，是对原合同内容的修改和补充，因此，必须以原合同的存在为前提。例如，在合同不成立、已成立而被确认无效或者被撤销或者效力待定的合同被拒绝追认的情况下，合同关系本身无效，即使对合同内容做出修改，也只是重新订立合同，而非对原合同的变更。

2. 须当事人协商一致

《合同法》第七十七条　当事人协商一致，可以变更合同。

法律、行政法规规定变更合同应当办理批准、登记等手续的，依照其规定。

由于合同是当事人协商一致的产物，所以，在变更合同内容时，也应当本着协商的原则进行。当事人可以依据要约、承诺等有关合同成立的规定，确定是否就变更事项达成协议。如果双方当事人就变更事项达成了一致意见，变更后的内容就取代了原合同的内容，当事人就应当按照变更后的内容履行合同。如果一方当事人在不符合法律或者合同约定的情形下，未经对方当事人同意任意改变合同的内容，则变更后的内容不仅对另一方没有约束力，而且这种擅自改变合同的做法也是一种违约行为，当事人应当承担违约责任。

若法律、行政法规对变更合同事项有具体要求的，当事人除了协商一致外，还应当按照有关规定办理相应的手续，如办理批准、登记手续等。如果没有履行法定程序，即使当事人已协议变更了合同，变更的内容也不发生法律效力。

3. 须有合同内容的变化

这里所讲的合同内容主要包括:（1）标的物数量的变化;（2）标的物品质规格的改变;（3）价款或酬金的变化;（4）履行期限的变化;（5）履行地点、方式的改变;（6）结算方式的改变;（7）所附条件的变化;（8）担保的设定或者消灭;（9）违约金的变更;（10）利息的变化等。需要注意的是，合同标的是合同关系产生和存在的灵魂，如果标的变化，就会引起原有的合同关系的消灭和新合同关系的产生，因此，标的的变更不属于这里所说的合同内容变更的范畴。

另外，合同内容的变更必须明确，如果当事人对合同变更的内容约定不明，则视为未变更，原合同仍然有效。

《合同法》第七十八条　当事人对合同变更的内容约定不明确的，推定为未变更。

【案例】甲商场向乙电器公司订购 100 台空调，交货期约定为 6 月 30 日。由于当年暑期提前到来，甲方提出要求交货期提前至 6 月 10。但是乙方货源很紧张，双方经过反复协商，最终签订补充协议，约定乙方根据货源情况，尽量提前交货。后来乙方还是在 6 月 30 日交货，未能提前交货。

该案例中，由于双方当事人对具体的交货期没有做出明确的约定，所以，推定为合同未变更。乙方在 6 月 30 日交货，其行为不构成违约。

6.1.2　合同变更的效力

（1）合同变更是在保持原合同关系的基础上，对合同的内容进行修改或者补充，其实质是变更后的合同代替原合同，当事人应当按照变更后的合同内容履行义务。

（2）合同变更只是合同内容的局部变更，变更的效力仅及于该部分，而未变更的内容仍然有效。

（3）变更后的合同不具有溯及力。合同变更后，当事人按照原合同已做出的履行仍然有效，任何一方当事人都无权以合同变更为由要求对方返还已经交付的财产。

（4）合同变更不影响当事人要求赔偿损失的权利。因变更合同使一方当事人遭受损失的，除依法免责的情形外，责任方有义务赔偿损失；在合同变更之前，当事人存在错误履行、迟延履行等情形而使对方当事人遭受损失的，合同变更之后，责任方仍要承担变更之前所造成的损失。也就是说，无论在何种情形下，合同变更都不能成为责任方不承担赔偿责任的免责事由。

6.2 合同的转让

合同的转让，是指在合同内容不发生变更的情形下，合同主体的变更，即新的债权人或者债务人代替原债权人或者债务人。合同的转让包括权利转让、义务转移和权利义务一并转让三种情形。

6.2.1 合同权利转让

1. 合同权利转让的概念与范围

《合同法》第七十九条　债权人可以将合同的权利全部或者部分转让给第三人，但有下列情形之一的除外：

（一）根据合同性质不得转让；

（二）按照当事人约定不得转让；

（三）依照法律规定不得转让。

合同权利的转让又称债权让与，是指不改变合同权利的内容，由债权人将权利转让给第三人。债权人既可以将合同权利的全部转让，也可以将合同权利部分转让。合同权利全部转让的，原合同关系消灭，产生一个新的合同关系，受让人取代原债权人的地位，成为新的债权人。合同权利部分转让的，受让人作为第三人加入到原合同关系中，与原债权人共同享有债权。

从鼓励交易、促进市场经济发展的目的来看，法律应当允许债权人的转让行为。只要不违反法律和社会公德，债权人可以转让其权利。但是，为了维护社会公共利益和交易秩序，平衡合同双方当事人的权益，我国《合同法》对权利转让的范围进行了一定的限制。明确有以下情形之一的，债权人不得转让其权利：

（1）根据合同性质不得转让的权利。

根据合同性质不得转让的权利，主要是指合同是基于特定当事人的身份关系订立的，合同权利转让给第三人，会使合同的内容发生变化，动摇合同订立的基础，违反了当事人订立合同的目的，使当事人的合法利益得不到应有的保护。比如，当事人基于信任关系订立的委托合同、雇佣合同及赠与合同等，都属于合同权利不得转让的合同。

【案例】某赠与合同的赠与人明确表示将赠与的钱用于某贫困地区希望小学的建设，结果受赠人将受赠的权利转移给他人，用来建造别的项目，这显然违反了赠与人订立合同的目的，损害了赠与人的合法权益。因此，对于根据合同性质不得转让的权利，债权人不得转让。

（2）按照当事人约定不得转让的权利。

当事人在订立合同时可以对权利的转让做出特别的约定，禁止债权人将权利转让给第三人。债权人应当遵守该约定不得再将权利转让给他人，否则其行为构成违约。

（3）依照法律规定不得转让的权利。

比如，《中华人民共和国文物保护法》第二十五条规定，私人收藏的文物，严禁倒卖牟利，严禁私自卖给外国人。因此，公民违反文物法的有关规定，将文物买卖合同中的权利转让给外国人的，其转让所有权的行为是无效的。

2. 合同权利转让的效力

（1）通知债务人生效。

《合同法》第八十条　债权人转让权利的，应当通知债务人。未经通知，该转让对债务人不发生效力。

债权人转让权利的通知不得撤销，但经受让人同意的除外。

债权人转让权利是法律赋予其的一项权利，债权人可以在不违反法律和公共利益的基础上处分自己的权利。但是，由于债权人和债务人之间存在合同关系，债权人的转让权利的行为会给债务人的履行造成一定的影响。因此，在债权人的转让权利时需要通知债务人，当然也只需通知债务人，不需要征得债务人的同意。

债务人接到债权人权利转让的通知后，权利转让就生效，随之会引起合同权利和义务关系的一系列变化。原债权人被新的债权人替代或者新债权人的加入使原债权人已不能完全享有原债权。因此，债权人一旦发出转让权利的通知，就意味着合同的权利已归受让人所有或者和受让人分享，债权人不得再对转让的权利进行处置，因此，原债权人无权撤销转让权利的通知。只有在受让人同意的情况下，债权人才能撤销其转让权利的通知。

（2）受让人取得相关从权利。

《合同法》第八十一条　债权人转让权利的，受让人取得与债权有关的从权利，但该从权利专属于债权人自身的除外。

债权人转让主权利时应当将从权利一并转让，受让人在得到权利的同时，也取得与债权人有关的从权利。比如第 5 章讲到的抵押权、质权、保证以及附属于主债权的利息等。考虑到有的从权利的设置是针对债权人自身的，与债权人有不可分离的关系，因此专属于债权人自身的从权利不随主权利的转让而转让。

（3）债务人的抗辩权可以向受让人继续主张。

《合同法》第八十二条　债务人接到债权转让通知后，债务人对让与人的抗辩，可以向受让人主张。

债务人的抗辩权是其固有的一项权利，并不随权利的转让而消灭。所以，在权利转让的情况下，债务人可以向作为受让人的新债权人行使该抗辩权。受让人不得以任何理由拒绝债务人抗辩权的行使。

（4）债务人享有债权抵消权。

《合同法》第八十三条　债务人接到债权转让通知时，债务人对让与人享有债权，并且债务人的债权先于转让的债权到期或者同时到期的，债务人可以向受让人主张抵销。

债权人转让权利不需要经债务人同意，债务人接到债权转让通知时，转让行为就生效。如果债务人对债权人也享有债权，同时该债权已届清偿期，那么，在这种情况下，债务人可以依照法律的规定向受让人行使抵销权。

6.2.2 合同义务转移

1. 合同义务转移的概念

《合同法》第八十四条　债务人将合同的义务全部或者部分转移给第三人的，应当经债权人同意。

合同义务转移又称债务承担，是指债务人经债权人同意，将合同的义务全部或者部分地转让给第三人。合同义务转移分为两种情况：一是合同义务的全部转移，在这种情况下，新的债务人完全取代了旧的债务人，新的债务人负责全面的履行合同义务；另一种情况是合同义务的部分转移，即新的债务人加入到原债务中，和原债务人一起向债权人履行义务。由于新债务人的履行能力、商业信誉等都会对债权人债权的实现产生重大影响，因此，债务人不论转移的是全部义务还是部分义务，都需要征得债权人同意。转移义务要经过债权人的同意，这也是合同义务转移与合同权利转让最主要的区别。

【思考】“合同义务转移”与“由第三人履行合同”有何异同?

相同点主要在于:（1）均由第三人实际履行了债务;（2）均需要征得债权人的同意，合同履行过程中，债务人不得擅自向第三人转移合同义务，也不得未经债权人同意而由第三人代为履行合同。

不同点主要在于:（1）在债务人转移义务的情况下，债务人全部转移义务后就退出了原合同关系，第三人成为合同新的债务人。在债务人部分转移义务时，第三人加入到原合同关系中，和债务人共同履行义务。而在第三人替代履行时，第三人并未加入到合同关系中，债权人不能把第三人作为合同的主体，直接要求第三人履行义务。（2）在债务人转移义务后，第三人成为合同关系的当事人，如果债务未能按照合同约定履行，债权人可以直接请求第三人履行义务，而不能再要求原债务人履行。在合同义务部分转移的情况下，债权人可以向债务人和第三人中的任何一方要求履行。而在第三人替代履行的情况下，第三人履行有瑕疵的，债权人只能要求债务人承担违约责任，不能要求第三人承担违约责任。

分析至此，请同学们再思考一下，工程合同中的“分包”和“转包”属于哪种情形呢？（注：我国法律禁止工程合同的“转包”）

2. 合同义务转移的效力

（1）债务人的抗辩权可以由新债务人继续主张。

《合同法》第八十五条　债务人转移义务的，新债务人可以主张原债务人对债权人的抗辩。

债务人转移义务的，新的债务人取代了原债务人的地位，承担其履行义务的责任。原债务人从合同关系中退出后，其享有的抗辩权由新债务人承受。债务人的抗辩权不因债务的转移而消灭。

（2）新债务人承担相关从债务。

《合同法》第八十六条　债务人转移义务的，新债务人应当承担与主债务有关的从债务，但该从债务专属于原债务人自身的除外。

债务人转移义务的，其从债务随着主债务的转移而转移，新债务人应当承担与主债务有关的从债务。比如，为了实现债权而设定的抵押权、质权等权利以及主债务的利息等从债务，都随着主债务的转移而转移给新的债务人承担。但是，有的从债务是专属于债务人本身的，这些从债务不随主债务的转移而转移。

【案例】甲建材公司与乙建筑公司于 2019 年 2 月签订材料采购合同，约定：甲公司于 3 月 30 日前提供给乙公司建筑材料若干，乙公司于收货后 10 日内付清账款。3 月 20 日，甲公司如约提供乙公司建筑材料若干，乙验货后照单全收。3 月 24 日，乙公司与丙投资公司协商将乙公司对甲公司的债务移转给丙公司，并达成合意。次日，乙公司将移转债务的事实以书面形式通知甲公司，甲公司对乙公司移转债务的事实未发表态见。

在本案例中，甲公司与乙公司签订的材料采购合同于 2019 年 2 月成立并生效。甲公司如约履行供货义务，然而合同关系并未因甲公司的履行而终止，因为，该合同是双务合同，甲的履行只是消灭了其对乙公司的债务，而甲公司对乙公司的债权仍未实现。只有在乙公司支付货款之后，合同关系才告终结。但是，在本案例中，乙公司于 3 月 24 日将其对甲公司所负担的债务通过订立转让合同的方式移转给丙公司承担，尽管乙公司与丙公司之间就债务移转达成了合意，但是该合意并不产生债务移转的效力。原因在于，尽管本案例中乙公司于次日将移转债务的事实告知甲公司，但是甲公司并未对此做出同意与否的意思，因此，应认定乙公司移转债务的行为并未取得甲公司的同意，所以，乙公司与丙公司所签订的移转债务的合同未生效。

6.2.3　合同权利义务一并转让

合同权利和义务一并转让又称为概括转让、概括承受，是指合同一方当事人将其权利和义务一并转移给第三人，由第三人概括承受这些权利和义务。合同的权利义务一并转让只出现在双务合同中，可分为意定概括转让和法定概括转让。

1. 意定概括转让

《合同法》第八十八条　当事人一方经对方同意，可以将自己在合同中的权利和义务一并转让给第三人。

意定概括转让是基于当事人之间的合同而产生的合同权利义务概括承受，即合同承受，是指原合同当事人一方与第三人通过订立合同的方式约定将其在原合同关系中的权利义务全部或者部分转移于第三人，经原合同另一方当事人同意后，由该第三人全部或者部分享有合同债权或者承担合同义务。如果未经对方同意，一方当事人就擅自一并转让权利和义务的，其转让行为无效。

《合同法》第八十九条　权利和义务一并转让的，适用本法第七十九条、第八十一条至第八十三条、第八十五条至第八十七条的规定。

合同关系的一方当事人将权利和义务一并转让时，除了应当征得另一方当事人的同意外，还应当遵守《合同法》有关转让权利和义务转移的相关规定。

1. 不得转让法律禁止转让的权利（第七十九条）。

2. 转让合同权利和义务时，从权利和从债务一并转让，受让人取得与债权有关的从权利和从债务，但该从权利和从债务专属于让与人自身的除外（第八十一条、第八十六条）。

3. 转让合同权利和义务不影响债务人抗辩权的行使（第八十二条、第八十五条）。

4. 债务人对让与人享有债权的，可以依照有关规定向受让人主张抵销（第八十三条）。

5. 法律、行政法规规定应当办理批准、登记手续的，应当依照其规定办理（第八十七条）。

2. 法定概括转让

法定概括转让是基于法律的直接规定而产生的合同权利义务概括承受，如企业合并和分立，企业合并或者分立之后，原企业的债权债务依法一并移转给变更后的企业，仅需单独通知或者公告既可产生效力，而无须原合同另一方当事人同意。

《合同法》第九十条　当事人订立合同后合并的，由合并后的法人或者其他组织行使合同权利，履行合同义务。当事人订立合同后分立的，除债权人和债务人另有约定的以外，由分立的法人或者其他组织对合同的权利和义务享有连带债权，承担连带债务。

当事人合并一般指两种情况，一是指两个以上的法人或者其他组织合并成为一个新的法人或者其他组织，由新的法人或者其他组织承担被合并法人或者其他组织的权利和义务。另一种情况是指一个法人或者其他组织被撤销后，将其债权债务一并转让给另一个法人或者其他组织。

当事人分立是指一个法人或者其他组织被分为两个以上的新法人或者其他组织，原法人或者其他组织的权利和义务由新的法人享有连带债权，承担连带债务。

6. 3　合同的权利义务终止

合同是有期限的民事法律关系，不可能永恒存在，有着从设立到终止的过程。合同的权利义务终止，指依法生效的合同，因具备法定情形和当事人约定的情形，合同债权、债务归于消灭，债权人不再享有合同权利，债务人也不必再履行合同义务。

《合同法》第九十一条　有下列情形之一的，合同的权利义务终止：

（一）债务已经按照约定履行；

（二）合同解除；

（三）债务相互抵销；

（四）债务人依法将标的物提存；
（五）债权人免除债务；
（六）债权债务同归于一人；
（七）法律规定或者当事人约定终止的其他情形。

6.3.1　债务已经按照约定履行

债务已经按照约定履行，又称清偿（债务），指债务人按照约定的标的、质量、数量、价款或者报酬、履行期限、履行地点和方式全面、适当履行。合同中约定多项债务时，某项债务按照约定履行，仅产生该项债务消灭的效果，但并非终止合同。在双务合同中，只有当事人双方都按照约定履行，合同才能终止。

以下情况也属于合同按照约定履行：

1. 当事人约定的第三人按照合同内容履行

合同是债权人与债务人之间的协议，其权利义务原则上不涉及合同之外的第三人，合同债务当然应当由债务人履行，但有时为了实现当事人的特定目的，便捷交易，法律允许合同债务由当事人约定的第三人履行，第三人履行债务，也产生债务消灭的后果。比如债务人乙和债权人甲约定，由第三人丙偿还乙欠甲的 10 万元人民币的债务，丙将 10 万元人民币偿还给甲后，该合同的权利义务亦终止。

2. 债权人同意以他种给付代替合同原定给付

合同的种类不同，债务的内容也不同。债务人应当按照合同约定的内容履行，但有时，实际履行债务在法律上或者事实上不可能。比如，债务履行时，法律规定该履行需经特许，债务人无法得到批准许可；或者标的物已灭失，无法交付；或者实际履行费用过高；或者不适于强制履行等。在实际履行不可能的情况下，经债权人同意，可以采用代物履行的办法，达到债务消灭的目的。比如，债务人乙按照合同约定，应当向债权人甲交付 100 吨吉林产圆粒大米，由于乙收购遇到困难，不能交付，但乙有 100 吨天津圆粒大米，质量与合同约定的吉林大米基本相同，甲同意交付天津大米以代替吉林大米的交付，乙交付了天津大米，债务即消灭。有时代物履行可能会有差价，支付差价后，也产生债务消灭的后果。

3. 当事人之外的第三人接受履行

当事人约定由债务人向第三人履行债务，债务人向第三人履行后，也产生债务消灭的后果。比如债务人乙欠债权人甲 1 万元人民币，债权人甲又欠第三人丙的钱，债权人甲请求债务人乙直接将欠款付给丙，乙同意，并按照其欠甲款的数额将钱付给了丙，从而消灭了其对甲的债务。

6.3.2　合同解除

合同解除是指合同有效成立后，当具备法定的或约定的条件时，因当事人一方或双方的意思表示而使合同关系自始灭失或仅向将来灭失的一种行为。合同解除包括约定解除和法定解除两类情形。

1. 约定解除

《合同法》第九十三条　当事人协商一致，可以解除合同。

当事人可以约定一方解除合同的条件。解除合同的条件成就时，解除权人可以解除合同。

根据自愿原则，当事人在法律规定范围内享有自愿解除合同的权利。约定解除包括两种情况：

（1）协商解除

指合同生效后，未履行或未完全履行之前，当事人协商一致，订立一个解除原来合同的协议。比如，乙公司向甲公司订购了一批建筑材料，准备用于某项目施工，但由于设计单位变更了设计方案，乙公司不再需要该类建筑材料，于是与甲公司协商一致解除合同。

协商解除是双方的法律行为，应当遵循合同订立的程序，即双方当事人应当对解除合同意思表示一致，协议未达成之前，原合同仍然有效。如果协商解除违反了法律规定的合同有效成立的条件，比如，损害了国家利益和社会公共利益，解除合同的协议不能发生法律效力，原有的合同仍要履行。

（2）约定解除权

约定解除权，指当事人在合同中约定，合同履行过程中出现某种情况，当事人一方或者双方有解除合同的权利。比如甲乙双方签订了房屋租赁合同，双方约定，未经出租人同意，承租人允许第三人在该出租房屋居住的，出租人有权解除合同。也可以约定，出租房屋的设施出现问题，出租人不予以维修的，承租人有权解除合同。解除权可以在订立合同时约定，也可以在履行合同的过程中约定，可以约定一方享有解除合同的权利，也可以约定双方享有解除合同的权利，当解除合同的条件出现时，享有解除权的当事人可以行使解除权解除合同，而不必再与对方当事人协商。

【案例】某政府投资项目工程的施工过程中，承包商违反合同的约定，使用了不合格的工程设备，使安装工程的质量达不到标准要求。监理人遂向承包商发出了整改通知，要求其在指定的期限内改正，并承担所引起的费用增加和工期延误。但在监理人发出整改通知1个月后，承包商仍然没有任何行动。后来，发包人根据施工合同条款22.1.3的约定，向承包人发出了解除合同的通知。

该案例中，双方的施工合同第22.1.3款“承包人违约解除合同”部分规定：监理人发出整改通知28天后，承包人仍不纠正违约行为的，发包人可向承包人发出解除合同通知。合同解除后，发包人可派员工进驻施工场地，另行组织人员或委托其他承包人施工。发包人因继续完成该工程的需要，有权扣留使用承包人在现场的材料、设备和临时设施。但发包人的这一行动不免除承包人应承担的违约责任，也不影响发包人根据合同约定享有的索赔权利。

显然，承包商安装工程的质量不符合标准且未在指定期限内整改，触发了解除合同的条件，发包人就可以根据合同条款单方解除合同。

2. 法定解除

《合同法》第九十四条　有下列情形之一的，当事人可以解除合同：

（一）因不可抗力致使不能实现合同目的；

（二）在履行期限届满之前，当事人一方明确表示或者以自己的行为表明不履行主要债务；

（三）当事人一方迟延履行主要债务，经催告后在合理期限内仍未履行；

（四）当事人一方迟延履行债务或者有其他违约行为致使不能实现合同目的；

（五）法律规定的其他情形。

法定解除，指合同生效后，没有履行或者未履行完毕前，当事人在法律规定的解除条件出现时，行使解除权而使合同关系消灭。我国《合同法》规定的可以解除合同的情形有：

（1）因不可抗力致使不能实现合同的目的

不可抗力是指不能预见、不能避免并不能克服的客观情况。

不能预见、不能避免并不能克服是对不可抗力范围的原则规定，至于哪些可作为影响合同履行的不可抗力事件，我国法律没有具体规定，各国法律规定也不尽相同，一般说来，以下情况被认为属于不可抗力：

1）重大自然灾害。包括地震、水灾等因自然界的力量引发的重大灾害，这些灾害的发生，常常使合同的履行成为不必要或者不可能，需要解除合同。比如，地震摧毁了建筑工地，使得工程施工成为不可能，则可以解除合同。

2）战争。战争的爆发可能影响到一国以至于更多国家的经济秩序，使合同履行成为不必要。

3）社会异常事件。主要指一些偶发的阻碍合同履行的事件。比如罢工、骚乱等。

4）政府行为。主要指合同订立后，政府颁布新的政策、法律，采取行政措施导致合同不能履行，如发布禁令等。

不可抗力事件的发生，对履行合同的影响有大有小，有时只是暂时影响到合同的履行，可以通过延期履行实现合同的目的，对此不能行使法定解除权。只有不可抗力致使合同目的不能实现时，当事人才可以解除合同。

（2）因预期违约

预期违约是指在合同履行期限届满之前，当事人一方明确表示或者以自己的行为表明不履行主要债务。预期违约分为明示违约和默示违约。所谓明示违约，指合同履行期到来之前，一方当事人明确肯定地向另一方当事人表示他将不履行合同。所谓默示违约，指合同履行期限到来前，一方当事人有确凿的证据证明另一方当事人在履行期限到来时，将不履行或者不能履行合同，而其又不愿提供必要的履行担保。

如果在一方当事人预期违约的情况下，仍然要求另一方当事人在履行期间届满才能主张补救，将给另一方造成损失，因此允许受害人解除合同。

（3）因迟延履行主要债务

迟延履行，指债务人无正当理由，在合同约定的履行期间届满，仍未履行合同债务；或者对于未约定履行期限的合同，债务人在债权人提出履行的催告后仍未履行。债务人迟延履行债务是违反合同约定的行为，但并非就可以因此解除合同。只有符合以下条件，才可以解除合同：

1）迟延履行主要债务

所谓主要债务，应当依照合同的个案进行判断，一般说来，影响合同目的实现的债务，应为主要债务。比如买卖合同，在履行期限内未交付的标的物是合同约定的主要部分或者关键部分，不能满足债权人的要求，应认为迟延履行主要债务。有时，迟延履行的部分在合同中所占物质比例不大，但却至关重要，比如，购买机械设备，债务人交付了所有的设备，但迟迟不交付合同约定的有关设备的安装使用技术资料，使债权人不能利用该设备，也应认为是迟延履行主要债务。

2）经催告后债务人仍然不履行。

债务人迟延履行主要债务的，债权人应当定一个合理期间，催告债务人履行。该合理期间根据债务履行的难易程度和所需要时间的长短确定，超过该合理期间债务人仍不履行的，表明债务人没有履行合同的诚意，或者根本不可能再履行合同，在此情况下，如果仍要债权人等待履行，不仅对债权人不公平，也会给其造成更大的损失，因此，债权人可以依法解除合同。

【案例】乙施工企业承担甲房地产公司1栋高层住宅项目的施工任务，双方根据《建设工程施工合同（示范文本）》（GF—2017—0201）订立了施工合同。工程施工期间，甲方多次拖延支付工程价款，导致施工合同无法正常履行，乙方遂求助于法律顾问，咨询该如何保护自己权益。

根据《建设工程施工合同（示范文本）》（GF—2017—0201）通用条款的规定，因发包人原因未能按合同约定支付合同价款的，承包人可向发包人发出通知，要求发包人支付合同价款。发包人收到承包人通知后28天内仍不支付的，承包人有权暂停施工，并通知监理人。承包人暂停施工满28天后，发包人仍不支付合同价款并致使合同目的不能实现的，承包人有权解除合同，发包人应承担由此增加的费用，并支付承包人合理的利润。

因此，在施工合同履行中，因发包人原因造成的暂停施工，发包人经催告后在合理期限内仍未履行，影响到合同目的实现的，承包人可以解除合同。本案例中，乙方可在甲方不支付合同价款后向甲方发出催款通知，甲方收到通知后28天内仍不支付的，乙方可暂停施工并通知甲方，暂停施工满28天后，甲方仍不支付合同价款的，由于支付合同价款是甲方的主要债务，因此乙方可解除合同，并要求甲方承担相关责任。

（4）因迟延履行或者有其他违约行为不能实现合同目的

迟延履行不能实现合同目的，指迟延的时间对于债权的实现至关重要，超过了合同约定的期限，合同目的即将落空。通常以下情况可以认为构成根本违约的迟延履行：①当事人在合同中明确约定超过期限履行合同，债权人将不接受履行，而债务人履行迟延。②履行期限构成合同的必要因素，超过期限履行将严重影响订立合同所期望的经济利益。比如季节性、时效性较强的标的物，像中秋月饼，过了中秋节交付，就没有了销路。③继续履行不能得到合同利益。

致使不能实现合同目的的其他违约行为，主要指违反的义务对合同目的的实现十分重要，如一方不履行这种义务，将剥夺另一方当事人根据合同有权期待的利益。该种违约行为主要包括：① 完全不履行，即债务人拒绝履行合同的全部义务。② 履行质量与约定严重不符，无法通过修理、替换、降价的方法予以补救。③ 部分履行合同，但该部分的价值和金额与整个合同的价值和金额相比占极小部分，对于另一方当事人无意义，比如，约定交付100吨钢材，只交付了10吨;或者未履行的部分对于整个合同目的的实现至关重大，比如，成套设备买卖，未交付关键配件，使交付的设备无法运转。

（5）法律规定的其他解除情形

除了上述四种法定解除情形，合同法还规定了其他解除合同的情形。比如，因行使不安抗辩权而中止履行合同，对方在合理期限内未恢复履行能力，也未提供适当担保的，中止履行的一方可以请求解除合同。

【思考】如何正确理解《合同法》第94条规定的几种法定解除的情形呢？尤其第三种和第四种情形在实务中似乎不易辨别，在各类考试中也很难判断。比如这种情形："当事人一方迟延履行债务，经催告后在合理期限内仍未履行"，是否也可以解除合同呢？

仔细阅读第94条可以发现，其实规定的这几种法定解除情形都满足一个条件，那就是导致合同目的不能实现。第一种是因不可抗力致使不能实现合同目的；第二种"预期违约"了自然也不能实现合同目的；第三种迟延履行主要债务，经催告后在合理期限内仍未履行，也可视为不能实现合同目的；第四种迟延履行债务或者有其他违约行为的，要致使不能实现合同目的才能解除。

因此，判断是否属于法定解除的情形，只需要记住一点——合同目的能否实现。

---

3. 合同解除权的行使

（1）合同解除权的行使期限。

解除权的行使，是法律赋予当事人保护自己合法权益的手段，但该权利的行使不能毫无限制。一方面，法律规定或者当事人约定合同解除的条件，并不是说只要具备这些条件，当事人就必须解除合同，为了鼓励交易，对于非当事人的要求，又非必须解除的合同，应鼓励继续履行。另一方面，行使解除权会引起合同关系的重大变化，对于确有必要解除的合同，如果享有解除权的当事人长期不行使解除权，就会使合同关系处于不确定状态，影响当事人权利的享有和义务的履行。因此，解除权应当在一定期间行使。《合同法》规定，行使解除权的期限分为两种情况：

> 《合同法》第九十五条　法律规定或者当事人约定解除权行使期限，期限届满当事人不行使的，该权利消灭。
>
> 法律没有规定或者当事人没有约定解除权行使期限，经对方催告后在合理期限内不行使的，该权利消灭。

1）按照法律规定或者当事人约定的期限行使。

法律规定或者当事人约定解除权行使期限的，期限届满当事人不行使的，该权利消灭。比如，如果当事人约定出现某种事由可以在一个月内行使解除权。那么在合同约定的事由发生一个月后，解除权消灭，当事人不能要求解除合同，而必须继续履行。

2）在对方当事人催告后的合理期限内行使。

法律没有规定或者当事人没有约定解除权行使期限的，不享有解除权的当事人为明确自己义务是否还需要履行，可以催告享有解除权的当事人行使解除权，享有解除权的当事人超过合理期限不行使解除权的，解除权消灭，合同关系仍然存在，当事人仍要按照合同约定履行义务。

（2）合同解除权的行使程序。

如果具备单方解除合同的条件，或者法定解除合同的情形发生，对于确有必要解除的合同，享有解除权的当事人可以不经对方当事人同意，只需向对方做出解除合同的意思表示，就可以解除合同。

《合同法》第九十六条　当事人一方依照本法第九十三条第二款、第九十四条的规定主张解除合同的，应当通知对方。合同自通知到达对方时解除。对方有异议的，可以请求人民法院或者仲裁机构确认解除合同的效力。

法律、行政法规规定解除合同应当办理批准、登记等手续的，依照其规定。

1）行使解除权应当通知对方当事人。

为了防止一方当事人因不知道对方已行使合同解除权而仍然履行的行为，《合同法》规定，当事人根据约定解除权和法定解除权主张解除合同的，应当通知对方。合同自通知到达对方时解除。对方当事人接到解除合同的通知后，认为不符合解除合同的条件，不同意解除合同的，可以请求人民法院或者仲裁机构确认能否解除合同。

2）按规定办理批准、登记等手续。

法律、行政法规规定解除合同应当办理批准、登记手续的，未办理有关手续，合同不能终止。比如，《中华人民共和国中外合资经营企业法》规定：合营企业如发生严重亏损、一方不履行合同和章程规定的义务、不可抗力等，经合营各方协商同意，报审查批准机关批准，并向国家工商行政管理部门登记，可终止合同。

【案例】 甲建筑公司与乙预制厂于2019年1月签订预制件购销合同，约定：乙厂于2月28日前提供给甲公司某型号预制构件若干，甲公司于收货后10日内付清账款；并且约定若当事人任一方未按合同约定履行义务，另一方当事人即可在1个月内主张解除合同。2月28日，乙厂如约提供甲公司预制件若干，甲验货后照单全收。但甲公司收货后未在约定的期限内付款，3月20日，乙厂向甲公司主张解除合同，甲公司于当天收到解除合同的通知。

在本案例中，由于甲公司违约，乙厂享有解除权，并于合同约定行使期限内向甲公司主张了解除权，因此，合同关系于乙厂解除合同的意思到达甲公司时消灭。

4. 合同解除后的效力

这里主要指合同解除后债权债务如何处理的问题。

《合同法》第九十七条　合同解除后，尚未履行的，终止履行；已经履行的，根据履行情况和合同性质，当事人可以要求恢复原状、采取其他补救措施，并有权要求赔偿损失。

根据《合同法》规定，合同解除主要有以下效力：

（1）合同解除向将来发生效力。

即尚未履行的合同，终止履行。

（2）合同解除可以产生溯及力。

对于已经履行的合同，根据履行情况和合同性质，当事人可以要求恢复原状、采取其他补救措施。

所谓根据履行情况，指根据履行部分对债权的影响。如果债权人的利益不是必须通过恢复原状才能得到保护，不一定采用恢复原状。当然如果债务人已经履行的部分，对债权人根本无意义，可以请求恢复原状。

所谓根据合同性质，指根据合同标的的属性。根据合同的属性不可能或者不容易恢复原状的，不必恢复原状。比如供应电、水、气的合同，对以往的供应不可能恢复原状；租赁合同，一方在使用标的后，也无法就已使用的部分做出返还。

所谓恢复原状，指恢复到订约前的状态。恢复原状时，原物存在的，应当返还原物，原物不存在的，如果原物是种类物，可以用同一种类物返还。其他补救措施，则包括请求修理、更换、重作、减价等措施。

（3）合同解除后可以一并主张赔偿损失。

合同解除后，确因一方的过错造成另一方损害的，有过错的一方应向受害方赔偿损害，不能因合同解除而免除其应负的赔偿责任。

6.3.3　债务相互抵销

债务相互抵销，指当事人互负到期债务，又互享债权，以自己的债权充抵对方的债权，使自己的债务与对方的债务在等额内消灭。抵销因其产生的根据不同，可分为法定抵销和约定抵销。

1. 法定抵消

指法律规定抵销的条件，具备条件时依当事人一方的意思表示即发生抵销的效力。

《合同法》第九十九条　当事人互负到期债务，该债务的标的物种类、品质相同的，任何一方可以将自己的债务与对方的债务抵销，但依照法律规定或者按照合同性质不得抵销的除外。

当事人主张抵销的，应当通知对方。通知自到达对方时生效。抵销不得附条件或者附期限。

（1）法定抵销的条件。

1）当事人双方互负债务互享债权。

抵销发生的基础在于当事人双方既互负债务，又互享债权，这种互负债务互享债权，一般因两个法律关系而发生，但也不排除当事人双方基于多个法律关系而累计的对待债权债务。比如，甲欠乙建设工程款 200 万元，乙第一次向甲购货欠款 150 万元，第二次购货欠 50 万元。甲可以以乙两次共欠其的 200 万元货款债权，抵销其欠乙的 200 万元工程款。

2）双方债务均已到期。

只有履行期限届至时，才可以主张抵销，否则，等于强制债务人提前履行债务，牺牲其期限利益。但在特殊情况下，未届清偿期债权可以视为到期债权，依法抵销。比如我国《破产法》规定："破产宣告时未到期的债权，视为已到期的债权，但是应当减去未到期的利息。"

3）债务的标的物种类、品质相同。

种类相同，指合同标的物本身的性质和特点一致。比如都是支付金钱，或者交付同样的种类物。品质相同，指标的物的质量、规格、等级无差别，比如都是同一型号、等级的钢材。

4）双方债务均为可抵销债务。

抵消的债务须为可以抵消的债务，以下两种情形的债务，不得抵消：

① 法律规定不得抵销。

主要指禁止强制执行的债务以及因侵权行为所生的债务等。比如，法院强制执行时，有权扣留、提取被执行人应当履行义务部分的收入。但应当保留被执行人及其所扶养家属的生活必需费用。

② 按照合同的性质不得抵销。

根据债务性质不得抵消的债务主要包括不作为债务、提供劳务的债务以及与人身不可分离的债务等。比如抚恤金、退休金、抚养费债务等。

（2）法定抵消的效力。

1）抵消通知到达对方生效。

当事人主张抵销的，必须通知对方，通知到达对方时发生效力。

2）抵销不得附条件或附期限。

附条件和附期限，使得抵销不确定，不符合抵销的目的。

3）在抵消范围内消灭债权。

在当事人双方债权债务互为相等的情况下，抵销产生合同关系消灭的法律后果，但如果债务的数额大于抵销额，抵销不能消灭合同关系，而只是在抵销范围内减少债权。

【案例】2018 年 5 月 1 日，甲房地产公司与乙建材公司签订了一份采购合同。合同约定：由乙公司供给甲公司 2000 吨钢材，每吨价格为 3000 元，分两次供货，每次供货 1000 吨，第一次供货时间为 5 月 10 日，第二次供货时间为 6 月 1 日，甲公司分批支付货款，于货到 10 日内付清。合同内容还包括违约金等条款。5 月 10 日，乙公司如期履约，并于 6 月 3 日将第二批钢材送到甲公司；而甲公司于 5 月 15 日支付第一批钢材的货款后，迟迟未按照合同约定支付第二批钢材的货款。6 月 30 日，甲公司通知乙公司以乙公司欠其已到期购房款 200 万抵销其欠乙公司钢材的货款。

本案例中，甲公司与乙公司订立的采购合同成立并生效。乙公司按照合同约定完全履行了义务，而甲公司未在合同约定时间内支付第二批钢材的货款，构成违约。但甲公司提出以其对乙公司已到期债权抵销乙公司的债权，则乙公司的债权在甲公司所主张的债权范围内抵销。甲公司与乙公司之间互负相同性质的债务，乙欠甲购房款 200 万元，甲欠乙货款 300 万元，因此，基于法定抵销权的行使，购房款与货款可以在 200 万元范围内抵销，而余下 100 万元货款，甲公司仍应该予以支付，并承担违约责任。

2. 约定抵消

约定抵销，指当事人双方协商一致，使自己的债务与对方的债务在对等额内消灭。

《合同法》第一百条　当事人互负债务，标的物种类、品质不相同的，经双方协商一致，也可以抵销。

法定抵销与约定抵销都是将双方的债务在对等额内消灭。但有所区别:

（1）抵销的根据不同。

法定抵销是基于法律规定，只要具备法定条件，任何一方可将自己的债务与对方的债务抵销；约定抵销，双方必须协商一致，不能由单方决定抵销。

（2）对抵销的债务的要求不同。

法定抵销要求标的物的种类、品质相同；约定抵销标的物的种类、品质可以不同。

（3）对抵销的债务的期限要求不同。

法定抵销当事人双方互负的债务必须均已到期；约定抵销，双方互负的债务即使没有到期，只要双方当事人协商一致，也可以抵销。

（4）程序要求不同。

法定抵销，当事人主张抵销的应当通知对方，通知未到达对方，抵销行为不生效；约定抵销，双方达成抵销协议时，发生抵销的法律效力，不必履行通知义务。

6.3.4　债务人依法将标的物提存

提存，指由于债权人的原因，债务人无法向其交付合同标的物时，债务人将该标的物交给提存机关而消灭合同的制度。比如，债务人乙在合同约定的履行期限，准备向债权人甲交付货物，但却无法找到债权人，乙根据法律有关规定，将该货物交给提存机关，货物被提存后，债务即消灭。我国《合同法》将提存作为合同权利义务终止的法定原因之一，规定了提存的条件、程序和法律效力。

1. 提存的条件

《合同法》第一百零一条　有下列情形之一，难以履行债务的，债务人可以将标的物提存:

（一）债权人无正当理由拒绝受领;

（二）债权人下落不明;

（三）债权人死亡未确定继承人或者丧失民事行为能力未确定监护人;

（四）法律规定的其他情形。

标的物不适于提存或者提存费用过高的，债务人依法可以拍卖或者变卖标的物，提存所得的价款。

（1）因债权人原因致使到期债务无法履行。

主要包括以下情形：

1）债权人无正当理由拒绝受领。

比如，债权人受到了不可抗力的影响；债权人遇到了难以克服的意外情况，无法受领；债务人交付的标的物存在严重质量问题；债务人迟延交付致使不能实现合同目的；合同被解除、被确认无效等。

2）债权人下落不明。

债权人下落不明，债务人无法给付，为消灭债权债务关系，债务人可以将标的物提存。

3）债权人死亡或者丧失行为能力而未确定继承人或者监护人。

按照我国法律规定，债权人死亡，可以由其继承人享有债权；债权人丧失行为能力应当由其监护人代理行使债权，但是如果债权人的继承人和监护人没有确定，债务就不能因履行而消灭，为此，可以将标的物提存以终止合同。

4）法律规定的其他情形。

比如，《担保法》第49条规定：抵押人转让抵押物所得的价款，应当向抵押权人提前清偿所担保的债权或者向与抵押权人约定的第三人提存。

（2）标的物适于提存

提存的标的物应当是合同规定应当给付的标的物，主要是货币、有价证券、票据、提单、权利证书、物品。标的物不适于提存或者提存费用过高的，债务人依法可以拍卖或者变卖标的物，提存所得的价款。

（3）提存的主体合法。

提存的主体为提存人与提存机关。一般情形下，提存人即为债务人，但提存人不以债务人为限，凡债务的清偿人均可为提存人。提存机关是法律规定的有权接受提存物并为保管的机关。依我国现行法的规定，拾得遗失物的，可向公安机关提存；定作人变卖留置物受偿后，可将余款向债权人所在地的银行办理提存；公证提存的，由公证处为提存机关。法院也可为提存机关。

2. 提存的程序

提存应按下列程序进行：

（1）债务人向清偿地提存机关提交提存申请。

（2）债务人提交提存物。对债务人的提存请求经审查符合提存条件的，债务人应向提存机关或指定的保管人提交提存标的物，提存机关应予接受并进行妥善保管。

（3）提存机关授予债务人提存证书。提存机关在收取提存申请及提存物后，应向债务人授予提存证书。提存证书与清偿受领证书具有同等的法律效力。

（4）通知债权人受领提存物。在提存时，债务人应附具提存通知书。在提存后，应将提存通知书送达债权人。

《合同法》第一百零二条 标的物提存后，除债权人下落不明的以外，债务人应当及时通知债权人或者债权人的继承人、监护人。

在债权人下落不明的情况下，应由提存机关履行通知义务。《提存公证规则》第18条第2款规定："提存受领人不清或者下落不明、地址不详无法送达通知的，公证处应自提存之日起60日内，以公告方式通知。"

3. 提存的效力

标的物提存后，视为债务人在其提存范围内已经履行债务。债权人取得提存标的物的所有权，该标的物上的权利由其享有，义务和风险由其承担。债权人可以随时领取提存物，并支付提存费用。债权人领取提存物的权利，自提存之日起5年内不行使而消灭。

《合同法》第一百零三条 标的物提存后，毁损、灭失的风险由债权人承担。提存期间，标的物的孳息归债权人所有。提存费用由债权人负担。

第一百零四条 债权人可以随时领取提存物，但债权人对债务人负有到期债务的，在债权人未履行债务或者提供担保之前，提存部门根据债务人的要求应当拒绝其领取提存物。

债权人领取提存物的权利，自提存之日起五年内不行使而消灭，提存物扣除提存费用后归国家所有。

【案例】甲乙两个公司订立了购买一批施工用机泵的合同，甲公司负有交付机泵的义务，乙公司负有支付价款的义务。债务履行期届满，乙公司迟延受领，也未支付货款，甲公司催告无果后依法将标的物提存。为保证收回货款，甲公司提存时声明，只有乙公司支付了机泵货款或者提供了付款担保后，才能允许乙公司领取标的物。

该案例中，如果在乙公司没有支付价款也没有提供担保的情况下，提存部门将提存物交付给了乙公司，一旦乙公司领取提存物后不能支付甲公司的价款，提存部门要承担赔偿责任。

在债权人对债务人负有到期债务的情形下，提存人提存时，应当向提存部门明确告知提存受领人所承担的对待给付义务的内容，以及对所提供的担保的要求。

6.3.5 债权人免除债务

债权人免除债务，指债权人放弃自己的债权。债权人可以免除债务的部分，也可以免除债务的全部。比如，债务人乙应当偿还债权人甲2万元人民币，甲表示乙可以少还或者不还，就是债权人免除债务。甲表示只需要偿还1万元，是债务的部分免除；表示2万元都不必偿还，是债务的全部免除。免除部分债务的，合同部分终止，免除全部债务的，合同全部终止。

《合同法》第一百零五条 债权人免除债务人部分或者全部债务的，合同的权利义务部分或者全部终止。

6.3.6 债权债务同归于一人

债权和债务同归于一人，指由于某种事实的发生，使一项合同中，原本由一方当事人享有的债权，由另一方当事人负担的债务，统归于一方当事人，使得该当事人既是合同的债权人，又是合同的债务人。比如，甲公司与乙公司签订了房屋租赁合同，在乙公司尚未支付租金时，甲乙两个公司合并成立了一个新的公司，甲公司的债权和乙公司的债务都归属于新公司，原甲公司和乙公司之间的合同自然终止。

《合同法》第一百零六条　债权和债务同归于一人的，合同的权利义务终止，但涉及第三人利益的除外。

合同关系的存在，必须有债权人和债务人，当事人双方混同，合同失去存在基础，自然应当终止。合同终止债权消灭，债权的从权利如利息债权、违约金债权、担保债权同时消灭。但当债权是他人权利的标的时，为保护第三人的利益，债权不能因混同而消灭。比如甲建筑公司与乙房地产公司签订了房屋预售合同，甲交纳了一定比例的预付款后，取得了对预售的房屋的权利。随后甲将取得的预售房屋抵押给了丙银行。半年后，甲乙两个公司合并，如果此时甲乙之间的合同终止，就会损害抵押权人丙的利益，此种情况，甲乙的合同不能终止。

复习思考题

1. 请分析，“合同的变更”与“可变更合同”有何区别？
2. 请分析，“合同的转让”与“第三人履行合同”有何区别？
3. 请思考，解除合同的根本原因是什么？
4. 《合同法》第 99 条和第 100 条的区别是什么？

第7章 违约责任

导读

当事人订立的合同如果满足生效的要件，双方就应当按约定履行合同。如果当事人不履行合同或者履行合同不符合约定，就要承担违约责任。我国《合同法》规定的承担违约责任的方式主要有继续履行、采取补救措施、赔偿损失、支付违约金、适用定金罚则等。

一定程度上说，违约责任是合同的核心，或者说合同的存在感就体现在违约责任上。因为，当事人如果都正常、完全地履行合同，谁都不会惦记合同的存在；而只有某一方违约的时候，双方才会因违约责任条款而感受到合同的重要性。本章首先介绍违约的情形和违约责任的概念、特征以及归责原则等，然后对承担违约责任的各种方式进行阐述。

7.1 违约责任概述

《合同法》第一百零七条　当事人一方不履行合同义务或者履行合同义务不符合约定的，应当承担继续履行、采取补救措施或者赔偿损失等违约责任。

《合同法》第107条是违约责任部分的核心条款，这一条说明了违约责任的三个核心问题。一是说明了违约的形态，即不履行合同义务或者履行合同义务不符合约定则构成违约；二是说明了违约责任的归责原则，即只要违约，就需要承担违约责任；三是说明了承担违约责任的基本方式，主要包括继续履行、采取补救措施或者赔偿损失等。

7.1.1 违约

违约，即违反合同。现实中违约形态表现多样，我国《合同法》根据违约行为是发生在履行期限到来之前还是到来之后，将违约行为划分为实际违约和预期违约两种形态。

1. 实际违约

根据我国合同法的规定，实际违约行为可分为合同的不履行和不适当履行。

（1）不履行

不履行，是指合同履行期限届至时当事人没有履行合同义务。不履行行为，根据主、客观条件的不同，又分为拒绝履行和履行不能。拒绝履行是指履行期限到来之后，义务人无正当理由而拒绝履行合同义务的行为。义务人拒绝履行如果有正当理由，如义务人享有同时履行抗辩权、不安抗辩权、先诉抗辩权等，则其拒绝履行不构成违约。履行不能，是指债务人在客观上已不具备履行能力，即使其作出努力也根本不可能履行。履行不能又有主观不能和客观不能之分。主观不能是指由于当事人主观上的过错原因导致合同不能履行，在此情况下，当事人要负违反合同的责任。客观不能是指由于客观情况的变化而使合同无法履行。这种客观情况如果构成不可抗力，则可免除违约责任。

（2）不适当履行

合同的不适当履行，也叫不完全履行或不正确履行，是指债务人虽然履行了合同义务，但其履行有瑕疵，不符合合同规定的要求，如履行义务不符合合同约定的数量、质量要求，履行地点、方法不当，以及超出履行期限等。

2. 预期违约

《合同法》第一百零八条　当事人一方明确表示或者以自己的行为表明不履行合同义务的，对方可以在履行期限届满之前要求其承担违约责任。

当事人在合同履行期到来之前无正当理由明确表示将不履行合同，或者以自己的行为表明将不履行合同，即构成预期违约。预期违约包括明示毁约和默示毁约。前者即声明毁约，指合同一方在履行期限届满之前以明确的、不附条件的语言声明将不履行合同义务。后者即事实毁约，通常指合同一方通过行为表明届期将不履行合同义务。

由于预期违约行为发生在合同履行期限届满之前，因此，另一方当事人可以在履行期届满之前要求预期违约方承担违约责任。

预期违约的构成要件是:（1）预期违约的时间必须是在合同成立之后至履行期限届满之前;（2）预期违约必须是对合同根本性义务的违反，即导致合同目的落空，体现为不履行合同义务;（3）违约方不履行合同义务无正当理由。

【案例】甲方：欧亚商场，乙方：丽格电器集团。双方于 2018 年 11 月订立空调采购合同。约定乙方于 2019 年 5 月底向甲方交付立式空调 500 台，每台价格 4000 元。签约当日，甲方向乙方支付定金 20 万元。2019 年 3 月，当地已持续高温，气象部门预测当年夏天暑期提前，乙方各类空调被商家高价订购一空。3 月底，乙方给甲方发函，称无法履约，要求取消合同。4 月 8 日，甲方将乙方诉至法院，要求乙方依约履行合同，否则双倍返还定金，并赔偿其利润损失。乙方辩称，合同未届履行期限，拒绝承担违约责任。4 月 20 日，法院判决乙方依约交付 500 台空调给甲方，否则承担双倍返还定金等违约责任。

本案例中，乙方丽格电器集团致函甲方欧亚商场要求取消合同是以明示的方式表示不履行合同，该行为构成预期违约，甲方可在履行期限届满前就要求乙方承担违约责任。

7.1.2　违约责任

违约责任即违反合同的民事责任，是指当事人违反合同义务所引起的民事法律后果，具有以下特征:

（1）违约责任以有效的合同关系为前提。没有有效的合同，谈不上合同债务，也就谈不上产生债务不履行的违约责任。

（2）违约责任具有相对性。这是指违约责任只能发生在特定的合同当事人之间，合同关系之外的第三人不发生违约责任。比如在第三人代为履行的情况下，第三人不履行债务或履行债务不符合约定，仍由债务人承担违约责任，第三人不是合同关系的主体，不承担违约责任。

《合同法》第一百二十一条　当事人一方因第三人的原因造成违约的，应当向对方承担违约责任。当事人一方和第三人之间的纠纷，依照法律规定或者按照约定解决。

（3）违约责任可以由当事人在合同中依法约定，具有一定的任意性。但由于合同是基于当事人的合意而产生的，因此当事人可以在合同中约定一方违反合同时所应承担的责任，从而使依自己意志而为的合同约定成为承担合同责任的依据。

（4）违约责任是一种财产责任。合同关系以及合同债务的财产性决定了违约责任的财产性，违约责任是一种财产责任也体现在承担责任时不涉及人身制裁。通常，违约方承担违约责任的方式只能是以交付一定的财产如违约金、赔偿金来弥补受损失一方的损失，而不能用赔礼道歉等非财产责任来代替。

（5）违约责任具有补偿性。一方当事人违约，势必会造成另一方当事人经济损失。承担违约责任，旨在补偿另一方当事人的经济损失。

【案例】2019年3月28日，甲公司（买方）与乙公司（卖方）签订了一份购买钢材30吨的合同。双方约定，5月1日前交货，货款12.2万元于合同签订后5日内汇至乙公司账户，违者承担违约部分10%的违约金。甲按约汇款12.2万于乙公司账户。当年4月7日，乙公司又与丙公司签订购买30吨同样规格的钢材合同，约定由丙公司供给乙公司钢材30吨，4月15日交货，货款10.5万元，违者承担违约部分10%的违约金。合同签订后，乙公司将10.5万元汇给丙公司，但直到5月1日丙公司仍未交货，致使乙公司无法向甲公司履行合同，甲公司多次催交货物或要求返还货款未果，遂起诉至法院，要求乙承担违约责任，乙公司以自己并无过错，不能履行系丙公司违约所致，拒绝承担违约责任。

本案例属于连环购销合同，乙公司不能履行合同约定的义务虽非自己之过错，但不能以此为由免除责任。本案例中乙公司应向甲公司返还货款并承担违约责任。至于乙公司所受损失，可以依据其与丙公司签订的合同，向丙公司要求赔偿。

7.1.3　违约责任的归责原则

1. 严格责任原则

我国民事责任的归责原则，以是否考虑行为人的主观过错，分为两种：一是过错责任原则；二是严格责任原则。所谓过错责任原则，是指应以行为人主观上有过错作为承担责任的依据。所谓严格责任原则，是指无论行为人主观上是否有过错，均应承担民事责任。根据我国现行法律的规定，承担侵权责任，以过错责任为主要原则；而承担违约责任，以严格责任为主要原则。

根据严格责任的归责原则，只要一方当事人有违约行为存在，无论其主观上是否有故意或者过失，对方就可以要求其承担违约责任，除非满足免责事由。

【案例】某施工企业与某建设单位签订了工程施工合同。在基础工程的施工过程中，发生了两件导致工期延误的事件：一是施工方混凝土搅拌不实，导致部分部位的混凝土强度未达标，需要拆除重新浇筑，导致延误工期2天；二是施工方委托物流公司运送的钢筋因为路途堵车迟到了3天，工期随之延误。监理工程师要求施工方承担共5天工期延误的罚款，但施工企业只愿意承担因混凝土强度原因造成的2天工期延误的罚款，不愿意承担另外3天的工期延误罚款，理由是钢筋运送迟到纯粹是由于客观原因造成的，施工方无主观上的故意或者疏忽。

本案例中，显然施工方还需要对另外3天的工期延误承担责任，因为违约责任的归责原则是严格责任原则，不考虑违约方是否有主观上的故意。

2. 免责事由

免责事由是指法律规定或合同中约定的当事人对其违反合同、不履行合同义务或履行合同义务不适当免于承担违约责任的条件，包括法定的免责事由和约定的免责事由。

（1）约定的免责事由

约定的免责事由，亦称为免责条款，是合同当事人在合同中事先约定的免除或限制当事人对未来可能发生的违约行为承担违约责任的条款。免责条款的约定是当事人意思自治的充分体现，但若免责条款的约定违反法律规定，损害国家、集体或第三人利益的，则该条款无效。

（2）法定的免责事由

法定的免责事由是指法律规定的免除或限制违约人承担违约责任的事由。根据《合同法》的规定，法定的负责事由包括不可抗力和受害人的过错。

1）不可抗力免责。

《合同法》第一百一十七条　因不可抗力不能履行合同的，根据不可抗力的影响，部分或者全部免除责任，但法律另有规定的除外。当事人迟延履行后发生不可抗力的，不能免除责任。

不可抗力，是指不能预见、不能避免并不能克服的客观情况。不可抗力造成违约的，违约方没有过错，因此通常是免责的，但法律规定因不可抗力造成的违约也要承担责任的除外。例如，《中华人民共和国民用航空法》第一百二十四条规定，因发生在民用航空器上或者在旅客上、下民用航空器过程中的事件，造成旅客人身伤亡的，承运人应当承担责任。该事件包括因承运人过错而发生的事故，也含与承运人无关不可抗力，只要造成了旅客人身伤亡，承运人即使无过错，也要承担违约的民事责任。但是，旅客的人身伤亡完全是由于旅客本人的健康状况造成的，承运人不承担责任。

另外，《合同法》还规定，当事人一方因不可抗力不能履行合同的，应及时通知对方。必要时，应当提供不可抗力的证明。

《合同法》第一百一十八条　当事人一方因不可抗力不能履行合同的，应当及时通知对方，以减轻可能给对方造成的损失，并应当在合理期限内提供证明。

2）受害人过错免责。

《合同法》第一百一十九条 当事人一方违约后，对方应当采取适当措施防止损失的扩大；没有采取适当措施致使损失扩大的，不得就扩大的损失要求赔偿。

当事人因防止损失扩大而支出的合理费用，由违约方承担。

这一规定的目的在于防止损失的扩大。当事人一方违反合同的，另一方不能无动于衷，任凭损失的扩大，而应当采取积极措施，减少损失。没有及时采取措施致使损失扩大的，无权就扩大的损失请求赔偿。因防止损失扩大支出的合理费用，由违约方承担。

3. 违约责任与侵权责任的竞合

违约责任与侵权责任竞合，是说债务人的违法行为，既符合违约要件，又符合侵权要件，导致违约责任与侵权责任一并产生。

按照《合同法》的规定，该情形下受损害人可以选择违约责任或者侵权责任中的一种请求对方承担。

《合同法》第一百二十二条 因当事人一方的违约行为，侵害对方人身、财产权益的，受损害方有权选择依照本法要求其承担违约责任或者依照其他法律要求其承担侵权责任。

【案例】某施工企业与某建筑设备商订立了吊车的采购合同。吊车交付后1个月，在使用过程中，由于吊车质量缺陷，吊车臂断裂，坠落后造成施工方人员和财产损失。施工企业诉至法院，要求设备商承担侵权责任和违约责任。法院应如何判决？

本案例中，设备商交付的吊车存在质量缺陷，即履行合同不符合质量约定，施工方有权请求设备商承担违约责任；同时，吊车质量缺陷造成施工方人员和财产损失，施工方也有权请求设备商承担侵权责任。但是，根据《合同法》的规定，施工方只能选择主张侵权责任和违约责任中的一种，不能同时主张。其实，无论主张哪一种责任，施工方都可以得到全部损失的补偿。

7.2 承担违约责任的方式

根据我国《合同法》的规定，承担违约责任主要有继续履行、采取补救措施、赔偿损失、支付违约金、适用定金罚则等方式。

7.2.1 继续履行

继续履行，亦叫实际履行，是指在一方当事人不履行合同义务或者履行合同义务不符合约定时，另一方当事人可要求违约人继续履行合同义务。我国《合同法》对金钱债务和非金钱债务的继续履行分别作了规定。

1. 金钱债务的继续履行

对于当事人不履行金钱债务或者履行金钱债务不符合约定的情形，从实现合同目的的角度，鼓励采用继续履行的方式承担违约责任。

《合同法》第一百零九条　当事人一方未支付价款或者报酬的，对方可以要求其支付价款或者报酬。

2. 非金钱债务的继续履行

当事人一方不履行非金钱债务或者履行的不适当，对方可以请求其履行，还可以请求其承担其他违约责任，如支付违约金、赔偿损失。

如果非金钱债务在法律上或者事实上不能履行，或者履行费用过高，或者债权人在合理期限内未请求履行，则不宜采用继续履行的方式承担违约责任。

《合同法》第一百一十条　当事人一方不履行非金钱债务或者履行非金钱债务不符合约定的，对方可以要求履行，但有下列情形之一的除外：

（一）法律上或者事实上不能履行；

（二）债务的标的不适于强制履行或者履行费用过高；

（三）债权人在合理期限内未要求履行。

【案例】甲方：欧亚商场，乙方：丽格电器集团。双方于2018年11月订立空调采购合同。约定乙方于2019年5月底向甲方交付立式空调500台，每台价格4000元。签约当日，甲方向乙方支付定金20万元。2019年3月，当地已持续高温，气象部门预测当年夏天暑期提前，乙方各类空调被商家高价订购一空。3月底，乙方给甲方发函，称无法履约，要求取消合同。4月8日，甲方将乙方诉至法院，要求乙方依约履行合同，否则双倍返还定金，并赔偿其利润损失。乙方辩称，合同未届履行期限，拒绝承担违约责任。4月20日，法院判决乙方依约交付500台空调给甲方，否则承担双倍返还定金等违约责任。

本案例中，法院判决乙方依约交付500台空调给甲方，其实就是在乙方预期违约的情形下，要求乙方首先以继续履行的方式承担违约责任，如果不能继续履行，再考虑以其他方式承担违约责任。

7.2.2 采取补救措施

采取补救措施作为承担违约责任的一种基本方式，主要是指当事人一方履行合同义务不符合合同约定时，对方可以依照法律规定或合同约定，请求违约方采取修理、更换、重作、退货、减少价款或报酬、补充数量、物资处置等措施，以防止损失发生或扩大。

采取补救措施的责任形式，主要发生在质量不符合约定的情况下。

《合同法》第一百一十一条　质量不符合约定的，应当按照当事人的约定承担违约责任。对违约责任没有约定或者约定不明确，依照本法第六十一条的规定仍不能确定的，受损害方根据标的的性质以及损失的大小，可以合理选择要求对方承担修理、更换、重作、退货、减少价款或者报酬等违约责任。

7.2.3 赔偿损失

赔偿损失，是指合同一方当事人因未履行合同义务或履行合同义务不符合约定，导致对方损失时，依法向受害人承担的赔偿其所受损失的一种责任形式。

《合同法》第一百一十二条 当事人一方不履行合同义务或者履行合同义务不符合约定的。在履行义务或者采取补救措施后，对方还有其他损失的，应当赔偿损失。

1. 赔偿损失的构成要件

承担赔偿损失责任的构成要件有：一是有违约行为，二是有损失后果，三是违约行为与财产等损失之间有因果关系。

如果违约行为未给非违约人造成损失，则不能用赔偿损失的方式追究违约人的民事责任。

2. 赔偿损失的范围

《合同法》第一百一十三条 当事人一方不履行合同义务或者履行合同义务不符合约定，给对方造成损失的，损失赔偿额应当相当于因违约所造成的损失，包括合同履行后可以获得的利益，但不得超过违反合同一方订立合同时预见到或者应当预见到的因违反合同可能造成的损失。

经营者对消费者提供商品或者服务有欺诈行为的，依照《中华人民共和国消费者权益保护法》的规定承担损害赔偿责任。

根据《合同法》的规定，赔偿损失的范围需要注意以下几个原则：

（1）完全赔偿原则

赔偿损失的范围可由法律直接规定，或由双方约定。在法律没有特别规定和当事人没有另行约定的情况下，应按完全赔偿原则，赔偿全部损失，包括直接损失和间接损失。直接损失指财产上的直接减少。间接损失又称所失利益，指失去的可以预期取得的利益。可得的利益指利润，而不是营业额。例如，汽车修理厂与出租车司机约定10日修理好损坏的夏利车，汽车修理厂迟延3日交付。若司机开出租车每日营业额为600元，每日可获利润为200元，则3日的可得利益为600元。汽车修理厂违约，应赔偿600元的间接损失。

（2）客观确定性原则

可得利益的求偿需坚持客观确定性，即预期取得的利益不仅主观上是可能的，客观上还需要确定的。因违约行为的发生，使此利益丧失，若无违约行为，这种利益按通常情形是必得的。例如，建筑公司承建一商厦迟延10日交付，商厦10日的营业利润额即为可得利益。

（3）合理预见性原则

可得利益的求偿不能任意扩大，即不得超过违反合同一方订立合同时预见到或者应当预见到的因违反合同可能造成的损失。预见性有三个要件：一是预见的主体为违约人，而不是非违约人。二是预见的时间为订立合同之时，而不是违约之时。三是预见的内容为立约时应当预见的违约的损失，预见不到的损失，不在赔偿范围之列。例如，旅客表示飞机误点使其耽误了一笔买卖，要求赔偿。该买卖是否耽搁，航空公司在售票时是无法预见的，故此间接损失不予赔偿。

（4）过错相抵原则和损益相抵原则

所谓过错相抵，是指就损害的发生或者扩大，受害人自己也有过错的，可以减轻或者免除违约人的赔偿责任。

所谓损益相抵，是指受害人基于损失发生的同一原因而获得利益时，则在其应得的损害赔偿额中，应扣除其所获得的利益部分。

（5）补偿性原则

赔偿损失是对合同当事人因违约而遭受损失的最基本的保障，其突出的特点表现在对受害方损失的补偿上，而非在惩罚违约方。所以，赔偿损失责任属于补偿性质的责任，一般不具惩罚性。

但是《合同法》第 113 条第 2 款也规定了例外情形，即经营者提供商品或者服务有欺诈行为的，依照《中华人民共和国消费者权益保护法》（以下简称《消费者权益保护法》）适用惩罚性原则。

《消费者权益保护法》第五十五条　经营者提供商品或者服务有欺诈行为的，应当按照消费者的要求增加赔偿其受到的损失，增加赔偿的金额为消费者购买商品的价款或者接受服务的费用的三倍；增加赔偿的金额不足五百元的，为五百元。法律另有规定的，依照其规定。

经营者明知商品或者服务存在缺陷，仍然向消费者提供，造成消费者或者其他受害人死亡或者健康严重损害的，受害人有权要求经营者依照本法第四十九条、第五十一条等法律规定赔偿损失，并有权要求所受损失二倍以下的惩罚性赔偿。

【案例】甲钢铁公司与乙建材公司签订了一份钢材购销合同，约定由甲公司向乙公司供应某规格钢材 500 吨。合同签订时，乙告知甲，拟将此合同中的 300 吨钢材投入生产，另 200 吨与另一构配件厂签订转卖合同。后来甲公司未按约交付钢材，致使乙无法按时生产，直接经济损失 100 万，且因此丧失了转卖合同中可获取的利润 10 万元。乙遂以甲违约为由诉至法院，要求甲赔偿其损失 110 万元。

本案例中，甲公司违约导致乙公司直接经济损失 100 万元。显然，该损失应由违约方甲公司承担，但对于其余的 10 万元损失，即乙的可得利益损失，甲公司应否承担，则取决于甲在订立合同时能否预见到其违约会给乙造成这 10 万元可得利益损失。分析本案例，乙在与甲订立合同后，就与第三方某构配件厂签订了转卖合同，该转卖合同的标的物与购销合同中的标的物是相同的，中间没有介入其他因素，且甲公司知道该合同的存在。因此，甲公司违约造成的乙 10 万元可得利益损失是其订立合同时应该能够预见到的损失，此项可得利益的损失完全是因违约造成，故甲公司不仅应赔偿乙建材公司 100 万元的损失，还应就乙可得利益的损失 10 万元予以赔偿。

7.2.4 支付违约金

支付违约金是违约责任中常见的一种责任形式。它是指一方当事人违反合同义务时，根据合同约定或法律规定向对方当事人支付一定数额的金钱的责任。由法律规定的违约金为法定违约金，由当事人通过合同约定的违约金为约定违约金。

《合同法》第一百一十四条　当事人可以约定一方违约时应当根据违约情况向对方支付一定数额的违约金，也可以约定因违约产生的损失赔偿额的计算方法。

约定的违约金低于造成的损失的，当事人可以请求人民法院或者仲裁机构予以增加；约定的违约金过分高于造成的损失的，当事人可以请求人民法院或者仲裁机构予以适当减少。

当事人就迟延履行约定违约金的，违约方支付违约金后，还应当履行债务。

根据我国《合同法》的有关规定，在适用违约金责任时，注意把握以下几点：

（1）当事人约定了违约金的，即使一方违约未给对方造成损失，也应当按照该约定支付违约金。即违约金责任并非以损害的发生为前提条件，即使违约的结果并未发生任何实际损失，也不影响对违约人追究违约金责任。

（2）当事人约定了违约金，一方违约，同时给对方造成损失时，确定违约金数额的参考标准就是损失的数额。如约定的违约金低于所造成的损失，当事人可请求人民法院或仲裁机构予以增加，如约定的违约金过分高于所造成的损失，当事人可请求人民法院或仲裁机构予以适当减少。

（3）当事人专门就迟延履行约定违约金的，该种违约金仅是违约方对其迟延履行所承担的违约责任，因此，违约方支付违约金后，还应当继续履行债务。

【案例】甲建筑公司与乙构件厂订立了一份建筑配件定购合同，价款50万元，双方约定违约金为违约总价款的3%。后来乙构件厂违约，致使甲遭受经济损失6万元。故甲向乙要求赔偿损失6万元，遭到拒绝，乙认为只能依照合同约定赔偿其总价款3%的违约金。双方为此发生争议，诉至法院。

本案例涉及违约金与损害赔偿金之间的关系。违约金与损害赔偿金在适用中具有密切联系，二者都可在合同订立之时进行约定，在实际发生违约时，若两者数额基本一致，二者可以相互替代，但若约定的违约金数额低于或过分高于实际损失时，则依据《合同法》规定，当事人可以请求人民法院或仲裁机构予以适当减少或增加。在本案例中，双方当事人在合同中已明确约定违约金为总价款的3%，即1.5万元。但该数额与违约给甲造成的损失6万元相差甚远，因此，甲有权向人民法院请求予以增加。

【延伸阅读】最高人民法院关于适用《中华人民共和国合同法》若干问题的解释（二）（法释［2009］5号）

第二十七条　当事人通过反诉或者抗辩的方式，请求人民法院依照合同法第114条第2款的规定调整违约金的，人民法院应予支持。

第二十八条　当事人依照合同法第114条第2款的规定，请求人民法院增加违约金的，增加后的违约金数额以不超过实际损失额为限。增加违约金以后，当事人又请求对方赔偿损失的，人民法院不予支持。

第二十九条　当事人主张约定的违约金过高请求予以适当减少的，人民法院应当以实际损失为基础，兼顾合同的履行情况、当事人的过错程度以及预期利益等综合因素，根据公平原则和诚实信用原则予以衡量，并做出裁决。

当事人约定的违约金超过造成损失的百分之三十的，一般可以认定为合同法第114条第2款规定的“过分高于造成的损失”。

7.2.5　定金

定金，是指合同一方当事人根据合同的约定预先付给另一方当事人一定数额的金钱，以保证合同的订立、成立，担保合同的履行，保留合同的解除权等。定金既可以作为担保方式，也可以作为一种承担违约责任的方式。

《合同法》第一百一十五条　当事人可以依照《中华人民共和国担保法》约定一方向对方给付定金作为债权的担保。债务人履行债务后，定金应当抵作价款或者收回。给付定金的一方不履行约定的债务的，无权要求返还定金；收受定金的一方不履行约定的债务的，应当双倍返还定金。

根据《合同法》的规定，定金制度包括以下几方面内容：

（1）定金须由双方当事人在合同中明确约定。当事人不得单方面决定是否给付定金，而须由双方当事人协商确定。如在合同中未约定定金，任何一方不得强迫对方交付定金。

（2）债务人履行债务后，定金应当抵作价款或者收回。定金的目的是为保证合同履行，合同已经得到履行，定金的目的已经实现，此时，定金是收回还是抵作价款，可依据合同约定，或由双方当事人协商确定。

（3）定金罚则。支付定金的一方当事人不履行约定债务的，无权请求返还定金；收受定金的一方当事人未履行约定义务的，应当双倍返还定金。换言之，只要设立定金，无论谁不履行合同，都要损失与定金数额相等的金钱。

（4）在合同当事人既约定了违约金，又约定了定金的情况下，如果一方违约，对方当事人可以选择适用违约金或者定金条款，但二者不能并用。

《合同法》第一百一十六条　当事人既约定违约金，又约定定金的，一方违约时，对方可以选择适用违约金或者定金条款。

一般说来，选择适用违约金条款或定金条款，都可以达到弥补因违约受到损失的目的。违约金相当于一方因对方违约所造成的实际损失，而且根据《合同法》的规定，约定的违约金低于或者过分高于造成的损失的，当事人可以请求人民法院或者仲裁机构予以增加或适当减少。这样，守约方根据违约金条款，就可以补偿自己因对方违约所造成的损失。当然，在定金条款对守约方有利时，守约方也可以适用定金条款，按照定金罚则弥补自己的损失。

复习思考题

1. 请查阅相关资料，列举几个工程合同管理实务中违约的案例。
2. 请举出违约后，违约方不适宜以继续履行或采取补救措施的方式承担违约责任的案例。
3. 违约后赔偿损失的额度应该达到什么标准？
4. 违约金数额与实际损失不符时，应如何处理？
5. 合同中既约定了违约金，一方又缴纳了定金，若另一方违约，该如何处理？

第 8 章　合同争议的解决

导 读

合同条款是双方当事人意思表示一致达成的协议，但在实践中由于种种原因往往会对某些条款的含义发生争议。对发生争议的条款进行解释需要遵守文义解释、整体解释、目的解释、习惯解释、诚信解释等规则。

合同履行过程中，当事人双方有时会对标的物的数量、质量、价款或报酬、履行地点、期限、方式以及违约责任等产生争议。这些争议的解决可以采用和解、调解、仲裁、诉讼等方式。

本章首先介绍合同条款发生争议的解释规则，然后介绍解决合同争议的几种方式，最后对仲裁进行简介。

8.1　合同条款争议的解释

《合同法》第一百二十五条　当事人对合同条款的理解有争议的，应当按照合同所使用的词句、合同的有关条款、合同的目的、交易习惯以及诚实信用原则，确定该条款的真实意思。

合同文本采用两种以上文字订立并约定具有同等效力的，对各文本使用的词句推定具有相同含义。各文本使用的词句不一致的，应当根据合同的目的予以解释。

以下结合《合同法》的规定，介绍合同条款争议的几种解释规则。

8.1.1　文义解释规则

所谓文义解释规则，是指通过对合同所使用的文字、语句的含义的解释，来确定合同所表达的当事人的真实意思。合同当事人在订立合同之际，旨在通过相互的意思表示而实现达成一致协议之目的。但由于各当事人对语言文字的驾驭能力有差异，对法律知识的掌握不同，以及语言文字本身具有多义性等原因，在为意思表示之时，当事人在合同中使用不准确、不适当的词语，并造成表示于外部的意思与当事人内心的真实意思不一致的情况时有发生。因此，解释合同应先由词句的含义入手。

8.1.2　整体解释规则

所谓整体解释规则，是指对合同各个条款作相互解释，以确定各个条款在整个合同中所具有的正确意思。在当事人对合同条款的理解有争议的情形下，不能孤立地分析某一条款或词句，而应该从合同的整体特性出发，根据各个合同条款及构成部分的相互关联、该条款在合同中所处地位等因素进行解释，确定当事人对争议合同条款的词句的含义。在当事人就合同的部分条款的理解发生争议时，其他的不存在争议的条款便有可能成为解释该争议条款的依据。

8.1.3　目的解释规则

所谓合同的目的解释，是指当出现对合同的条款理解上的争议时，以符合合同目的的解释作为对争议条款的解释。当条款表达意见含混不清或相互矛盾时，应当作出与合同目的协调一致的解释。

8.1.4　习惯解释规则

习惯解释规则，是指在合同当事人对合同所使用的文字、词句等的理解有争议的情形下，在当事人并未明确排斥习惯时，应当按照习惯进行解释。按照交易习惯确立合同条款的含义是国际贸易中普遍承认的原则。《联合国国际货物销售合同公约》和《国际商事合同通则》对此都有规定。交易习惯也称为交易惯例，它是人们在长期实践的基础上形成的，是在某一地区、某一行业在经济交往中普遍采用的做法，成为这一地区、这一行业的当事人所公认并遵守的规则。因此，依照交易习惯解释合同条款，是十分必要的。

8.1.5　诚信解释规则

诚信解释规则，是指在合同当事人对合同所使用的文字、词句等的理解有争议的情形下，还应依据诚实信用原则来解释合同。诚实信用原则是合同法的基本原则之一，贯穿合同从订立到终止的整个过程。在解释合同条款时也应遵从诚实信用的原则，要实事求是地考虑各种因素，包括上述从有关条款、合同目的、交易习惯来认定争议条款或者发生歧义的词句的准确含义。并以公平的原则平衡当事人之间的利益冲突。

【案例】小张同学从甲手机销售商处购买了某国外品牌最新型号的手机一部。小张拿到该手机后，发现手机无法拨打电话。经查，该型号手机为外国生产商所生产的专门供应美洲市场的产品，若在我国使用必须重装手机软件。于是，小张要求甲销售商为自己装软件。甲销售商则认为，双方订立的手机买卖合同对于手机型号的约定是明确的，且合同中并没有重装软件的约定。因此，如果小张要求重装软件，需额外向甲支付费用。

本案例中，对于甲销售商有没有重装软件的义务，需要通过合同的解释来确定。从目的解释出发，小张购买手机是为在国内使用的，保障该手机的正常使用，构成了该买卖合同的目的。因此，甲销售商应当承担免费重装软件的义务。

8.2　合同争议的解决方式

《合同法》第一百二十八条　当事人可以通过和解或者调解解决合同争议。

当事人不愿和解、调解或者和解、调解不成的，可以根据仲裁协议向仲裁机构申请仲裁。涉外合同的当事人可以根据仲裁协议向中国仲裁机构或者其他仲裁机构申请仲裁。

当事人没有订立仲裁协议或者仲裁协议无效的，可以向人民法院起诉。当事人应当履行发生法律效力的判决、仲裁裁决、调解书；拒不履行的，对方可以请求人民法院执行。

《合同法》规定的解决合同争议的方式有和解、调解、仲裁和诉讼四种方式。

8.2.1 和解与调解

和解是指当事人自行协商解决因合同发生的争议。调解是指在第三人的主持下协调双方当事人的利益，使双方当事人在自愿的原则下解决争议的方式。

用和解和调解的方式能够便捷地解决争议，省时、省力，又不伤双方当事人的和气，因此，提倡解决合同争议首先利用和解和调解的方式。

需要注意的是，即使双方和解或调解成功，所达成的解决争议的协议也无法申请强制执行，该协议能否得到遵守和执行，完全取决于发生纠纷的当事人双方的诚意和信誉。

8.2.2 仲裁和诉讼

当事人对双方的争议不愿和解、调解或者和解、调解不成功的，可以根据双方的仲裁协议申请仲裁。当事人没有订立仲裁协议或者订立的仲裁协议无效，可以向人民法院起诉，通过诉讼解决合同争议。

仲裁和诉讼不同于和解、调解，仲裁机构作出的裁决和人民法院作出的判决、裁定是发生法律效力的法律文书，当事人应当自动履行；拒不履行的，对方当事人可以申请人民法院强制执行。

需要注意的是，在仲裁庭或法庭的主持下作出的调解书，其生效后具有和裁决书或判决书同等的法律效力。

8.3 仲裁简介

8.3.1 仲裁概述

1. 仲裁的概念与特征

仲裁是一种在世界范围内被广泛承认和采用的解决争议的有效方式。从字义上诠释，“仲”表示地位居中，“裁”表示衡量、判断，“仲裁”即居中公断之意。百科全书法学卷对仲裁的定义是：“仲裁指争议双方在争议发生前或争议发生后达成协议，自愿将争议交给第三者作出裁决，双方有义务执行的一种解决争议的方法。”根据这一定义可归纳出仲裁的基本特征：

（1）提交仲裁以双方当事人自愿为前提。当事人一方或双方不同意提交仲裁，则第三方仲裁人不能进行裁断。

（2）仲裁的客体是当事人之间发生的一定范围的争议。可仲裁的争议的范围不仅取决于当事人的意愿，而且取决于法律或者法律惯例，大体包括经济纠纷、对外经济贸易纠纷、海事纠纷、劳动纠纷等。

（3）裁决具有强制性。当事人一旦选择用仲裁方式解决其争议，仲裁人所作的裁决即具有法律效力，对双方当事人都有拘束力，当事人应当履行，否则权利人可以向人民法院申请强制执行。

与解决争议的其他方式相比，尤其是与诉讼相比，仲裁赋予当事人以更多的自由，具有极大的灵活性和便利性。当事人有权选择仲裁员、有权协议约定仲裁程序，在涉外仲裁中，可以选择仲裁所适用的实体法等。所以，仲裁能够得到当事人的信任，可以避免诉讼中的烦琐程序，可以不公开审理从而保守当事人的商业秘密，可以及时处理争议同时节省费用，可以减少当事人之间的感情冲突从而防止影响日后正常的商业交往等等。正因为如此，仲裁越来越成为受欢迎的解决争议的良好方式。

我国于 1994 年 8 月通过了《中华人民共和国仲裁法》(以下简称《仲裁法》)，本章后续的内容，将以《仲裁法》为依据，介绍仲裁协议、仲裁程序、仲裁裁决等国内仲裁的基本内容。

2. 仲裁的范围

(1) 可以仲裁的纠纷。

《仲裁法》第二条　平等主体的公民、法人和其他组织之间发生的合同纠纷和其他财产权益纠纷，可以仲裁。

可提交仲裁的纠纷限于合同纠纷和其他财产权益纠纷。“合同纠纷”，指民事经济合同纠纷。“行政合同”范畴内的争议，由于在“合同”主体平等与否、权利义务关系对等与否等方面与民事经济合同有较大差异，对这类纠纷不能采用仲裁方式而应通过行政途径或者诉讼程序解决。“其他财产权益纠纷”主要指民事侵权纠纷。

(2) 不能仲裁的纠纷。

《仲裁法》第三条　下列纠纷不能仲裁:(一)婚姻、收养、监护、扶养、继承纠纷;(二)依法应当由行政机关处理的行政争议。

婚姻、收养、监护、抚养、继承纠纷虽属民事争议，也不同程度地涉及财产权益，但这类纠纷往往涉及当事人不能自由处分的身份关系，因而不能以仲裁方式予以处理；依法应当由行政机关处理的行政争议不能通过仲裁解决，而只能以行政或者诉讼方式予以处理。

3. 仲裁的原则

(1) 意思自治原则。

《仲裁法》第四条　当事人采用仲裁方式解决纠纷，应当双方自愿，达成仲裁协议。没有仲裁协议，一方申请仲裁的，仲裁委员会不予受理。

第五条　当事人达成仲裁协议，一方向人民法院起诉的，人民法院不予受理，但仲裁协议无效的除外。

第六条　仲裁委员会应当由当事人协议选定。仲裁不实行级别管辖和地域管辖。

自愿原则是仲裁制度赖以存在和发展的基石。仲裁以其自愿性区别于诉讼，这种自愿性集中体现于仲裁协议。在仲裁协议中当事人自愿选择以仲裁方式解决纠纷、自主选择提请仲裁的仲裁委员会、自主选择仲裁员、约定提交仲裁的争议事项、约定审理方式、开庭形式、裁决是否附具理由等。

（2）合法原则。

《仲裁法》第七条　仲裁应当根据事实，符合法律规定，公平合理地解决纠纷。

尽管仲裁具有自主特征，但仲裁须依法裁决，这有利于维护当事人的合法权益。

（3）独立原则。

《仲裁法》第八条　仲裁依法独立进行，不受行政机关、社会团体和个人的干涉。

在我国，仲裁与行政是脱钩的，仲裁委员会不隶属于任何行政机关，仲裁组织体系中的仲裁协会、仲裁委员会和仲裁庭三者之间也是相对独立的，没有业务上的上下级关系，无论是仲裁协会还是仲裁委员会都不得对仲裁庭的仲裁活动及裁决施加干预。

（4）一裁终局原则。

《仲裁法》第九条　仲裁实行一裁终局的制度。裁决作出后，当事人就同一纠纷再申请仲裁或者向人民法院起诉的，仲裁委员会或者人民法院不予受理。裁决被人民法院依法裁定撤销或者不予执行的，当事人就该纠纷可以根据双方重新达成的仲裁协议申请仲裁，也可以向人民法院起诉。

仲裁实行一裁终局制度。当事人的争议经仲裁庭开庭审理所作裁决具有与终局判决相同的效力，它对争议的法律关系即发生既判力，任何法院或仲裁机构不得就同一事项再次受理，当事人不能就同一事项再次申请仲裁或提起诉讼。

8.3.2 仲裁协议

1. 仲裁协议的形式和内容

《仲裁法》第十六条　仲裁协议包括合同中订立的仲裁条款和以其他书面方式在纠纷发生前或者纠纷发生后达成的请求仲裁的协议。仲裁协议应当具有下列内容:（一）请求仲裁的意思表示;（二）仲裁事项;（三）选定的仲裁委员会。

仲裁协议必须采用书面形式，有两种表现形式:

（1）合同中订立的仲裁条款;

（2）在纠纷发生前或者纠纷发生后达成的请求仲裁的协议。

仲裁协议所应具备的内容有:

（1）请求仲裁的意思表示。

（2）仲裁事项。仲裁协议既可将已经发生的争议提交仲裁，也可事先约定将来可能发生的争议提交仲裁。但仲裁事项的约定必须明确，即只能在仲裁协议中规定因某具体的合同或其他财产权益引起的纠纷提交仲裁，不能规定当事人之间将来某段时间内发生的纠纷提交仲裁。

（3）选定的仲裁委员会。仲裁不再实行级别管辖和地域管辖，当事人可以约定将其争议提交国内任何一个当事人信任的或处理争议比较便利的仲裁委员会。

2. 无效的仲裁协议

《仲裁法》第十七条 有下列情形之一的，仲裁协议无效:（一）约定的仲裁事项超出法律规定的仲裁范围的;（二）无民事行为能力人或者限制民事行为能力人订立的仲裁协议;（三）一方采取胁迫手段，迫使对方订立仲裁协议的。

第十八条 仲裁协议对仲裁事项或者仲裁委员会没有约定或者约定不明确的，当事人可以补充协议；达不成补充协议的，仲裁协议无效。

3. 仲裁协议的独立性

《仲裁法》第十九条 仲裁协议独立存在，合同的变更、解除、终止或者无效，不影响仲裁协议的效力。仲裁庭有权确认合同的效力。

所谓仲裁协议的独立性是指仲裁协议独立于主合同存在，主合同的变更、解除、终止或者无效，不影响仲裁协议的效力。

4. 仲裁协议的异议

《仲裁法》第二十条 当事人对仲裁协议的效力有异议的，可以请求仲裁委员会作出决定或者请求人民法院作出裁定。一方请求仲裁委员会作出决定，另一方请求人民法院作出裁定的，由人民法院裁定。当事人对仲裁协议的效力有异议，应当在仲裁庭首次开庭前提出。

8.3.3 仲裁程序

1. 仲裁的申请

（1）申请仲裁的条件。

《仲裁法》第二十一条 当事人申请仲裁应当符合下列条件:（一）有仲裁协议;（二）有具体的仲裁请求和事实、理由;（三）属于仲裁委员会的受理范围。

（2）申请仲裁的要求。

《仲裁法》第二十二条 当事人申请仲裁，应当向仲裁委员会递交仲裁协议、仲裁申请书及副本。

当事人申请仲裁，应当采用书面形式，并将仲裁协议、仲裁申请书及副本递交仲裁委员会。副本件数依仲裁规则的规定提交。

（3）仲裁申请书的内容。

《仲裁法》第二十三条 仲裁申请书应当载明下列事项:（一）当事人的姓名、性别、年龄、职业、工作单位和住所，法人或者其他组织的名称、住所和法定代表人或者主要负责人的姓名、职务;（二）仲裁请求和所根据的事实、理由;（三）证据和证据来源、证人姓名和住所。

2. 仲裁的受理

（1）仲裁的受理期限。

《仲裁法》第二十四条　仲裁委员会收到仲裁申请书之日起五日内，认为符合受理条件的，应当受理，并通知当事人；认为不符合受理条件的，应当书面通知当事人不予受理，并说明理由。

（2）仲裁资料的送达。

《仲裁法》第二十五条　仲裁委员会受理仲裁申请后，应当在仲裁规则规定的期限内将仲裁规则和仲裁员名册送达申请人，并将仲裁申请书副本和仲裁规则、仲裁员名册送达被申请人。被申请人收到仲裁申请书副本后，应当在仲裁规则规定的期限内向仲裁委员会提交答辩书。仲裁委员会收到答辩书后，应当在仲裁规则规定的期限内将答辩书副本送达申请人。被申请人未提交答辩书的，不影响仲裁程序的进行。

3. 仲裁庭的组成

《仲裁法》第三十条　仲裁庭可以由三名仲裁员或者一名仲裁员组成。由三名仲裁员组成的，设首席仲裁员。

第三十一条　当事人约定由三名仲裁员组成仲裁庭的，应当各自选定或者各自委托仲裁委员会主任指定一名仲裁员，第三名仲裁员由当事人共同选定或者共同委托仲裁委员会主任指定。第三名仲裁员是首席仲裁员。当事人约定由一名仲裁员成立仲裁庭的，应当由当事人共同选定或者共同委托仲裁委员会主任指定仲裁员。

第三十二条　当事人没有在仲裁规则规定的期限内约定仲裁庭的组成方式或者选定仲裁员的，由仲裁委员会主任指定。

（1）合议仲裁庭。

当事人约定由3名仲裁员组成仲裁庭的，当事人可以各自在仲裁员名册中选定1名仲裁员或者各自委托仲裁委员会主任指定1名仲裁员，第三名仲裁员由当事人共同选定或者共同委托仲裁委员会主任指定。第三名仲裁员是首席仲裁员。

（2）独任仲裁庭。

当事人约定由1名仲裁员组成仲裁庭的，由当事人共同选定或者共同委托仲裁委员会主任指定仲裁员。

4. 开庭和裁决

（1）开庭

1）开庭审理原则。

《仲裁法》第三十九条　仲裁应当开庭进行。当事人协议不开庭的，仲裁庭可以根据仲裁申请书、答辩书以及其他材料作出裁决。

仲裁以开庭进行为原则，只有当事人协议不开庭的，仲裁庭才可根据当事人的协议进行书面审理。书面审理不要求当事人及其他仲裁参与人亲自参加，而是根据当事人、证人、鉴定人等提供的书面材料作出裁决。

2）不公开原则。

《仲裁法》第四十条 仲裁不公开进行。当事人协议公开的，可以公开进行，但涉及国家秘密的除外。

（2）裁决前的和解。

《仲裁法》第四十九条 当事人申请仲裁后，可以自行和解。达成和解协议的，可以请求仲裁庭根据和解协议作出裁决书，也可以撤回仲裁申请。

第五十条 当事人达成和解协议，撤回仲裁申请后反悔的，可以根据仲裁协议申请仲裁。

当事人达成和解协议，撤回仲裁申请后又反悔的，可以根据仲裁协议再申请仲裁。原因在于：当事人自行和解达成的和解协议并不具有法律上的约束力，原有的仲裁协议对争议事项仍然有效。故而，当事人可再行申请仲裁。

（3）裁决前的调解

1）调解程序。

《仲裁法》第五十一条 仲裁庭在作出裁决前，可以先行调解。当事人自愿调解的，仲裁庭应当调解。调解不成的，应当及时作出裁决。调解达成协议的，仲裁庭应当制作调解书或者根据协议的结果制作裁决书。调解书与裁决书具有同等法律效力。

需要注意的是，调解并不是仲裁的必经程序。调解不成的，应当及时作出裁决。

2）调解书。

《仲裁法》第五十二条 调解书应当写明仲裁请求和当事人协议的结果。调解书由仲裁员签名，加盖仲裁委员会印章，送达双方当事人。调解书经双方当事人签收后，即发生法律效力。在调解书签收前当事人反悔的，仲裁庭应当及时作出裁决。

调解书法律效力的发生，以双方当事人签收为依据，如果任何一方或双方当事人拒绝签收，调解书不发生法律效力。在调解书签收前当事人反悔的，仲裁庭应当及时作出裁决。

（4）裁决

1）裁决程序。

《仲裁法》第五十三条 裁决应当按照多数仲裁员的意见作出，少数仲裁员的不同意见可以记入笔录。仲裁庭不能形成多数意见时，裁决应当按照首席仲裁员的意见作出。

裁决实行少数服从多数的原则。当仲裁庭由3名仲裁员组成时，裁决应按多数仲裁员的意见作出，少数仲裁员的不同意见，可以记入仲裁庭笔录。如果3名仲裁员各执不同意见，不能形成多数意见时，裁决则应按首席仲裁员的意见作出，其他仲裁员的不同意见仍应记入笔录。

2）裁决书。

《仲裁法》第五十四条　裁决书应当写明仲裁请求、争议事实、裁决理由、裁决结果、仲裁费用的负担和裁决日期。当事人协议不愿写明争议事实和裁决理由的，可以不写。裁决书由仲裁员签名，加盖仲裁委员会印章。对裁决持不同意见的仲裁员，可以签名，也可以不签名。

第五十七条　裁决书自作出之日起发生法律效力。

裁决书发生法律效力的条件不同于调解书。调解书生效须经双方当事人签收，裁决书一经作出即生效。

5. 仲裁裁决的撤销

《仲裁法》第五十八条　当事人提出证据证明裁决有下列情形之一的，可以向仲裁委员会所在地的中级人民法院申请撤销裁决:（一）没有仲裁协议的;（二）裁决的事项不属于仲裁协议的范围或者仲裁委员会无权仲裁的;（三）仲裁庭的组成或者仲裁的程序违反法定程序的;（四）裁决所根据的证据是伪造的;（五）对方当事人隐瞒了足以影响公正裁决的证据的;（六）仲裁员在仲裁该案时有索贿受贿，徇私舞弊，枉法裁决行为的。人民法院经组成合议庭审查核实裁决有前款规定情形之一的，应当裁定撤销。人民法院认定该裁决违背社会公共利益的，应当裁定撤销。

撤销仲裁裁决是人民法院对仲裁进行监督的方式。当事人能够提出证据证明裁决有《仲裁法》第 58 条所列情形之一的，可以向法院申请撤销裁决。

6. 仲裁裁决的执行

《仲裁法》第六十二条　当事人应当履行裁决。一方当事人不履行的，另一方当事人可以依照民事诉讼法的有关规定向人民法院申请执行。受申请的人民法院应当执行。

以上仲裁程序可归纳如图 8-1 所示。

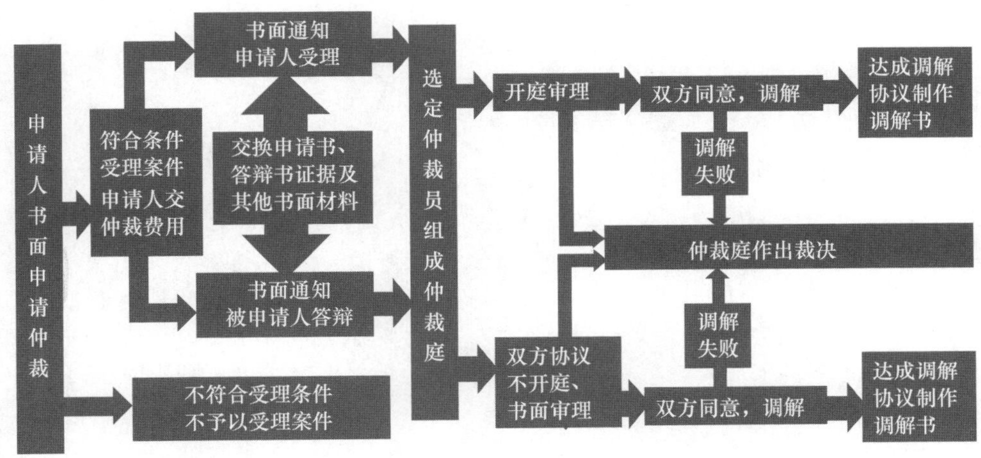

图 8-1　仲裁程序图

复习思考题

1.《合同法》规定的合同争议的解决方式有哪几种？

2. 解决合同争议时，仲裁相比诉讼有哪些优点？

第 2 篇

工程招标与投标

第9章 招标投标概述

导 读

招标投标是工程合同订立的主要方式。在招标投标过程中，招标为要约邀请，投标为要约，中标为承诺。招标投标制度，是竞争机制在大宗货物的买卖、工程建设项目的承发包过程中的具体应用。实行招标投标制度，有利于促进技术进步，加快建设进度，确保工程质量，降低工程造价，节约建设投资，加强企业管理，提高投资效益。

本章根据我国《招标投标法》和《招标投标法实施条例》，对我国招投标活动的一般原理进行介绍。首先概述招标投标制度，然后对招标、投标、开标、评标和中标等环节进行详细阐述。

9.1 招标投标制度

9.1.1 招标投标的概念

1. 招标投标的定义

招标投标，是在市场经济条件下进行大宗货物的买卖、工程建设项目的发包与承包，以及服务项目的采购与提供时，所采用的一种交易方式。在这种交易方式下，项目采购（包括货物的购买、工程的发包和服务的采购）的采购方作为招标方，通过发布招标公告或者向一定数量的特定供应商、承包商发出投标邀请等方式发出招标采购的信息，提出所需采购的项目及其质量、技术要求、交货或竣工期限以及对供应商、承包商的资格要求等招标采购条件，表明将选择最能够满足采购要求的供应商。各有意提供采购所需货物、工程或服务项目的供应商、承包商作为投标方，向招标方书面提出自己拟提供的货物、工程或服务的报价及其他响应招标要求的条件，参加投标竞争。经招标方对各投标者的报价及其他条件进行审查比较后，从中择优选定中标者，并与其签订采购合同。

2. 招标投标的优点

采用招标投标方式进行交易的最显著特征，是将竞争机制引入了交易过程。与供求双方“一对一”直接交易等非竞争性的采购方式相比，具有明显的优越性，主要表现在：

（1）招标方通过对各投标竞争者的报价和其他条件进行综合比较，从中选择报价低、技术力量强、质量保障体系可靠、具有良好信誉的供应商、承包商作为中标者，与其签订采购合同，这显然有利于节省和合理使用采购资金，保证采购项目的质量。

（2）招标投标活动要求依照法定程序公开进行，有利于堵住采购活动中行贿受贿等腐败和不正当竞争行为的“黑洞”。

（3）有利于创造公平竞争的市场环境，促进企业间的公平竞争。采用招标投标的交易方式，对于供应商、承包商来说，只能通过在质量、价格、售后服务等方面展开竞争，以尽可能充分满足招标方的要求，取得商业机会，体现了在商机面前人人平等的原则。

3. 招标投标的条件

招标投标的交易方式，是市场经济的产物，采用这种交易方式，须具备两个基本条件：一是要有能够开展公平竞争的市场经济运行机制。在计划经济条件下，产品购销和工程建设任务都按照指令性计划统一安排，没有必要也不可能采用招标投标的交易方式。二是必须存在招标采购项目的买方市场，对采购项目能够形成卖方多家竞争的局面，买方才能够居于主导地位，有条件以招标方式从多家竞争者中择优选择中标者。在短缺经济时代的卖方市场条件下，许多商品供不应求，买方没有选择卖方的余地，卖方也没有必要通过竞争来出售自己的产品，也就不可能产生招标投标的交易方式。

9.1.2　招标投标的发展

1. 招标投标的起源

招标投标最早起源于英国，早在 1782 年就有了招标立法。其他主要资本主义国家，在 19 世纪完成工业革命以后，陆续开始将招标投标方式引入工程建设领域。自第二次世界大战以来，招标投标影响力不断扩大，先是西方发达国家，接着世界银行在货物采购、工程承包中大量推行招标投标方式，近几十年来，发展中国家也日益重视和采用招标投标方式进行货物采购和工程建设。

我国最早于 1902 年采用招标比价（招标投标）方式承包工程，当时张之洞创办湖北皮革厂，五家制造商参加开标比价。但是，由于我国特殊的封建和半封建社会形态，招标投标在我国近代并未以一种法律制度形式得到确定和发展。从新中国成立初期到党的十一届三中全会期间，我国实行的是高度集中的计划经济体制，基础建设和采购任务由主管部门用指令性计划下达。党的十一届三中全会以后，国家实行改革开放政策，招标投标得以应运而生。

2. 探索初创阶段

这一时期从改革开放初期到社会主义市场经济体制改革目标的确立为止。1980 年 10 月，国务院发布《关于开展和保护社会主义竞争的暂行规定》，提出对一些合适的工程建设项目可以试行招标投标。随后，吉林省和深圳市于 1981 年开始工程招标投标试点。1982 年，鲁布革水电站引水系统工程是我国第一个利用世界银行贷款并按世界银行规定进行招标投标的工程，极大地推动了我国工程招标投标的改革和发展。1983 年，原城乡建设环境保护部出台《建筑安装工程招标投标试行办法》。

3. 快速发展阶段

这一时期从确立社会主义市场经济体制改革目标到《招标投标法》颁布为止。1992 年 10 月，党的十四大提出了建立社会主义市场经济体制的改革目标，进一步解除了招标投标制度发展的体制障碍。1994 年 6 月，原国家计委牵头启动列入八届人大立法计划的《招标投标法》起草工作。1997 年 11 月 1 日，全国人大常委会审议通过了《中华人民共和国建筑法》，在法律层面上对建筑工程实行招标发包进行了规范。

就政府采购而言，随着我国社会主义市场经济体制和财政体制改革的不断深入，迫切需要国家加强财政支出管理，规范政府采购行为，并在此基础上建立和实行政府采购制度。为此，从 1996 年起，一些地区开始按照国际上通行做法开展政府采购试点工作，财政部也陆续颁布了《政府采购管理暂行办法》等部门规章，以推动和规范政府采购试点工作。

4. 里程碑阶段

我国引进招标投标制度以后，经过近20年的发展，一方面积累了丰富的经验，为国家层面的统一立法奠定了实践基础；另一方面，招标投标活动中暴露的问题也越来越多，如招标程序不规范、做法不统一，虚假招标、泄漏标底、串通投标、行贿受贿等问题较为突出，特别是政企不分问题仍然没有得到有效解决。针对上述问题，第九届全国人民代表大会常务委员会于1999年8月30日审议通过了《招标投标法》，2000年1月1日正式施行，这是我国第一部规范公共采购和招标投标活动的专门法律，标志着我国招标投标制度进入了一个新的发展阶段。

按照公开、公平、公正和诚实信用原则，《招标投标法》对此前的招标投标制度做了重大改革：一是改革了缺乏明晰范围的强制招标制度。从资金来源、项目性质等方面，明确了强制招标范围。二是改革了政企不分的管理制度。按照充分发挥市场配置资源基础性作用的要求，大大减少了行政审批事项和环节。三是改革了不符合公开原则的招标方式。规定了公开招标和邀请招标两种招标方式，取消了议标方式。四是改革了分散的招标公告发布制度，规定招标公告应当在国家指定的媒介上发布，并规定了招标公告应当具备的基本内容。五是改革了以行政为主导的评标制度。六是改革了不符合中介定位的招标代理制度。

随着政府采购工作的深入开展，政府采购工作遇到了许多难以有效克服和解决的困难和问题，在一定程度上阻碍了政府采购制度的进一步发展。2002年6月29日全国人民代表大会常务委员会审议通过了《中华人民共和国政府采购法》(以下简称《政府采购法》)，自2003年1月1日起施行。这部法律的颁布施行，对于规范政府采购行为，提高政府采购资金的使用效益，维护国家利益和社会公共利益，保护政府采购当事人的合法权益，促进廉政建设，有着重要意义。

5. 规范完善阶段

《招标投标法》和《政府采购法》是规范我国境内招标采购活动的两大基本法律，《中华人民共和国招标投标法实施条例》和《中华人民共和国政府采购法实施条例》作为两大法律的配套行政法规，对招标投标制度做了补充、细化和完善，进一步健全和完善了我国招标投标制度。另外，国务院各相关部门结合本部门、本行业的特点和实际情况相应制订了专门的招标投标管理的部门规章、规范性文件及政策性文件。地方人大及其常委会、人民政府及其有关部门也结合本地区的特点和需要，相继制定了招标投标方面的地方性法规、规章和规范性文件。总的看来，这些规章和规范性文件使招标采购活动的主要方面和重点环节实现了有法可依、有章可循，形成了覆盖全国各领域、各层级的招标采购制度体系。

9.1.3　招标投标的法律和规范

1. 招标投标法律

(1)《中华人民共和国招标投标法》

《中华人民共和国招标投标法》(以下简称《招标投标法》)于1999年8月30日第九届全国人民代表大会常务委员会第十一次会议通过，自2000年1月1日起施行。根据2017年12月27日第十二届全国人民代表大会常务委员会第三十一次会议《关于修改〈中华人民共和国招标投标法〉、〈中华人民共和国计量法〉的决定》修正。在中华人民共和国境内进行招标投标活动，适用该法。

（2）《中华人民共和国政府采购法》

《中华人民共和国政府采购法》（以下简称《政府采购法》）于 2002 年 6 月 29 日第九届全国人民代表大会常务委员会第二十八次会议通过，自 2003 年 1 月 1 日起施行。根据 2014 年 08 月 31 日第十二届全国人民代表大会常务委员会第十次会议《关于修改〈中华人民共和国保险法〉等五部法律的决定》修正。在中华人民共和国境内各级国家机关、事业单位和团体组织，使用财政性资金采购依法制定的集中采购目录以内的或者采购限额标准以上的货物、工程和服务的行为适用该法。

2. 招标投标法规

（1）《中华人民共和国招标投标法实施条例》

《中华人民共和国招标投标法实施条例》即中华人民共和国国务院令第 613 号，是为了规范招标投标活动，根据《中华人民共和国招标投标法》，制定的行政法规。2011 年 11 月 30 日国务院第 183 次常务会议通过，自 2012 年 2 月 1 日起施行。根据 2017 年 3 月 1 日《国务院关于修改和废止部分行政法规的决定》第一次修订，根据 2018 年 3 月 19 日中华人民共和国国务院令第 698 号令《国务院关于修改和废止部分行政法规的决定》第二次修订。

（2）《中华人民共和国政府采购法实施条例》

《中华人民共和国政府采购法实施条例》根据《中华人民共和国政府采购法》制定，经 2014 年 12 月 31 日国务院第 75 次常务会议通过，自 2015 年 3 月 1 日起施行。

（3）地方性法规

《招标投标法》出台以后，各省、自治区、直辖市人大常委会分别制定了适合本行政区域内的招标投标活动及其监督管理的地方性法规。比如，《甘肃省招标投标条例》已由甘肃省第十二届人民代表大会常务委员会第三十五次会议于 2017 年 9 月 28 日修订通过，自 2017 年 11 月 1 日起施行。

3. 招标投标规章

这里主要包括国务院各部委根据其监督管理职责发布的规范招投标活动的系列规章，比如《必须招标的工程项目规定》（国家发展改革委令第 16 号，2018 年 6 月 1 日实施）、《必须招标的基础设施和公用事业项目范围规定》（发改法规规〔2018〕843 号，2018 年 6 月 6 日施行）、《招标公告和公示信息发布管理办法》（国家发展和改革委员会令第 10 号，2018 年 1 月 1 日施行）、《电子招标投标办法》（国家发展和改革委员会令第 20 号，2013 年 5 月 1 日施行）、《工程建设项目自行招标试行办法》（国家发展计划委员会令第 5 号，2013 年修订）、《工程建设项目可行性研究报告增加招标内容和核准招标事项暂行规定》（国家发展计划委员会令第 9 号，2013 年修订）、《评标委员会和评标方法暂行规定》（国家发展计划委员会、国家经济贸易委员会、建设部、铁道部、交通部、信息产业部、水利部令第 12 号，2013 年修订）、《国家重大建设项目招标投标监督暂行办法》（国家发展计划委员会令第 18 号，2013 年修订）、《评标专家和评标专家库管理暂行办法》（国家发展计划委员会令第 29 号，2013 年修订）、《工程建设项目勘察设计招标投标办法》（国家发展和改革委员会、建设部、铁道部、交通部、信息产业部、水利部、民航总局、广电总局令第 2 号，2013 年修订）、《工程建设项目施工招标投标办法》（国家发展计划委员会、建设部、铁道部、交通部、信息产业部、水利部、民航总局令第 30 号，2013 年修订）、《工程建设项目招标投标活动投诉处理办法》（国家发展和改革委员会、建设部、铁道部、交通部、信息产业部、水利部、民航总局令第11号，2013年修订）、《工程建设项目货物招标投标办法》（国家发展和改革委员会、建设部、铁道部、交通部、信息产业部、水利部、民航总局令第27号，2013年修订）、《政府采购货物和服务招标投标管理办法》（财政部令第18号，2017年10月1日）、《房屋建筑和市政基础设施工程施工招标投标管理办法》（2001年6月1日建设部令第89号发布，2018年9月28日住房和城乡建设部令第43号修正）、《铁路工程建设项目招标投标管理办法》（中华人民共和国交通运输部令2018年第13号，2019年1月1日起施行）、《公路工程建设项目招标投标管理办法》（中华人民共和国交通运输部令2015年第24号，2016年2月1日起施行）《水运工程建设项目招标投标管理办法》（中华人民共和国交通运输部令2012年第11号，2013年2月1日起施行）等。

4. 招标投标的规范性文件

主要是一些标准文件，比如:《中华人民共和国标准施工招标文件》（2008年5月1日施行）、《中华人民共和国标准施工招标资格预审文件》（2008年5月1日施行）、《中华人民共和国简明标准施工招标文件》（2012年5月1日施行）、《中华人民共和国标准设计施工总承包招标文件》（2012年5月1日施行）、《中华人民共和国标准勘察招标文件》（2018年1月1日施行）、《中华人民共和国标准设计招标文件》（2018年1月1日施行）、《中华人民共和国标准监理招标文件》（2018年1月1日施行）、《中华人民共和国标准材料采购招标文件》（2018年1月1日施行）、《中华人民共和国标准设备采购招标文件》（2018年1月1日施行）、《房屋建筑和市政工程标准施工招标资格预审文件》（住房和城乡建设部，2010年6月）、《房屋建筑和市政工程标准施工招标文件》（住房和城乡建设部，2010年6月）、《公路工程标准施工招标资格预审文件》（交通运输部，2018年）、《公路工程标准施工招标文件》（交通运输部，2018年）、铁路建设项目单价承包等标准施工招标文件补充文本（铁建设［2008］254号，2015年修订）等。

9.1.4 招标投标的原则

《招标投标法》第五条　招标投标活动应当遵循公开、公平、公正和诚实信用的原则。

1. 公开原则

所谓“公开”，是指:

（1）进行招标活动的信息要公开。

采用公开招标方式的，招标方应当通过国家指定的报刊、信息网络或者其他公共媒介发布招标公告，需要进行资格预审的，应当发布资格预审公告；采用邀请招标方式的，招标方应当向3个以上的特定法人或者其他组织发出邀请书。

（2）开标的程序要公开。

开标应当公开进行，所有的投标人或其代表均可参加开标。招标人在投标文件的截止日期前收到的所有投标文件，都应当当众予以拆封、宣读。

（3）评标的标准和程序要公开。

评标的标准和办法应当在提供给所有投标人的招标文件中载明，评标应当严格按照招标文件载明的标准和办法进行，不得采用招标文件未列明的任何标准。

（4）中标的结果要公开。

确定中标人后，招标人应当向中标人发出中标通知书，并同时将中标结果通知所有未中标的投标人。

2. 公平、公正原则

所谓“公平”和“公正”，对招标方来说，就是要严格按照公开的招标条件和程序办事，同等地对待每一个投标竞争者，不得厚此薄彼，亲疏有别。例如，招标方应向所有的潜在投标人提供相同的招标信息；招标方对招标文件的解释和澄清应提供给所有的投标人；对所有投标人的资格审查应适用相同的标准和程序；提供投标担保的要求应同样适用于每一投标者；对采购标的的技术、质量要求应尽可能采用通用的标准，不得以标明特定的商标、专利等形式倾向某一特定的投标人，排斥其他投标人；所有投标人都有权参加开标会；所有在投标截止日期前收到的投标书都应当在开标时当众打开；对所有在投标截止日期以后送到的投标书都应拒收；与投标者有利害关系的人员不得作为评标委员会成员；中标标准应当尽可能量化，并严格按既定的评标程序对所有的投标进行评定，按既定的中标标准确定中标者；不得向任何投标人泄露标底或其他可能妨碍公平竞争的信息。对投标方来说，应当以正当的手段参加投标竞争，不得串通投标，不得有向招标方及其工作人员行贿、提供回扣或给予其他好处等不正当竞争行为。对招标方与投标方之间的关系来说，双方在采购活动中地位平等，任何一方不得向另一方提出不合理的要求，不得将自己的意志强加给对方。

《招标投标法》第六条　依法必须进行招标的项目，其招标投标活动不受地区或者部门的限制。任何单位和个人不得违法限制或者排斥本地区、本系统以外的法人或者其他组织参加投标，不得以任何方式非法干涉招标投标活动。

我国在向市场经济转轨的过程中，由于多种原因，一些行业主管部门和地方政府滥用行政权力，违反市场经济的客观要求，实行地方保护或行业垄断的情况时有发生。这些做法，以及行政机关或领导人对招标投标活动的违法干预，破坏了市场的统一性，违反了公平竞争的原则，严重影响招标投标活动的正常开展，也给腐败行为留下可乘之机。为此，《招标投标法》明确予以禁止。

3. 诚实信用原则

“诚实信用”，是民事活动的基本原则，在我国《民法通则》和《合同法》等民事基本法律中都规定了这一原则。招标投标活动是以订立采购合同为目的的民事活动，当然也适用这一原则。在招标投标活动中遵守诚实信用原则，要求招标投标各方都要诚实守信，不得有欺骗、背信的行为。如，招标人不得以任何形式搞虚假招标；投标人递交的资格证明材料和投标书的各项内容都要真实；中标订立合同后，各方都要严格履行合同。对违反诚实信用原则，给他方造成损失的，要依法承担赔偿责任。

9.1.5　招标投标的监督管理

《招标投标法》第七条　招标投标活动及其当事人应当接受依法实施的监督。

有关行政监督部门依法对招标投标活动实施监督，依法查处招标投标活动中的违法行为。

对招标投标活动的行政监督及有关部门的具体职权划分，由国务院规定。

1. 监督管理的内容

有关部门须依法对招标投标活动实施监督管理，主要应包括：

（1）对依法必须招标的项目是否进行招标进行监督。

凡属法律规定的工程建设项目及有关的重要设备、材料的采购，其采购规模达到国务院有关部门依照本法制定的规模标准以上的，必须依照本法规定进行招标投标。对这些法定强制招标的项目是否依法进行了招标投标，有关行政监督部门应依法进行监督。

（2）对法定招标投标项目是否依照法定的规则和程序进行招标投标实施监督。

有关行政监督部门应对法定强制招标项目是否依照法定规则和程序进行招标投标实施监督。包括，对招标人是否采用适当的招标方式进行监督；对招标代理机构是否具有法定代理资格以及是否依照法律和招标人的委托进行招标代理活动进行监督；对招标人是否依法提供招标信息，依法接受投标人的投标，依法进行开标、评标和定标，直至依法与中标人签订合同进行监督；对投标人是否依法参加投标活动，进行正当竞争进行监督等。

（3）依法查处招标投标活动中的违法行为。

依照《招标投标法》第 5 章关于法律责任的规定，有关行政监督部门对违反《招标投标法》规定的行为，包括对法定强制招标项目不进行招标的，招标人、投标人、招标代理机构不按本法规定的规则和程序进行招标投标活动的，除责令改正外，依法给予罚款、没收违法所得、取消资格、责令停业、吊销营业执照等行政处罚。

2. 监督管理的职权划分

根据《招标投标法》的规定，对招标投标活动的行政监督及有关部门的具体职权划分，由国务院规定。据此，中央机构编制委员会办公室（以下简称中编办）于 2000 年 3 月 4 日研究提出了国务院有关部门实施招标投标活动行政监督的职责分工的意见，经国务院同意后，以国办发〔2000〕34 号文件印发执行。2012 年 2 月 1 日起施行的《招标投标法实施条例》（国务院令第 613 号）基本维持了 34 号文件的职责分工。

（1）国务院有关部门的职责分工。

国家发展和改革委员会承担指导和协调全国招标投标工作的职责，包括会同有关行政主管部门拟定《招标投标法》配套法规、综合性政策和必须进行招标的项目的具体范围、规模标准以及不适宜进行招标的项目并报国务院批准，指定发布招标公告的报刊、信息网络或者其他媒介。同时，国家发展和改革委员会还负责对重大建设项目的工程招标投标活动实施监督检查。

工业信息、交通运输、铁道、水利等行业和产业项目的招投标活动的监督执法，分别由工业和信息化部、水利部、交通运输部等行政主管部门负责；各类房屋建筑及其附属设施的建造和与其配套的线路、管道、设备的安装项目和市政工程项目的招投标活动的监督执法，由住房和城乡建设部负责；机电设备采购项目的招投标活动的监督执法，由商务部负责。

财政部门依法对实行招标投标的政府采购工程建设项目的预算执行情况和政府采购政策执行情况实施监督。

监察机关依法对与招标投标活动有关的监察对象实施监察。

（2）地方政府有关部门的职责分工。

县级以上地方人民政府发展改革部门指导和协调本行政区域的招标投标工作。

县级以上地方人民政府有关部门招投标行政监督职责分工，原则上是参照国务院有关部门职责分工规定，以确保上下协调一致，形成系统合力。但考虑到地方人民政府的机构设置与国务院机构设置并不完全对应，一些地方结合本地特点已经制定了与国务院部门职责分工不同的规定，还有一些地方探索成立了综合性招投标行政监督部门，实施统一监管。因此，《招标投标法实施条例》规定：县级以上地方人民政府对招标投标活动行政监督职责分工另有规定的，从其规定。

9.1.6　招标投标场所

1. 有形建筑市场

【背景阅读】2002 年 3 月，国务院办公厅转发了原建设部、国家计委、监察部《关于健全和规范有形建筑市场的若干意见》(国办发〔2002〕21 号)，要求加强管理，规范运行，促进有形建筑市场健康发展，创造公开、公平、公正的建筑市场竞争环境。根据这一规定，各地先后建立了有形建筑市场、建设工程交易中心、公共资源交易中心等各类有形市场，原交通、水利、原铁道等部门也建立了本行业的有形市场。这些招投标交易场所的建设和发展，对提高招投标透明度，加强招投标行政监督，规范招投标活动起到了一定作用，但也存在着管办不分、乱收费用、重复设置等问题。针对上述问题，中央《关于开展工程建设领域突出问题专项治理工作的意见》(中办发〔2009〕27 号，以下简称"27 号文件")要求"建立统一规范的工程建设有形市场"。

为落实 27 号文件精神，《招标投标法实施条例》规定，设区的市级以上地方人民政府可以根据实际需要，建立统一规范的招标投标交易场所，为招标投标活动提供服务。招标投标交易场所不得与行政监督部门存在隶属关系，不得以营利为目的。

2. 电子招标投标

【背景阅读】《招标投标法实施条例》规定，国家鼓励利用信息网络进行电子招标投标。为规范电子招标投标活动，促进电子招标投标健康发展，国家发展和改革委员会、工业和信息化部、监察部、住房和城乡建设部、交通运输部、原铁道部、水利部、商务部联合制定了《电子招标投标办法》及相关附件(《电子招标投标系统技术规范》)，自 2013 年 5 月 1 日起施行。2015 年 8 月 10 日，国务院办公厅又颁布下发了《整合建立统一的公共资源交易工作平台工作方案》。2017 年 2 月 23 日，国家发展和改革委员会、工业和信息化部、住房和城乡建设部、交通运输部、水利部、商务部共同制定下发《"互联网+"招标采购行动方案(2017-2019 年)》。

在欧美部分发达国家和地区，电子化招标投标的应用已经普及。据数据统计，全球 500 强中目前有 70% 的企业正在使用电子招标采购软件。虽然各个国家推行电子化政府采购的模式不尽相同，但都认识到了电子化采购作为一种信息化建设的手段，不仅增强了采购信息的透明度，而且还提高了采购效率，降低了采购成本，规范了采购行为。因此，运用电子化手段已经成为市场经济国家政府采购制度改革的必然趋势。

在我国推行电子招标投标具有重要意义。一是有利于解决当前突出问题。例如，通过匿名下载招标文件，使招标人和投标人在投标截止前难以知晓潜在投标人的名称，有助于防止围标串标；通过网络终端直接登录电子招投标系统，免除了纸质招标情况下存在的现场投标报名环节，极大地方便了投标人，既有利于防止通过投标报名排斥本地区本行业以外的潜在投标人，也通过增加投标人数量增强了竞争性。同时，由于电子招投标具有整合和共享信息、提高透明度、如实记载交易过程等优势，有利于建立健全信用奖惩机制，遏制弄虚作假、防止暗箱操作、有效查处违法行为。二是有利于提高招投标效率。与传统招投标方式相比，电子招投标实现了招投标文件的电子化，其制作、修改、递交等都通过计算机系统和网络进行，省去了差旅、印刷、邮寄等所需的时间，便于有关资料的备案和存档。评标活动有了计算机辅助评标系统的帮助，可以提高效率。三是有利于公平竞争和预防腐败。招投标程序电子化后，招标公告、招标文件、投标人信用、中标结果、签约履约情况等信息的公开公示将变得更加方便和深入，有利于提高透明度，更好地发挥招投标当事人相互监督和社会监督的作用。同时，电子招标投标可以通过技术手段减少当前招投标活动中存在的“暗箱操作”等人为因素，预防商业贿赂和不正之风。四是有利于节约资源能源。传统招投标活动中消耗的纸张数量十分可观，文件印刷、运输、保存也要消耗大量资源能源。电子招标投标可以实现招投标全过程无纸化，不但有利于节约纸张、保护环境，也可以节省不少文件制作成本和差旅开支。五是有利于规范行政监督行为。按照监管权限以及法定监管要求，科学设置监管流程和监管手段，减少自由裁量和暗箱操作，可以大大提高监管的规范性。

9.2 招标

【案例】某大学拟新建图书馆，该工程的勘察、设计、施工、监理等均已采用招标的方式确定了承包人和监理人。近日，需要对图书馆工程安装的一批工程设备进行采购，价值 800 万元，项目负责人正在确定采购方案。

该案例中，这一批工程设备的采购是否应该采用招标的方式？如果采用了招标的方式采购，该大学能否自行组织招标？应该采用公开招标还是邀请招标？对投标人的资格怎样进行审查？招标文件如何编制？能不能划分标段？能不能编制标底或投标限价？

9.2.1 必须招标的项目范围

我国《招标投标法》规定了工程建设项目采购必须招标的范围。

《招标投标法》第三条　在中华人民共和国境内进行下列工程建设项目包括项目的勘察、设计、施工、监理以及与工程建设有关的重要设备、材料等的采购，必须进行招标：

（一）大型基础设施、公用事业等关系社会公共利益、公众安全的项目；

（二）全部或者部分使用国有资金投资或者国家融资的项目；

（三）使用国际组织或者外国政府贷款、援助资金的项目。

前款所列项目的具体范围和规模标准，由国务院发展计划部门会同国务院有关部门制订，报国务院批准。

法律或者国务院对必须进行招标的其他项目的范围有规定的，依照其规定。

1. 招标项目界定

这里所称的“工程建设项目”，是指工程以及与工程建设有关的货物、服务。

所谓“工程”，是指建设工程，包括建筑物和构筑物的新建、改建、扩建及其相关的装修、拆除、修缮等。既包括各类房屋建筑工程项目，也包括铁路、公路、机场、港口、矿井、水库、通信线路等专业工程建设项目；既包括土建工程项目，也包括有关的设备、线路、管道的安装工程项目。

与工程建设有关的“货物”，是指构成工程不可分割的组成部分，且为实现工程基本功能所必需的设备、材料等。包括用于工程建设项目本身的各种建筑材料、设备的采购；项目所需的电梯、空调、消防等设施、设备的采购；工业建设项目的生产设备的采购等。

与工程建设有关的“服务”，是指为完成工程所需的勘察、设计、监理等服务。

并非所有的工程建设项目采购都必须进行招标投标。只有属于国务院有关部门制定的具体范围和规模标准以内的建设项目，才属于实行强制招标投标的项目。

【背景阅读】根据《招标投标法》的规定，2000年原国家发展计划委发布了《工程建设项目招标范围和规模标准规定》（国家发展计划委第3号令，以下简称3号令），明确了必须招标的工程项目的具体范围和规模标准。3号令颁布实施以来，我国形成了较为完善的强制招标制度体系，对促进招标投标制度的推广应用、规范招标投标行为、保障公平竞争、提高招标采购质量效益、预防惩治腐败发挥了积极作用。

随着我国经济社会不断发展和改革持续深化，3号令在施行中逐步出现范围过宽、标准过低的问题。同时，各省市根据3号令规定，普遍制定了本地区必须招标项目的具体范围和规模标准，不同程度上扩大了强制招标范围，并造成了规则不统一，进一步加重了市场主体负担。

针对上述问题，国家发展和改革委员会对3号令进行了修订，形成了《必须招标的工程项目规定》（国家发展改革委令第16号，以下简称16号令），2018年6月1日起正式实施。随即，国家发展和改革委员会又印发了《必须招标的基础设施和公用事业项目范围规定》（发改法规规〔2018〕843号），自2018年6月6日起施行。

以上两个规章主要修改了三方面内容：一是缩小了必须招标项目的范围。从使用资金性质看，将《招标投标法》第3条中规定的“全部或者部分使用国有资金或者国家融资的项目”，明确为使用预算资金200万元人民以上，并且该资金占投资额10%以上的项目，以及使用国有企事业单位资金，并且该资金占控股或者主导地位的项目。从具体项目范围看，对必须招标的大型基础设施、公用事业等关系社会公共利益、公众安全的项目的具体范围作了大幅缩减。二是提高了必须招标项目的规模标准。根据经济社会发展水平，将施工的招标限额提高到400万元人民币，将重要设备、材料等货物采购的招标限额提高到200万元人民币，将勘察、设计、监理等服务采购的招标限额提高到100万元人民币，与3号令相比翻了一番。三是明确全国执行统一的规模标准。删除了3号令中“省、自治区、直辖市人民政府根据实际情况，可以规定本地区必须进行招标的具体范围和规模标准，但不得缩小本规定确定的必须进行招标的范围”的规定，明确全国适用统一规则，各地不得另行调整。

下一步，国家发展和改革委员会将会同国务院有关部门，做好《必须招标的工程项目规定》贯彻实施工作，组织清理与《必须招标的工程项目规定》不一致的规定，使简政放权的效果落到实处。同时，进一步创新完善招标投标制度，加快修订《招标投标法》，更好发挥招标投标竞争择优的作用，促进经济社会持续健康发展。

2. 招标项目具体范围和规模标准

（1）大型基础设施、公用事业等关系社会公共利益、公众安全的项目。

根据2018年6月6日起施行的《必须招标的基础设施和公用事业项目范围规定》（发改法规〔2018〕843号），该类项目包括：

1）煤炭、石油、天然气、电力、新能源等能源基础设施项目；

2）铁路、公路、管道、水运，以及公共航空和A1级通用机场等交通运输基础设施项目；

3）电信枢纽、通信信息网络等通信基础设施项目；

4）防洪、灌溉、排涝、引（供）水等水利基础设施项目；

5）城市轨道交通等城建项目。

（2）全部或者部分使用国有资金投资或者国家融资的项目。

根据2018年6月1日起施行的《必须招标的工程项目规定》（国家发展改革委令第16号），该类项目包括：

1）使用预算资金200万元人民币以上，并且该资金占投资额10%以上的项目；

2）使用国有企业事业单位资金，并且该资金占控股或者主导地位的项目。

（3）使用国际组织或者外国政府贷款、援助资金的项目。

根据国家发改委第16号令，该类项目包括：

1）使用世界银行、亚洲开发银行等国际组织贷款、援助资金的项目；

2）使用外国政府及其机构贷款、援助资金的项目。

（4）招标项目规模标准。

根据国家发改委第16号令，在上述必须招标范围内的项目，其勘察、设计、施工、监理以及与工程建设有关的重要设备、材料等的采购达到下列标准之一的，必须招标：

1）施工单项合同估算价在400万元人民币以上；

2）重要设备、材料等货物的采购，单项合同估算价在200万元人民币以上；

3）勘察、设计、监理等服务的采购，单项合同估算价在100万元人民币以上。

同一项目中可以合并进行的勘察、设计、施工、监理以及与工程建设有关的重要设备、材料等的采购，合同估算价合计达到前款规定标准的，必须招标。

3. 可以不招标的情形

（1）《招标投标法》规定可以不进行招标的情形。

《招标投标法》第六十六条　涉及国家安全、国家秘密、抢险救灾或者属于利用扶贫资金实行以工代赈、需要使用农民工等特殊情况，不适宜进行招标的项目，按照国家有关规定可以不进行招标。

1）涉及国家安全、国家秘密不适宜招标。例如有关国防科技、军事装备等项目的选址、规划、建设等事项均有严格的保密及管理规定。招标投标的公开性要求与保密规定之间存在着无法回避的矛盾。

2）抢险救灾不适宜招标。包括发生地震、风暴、洪涝、泥石流、火灾等异常紧急灾害情况，需要立即组织抢险救灾的项目。例如必须及时抢通因灾害损毁的道路、桥梁、隧道、水、电、气、通信以及紧急排除水利设施、堰塞湖等项目。这些抢险救灾项目无法按照规定的程序和时间组织招标，否则将对国家和人民群众生命财产安全带来巨大损失。不适宜招标的抢险救灾项目需要同时满足以下两个条件：一是在紧急情况下实施，不能满足招标所需时间。二是不立即实施将会造成人民群众生命财产损失。

3）利用扶贫资金实行以工代赈、需要使用农民工不适宜招标。以工代赈是现阶段的一项农村扶贫政策，是由国家安排以工代赈资金建设与农村贫困地区经济发展和农民脱贫致富相关的乡村公路、农田水利等小型基础设施工程，受赈济地区的农民通过参加以工代赈工程建设，获取劳务报酬，增加收入，以此取代直接救济的一种扶贫政策。因此，使用以工代赈资金建设的工程，实施单位应组织工程所在地的农民参加工程建设，并支付劳务报酬，不适宜通过招标方式选择承包单位。但技术复杂、投资规模大的工程，特别是按规定必须具备相关资质才能承包施工的桥梁、隧道等工程，可以通过招标选择具有相应资质的施工承包单位，将组织工程所在地农民为工程施工提供劳务并支付报酬作为招标的基本条件。

（2）《招标投标法实施条例》补充的可以不进行招标的情形。

1）需要采用不可替代的专利或者专有技术。即项目功能的客观定位决定必须使用指定的专利或者专有技术，而非招标人的主观要求。项目使用的专利或专有技术具有不可替代性，并且无法由其他单位分别实施或提供。

2）采购人依法能够自行建设、生产或者提供。这里采购人指符合民事主体资格的法人、其他组织，不包括与其相关的母公司、子公司，以及与其具有管理或利害关系的，具有独立民事主体资格的法人、其他组织。但对于依照法律、法规规定采购人不能自己同时承担的工作事项，采购人仍应进行招标。比如，某房地产开发公司除具有房屋开发资质外，还具有相应的房屋建筑工程施工总承包一级资质，其开发的商品房就可以按有关法律法规和规定自行组织施工，而不需要招标。但是，承担某政府投资项目管理职能的主体即使具有施工资质能力，不能同时承担该政府投资项目的施工承包。再如，采购人如果自行提供了工程监理服务，则不能同时承包工程施工以及建筑材料、建筑构配件和设备的供应。

3）已通过招标方式选定的特许经营项目投资人依法能够自行建设、生产或者提供。这里所称的特许经营项目，是指政府将公共基础设施和公用事业的特许经营权出让给投资人并签订特许经营协议，由其组建项目公司负责投资、建设、经营的项目。

4）需要向原中标人采购工程、货物或者服务，否则将影响施工或者功能配套要求。

例如，原建设工程变更用途需要追加供热管道安装，或需要追加其他附属配套设施或主体工程需要加层等，因受技术、管理、施工场地等限制，只能由原中标人施工承包。再如，原生产机电设备需要追加非通用的备品备件或消耗材料，或原生产控制信息系统功能需要改进和升级等，为保证与原货物和服务的一致配套，只能向原中标人追加采购。

5）国家规定的其他情形。

4. 禁止规避招标

《招标投标法》第四条　任何单位和个人不得将依法必须进行招标的项目化整为零或者以其他任何方式规避招标。

在招标项目具体范围以内和规模标准以上的工程建设项目，除可以不招标的情形外，都必须进行招标。但一些地方和部门在工程建设项目的发包及有关设备、材料的采购活动中，实行地方保护或行业垄断，采用多种方式规避招标。比如，将本应招标发包的项目直接发包给属于本地方、本部门的承包商、供应商；对本应作为一个整体的采购项目，采取划分为多个采购项目，分别签订多个采购合同的办法，化整为零，使每一采购合同的金额都低于法定强制招标采购的金额标准，以达到规避招标采购的目的；还有一些采购单位对技术并不特别复杂的采购项目，借口其有特殊的技术要求，只能交由某一承包商、供应商承担为由，规避招标采购。对这些行为，将依照法律规定，依法追究其法律责任。

9.2.2　招标人

1. 招标人主体资格

《招标投标法》第八条　招标人是依照本法规定提出招标项目、进行招标的法人或者其他组织。

这里包括两层意思：

（1）招标人须是法人或其他组织。

鉴于招标采购的项目通常标的大，耗资多，影响范围广，招标人责任较大，为了切实保障招投标各方的权益，《招标投标法》未赋予自然人成为招标人的权利。但这并不意味着个人投资的项目不能采用招标的方式进行采购。个人投资的项目，可以成立项目公司作为招标人。

（2）招标人须是提出招标项目、进行招标的法人或其他组织。

工程建设项目招标发包的招标人，通常为该项建设工程的投资人即项目业主；国家投资的工程建设项目，招标人通常为依法设立的项目法人（就经营性的建设项目而言）或者项目的建设单位（就非经营性建设项目而言）。货物招标采购的招标人，通常为货物的买主。服务项目招标采购的招标人，通常为该服务项目的需求方。

2. 招标项目

《招标投标法》第九条　招标项目按照国家有关规定需要履行项目审批手续的，应当先履行审批手续，取得批准。

招标人应当有进行招标项目的相应资金或者资金来源已经落实，并应当在招标文件中如实载明。

（1）招标项目审批手续。

《招标投标法》规定的依法必须进行招标的项目大都关系国计民生，涉及全社会固定资产投资规模，因此，多数项目根据国家有关规定需要立项审批。《招标投标法实施条例》规定，需要审核的招标内容为招标范围、招标方式、招标组织形式。

（2）招标项目资金来源。

投标人为获得招标项目，通常进行了大量的准备工作，在资金上也有较多的投入，中标后如果没有资金保证，势必造成不能开工或开工后中途停工，或者中标后作为货主的招标人无钱买货，这将损害投标人的利益。如果是涉及大型基础设施、公用事业等工程，还会给公共利益造成损害。因此，必须强调招标人在招标时应有与项目相适应的资金保障。根据《招标投标法》的规定，招标人在招标时必须确实拥有相应的资金或者有能证明其资金来源已经落实的合法性文件为保证，并应当将资金数额和资金来源在招标文件中如实载明。

3. 招标组织形式

具备条件的招标人可以自行招标，也可以委托代理机构招标。

《招标投标法》第十二条　招标人有权自行选择招标代理机构，委托其办理招标事宜。任何单位和个人不得以任何方式为招标人指定招标代理机构。

招标人具有编制招标文件和组织评标能力的，可以自行办理招标事宜。任何单位和个人不得强制其委托招标代理机构办理招标事宜。

依法必须进行招标的项目，招标人自行办理招标事宜的，应当向有关行政监督部门备案。

（1）招标人自行招标。

所谓自行招标，就是招标人自己办理招标公告、资格预审公告、投标邀请、编制资格预审文件和招标文件、对资格预审文件和招标文件进行澄清说明、组织开标、组建评标委员会评标、定标等全过程招标事项。

招标人自行办理招标业务，应当具有编制招标文件和组织评标能力。根据原国家计委2000年颁布（2013年修订）的《工程建设项目自行招标试行办法》（5号令）的规定，这里的能力具体包括：

① 具有项目法人资格（或者法人资格）；

② 具有与招标项目规模和复杂程度相适应的工程技术、概预算、财物和工程管理等方面专业技术力量；

③ 有从事同类工程建设项目招标的经验；

④ 拥有3名以上取得招标职业资格的专职招标业务人员；

⑤ 熟悉和掌握招标投标法及有关法规规章。

为了保证自行招标的质量，对必须进行招标的项目，招标人自行办理招标事宜的，应当向有关行政监督部门备案。

（2）招标代理机构招标。

不具备自行招标能力的招标人应当委托招标代理机构办理招标事宜，具备自行招标能力的招标人也可以将全部或者部分招标事宜委托招标代理机构办理，但任何单位和个人不得为招标人指定招标代理机构。

《招标投标法》首次在法律中明确规定了招标代理机构的性质、设立条件和业务范围，对规范我国招标代理工作起到了促进作用。

《招标投标法》第十三条　招标代理机构是依法设立、从事招标代理业务并提供相关服务的社会中介组织。

招标代理机构应当具备下列条件：

（一）有从事招标代理业务的营业场所和相应资金；

（二）有能够编制招标文件和组织评标的相应专业力量。

第十四条　招标代理机构与行政机关和其他国家机关不得存在隶属关系或者其他利益关系。

第十五条　招标代理机构应当在招标人委托的范围内办理招标事宜，并遵守本法关于招标人的规定。

1）招标代理机构的法律性质。

招标代理机构是依法设立、从事招标代理业务并提供相关服务的社会中介组织。招标代理机构的性质既不是一级行政机关，也不是从事生产经营的企业，而是以自己的知识、智力为招标人提供服务的独立于任何行政机关的组织。

2）招标代理机构的设立条件。

① 必须有固定的营业场所和相应的资金以便于开展招标代理业务；

②有与其所代理的招标业务相适应的能够独立编制有关招标文件、有效组织评标活动的专业队伍和技术设施。

3）招标代理机构的业务范围。

招标代理机构的具体业务活动包括帮助招标人或受其委托拟定招标文件，依据招标文件的规定，审查投标人的资质，组织评标、定标等；提供与招标代理业务相关的服务即指提供与招标活动有关的咨询、代书及其他服务性工作。招标代理机构代理招标业务，应当遵守法律法规关于招标人的规定。招标代理机构不得在所代理的招标项目中投标或者代理投标，也不得为所代理的招标项目的投标人提供咨询。

【背景阅读】2017 年 12 月 27 日，第十二届全国人民代表大会常务委员会第三十一次会议决定：删去《招标投标法》第十三条第二款第三项和第十四条第一款；将《招标投标法》第五十条第一款中的“情节严重的，暂停直至取消招标代理资格”修改为“情节严重的，禁止其一年至二年内代理依法必须进行招标的项目并予以公告，直至由工商行政管理机关吊销营业执照”。

2018 年 1 月 31 日，国家发展和改革委员会发布公告《中华人民共和国国家发展和改革委员会公告》（2018 年第 2 号），根据《国务院关于取消一批行政许可事项的决定》（国发〔2017〕46 号）和《全国人民代表大会常务委员会关于修改〈中华人民共和国招标投标法〉、〈中华人民共和国计量法〉的决定》（中华人民共和国主席令第八十六号），“中央投资项目招标代理机构资格认定”行政许可事项已经取消。

2018 年 3 月 8 日，住房和城乡建设部发布《关于废止〈工程建设项目招标代理机构资格认定办法〉的决定》。

2018 年 3 月 19 日，国务院总理李克强签署第 698 号国务院令，公布《国务院关于修改和废止部分行政法规的决定》，自公布之日起施行。在取消行政审批事项方面，通过修改《招标投标法实施条例》等 16 部行政法规的 19 个条款，取消了中央投资项目招标代理机构资格认定等 16 项行政审批项目，以进一步激发市场活力和社会创造力。最重要的是，对应《招标投标法》的修改，此次《招标投标法实施条例》的修改，取消招标代理资格再一次被明确。

随着招标的不断发展，招标代理机构的数量越来越多，招标代理机构的水平也普遍提高，招标代理机构资格的门槛作用也逐渐丧失。随之而来的问题是，有的招标代理机构为了能赢得更多市场份额而互相挂靠、借用资质经营；有的招标人为了限制招标代理机构之间的竞争，通过提高资质要求，排斥了很多资质较低或没有资质但具备招标代理能力的机构参与。取消招标代理机构资格认定后，会有更多的机构进入招标代理市场，招标代理的竞争会更加激烈。但是，作为招标人，其选择招标代理的范围会更宽。同时，市场的自我调节作用将会发挥。

9.2.3　招标方式

《招标投标法》第十条　招标分为公开招标和邀请招标。公开招标，是指招标人以招标公告的方式邀请不特定的法人或者其他组织投标。

邀请招标，是指招标人以投标邀请书的方式邀请特定的法人或者其他组织投标。

1. 公开招标

（1）公开招标的概念与条件。

公开招标又称无限竞争性招标，是指由招标方按照法定程序，在公开出版物上发布招标公告，所有符合条件的供应商或承包商都可以平等参加投标竞争，从中择优选择中标者的招标方式。

公开招标需符合如下条件:

1）招标人需向不特定的投标人发出投标邀请。招标人应当通过为全社会所熟悉的公共媒体公布其招标项目、拟采购的具体设备或工程内容等信息，向不特定的人提出邀请。

2）公开招标须采取公告的方式，向社会公众明示其招标要求，使尽量多的潜在投标人获取招标信息。实际生活中人们经常在网络、报纸上看到“××× 招标通告”，此种方式即为公告的方式。

（2）招标公告或资格预审公告。

《招标投标法》第十六条　招标人采用公开招标方式的，应当发布招标公告。依法必须进行招标的项目的招标公告，应当通过国家指定的报刊、信息网络或者其他媒介发布。

招标公告应当载明招标人的名称和地址、招标项目的性质、数量、实施地点和时间以及获取招标文件的办法等事项。

1）招标公告或资格预审公告的发布。

只要采用公开招标的方式招标，招标人就应当发布公告。招标人采用资格预审办法对潜在投标人进行资格审查的，应当发布资格预审公告。对于法定招标的项目，招标公告或者资格预审公告应当在国家指定的报刊、信息网络等公共媒介发布，并不得收取费用。对于自愿公开招标的项目，原则上也应在有影响的公开媒体上刊登招标公告或资格预审公告，但法律不做强制性要求。

为规范招标公告和公示信息发布活动，保证各类市场主体和社会公众平等、便捷、准确地获取招标信息，国家发展和改革委员会制定了《招标公告和公示信息发布管理办法》（国家发展改革委第10号令，以下简称国家发改委10号令），于2018年1月1日起施行。原《招标公告发布暂行办法》（国家发展计划委第4号令）和《国家计委关于指定发布依法必须招标项目招标公告的媒介的通知》（计政策〔2000〕868号）同时废止。

国家发改委10号令规定，依法必须招标项目的招标公告和公示信息应当在“中国招标投标公共服务平台”或者项目所在地省级电子招标投标公共服务平台发布。“中国招标投标公共服务平台”应当汇总公开全国招标公告和公示信息，以及发布媒介名称、网址、办公场所、联系方式等基本信息，及时维护更新，与全国公共资源交易平台共享，并归集至全国信用信息共享平台，按规定通过“信用中国”网站向社会公开。依法必须招标项目的招标公告和公示信息除在发布媒介发布外，招标人或其招标代理机构也可以同步在其他媒介公开，并确保内容一致。其他媒介可以依法全文转载依法必须招标项目的招标公告和公示信息，但不得改变其内容，同时必须注明信息来源。

2）招标公告或资格预审公告的内容。

根据《招标投标法》的规定，招标公告至少应包括如下内容：①招标人的名称、地址，委托代理机构进行招标的，还应注明该机构的名称和地址；②招标项目的性质，是属于工程项目的采购还是货物或服务的采购；③招标项目的数量；④招标项目的实施地点，通常是指货物的交货地点、服务提供地点或建设项目施工地点；⑤招标项目的实施时间即交货或完工时限；⑥招标文件的获取办法。

国家发改委10号令规定，依法必须招标项目的资格预审公告和招标公告应当载明以下内容：①招标项目名称、内容、范围、规模、资金来源；②投标资格能力要求，以及是否接受联合体投标；③获取资格预审文件或招标文件的时间、方式；④递交资格预审文件或投标文件的截止时间、方式；⑤招标人及其招标代理机构的名称、地址、联系人及联系方式；⑥采用电子招标投标方式的，潜在投标人访问电子招标投标交易平台的网址和方法；⑦其他依法应当载明的内容。

2. 邀请招标

（1）邀请招标的概念与特点。

邀请招标又称有限竞争性招标，是指招标方选择若干供应商或承包商，向其发出投标邀请，由被邀请的供应商、承包商投标竞争，从中选定中标者的招标方式。其特点是：

1）招标人在一定范围内邀请特定的投标人参与投标。与公开招标不同，邀请招标不须向不特定的人发出邀请，但为了保证招标的竞争性，邀请招标的特定对象也应当有一定的范围，根据《招标投标法》第 17 条的规定，招标人应当向 3 个以上的潜在投标人发出邀请。

2）邀请招标不须发布公告，招标人只要向特定的潜在投标人发出投标邀请书即可。接受邀请的人才有资格参加投标，其他人无权索要招标文件，不得参加投标。应当指出，邀请招标虽然在潜在投标人的选择上和通知形式上与公开招标有所不同，但其所适用的程序和原则与公开招标是相同的，其在开标、评标标准等方面都是公开的，因此，邀请招标仍不失其公开性。

邀请招标可以采取两阶段方式进行。当招标人对新建项目缺乏足够的经验，对其技术指标尚无把握时，可以通过技术交流会等方式广泛摸底，博采众议，在收集了大量的技术信息并进行评价后，再向选中的特定法人或组织发出投标邀请书，邀请被选中的投标商提出详细的报价。

（2）投标邀请书。

《招标投标法》第十七条　招标人采用邀请招标方式的，应当向三个以上具备承担招标项目的能力、资信良好的特定的法人或者其他组织发出投标邀请书。

投标邀请书应当载明本法第十六条第二款规定的事项。

采用邀请招标方式的招标人虽然可以根据项目的特点选择特定的潜在投标人，但在招标程序、评标标准等招标的重要环节上均与公开招标相同。邀请招标不是议标，不能因为其招标对象的特定性而取代了招标公开性、竞争性的本质特征。这就要求对邀请招标的招标范围有所限制，即招标人应当向 3 个以上（包括本数）的特定法人或其他组织发出投标邀请书。同时，为了保证受邀请人的质量，要求潜在投标人应当具有承担招标项目的能力，资信良好。“能力”指人力、财力、物力上的条件，特别是与招标项目要求相适应的技术力量。“资信良好”是指受邀请投标人应当有从事与招标项目相适应的经济实力，业绩好，信誉佳；不得有违法乱纪的不良记录。

投标邀请书的法定内容，与公开招标的招标公告的内容一致。邀请招标也可以采用资格预审的方式筛选投标人，资格预审公告的内容与公开招标的资格预审公告内容一致。

3. 招标方式的选择

（1）招标方式的特点及选择原则。

公开招标的优点在于能够在最大限度内选择投标商，竞争性更强，择优率更高，同时也可以在较大程度上避免招标活动中的贿标行为。但公开招标也有一定的缺陷，比如，由于投标人众多，一般耗时较长，需花费的成本也较大，对于采购标的较小的招标来说，采用公开招标的方式往往得不偿失；另外，有些项目专业性较强，有资格承接的潜在投标人较少，或者需要在较短时间内完成采购任务等，也不宜采用公开招标的方式。邀请招标在一定程度上能弥补公开招标的缺陷，同时又能够相对较充分地发挥招标的优势。

（2）招标方式选择的法定情形。

《招标投标法》第十一条　国务院发展计划部门确定的国家重点项目和省、自治区、直辖市人民政府确定的地方重点项目不适宜公开招标的，经国务院发展计划部门或者省、自治区、直辖市人民政府批准，可以进行邀请招标。

1）应当公开招标的情形。

虽然公开招标与邀请招标各有利弊，但由于公开招标的透明度和竞争程度更高，国内外立法通常将公开招标作为一种主要的采购方式。例如，我国《政府采购法》第26条第2款规定，公开招标应作为政府采购的主要采购方式；我国台湾地区《政府采购法》第19条规定，除法定情形外，限额以上的采购应当公开招标。世界银行《货物、工程和非咨询服务采购指南》明确规定，在绝大多数情况下，国际竞争性招标（国际公开招标）是实现经济效率、竞争机会均等、采购程序透明度等价值的最佳方式。联合国贸易法委员会《货物、工程和服务采购示范法》规定，一般情况下货物或者工程应当通过招标程序（公开招标）进行采购。

根据《招标投标法》的规定，依法必须进行招标的国家重点项目和地方重点项目，一般应采用公开招标的方式进行招标。《招标投标法实施条例》对公开招标的项目范围做了补充规定，国有资金占控股或者主导地位的依法必须招标项目，原则上也应当公开招标。

2）可以邀请招标的情形。

对于法定应当公开招标的项目，有下列情形之一的，经批准可以邀请招标：

① 技术复杂、有特殊要求或者受自然环境限制，只有少量潜在投标人可供选择；

② 采用公开招标方式的费用占项目合同金额的比例过大。

对于非依法必须公开招标的项目，由招标人自主决定公开招标还是邀请招标。

9.2.4 资格审查

《招标投标法》第十八条　招标人可以根据招标项目本身的要求，在招标公告或者投标邀请书中，要求潜在投标人提供有关资质证明文件和业绩情况，并对潜在投标人进行资格审查；国家对投标人的资格条件有规定的，依照其规定。

招标人不得以不合理的条件限制或者排斥潜在投标人，不得对潜在投标人实行歧视待遇。

在一般贸易中，由于贸易对象的特定性，采购人对其进行资信调查比较简单，可以采用多种办法。而在招标项目中，招标人所面临的被调查者少则几个，多则几十个，招标人无力对众多的投标人逐个进行全面调查，只能通过资格审查的办法，要求潜在的投标人申报资信情况，了解其投标能力。

1. 资格审查的内容

招标人对投标人的资格审查通常主要包括如下内容：

（1）投标人投标合法性审查。

包括投标人是否是正式注册的法人或其他组织；是否具有独立签约的能力；是否处于正常经营状态，如是否处于被责令停业，有无财产被接管、冻结等情况；是否有相互串通投标等行为；是否正处于被暂停参加投标的处罚期限内等；经过审查，确认投标人有不合法的情形的，应将其排除。

（2）对投标人投标能力的审查。主要包括以下几个方面：

1）了解投标人的概况，即投标人的名称、住所、电话，经营等级和资本，近几年的财务状况，已承担的工程任务，目前的剩余能力等；

2）审查投标人的经验与信誉，看其是否有曾圆满完成过与招标项目在类型、规模、结构、复杂程度和所采用的技术以及施工方法等方面相类似项目的经验或者具有曾提供过同类优质货物、服务的经验，是否受到以前项目业主的好评，在招标前一个时期内的业绩如何，以往的履约情况等；

3）审查投标人的财务能力，主要审查其是否具备完成项目所需的充足的流动资金以及有信誉的银行提供的担保文件，审查其资产负债情况；

4）审查投标人的人员配备能力，主要是对投标人承担招标项目的主要人员的学历、管理经验进行审查，看其是否有足够的有相应资质的人员具体从事项目的实施；

5）审查完成项目的设备配备情况及技术能力，审查其是否具有实施招标项目的相应设备、机械，并是否处于良好的工作状态，是否有技术支持能力等。

2. 资格审查方式

招标人对投标人的资格审查可以分为资格预审和资格后审两种方式。

（1）资格预审

资格预审是指招标人在发出招标公告或投标邀请书以前，先发出资格预审的公告或邀请，要求潜在投标人提交资格预审的申请及有关证明资料，经资格预审合格的，方可参加正式的投标竞争。

资格预审应当按照资格预审文件载明的标准和方法进行。

国有资金占控股或者主导地位的依法必须进行招标的项目，招标人应当组建资格审查委员会审查资格预审申请文件。资格审查委员会及其成员应当遵守《招标投标法》和《招标投标法实施条例》有关评标委员会及其成员的规定。

资格预审结束后，招标人应当及时向资格预审申请人发出资格预审结果通知书。未通过资格预审的申请人不具有投标资格。通过资格预审的申请人少于 3 个的，应当重新招标。

（2）资格后审

资格后审是指招标人在投标人提交投标文件后或经过评标已有中标人选后，再对投标人或中标人选是否有能力履行合同义务进行审查。

招标人采用资格后审办法对投标人进行资格审查的，应当在开标后由评标委员会按照招标文件规定的标准和方法对投标人的资格进行审查。

9.2.5　招标文件和资格预审文件

《招标投标法》第十九条　招标人应当根据招标项目的特点和需要编制招标文件。招标文件应当包括招标项目的技术要求、对投标人资格审查的标准、投标报价要求和评标标准等所有实质性要求和条件以及拟签订合同的主要条款。

国家对招标项目的技术、标准有规定的，招标人应当按照其规定在招标文件中提出相应要求。

招标项目需要划分标段、确定工期的，招标人应当合理划分标段、确定工期，并在招标文件中载明。

通常情况下，公开招标的项目，应当发布招标公告、编制招标文件。招标人采用资格预审办法对潜在投标人进行资格审查的，应当发布资格预审公告、编制资格预审文件。

1. 文件的编制与发售

（1）文件要求。

资格预审文件是告知潜在投标人招标项目的内容、范围和数量、投标资格条件的载体，是指导资格预审活动全过程的纲领性文件，是潜在投标人编制资格预审申请文件、资格审查委员会对资格预审申请文件进行评审并推荐或者确定通过资格预审的申请人的依据。

招标文件是告知潜在投标人招标项目的内容、范围和数量、投标资格条件、招标投标的程序规则、投标文件编制和递交要求、评标的标准和方法、拟签订合同的主要条款、技术标准和要求等信息的载体，是指导招标投标活动全过程的纲领性文件，是投标人编制投标文件、评标委员会对投标文件进行评审并推荐中标候选人或者直接确定中标人，以及招标人和中标人签订合同的依据。招标文件应写明招标人对投标人的所有实质性要求和条件，同时应当包括招标人就招标项目拟签订合同的主要条款。

（2）文件的禁止性内容。

《招标投标法》第二十条　招标文件不得要求或者标明特定的生产供应者以及含有倾向或者排斥潜在投标人的其他内容。

招标的目的是通过广泛地发布招标信息，争取多家潜在投标商的竞争，以择优确定中标人。因此，招标文件或资格预审文件中的任何内容都不得载有倾向某一特定潜在投标人，排斥其他潜在投标人的内容。否则，将减少投标的竞争程度，影响招标质量。

《招标投标法实施条例》对限制、排斥潜在投标人的行为做了细化规定，列举了以不合理条件限制或者排斥潜在投标人或投标人的 7 种情形：

1）就同一招标项目向潜在投标人或者投标人提供有差别的项目信息；

2）设定的资格、技术、商务条件与招标项目的具体特点和实际需要不相适应或者与合同履行无关；

3）依法必须进行招标的项目以特定行政区域或者特定行业的业绩、奖项作为加分条件或者中标条件；

4）对潜在投标人或者投标人采取不同的资格审查或者评标标准；

5）限定或者指定特定的专利、商标、品牌、原产地或者供应商；

6）依法必须进行招标的项目非法限定潜在投标人或者投标人的所有制形式或者组织形式；

7）以其他不合理条件限制、排斥潜在投标人或者投标人。

（3）标准文本。

编制依法必须进行招标的项目的资格预审文件和招标文件，应当使用国务院发展改革部门会同有关行政监督部门制定的标准文本。

为了规范资格预审文件和招标文件编制活动，提高资格预审文件和招标文件的编制质量，国务院发展改革部门会同国务院八个行政监督部门于 2007 年 11 月颁布了《标准施工招标资格预审文件》和《标准施工招标文件》，取得了良好的社会效果。按照标准文件的体系规划，九部委又于 2011 年 12 月颁布了《简明标准施工招标文件》和《标准设计施工总承包招标文件》。2017年9月，九部委又印发了《标准设备采购招标文件》、《标准材料采购招标文件》、《标准勘察招标文件》、《标准设计招标文件》、《标准监理招标文件》5个标准招标文件。

（4）文件发售。

招标人应当按照资格预审公告、招标公告或者投标邀请书规定的时间、地点发售资格预审文件或者招标文件。资格预审文件或者招标文件的发售期不得少于5日。

招标人发售资格预审文件、招标文件收取的费用应当限于补偿印刷、邮寄的成本支出，不得以营利为目的。

2. 文件的澄清、修改和异议

《招标投标法》第二十三条　招标人对已发出的招标文件进行必要的澄清或者修改的，应当在招标文件要求提交投标文件截止时间至少十五日前，以书面形式通知所有招标文件收受人。该澄清或者修改的内容为招标文件的组成部分。

招标人在编制招标文件时，应当尽可能考虑到招标项目的各项要求，并在招标文件中做出相应的规定，力求使所编制的招标文件做到内容准确、完整，含义明确。但有时也难以绝对避免出现招标文件内容的疏漏或者意思表述不明确、含义不清的地方；或者因情况变化需对已发出的招标文件作必要的修改、调整等情况。

《招标投标法实施条例》对资格预审文件和招标文件的澄清和修改做了细化规定，招标人可以对已发出的资格预审文件或者招标文件进行必要的澄清或者修改。澄清或者修改的内容可能影响资格预审申请文件或者投标文件编制的，招标人应当在提交资格预审申请文件截止时间至少3日前，或者投标截止时间至少15日前，以书面形式通知所有获取资格预审文件或者招标文件的潜在投标人；不足3日或者15日的，招标人应当顺延提交资格预审申请文件或者投标文件的截止时间。

《招标投标法实施条例》还明确了招标投标活动的异议制度。潜在投标人或者其他利害关系人对资格预审文件有异议的，应当在提交资格预审申请文件截止时间2日前提出；对招标文件有异议的，应当在投标截止时间10日前提出。招标人应当自收到异议之日起3日内作出答复；作出答复前，应当暂停招标投标活动。

如果招标人编制的资格预审文件、招标文件的内容违反法律、行政法规的强制性规定，违反公开、公平、公正和诚实信用原则，影响资格预审结果或者潜在投标人投标的，依法必须进行招标的项目的招标人应当在修改资格预审文件或者招标文件后重新招标。

3. 编制投标文件或资格预审申请文件的时间

《招标投标法》二十四条　招标人应当确定投标人编制投标文件所需要的合理时间；但是，依法必须进行招标的项目，自招标文件开始发出之日起至投标人提交投标文件截止之日止，最短不得少于二十日。

投标人编制投标文件需要一定的时间。如果从招标文件开始发出之日起至招标文件规定的投标人提交投标文件截止之日止的时间过短，可能会有一些投标人因来不及编制投标文件而不得不放弃参加投标竞争，这对保证投标竞争的广泛性显然是不利的。但这一时间也不能过长，否则会拖延招标采购的进程，有损招标人的利益。《招标投标法》为各类法定强制招标项目的投标人编制投标文件的最短时间作了规定，即自招标文件开始发出之日起至投标人提交投标文件截止之日止，最短不得少于20日。不属于法定强制招标的项目，而是由采购人自愿选择招标采购方式的，则不受本条规定的限制，招标人确定的投标人编制投标文件的时间，既可以多于20天，也可以少于20天。

资格预审申请人编制提交资格预审申请文件也需要一定的时间。《招标投标法实施条例》规定，招标人应当合理确定提交资格预审申请文件的时间。依法必须进行招标的项目提交资格预审申请文件的时间，自资格预审文件停止发售之日起不得少于5日。需要注意的是，由于这一期限相对较短，为保证有较为充足的编制时间，“不少于5日”的期限从资格预审文件停止发售之日起算。

9.2.6 招标过程中的其他规定

1. 标段划分与总承包招标

（1）标段划分

标段划分，是指招标人在充分考虑合同规模、技术标准规格分类要求、潜在投标人状况，以及合同履行期限等因素的基础上，将一项工程、服务，或者一个批次的货物拆分为若干个合同进行招标的行为。标段划分既要满足招标项目技术经济和管理的客观需要，又要遵守相关法律法规规定。

1）招标人可以根据实际需要划分标段。

招标项目划分标段或者标包，通常基于以下两个方面的客观需要。一是适应不同资格能力的投标人。招标项目包含不同类型、不同专业技术、不同品种和规格的标的，分成不同标段才能使有相应资格能力的单位分别投标。二是满足分阶段实施要求。同一招标项目由于受资金、设计等条件的限制必须划分标段，以满足分阶段实施要求。

2）标段划分通常需要考虑的因素。

一是法律法规规定。《合同法》第272条第1款和《建筑法》第24条均规定，招标人划分标段时，不得将应当由一个承包人完成的建筑工程肢解成若干部分分别招标发包给几个承包人投标。《招标投标法》第19条第3款规定，招标人应当合理划分标段，并在招标文件中载明。二是经济因素。招标项目应当在市场调研基础上，通过科学划分标段，使标段具有合理适度规模，保证足够竞争数量的单位满足投标资格能力条件，并满足经济合理性要求。既要避免规模过小，单位固定成本上升，增加招标项目的总投资，并可能导致大型企业失去参与投标竞争的积极性；又要避免规模过大，可能因符合资格能力条件的单位减少而不能满足充分竞争的要求，或者具有资格能力条件的单位因受资源投入限制，而无法保质保量按期完成招标项目，并由此增加合同履行的风险。三是招标人的合同管理能力。标段数量增加，必将增加实施招标、评标和合同管理的工作量，因此标段划分需要考虑招标人组织实施招标和合同履行管理的能力。四是项目技术和管理要求。招标项目划分标段时应当既要满足项目技术关联配套及其不可分割性要求，又要考虑不同承包人或供应商在不同标段同时生产作业及其协调管理的可行性和可靠性。

3）不得利用标段划分实现非法目的。

具体说来就是不得利用划分标段限制排斥潜在投标人或者规避招标。一是通过规模过大或过小的不合理划分标段，保护有意向的潜在投标人，限制或者排斥其他潜在投标人。二是通过划分标段，将项目化整为零，使标段合同金额低于必须招标的规模标准而规避招标；或者按照潜在投标人数量划分标段，使每一潜在投标人均有可能中标，导致招标失去意义。这些规避招标的行为大多数为了实现非法交易，必须严格禁止。

（2）总承包招标

《招标投标法实施条例》规定，招标人可以依法对工程以及与工程建设有关的货物、服务全部或者部分实行总承包招标。需要注意的是，以暂估价形式包括在总承包范围内的工程、货物、服务属于依法必须进行招标的项目范围且达到国家规定规模标准的，应当依法进行招标。这里所称暂估价，是指总承包招标时不能确定价格而由招标人在招标文件中暂时估定的工程、货物、服务的金额。

2. 踏勘现场

《招标投标法》第二十一条　招标人根据招标项目的具体情况，可以组织潜在投标人踏勘项目现场。

（1）招标人根据招标项目需要可以组织踏勘项目现场。

招标项目现场的环境条件对投标人的报价及其技术管理方案有影响的，潜在投标人需要通过踏勘项目现场了解有关情况。工程施工招标项目一般需要实地踏勘招标项目现场。货物和服务招标项目如果与现场环境条件关联性不大，则不需要踏勘现场。根据招标项目情况，招标人可以组织潜在投标人踏勘，也可以不组织踏勘。

（2）招标人不得组织单个或者部分投标人踏勘项目现场。

为了防止招标人向潜在投标人有差别地提供信息，造成投标人之间的不公平竞争，《招标投标法实施条例》进一步规定招标人不得组织单个或者部分潜在投标人踏勘项目现场。招标人根据招标项目需要，组织潜在投标人踏勘项目现场的，应当组织所有购买招标文件或接收投标邀请书的潜在投标人实地踏勘项目现场。需要说明的是，潜在投标人收到有关踏勘现场的通知后自愿放弃踏勘现场的，不属于招标人组织部分投标人踏勘现场。

（3）组织踏勘项目现场应当注意的问题。

1）组织全部潜在投标人踏勘项目现场的时间，应尽可能安排在招标文件规定发出澄清文件的截止时间之前，以便在澄清文件中统一解答潜在投标人踏勘项目现场时提出的疑问。

2）潜在投标人应全面踏勘项目现场。潜在投标人需要对可能影响投标报价及技术管理方案的现场条件进行全面踏勘。例如，工程建设项目的地理位置、地形、地貌、地质、水文、气候情况，工程现场的平面布局、交通、供水、供电、通信、污水排放等条件，以及工程施工临时用地、临时设施搭建的条件是否满足招标文件规定的要求。

3）潜在投标人对踏勘项目现场后自行做出的判断负责。无论招标人组织还是潜在投标人自行踏勘项目现场，潜在投标人根据踏勘项目现场做出的投标分析、推论和判断，应当自行负责。

4）招标人统一解答潜在投标人踏勘现场中的疑问。潜在投标人踏勘项目现场产生的疑问需要招标人澄清答复的，一般应当在招标文件规定的时间内向招标人提出。招标人应当以书面形式答复并作为招标文件的澄清说明，提供给所有购买招标文件的潜在投标人。

招标人认为必要时，也可以按招标文件规定，在踏勘项目现场后，组织投标预备会（标前会）公开解答潜在投标人提出的疑问，但应当以书面答复为准。

5）由于《招标投标法》规定，招标人不得向他人透露已获取招标文件的潜在投标人的名称、数量以及可能影响公平竞争的有关招标投标的其他情况。因此，招标人确需组织踏勘项目现场的，可分批次组织潜在投标人踏勘。招标人组织全部潜在投标人实地踏勘项目现场的，应当采取相应的保密措施并对投标人提出相关保密要求，不得采用集中签到甚至点名等方式，防止潜在投标人在踏勘项目现场中暴露身份，影响投标竞争，或相互沟通信息串通投标。

3. 标底与投标限价

（1）标底

标底是招标人组织专业人员，按照招标文件规定的招标范围，结合有关规定、市场要素价格水平以及合理可行的技术经济方案，综合考虑市场供求状况，进行科学测算的预期价格。标底是评价分析投标报价竞争性、合理性的参考依据。工程招标项目通常具有单件性（独特性），缺少可供比较分析和控制的价格参考标准，特别是对于潜在投标人不多、竞争不充分或容易引起串标的工程建设项目，往往需要编制标底。货物招标项目的价格与现成货物的可比性较强，一般不需要编制标底。招标人可以根据招标项目的特点和需要自主决定是否编制，以及如何编制标底，有关部门不应当干预。

标底体现了招标人准备选择的一个技术方案及其可以接受的一个市场预期价格，也是分析衡量投标报价的一个参考指标，所以一个招标项目只能有一个标底，否则将失去用标底与投标报价进行对比分析的意义。

近年来，标底在评标中的参考作用已逐步弱化，但为了使标底不影响和误导投标人的公平竞争，标底在开标前仍然应当保密。

【背景阅读】在《招标投标法》颁布前，为了防止恶性压价和串通抬标，许多部门和地方曾经规定以标底价格为基准，设定一个价格上限和下限范围作为判定投标报价是否入围、有效和合理的直接标准。目前仍有少数部门和地方在延续这一做法。如此定位标底存在以下弊端：一是不利于引导投标人理性竞争。标底编制工作的技术经济性很强，编制方案的可塑性大，且编制涉及的环节和人员较多，既难以保证标底的保密，又难以保证标底编制的准确，更无法保证标底所依据的技术经济方案可行、先进和合理。因此，如果以标底价格为基准并设定一个上下幅度范围作为确定投标报价是否入围、有效和中标的直接依据，将限制投标竞争，使投标竞争演变为争相接近标底的“数字竞争”。二是容易诱发违法违规行为。由于标底及其上下限范围直接决定了投标报价的有效性和合理性，加之标底应当保密，使其成为各方竞相打探的焦点，出现了通过泄露标底获取不当收益等违法违规行为。三是标底有可能成为地方或者行业保护的手段。由于标底及其上下限范围限制了投标人的竞争，实践中很容易被利用，成为保护落后、排斥开放竞争的手段。因此，应当禁止以标底及其上下限范围作为判定投标报价是否入围、有效和合理的直接依据。当然也要避免另外一种倾向，就是强制推行“无标底”招标的做法，以致标底应有的参考作用也随之消失。

（2）投标限价

1）最高投标限价。

最高投标限价是招标人根据招标文件规定的招标范围，结合有关规定、投资计划、市场要素价格水平以及合理可行的技术经济实施方案，通过科学测算并在招标文件中公布的可以接受的最高投标价格或最高投标价格的计算方法。超过最高投标限价的投标超出了招标人的承受能力，应当被否决。通常在潜在投标人不多、投标竞争不充分或容易引起串标的招标项目中使用。

最高投标限价与标底的区别是：最高投标限价是招标人可以承受的最高价格，必须在招标文件中公布，对投标报价的有效性具有强制约束力，投标人必须响应；标底是招标人可以接受的预期市场价格，在开标前必须保密，对投标报价没有强制约束力，仅作为评标参考。其共同点是：两者均必须依据招标文件确定的内容和范围，以及与投标报价相同的清单进行编制；两者都具有难以避免和不同程度的风险，编制工作的失误都将影响评标和中标结果，特别是最高投标限价编制失误甚至会导致招标失败和难以挽回的损失。

2）不得规定最低投标限价。

因为投标人的竞争能力和完成招标项目的个别成本具有很大差异，为了保证充分竞争，促进技术管理进步，节省采购成本，《招标投标法实施条例》明确规定招标人不得设置最低投标限价，即不允许作出“低于最低限价的投标报价为无效投标”等规定。为了防止投标人以低于成本的报价竞争，可以通过对投标价格的分析论证来判断其是否低于成本，而不能统一设定最低限价。

4. 两阶段招标

两阶段招标主要适用于技术复杂或者无法精确拟定技术规格的项目。对于这类项目，由于需要运用先进生产工艺技术、新型材料设备或采用复杂的技术实施方案等，招标人难以准确拟定和描述招标项目的性能特点、质量、规格等技术标准和实施要求。在此情况下，需要将招标分为两个阶段进行。

（1）征求技术建议阶段。

第一阶段征求技术建议可以分为以下四个步骤。

1）征询技术建议。招标人依法发布招标公告或者投标邀请书，或根据需要另行编制和发放《征求技术建议文件》，对招标项目基本需求目标和投标人（或称技术方案建议人）资格基本条件以及对技术建议书的编制、递交提出要求。

为了鼓励投标人积极提出优化、合理的技术方案建议，招标人在招标公告、投标邀请书或者《征求技术方案建议》中可以选择以下约定：经过第一阶段评审，对第二阶段编制招标文件中采用的全部或部分投标技术建议或其他优秀的技术建议将给予投标人奖励补偿，以及奖励补偿的具体标准。同时要求递交技术方案建议的投标人声明：同意招标人采用其技术方案建议。

2）提交技术建议书。投标人按照招标公告、投标邀请书或者《征求技术建议文件》，研究编制和递交技术方案建议书。

投标人递交的技术建议书不带报价，因为第一阶段属于征求技术建议并据此研究编制招标文件，不以选择中标人为目标，以及最终技术方案尚未确定，在第一阶段提交的投标报价缺乏针对性。但是，招标人基于市场调研目的，或者为了评价技术方案的经济性，可以要求技术建议书附带参考价格，并可要求投标人将技术建议书和参考价格书采用双信封分别装订密封。其中，投标人的参考价格书应当严格保密，仅供评审人员研究确定招标项目技术标准和要求时参考。

3）评价和选择技术方案建议。招标人通过评审、商讨和论证，可以采用某一个或几个已经提交的技术建议，或据此研究形成新的技术方案，作为编制招标文件技术标准和要求的基础。在这一步骤，招标人与技术方案建议人可以充分沟通、反复商讨以及随时要求对方增加补充有关资料。技术方案建议人可以随时撤回投标技术方案建议，也不需要提交投标保证金。

4）编制招标文件。招标人根据研究确定的技术方案编制招标文件。招标人研究确定的项目技术方案既要充分满足招标项目的技术特点和需求，又应当禁止通过采用不合理的技术标准和投标资格歧视、排斥或偏袒潜在投标人，尽可能使第一阶段递交技术方案建议的投标人参加投标，或者至少要保证有足够数量的投标人参与公平竞争。

（2）投标阶段

招标人编制完成招标文件后，应该向第一阶段递交技术方案建议的投标人提供招标文件。技术方案建议人可以不参加第二阶段的投标而无须承担责任。招标人根据最终确定的技术方案，以及潜在投标人的数量状况，可以决定是否接受未提交技术建议的潜在投标人投标，并在招标文件中载明。招标人允许未提交技术建议的潜在投标人投标的，应当深入分析利弊，特别是要充分考虑未提交技术建议的潜在投标人应当具备的资格条件、对未中标的技术方案建议人的补偿等。

在此阶段，投标人应当严格按照招标文件编制、提交包括具有竞争性、约束力的投标报价以及技术管理实施方案的投标文件，并按照招标文件要求提交投标保证金。

9.3 投标

9.3.1 投标人

1. 投标人主体

《招标投标法》第二十五条　投标人是响应招标、参加投标竞争的法人或者其他组织。

依法招标的科研项目允许个人参加投标的，投标的个人适用本法有关投标人的规定。

（1）投标人主体资格

我国《招标投标法》将投标主体主要规定为法人或者其他组织，主要是考虑到进行招标的项目通常为采购规模较大的建设工程、货物或者服务的采购项目，通常只有法人或其他组织才能完成。而以个人的条件而言，通常是难以保证完成多数招标采购的项目的。当然，对允许个人参加投标的某些科研项目除外。

（2）对投标人主体资格的限制

为维护投标竞争的公正性，《招标投标法实施条例》规定了对投标人与招标人、投标人与其他投标人存在利害关系时的两种限制情形：

1）与招标人存在利害关系可能影响招标公正性的法人、其他组织或者个人，不得参加投标。

2）单位负责人为同一人或者存在控股、管理关系的不同单位，不得参加同一标段投标或者未划分标段的同一招标项目投标。

（3）投标人主体的变化

《招标投标法实施条例》规定，投标人发生合并、分立、破产等重大变化的，应当及时书面告知招标人。投标人不再具备资格预审文件、招标文件规定的资格条件或者其投标影响招标公正性的，其投标无效。

实务中，除合并、分立、破产之外，影响资格条件的重大变化还有：投标人的重大财务变化、项目经理等主要人员的变化、被责令关闭、被吊销营业执照、一定期限内被禁止参加依法必须招标项目的投标等情形。因重大变化影响招标公正性的情形主要有：投标人与受委托编制该招标项目标底的中介机构、招标代理机构或者参与该项目设计咨询的其他机构合并；投标人被招标人收购成为招标人子公司影响招标公正性；以有限数量制进行资格预审的，投标人发生分立后虽仍符合资格预审文件的要求，但其资格条件降低至与因择优而未能通过资格预审的其他申请人相同或者更低等。

2. 投标人应具备的能力

《招标投标法》第二十六条　投标人应当具备承担招标项目的能力；国家有关规定对投标人资格条件或者招标文件对投标人资格条件有规定的，投标人应当具备规定的资格条件。

（1）投标人应当具备承担招标项目的能力。

指投标人在资金、技术、人员、装备等方面，要具备与完成招标项目的需要相适应的能力或者条件。

（2）投标人应当具备规定的资格条件。

国家有关法律法规对投标人条件做出规定的，要符合法律法规的规定；另外，投标人必须满足招标文件中规定的资格条件。

3. 投标人分包

《招标投标法》第三十条　投标人根据招标文件载明的项目实际情况，拟在中标后将中标项目的部分非主体、非关键性工作进行分包的，应当在投标文件中载明。

这里所讲的分包，是指投标人拟在中标后将中标项目的一部分工作交由分包人完成的行为。分包人和投标人具有合同关系，和招标人没有合同关系。在招标人和投标人将来可能产生的合同关系中，招标人与投标人是合同的主体，分包人属于履行合同的第三人。投标人拟将中标的项目分包的，须遵守以下规定：

（1）是否分包由投标人决定。投标人自己决定的前提是“根据招标文件载明的项目实际情况”。比如，招标项目规模大、技术要求复杂，包括不同专业的工作业务较多等。

（2）分包的内容为“中标项目的部分非主体、非关键性工作”。比如就一栋楼房建筑来讲，楼房的基本结构就属于主体工作，也属于关键性的工作。

（3）分包应在投标文件中载明。一般来讲应载明拟分包的工作内容、数量、拟分包的单位、投标单位的保证等内容。

4. 联合体投标

《招标投标法》第三十一条　两个以上法人或者其他组织可以组成一个联合体，以一个投标人的身份共同投标。

联合体各方均应具备承担招标项目的相应能力；国家有关规定或者招标文件对投标人资格条件有规定的，联合体各方均应当具备规定的相应资格条件。由同一专业的单位组成的联合体，按照资质等级较低的单位确定资质等级。

联合体各方应当签订共同投标协议，明确约定各方拟承担的工作和责任，并将共同投标协议连同投标文件一并提交招标人。联合体中标的，联合体各方应当共同与招标人签订合同，就中标项目向招标人承担连带责任。

招标人不得强制投标人组成联合体共同投标，不得限制投标人之间的竞争。

（1）联合体的组成及性质

1）联合体投标的联合各方为法人或者法人之外的其他组织。联合体由各方自愿组成，招标人不得强制投标人组成联合体共同投标，不得限制投标人之间的竞争。

2）联合体为共同投标并在中标后共同完成中标项目而组成的临时性的组织，不具有法人资格。

3）联合体对外“以一个投标人的身份共同投标”。也就是说，联合体虽然不是一个法人组织，但是对外投标应以所有组成联合体各方的共同的名义进行，不能以其中一个主体或者两个主体（多个主体的情况下）的名义进行。

4）联合体各方在同一招标项目中以自己名义单独投标或者参加其他联合体投标的，相关投标均无效。

（2）联合体各方应具备的条件

1）联合体各方均应具备承担招标项目的相应能力。国家有关规定或者招标文件对投标人资格条件有规定的，联合体各方均应当具备规定的相应资格条件。

2）由同一专业的单位组成的联合体，按照资质等级较低的单位确定资质等级。这一规定的目的是，防止资质等级较低的一方借用资质等级较高的一方的名义取得中标人资格。

（3）联合体的内外关系

1）内部关系以协议的形式确定。联合体各方在确定组成共同投标的联合体时，应当依法共同订立投标协议。在协议中应约定联合体各方拟承担的具体工作和各自应承担的责任。

2）对外关系包括两个方面：第一，中标的联合体各方应当共同与招标人签订合同。这里所讲的共同“签订合同”，是指联合体各方均应参加合同的订立，并应在合同书上签字或者盖章。第二，“就中标项目向招标人承担连带责任”。即招标人可以就中标项目要求联合体的任何一方履行全部的义务，被要求的一方不得以“内部订立的权利义务关系”为由而拒绝履行。

9.3.2　投标文件

1. 投标文件的编制

《招标投标法》第二十七条　投标人应当按照招标文件的要求编制投标文件。投标文件应当对招标文件提出的实质性要求和条件作出响应。

招标项目属于建设施工的，投标文件的内容应当包括拟派出的项目负责人与主要技术人员的简历、业绩和拟用于完成招标项目的机械设备等。

编制投标文件应当符合下述两项基本要求：

（1）对招标文件的要求和条件做出实质性响应。即对招标文件规定的实质要求和条件（包括招标项目的技术要求、投标报价要求和评标标准等）一一作出相对应的回答，不能存有遗漏或重大的偏离。否则将被视为废标，失去中标的可能。

（2）施工项目的投标文件应当包括如下内容：

1）拟派出的项目负责人和主要技术人员的简历；

2）业绩；

3）拟用于完成招标项目的机械设备。

投标文件的具体内容和格式要求等，一般根据招标文件的要求编制。招标文件未做明确要求的，根据投标项目所在行业、地区的相关文件、标准文本确定。

2. 投标文件的递交

《招标投标法》第二十八条　投标人应当在招标文件要求提交投标文件的截止时间前，将投标文件送达投标地点。招标人收到投标文件后，应当签收保存，不得开启。投标人少于三个的，招标人应当依照本法重新招标。

在招标文件要求提交投标文件的截止时间后送达的投标文件，招标人应当拒收。

（1）投标文件应当按照招标文件要求的时间和地点送达。

（2）投标文件的签收。投标人将投标文件按照招标文件规定的时间、地点送达以后，招标人应当签收。招标人签收后，应当妥善保存，直至开标前不得启封。

未通过资格预审的申请人提交的投标文件，以及逾期送达或者不按照招标文件要求密封的投标文件，招标人应当拒收。

招标人应当如实记载投标文件的送达时间和密封情况，并存档备查。

（3）重新招标：投标截止期满后，投标人少于3个的，招标人应当依照《招标投标法》重新招标。

3. 投标文件的补充、修改和撤回

《招标投标法》第二十九条　投标人在招标文件要求提交投标文件的截止时间前，可以补充、修改或者撤回已提交的投标文件，并书面通知招标人。补充、修改的内容为投标文件的组成部分。

在以招标投标方式订立合同过程中，投标人的投标属于要约行为，可以补充、修改或者撤回。投标人在投标截止日期前撤回投标文件，招标人已收取投标保证金的，应当自收到投标人书面撤回通知之日起5日内退还。

投标人补充、修改或者撤回投标文件必须符合法定要求：

（1）须在招标文件要求提交投标文件的截止时间前。这一规定同《合同法》规定的“撤回要约的通知应当在要约到达受要约人之前或者与要约同时到达受要约人”有所不同，这是因为投标文件在规定的开标时间（应与截标时间相一致）前，不得开启，招标人尚不知道投标文件的内容，不会受到投标文件内容的影响，此时允许投标人补充、修改或者撤回投标文件，对招标人和其他投标人并无不利影响，反而体现了对投标人意志的尊重。

（2）须书面通知招标人。

（3）补充、修改的内容为投标文件的组成部分。

（4）投标文件不可撤销。若投标截止后投标人撤销投标文件的，招标人可以不退还投标保证金。

4. 投标有效期

投标有效期是投标文件保持有效的期限。《招标投标法实施条例》规定，招标人应当在招标文件中载明投标有效期。投标有效期从提交投标文件的截止之日起算。

现行的相关工程招标标准文件中，规定的投标有效期一般为90天。需要说明的是，招标文件规定的投标有效期反映了招标人的要求，是投标有效期的低限，投标人承诺的投标有效期必须不短于招标文件规定的投标有效期，否则将构成对招标文件的非实质性响应。

5. 投标保证金

投标保证金是投标人按照招标文件规定的形式和金额向招标人递交的，约束投标人履行其投标义务的担保。投标保证金一般采用银行保函，其他常见的投标保证金形式还有现钞、银行汇票、银行电汇、支票、信用证、专业担保公司的保证担保等，其中现钞、银行汇票、银行电汇、支票等属于广义的现金。由于工程建设项目招标标的金额普遍较大，为减轻投标人负担，简化招标人财务管理手续，鼓励更多的投标人参与投标竞争，同时为防止投标保证金被挪用和滥用，投标保证金一般应优先选用银行保函或者专业担保公司的保证担保形式。

《招标投标法实施条例》规定，投标保证金不得超过招标项目估算价的2%。投标保证金有效期应当与投标有效期一致。依法必须进行招标的项目的境内投标单位，以现金或者支票形式提交的投标保证金应当从其基本账户转出。招标人不得挪用投标保证金。

9.3.3 违法投标的情形

《招标投标法》第三十二条　投标人不得相互串通投标报价，不得排挤其他投标人的公平竞争，损害招标人或者其他投标人的合法权益。

投标人不得与招标人串通投标，损害国家利益、社会公共利益或者他人的合法权益。

禁止投标人以向招标人或者评标委员会成员行贿的手段谋取中标。

第三十三条　投标人不得以低于成本的报价竞标，也不得以他人名义投标或者以其他方式弄虚作假，骗取中标。

1. 投标人相互串通投标

投标人相互串通投标是当前招标投标实践中的突出问题之一，严重损害了招标投标制度的严肃性和招标投标活动当事人的合法权益。《招标投标法实施条例》列举了投标人串通投标的几种表现形式，为认定查处串通投标行为提供依据。

（1）属于投标人相互串通投标的情形：

1）投标人之间协商投标报价等投标文件的实质性内容；

2）投标人之间约定中标人；

3）投标人之间约定部分投标人放弃投标或者中标；

4）属于同一集团、协会、商会等组织成员的投标人按照该组织要求协同投标；

5）投标人之间为谋取中标或者排斥特定投标人而采取的其他联合行动。

（2）视为投标人相互串通投标的情形：

即对于有以下客观外在表现形式的行为，评标委员会、行政监督部门、司法机关和仲裁机构可以直接认定投标人之间存在串通。

1）不同投标人的投标文件由同一单位或者个人编制；

2）不同投标人委托同一单位或者个人办理投标事宜；

3）不同投标人的投标文件载明的项目管理成员为同一人；

4）不同投标人的投标文件异常一致或者投标报价呈规律性差异；

5）不同投标人的投标文件相互混装；

6）不同投标人的投标保证金从同一单位或者个人的账户转出。

2. 投标人与招标人串通投标

有下列情形之一的，属于招标人与投标人串通投标：

（1）招标人在开标前开启投标文件并将有关信息泄露给其他投标人；

（2）招标人直接或者间接向投标人泄露标底、评标委员会成员等信息；

（3）招标人明示或者暗示投标人压低或者抬高投标报价；

（4）招标人授意投标人撤换、修改投标文件；

（5）招标人明示或者暗示投标人为特定投标人中标提供方便；

（6）招标人与投标人为谋求特定投标人中标而采取的其他串通行为。

3. 以低于成本的报价竞标

投标人不得以低于成本的报价竞争。这里讲的“低于成本”，是指低于投标人的为完成投标项目所需支出的个别成本。禁止投标人以低于其成本的报价进行投标竞争，其主要目的有两个：一是为了避免投标人在中标后，再以粗制滥造、偷工减料等违法手段不正当地降低成本，挽回其低价中标的损失。二是为了维护正常的投标竞争秩序，防止投标人进行不正当竞争，损害其他以合理报价进行竞争的投标人的利益。

至于对“低于成本的报价”的判定，在实践中是比较复杂的问题，需要根据每个投标人的不同情况加以确定。由于每个投标人的管理水平、技术能力与条件不同，即使完成同样的招标项目，其个别成本也不可能完全相同，管理水平高、技术先进的投标人，生产、经营成本低，有条件以较低的报价参加投标竞争，这是其竞争实力强的表现。实行招标投标的目的，正是为了通过投标人之间的竞争，特别在投标报价方面的竞争，择优选择中标者，因此，只要投标人的报价不低于自身的个别成本，即使是低于行业平均成本，也是完全可以的。

4. 弄虚作假投标

实践中常见的投标人弄虚作假行为有：

（1）以他人名义投标。使用通过受让或者租借等方式获取的资格、资质证书投标的，属于以他人名义投标的行为。

（2）以其他方式弄虚作假投标。投标人有下列情形之一的，属于以其他方式弄虚作假的行为：

1）使用伪造、变造的许可证件；

2）提供虚假的财务状况或者业绩；

3）提供虚假的项目负责人或者主要技术人员简历、劳动关系证明；

4）提供虚假的信用状况；

5）其他弄虚作假的行为。

9.4 定标

9.4.1 开标

1. 开标的时间、地点和方式

《招标投标法》第三十四条　开标应当在招标文件确定的提交投标文件截止时间的同一时间公开进行；开标地点应当为招标文件中预先确定的地点。

（1）开标时间：开标时间应与提交投标文件的截止时间相一致。

（2）开标地点：开标地点应当为招标文件中预先确定的地点。

（3）开标方式：开标应当公开进行。

2. 开标的组织

《招标投标法》第三十五条　开标由招标人主持，邀请所有投标人参加。

（1）开标的主持

开标由招标人负责主持。招标人自行办理招标事宜的，自行主持开标；招标人委托招标代理机构办理招标事宜的，可以由招标代理机构负责主持开标事宜。对依法必须进行招标的项目，有关行政机关可以派人参加开标，以监督开标过程严格按照法定程序进行。

（2）参加开标的人员

招标人应邀请所有投标人参加开标，以确保开标在所有投标人的参与、监督下，按照公开、透明的原则进行。参加开标是每一投标人的法定权利，招标人不得以任何理由排斥、限制任何投标人参加开标。

3. 开标的基本程序和要求

《招标投标法》第三十六条　开标时，由投标人或者其推选的代表检查投标文件的密封情况，也可以由招标人委托的公证机构检查并公证；经确认无误后，由工作人员当众拆封，宣读投标人名称、投标价格和投标文件的其他主要内容。

招标人在招标文件要求提交投标文件的截止时间前收到的所有投标文件，开标时都应当当众予以拆封、宣读。

开标过程应当记录，并存档备查。

（1）开标的基本程序

1）检查投标文件的密封情况。

投标人数较少时，可由投标人自行检查；投标人数较多时，也可以由投标人推举代表进行检查。招标人也可以根据情况委托公证机构进行检查并公证。招标人或者其推选的代表或者公证机构经检查发现密封被破坏的投标文件，应作为无效投标处理。

2）拆封投标文件。

投标人或者投标人推选的代表或者公证机构对投标文件的密封情况进行检查以后，确认密封情况良好，没有问题，则可以由现场的工作人员当众拆封。

3）唱标。

拆封以后，现场的工作人员应当高声唱读投标人的名称、每一个投标的投标价格以及投标文件中的其他主要内容。其他主要内容，主要是指投标报价有无折扣或者价格修改等。如果要求或者允许报替代方案的话，还应包括替代方案投标的总金额。若是建设工程项目，其他主要内容还应包括：工期、质量、投标保证金等。

（2）开标的要求

1）招标人在投标截止时间前收到的所有投标文件，开标时都应当当众予以拆封、宣读。投标截止时间以后递交的投标文件，应当拒收。

2）开标过程应当记录，并存档备查。投标人对开标有异议的，应当在开标现场提出，招标人应当当场作出答复，并制作记录。

9.4.2 评标

所谓评标，是指按照规定的评标标准和方法，对各投标人的投标文件进行评价比较和分析，从中选出最佳投标人的过程。评标由招标人依法组建的评标委员会负责。评标委员会应按照招标文件中规定的评标标准和方法进行评标，对招标人负责。

1. 评标委员会

《招标投标法》第三十七条　评标由招标人依法组建的评标委员会负责。

依法必须进行招标的项目，其评标委员会由招标人的代表和有关技术、经济等方面的专家组成，成员人数为五人以上单数，其中技术、经济等方面的专家不得少于成员总数的三分之二。

前款专家应当从事相关领域工作满八年并具有高级职称或者具有同等专业水平，由招标人从国务院有关部门或者省、自治区、直辖市人民政府有关部门提供的专家名册或者招标代理机构的专家库内的相关专业的专家名单中确定；一般招标项目可以采取随机抽取方式，特殊招标项目可以由招标人直接确定。

与投标人有利害关系的人不得进入相关项目的评标委员会；已经进入的应当更换。

评标委员会成员的名单在中标结果确定前应当保密。

（1）评标委员会的组成

对于依法必须进行招标的项目即法定强制招标的项目，评标委员会的组成必须符合以下规定：

1）评标委员会成员组成。

① 招标人的代表。招标人的代表参加评标委员会，可以在评标过程中充分表达招标人的意见，与评标委员会的其他成员进行沟通，并对评标的全过程实施必要的监督。

② 技术方面的专家。由招标项目相关专业的技术专家参加评标委员会，对投标文件所提方案的技术上的可行性、合理性、先进性和质量可靠性等技术指标进行评审比较，以确定在技术和质量方面确能满足招标文件要求的投标。

③ 经济方面的专家。由经济方面的专家对投标文件所报的投标价格、投标方案的运营成本、投标人的财务状况等投标文件的商务条款进行评审比较，以确定在经济上对招标人最有利的投标。

④ 其他方面的专家。根据招标项目的不同情况，招标人还可聘请除技术专家和经济专家以外的其他方面的专家参加评标委员会。比如，对一些大型的或国际性的招标采购项目，还可聘请法律方面的专家参加评标委员会，以对投标文件的合法性进行审查把关。

2）评标委员会成员数量和比例。

评标委员会成员人数须为 5 人以上单数。其中，有关技术、经济等方面的专家的人数不得少于成员总数的 2/3。

3）评标委员会成员的回避与保密。

① 与投标人有利害关系的人不得进入相关项目的评标委员会。

根据《评标委员会和评标方法暂行规定》，下列人员不得进入评标委员会：

a. 投标人或者投标人主要负责人的近亲属；

b. 项目主管部门或者行政监督部门的人员；

c. 与投标人有经济利益关系，可能影响对投标公正评审的；

d. 曾因在招标、评标以及其他与招标投标有关活动中从事违法行为而受过行政处罚或刑事处罚的。

② 评标委员会成员的名单在中标结果确定前应当保密，以防止有些投标人对评标委员会成员采取行贿等手段，以谋取中标。

需要说明的是，对法定强制招标项目以外的自愿招标项目的评标委员会的组成，由招标人自行决定。

【背景阅读】为了规范评标委员会的组成和评标活动，原国家计委、国家经贸委、建设部、铁道部、交通部、信息产业部、水利部联合制定了《评标委员会和评标方法暂行规定》（第 12 号令），于 2001 年 7 月 5 日发布施行。2013 年 3 月 11 日根据《关于废止和修改部分招标投标规章和规范性文件的决定》（2013 年第 23 号令）进行了修正。该办法共 7 章 62 条，对评标委员会、评标的准备与初步评审、详细评审、推荐中标候选人与定标以及评标过程中违规的法律责任进行了规定。

（2）评标委员会专家的来源与确定

1）评标委员会专家的条件:

① 从事相关领域工作满 8 年。

② 具有高级职称或者具有同等专业水平。

2）评标专家库。

① 国家实行统一的评标专家专业分类标准。

为规范和统一评标专家专业分类标准，建立健全规范化、科学化的评标专家专业分类体系，推动实现全国范围内评标专家资源共享，国家发展和改革委员会等 10 部委共同颁布了《评标专家专业分类标准（试行）》（发改法规〔2010〕1538 号）。《评标专家专业分类标准试行》依据专业人员和其技术资格分类，结合评标特点设置专业分类，按照工程、货物、服务三类，每个专业细分为三个级别。根据 10 部委联合下发通知要求，各类评标专家库都应按照这一标准对评标专家进行分类。

② 国家实行统一的评标专家管理办法。

为了加强对评标专家和评标专家库的监督管理，健全评标专家库制度，原国家发展计划委员会于 2003 年 4 月 1 日起施行了《评标专家和评标专家库管理暂行办法》（29 号令，2013 年修订）。对评标专家的资格认定、入库及评标专家库的组建、使用、管理活动等进行了规范。

③ 省级人民政府和国务院有关部门应当建立综合评标专家库。

目前，已逐步构建起以省级库为基础，与国家库互为补充的门类齐全、管理规范、使用便利的两级综合评标专家库，为各类招标项目提供高质量的评标专家资源。招标人根据招标项目的特点和评审深度，选择所需评标专家的专业和人数，从综合性专家库中抽取。

3）评标委员会专家的确定。

① 一般招标项目，由招标人从专家库中采取随机抽取的方式确定。

② 特殊招标项目，可以由招标人在相关专业的专家名单中直接确定。

这里的特殊招标项目，是指技术复杂、专业性强或者国家有特殊要求，采取随机抽取方式确定的专家难以保证胜任评标工作的项目。

2. 评标过程

（1）评标的要求

1）对招标人的要求。

《招标投标法》第三十八条　招标人应当采取必要的措施，保证评标在严格保密的情况下进行。

任何单位和个人不得非法干预、影响评标的过程和结果。

2）对评标委员会的要求。

《招标投标法》第四十四条　评标委员会成员应当客观、公正地履行职务，遵守职业道德，对所提出的评审意见承担个人责任。

评标委员会成员不得私下接触投标人，不得收受投标人的财物或者其他好处。

评标委员会成员和参与评标的有关工作人员不得透露对投标文件的评审和比较、中标候选人的推荐情况以及与评标有关的其他情况。

（2）投标文件的澄清与说明

《招标投标法》第三十九条　评标委员会可以要求投标人对投标文件中含义不明确的内容作必要的澄清或者说明，但是澄清或者说明不得超出投标文件的范围或者改变投标文件的实质性内容。

《招标投标法》允许投标人对投标文件中含义不明确的内容作必要的澄清或者说明，但是澄清或者说明不得超出投标文件的范围或者改变投标文件的实质性内容。《招标投标法实施条例》进一步规定，投标文件中有含义不明确的内容、明显文字或者计算错误，评标委员会认为需要投标人作出必要澄清、说明的，应当书面通知该投标人。投标人的澄清、说明应当采用书面形式，并不得超出投标文件的范围或者改变投标文件的实质性内容。评标委员会不得暗示或者诱导投标人作出澄清、说明，不得接受投标人主动提出的澄清、说明。

实务中，投标人对于投标文件的澄清或者说明只能限于投标文件已记载的内容，即投标文件中含义不明、明显文字或者计算错误等内容，不得超出投标文件的范围。如果某些投标人因其投标文件编写不完整，以凭借评标过程中澄清、说明的机会补充甚至修改投标文件的内容，则是法律所不允许的。另外，对于投标文件的澄清或者说明不得改变投标文件的实质性内容。这里讲的“实质性内容”，包括投标文件中记载的投标报价、主要技术参数、交货或竣工日期等主要内容。

（3）投标文件的评审和比较

《招标投标法》第四十条　评标委员会应当按照招标文件确定的评标标准和方法，对投标文件进行评审和比较；设有标底的，应当参考标底。评标委员会完成评标后，应当向招标人提出书面评标报告，并推荐合格的中标候选人。

招标人根据评标委员会提出的书面评标报告和推荐的中标候选人确定中标人。招标人也可以授权评标委员会直接确定中标人。

国务院对特定招标项目的评标有特别规定的，从其规定。

1）方法与程序。

评标委员会对各投标竞争者提交的投标文件进行评审、比较的唯一标准和评审方法，只能是在事先已提供给每一个投标人的招标文件中载明的评标标准和方法。

投标文件进行评审和比较，包括对投标文件的审查、评估和比较。对投标文件的审查，主要是审查投标文件与招标文件的所有实质性条款、条件和规定是否相符，有无显著差异或保留。如果投标文件实质上不响应招标文件的要求，评标委员会将予以拒绝对投标文件的评估，主要是对投标报价和投标技术方面进行评估。对投标文件的比较，主要是指评标委员会依据评标原则、评标办法，对投标人的报价、技术方案、业绩、信誉等进行综合评价与比较，以便能够公正、合理地选出中标者。

2）标底的作用。

《招标投标法》规定，招标人设有标底的，评标时应当参考标底。《招标投标法实施条例》进一步规定，招标项目设有标底的，招标人应当在开标时公布。标底只能作为评标的参考，不得以投标报价是否接近标底作为中标条件，也不得以投标报价超过标底上下浮动范围作为否决投标的条件。

（4）投标的否决

1）否决单个投标的情形。

《招标投标法实施条例》规定，有下列情形之一的，评标委员会应当否决其投标：

① 投标文件未经投标单位盖章和单位负责人签字；

② 投标联合体没有提交共同投标协议；

③ 投标人不符合国家或者招标文件规定的资格条件；

④ 同一投标人提交两个以上不同的投标文件或者投标报价，但招标文件要求提交备选投标的除外；

⑤ 投标报价低于成本或者高于招标文件设定的最高投标限价；

⑥ 投标文件没有对招标文件的实质性要求和条件作出响应；

⑦ 投标人有串通投标、弄虚作假、行贿等违法行为。

2）否决所有投标的情形。

《招标投标法》第四十二条　评标委员会经评审，认为所有投标都不符合招标文件要求的，可以否决所有投标。

依法必须进行招标的项目的所有投标被否决的，招标人应当依照本法重新招标。

所有投标文件都不符合招标文件的要求，通常有以下几种情况：最低评标价大大超过标底或合同估价，招标人无力接受投标；所有投标人在实质上均未响应投标文件的要求；投标人过少，没有达到预期的竞争性。

对于依法必须进行招标的项目，如果所有的投标都被否决，招标人不能再从落选的投标中进行挑选，也不能找另外的人进行一对一的谈判，自己确定中标人。而应当重新进行招标。如属原招标条件规定不当的，招标人应当在重新修改招标文件后再进行新的招标。如确因时间较紧来不及进行新的招标或确有其他特殊情况不宜再进行招标的，经批准，也可采用其他采购方式。

对于招标人自愿选择招标采购方式的项目，则可不受本条必须重新招标的限制，招标人可以重新招标，也可以采用其他采购方式。

3. 评标结果

（1）评标报告和中标候选人

评标完成后，评标委员会应当向招标人提交书面评标报告和中标候选人名单。中标候选人应当不超过3个，并标明排序。

评标报告作为招标人定标的重要依据，通常包括下列内容：基本情况和数据表；评标委员会成员名单；开标记录；符合要求的投标一览表；否决投标情况说明；评标标准、评标方法或者评标因素一览表；经评审的价格或者评分比较一览表；经评审的投标人排序；推荐的中标候选人名单与签订合同前要处理的事宜；澄清、说明纪要等。评标报告应当由评标委员会全体成员签字。对评标结果有不同意见的评标委员会成员应当以书面形式说明其不同意见和理由，评标报告应当注明该不同意见。评标委员会成员拒绝在评标报告上签字又不书面说明其不同意见和理由的，视为同意评标结果。

（2）评标结果的公示与异议

依法必须进行招标的项目，招标人应当自收到评标报告之日起 3 日内公示中标候选人，公示期不得少于 3 日。

投标人或者其他利害关系人对依法必须进行招标的项目的评标结果有异议的，应当在中标候选人公示期间提出。招标人应当自收到异议之日起 3 日内作出答复；作出答复前，应当暂停招标投标活动。

9.4.3 中标

1. 中标条件

《招标投标法》第四十一条　中标人的投标应当符合下列条件之一：

（一）能够最大限度地满足招标文件中规定的各项综合评价标准；

（二）能够满足招标文件的实质性要求，并且经评审的投标价格最低；但是投标价格低于成本的除外。

（1）能够最大限度地满足招标文件中规定的各项综合评价标准。

评标委员会在对投标文件进行评审时，应当按照招标文件中规定的评标标准进行综合性评价和比较。比如，按综合评价标准对建设工程项目的投标进行评审时，应当对投标人的报价、工期、质量、主要材料用量、施工方案或者组织设计、以往业绩、社会信誉等方面进行综合评定，以能够最大限度地满足招标文件规定的各项要求的投标作为中标。以综合评价标准最优作为中标条件的，在评价方法中通常采用打分的办法，在对各项评标因素进行打分后，以累计得分最高投标作为中标。

（2）能够满足招标文件的实质性要求，并且经评审的投标价格最低。

这里包括三个方面的含义：

1）能够满足招标文件的实质性要求。这是一项投标中标的前提条件。

2）经评审的投标价格最低。是指对投标文件中的各项评标因素尽可能折算为货币量，加上投标报价进行综合评审、比较之后，确定评审价格最低的投标（通常称为最低评标价），以该投标为中标。这里需要指出的是，中标的是经过评审的最低投标价，而不是指报价最低的投标。

3）为了保证招标项目的质量，防止某些投标人以不正常的低价中标后粗制滥造、偷工减料，对投标价格低于成本的投标将不予考虑。

2. 确定中标人

（1）确定中标人的原则和做法

1）确定中标人的原则。

根据《招标投标法》第 40 条的规定，招标人根据评标委员会提出的书面评标报告和推荐的中标候选人确定中标人。也就是说，由招标人以评标委员会提供的评标报告为依据，对评标委员会推荐的中标候选人进行比较，从中确定中标人。招标人也可以授权评标委员会直接确定中标人，即招标人将确定中标人的权利交给评标委员会，委托评标委员会根据评标结果直接确定一名符合要求的投标人中标。

2）确定中标人的做法。

由于《招标投标法》第 40 条并没有明确规定招标人如何确定中标人，实践中存在着一些不规范的做法。为了规范定标行为，《招标投标法实施条例》作了具体规定。即国有资金占控股或者主导地位的依法必须进行招标的项目，招标人应当确定排名第一的中标候选人为中标人。排名第一的中标候选人放弃中标、因不可抗力不能履行合同、不按照招标文件要求提交履约保证金，或者被查实存在影响中标结果的违法行为等情形，不符合中标条件的，招标人可以按照评标委员会提出的中标候选人名单排序依次确定其他中标候选人为中标人，也可以重新招标。

（2）中标人履约能力审查

在招投标过程中，投标人的经营状况、财务状况可能会发生较大变化，投标人也可能因违法而受到停产停业整顿、吊销营业执照等处罚，或者被采取查封冻结财产和账户等强制措施。尽管在评标过程中对投标人资格已进行了审查，但在评标结束到中标通知书发出前这一段时间里，发生以上情况会影响投标人的履约能力。为避免出现合同履行不能的结果，《招标投标法实施条例》规定，中标候选人的经营、财务状况发生较大变化或者存在违法行为，招标人认为可能影响其履约能力的，应当在发出中标通知书前由原评标委员会按照招标文件规定的标准和方法审查确认。

（3）禁止就实质性内容另行谈判

《招标投标法》第四十三条　在确定中标人前，招标人不得与投标人就投标价格、投标方案等实质性内容进行谈判。

（4）中标通知书

《招标投标法》第四十五条　中标人确定后，招标人应当向中标人发出中标通知书，并同时将中标结果通知所有未中标的投标人。

中标通知书对招标人和中标人具有法律效力。中标通知书发出后，中标人改变中标结果的，或者中标人放弃中标项目的，应当依法承担法律责任。

所谓中标通知书，是指招标人在确定中标人后向中标人发出的通知其中标的书面凭证。招标通知书的内容应当简明扼要，只要告知招标项目已经由其中标，并确定签订合同的时间、地点即可。对所有未中标的投标人也应当同时给予通知。投标人提交投标保证金的，招标人还应退还这些投标人的投标保证金。

《招标投标法》规定中标通知书以发出后具有法律效力而不是以中标人收到中标通知书后发生法律效力，是因为这样更适合招标投标的特殊情况。这里所讲的“法律效力”，是指中标通知书对招标人和中标人发生法律拘束力。具体体现在中标通知书发出后，招标人改变中标结果的，或者中标人放弃中标项目的，应当依法承担法律责任。

（5）法定招标项目的报告义务

《招标投标法》第四十七条　依法必须进行招标的项目，招标人应当自确定中标人之日起十五日内，向有关行政监督部门提交招标投标情况的书面报告。

法定招标的项目，招标投标活动及其当事人应当接受依法实施的监督。因此，招标人在确定中标人之日起 15 日内，需向有关行政监督管理部门提交书面报告。书面报告的内容包括招标过程、投标过程、评标过程和签订合同等招标投标的情况。

对于不属于依法必须进行招标的项目，招标人不必向有关行政监督部门提交招标投标情况的书面报告；当然，招标人也应当按照《招标投标法》的规定遵循公开、公平、公正和诚实信用的原则开展招标投标活动。

3. 订立合同

《招标投标法》第四十六条　招标人和中标人应当自中标通知书发出之日起三十日内，按照招标文件和中标人的投标文件订立书面合同。招标人和中标人不得再行订立背离合同实质性内容的其他协议。

招标文件要求中标人提交履约保证金的，中标人应当提交。

（1）订立合同的时间和形式

招标人和中标人应当自中标通知书发出之日起三十日内，订立书面合同。

（2）订立合同的内容

招标人和中标人订立的合同的主要条款，包括合同标的、价款、质量、履行期限等实质内容，应当与招标文件和中标人的投标文件一致。招标人和中标人按照招标文件和中标人的投标文件签订合同后，不得再行订立背离合同实质性内容的其他协议。

（3）投标保证金的退还

合同签订后，招标任务即告完成，投标担保失去意义，招标人应当退还投标保证金。《招标投标法实施条例》规定，招标人最迟应当在书面合同签订后 5 日内向中标人和未中标的投标人退还投标保证金及银行同期存款利息。当投标人使用银行担保函或其他第三方信用担保等不发生银行存款利息的保证金时，不存在利息退还问题。

招标文件可以规定以下情形不退还投标保证金：1）中标人拒绝按招标文件、投标文件及中标通知书要求与招标人签订合同。2）中标人或投标人要求修改、补充和撤销投标文件的实质性内容或要求更改招标文件和中标通知书的实质性内容。3）中标人拒绝按招标文件规定时间、金额、形式提交履约保证金。4）法律法规和招标文件规定的其他情形。发生以上情形给招标人造成的损失超过投标保证金额的，招标人可要求赔偿超过部分的损失。

（4）履约保证

履约保证金属于中标人向招标人提供的用以保障其履行合同义务的担保。

履约保证金的形式通常为中标人出具的银行汇票、支票、现钞等，以及由银行或第三方担保机构出具的履约担保函。履约保证金金额最高不得超过中标合同金额的 10%。除工程质量保证金外，招标人不得违规设置其他各种名目的保证金。

履约保证金的有效期自合同生效之日起至合同约定的中标人主要义务履行完毕止。中标人合同主要义务履行完毕，招标人应按合同约定及时退还履约保证金，履约担保函自行失效。履约保证金使用现金等形式的，可以根据需要约定利息计取办法，招标人不得将履约保证金挪作他用。

（5）转包与分包

《招标投标法》第四十八条　中标人应当按照合同约定履行义务，完成中标项目。中标人不得向他人转让中标项目也不得将中标项目肢解后分别向他人转让。

中标人按照合同约定或者经招标人同意，可以将中标项目的部分非主体、非关键性工作分包给他人完成。接受分包的人应当具备相应的资格条件，并不得再次分包。

中标人应当就分包项目向招标人负责，接受分包的人就分包项目承担连带责任。

1）禁止转包。

禁止中标人转包，主要是基于以下三点考虑。一是对于通过招标订立的合同，招标人在确定中标人时，除投标报价外，中标人的履约能力也是其评价的主要因素。根据《合同法》第 79 条第 1 项规定，这种基于自身能力而订立的合同是不得转让的。二是《建筑法》第 28 条规定："禁止承包单位将其承包的全部建筑工程转包给他人，禁止承包单位将其承包的全部工程肢解以后以分包的名义分别转包给他人。"《合同法》第 272 条规定："承包人不得将其承包的全部建设工程转包给第三人或者将其承包的全部建设工程肢解以后以分包的名义分别转包给第三人。" 两部法律都对转包作出了禁止性规定。三是如果允许中标人转包，招标投标制度就失去了意义，有可能严重影响工程质量，甚至造成重大质量事故。

2）允许依法分包。

原则上讲，合同约定的中标人义务，都应当由中标人自行完成。但是，对一些招标项目而言，如结构复杂的工程，实行总承包与分包相结合的方式，允许承包人在一定的条件下，将总承包工程项目中的部分劳务工程或者自己不擅长的专业工程分包给其他承包人，不仅有利于发挥各自优势，对于提高工作效率，降低工程造价，保证工程质量以及缩短工期等也是必要的。但是为了确保质量，《招标投标法》对分包行为作了四点限制性规定：一是分包的内容只能是非主体、非关键性的工作，主体和关键性工作不得分包。二是接受分包的单位应当具有相应资格条件和履约能力。三是分包应按照合同约定或者取得招标人同意后进行。四是接受分包的人不得再次分包，即分包只能进行一次。

在总包与分包相结合的承包模式中，存在两个不同的合同关系：一个是招标人和中标人签订的总承包合同，一个是中标人和分包人之间签订的分包合同。对总承包人（中标人）而言，尽管分包工作是根据合同约定或者经招标人同意进行分包的，但由于分包工作已经纳入了总承包范围，总承包人应根据总承包合同就分包工作向招标人负责。对分包人而言，他只与总承包人签订分包合同，与招标人之间并不存在合同关系。根据合同的相对性，分包人只对总承包人负责，并不直接向招标人承担责任。但是，为了维护招标人的权益，《招标投标法》规定，中标人与分包人应当就分包工作向招标人承担连带责任。换句话说，分包人不履行分包合同时，招标人既可以要求总承包人承担责任，也可以直接要求分包人承担责任。

复习思考题

1. 我国《招标投标法》适用于哪些项目？
2. 请上网查阅房建、铁路、公路行业现行的招标投标领域部委规章和规范性文件。
3. 请思考，委托招标代理机构招标有何弊端？
4. 请查阅相关资料，并分析投标保证金的性质是什么，是否应该取消？
5. 设计一个招标程序中有很多错误的案例。
6. 中标后、签订合同前，是否还可就合同内容进行谈判？

第 10 章　工程施工招标投标

导 读

招标投标制度在我国的发展，主要起步并成熟于工程建设领域，随后才在其他行业的采购过程中得到了充分的推广。而工程建设领域的招标投标主要是工程施工项目的招标与投标，因为其标的额大、影响广，成为各方关注的焦点。

本章在第 9 章招标投标理论的基础上，结合工程施工项目的特点，重点介绍工程施工项目招标投标实务。具体包括施工招标阶段的招标程序、招标文件、资格审查，施工投标阶段的投标程序、投标文件、投标报价策略，以及施工定标阶段的程序、评标方法、评标程序等内容。

10.1　工程施工招标

10.1.1　施工招标程序

根据《工程建设项目施工招标投标办法》(2013 年修订)，依法必须招标的工程建设项目，应当具备下列条件才能进行施工招标:

(1) 招标人已经依法成立;

(2) 初步设计及概算应当履行审批手续的，已经批准;

(3) 有相应资金或资金来源已经落实;

(4) 有招标所需的设计图纸及技术资料。

具备招标条件的施工项目，其招标过程可以划分为三个阶段。第一阶段是招标准备阶段，包括招标报批、招标组织、招标策划、发布招标公告或投标邀请、编制标底或投标限价、准备招标文件等程序；第二阶段是资格审查与投标阶段，包括发售资格预审文件、进行资格预审、发售招标文件、现场踏勘、标前会议、接受投标等程序；第三阶段是开标、评标与中标阶段，包括开标、评标、中标、签订合同等程序。招标人和投标人在各阶段的主要工作内容见表 10-1。

施工招标程序及主要工作内容　　表 10-1

招标阶段	招标程序	主要工作内容	
		招标人	投标人
招标准备	招标报批	招标范围、招标方式、招标组织形式 报相关部门审批、核准	组成投标小组 进行市场调查 准备投标资料 研究投标策略
	招标组织	自行建立招标组织 或委托招标代理机构	

续表

招标阶段	招标程序	主要工作内容	
		招标人	投标人
招标准备	招标策划	划分标段、确定合同类型	组成投标小组 进行市场调查 准备投标资料 研究投标策略
	招标公告 或投标邀请	发布招标公告（资格预审公告） 或发出投标邀请函	
	编制标底或 确定招标限价	编制标底或确定招标限价	
	准备招标文件	编制资格预审文件和招标文件	
资格审查与投标	发售资格 预审文件	发售资格预审文件	购买资格预审文件 编制资格预审申请文件
	进行资格预审	分析评价资格预审材料 确定资格预审合格者 通知资格预审结果	回函收到资格预审结果
	发售招标文件	发售招标文件	购买招标文件
	现场踏勘 标前会议	组织现场踏勘和标前会议 进行招标文件的澄清和修改	参加现场踏勘和标前会议， 对招标文件提出质疑
	接收投标文件	接收投标文件	编制投标文件 递交投标文件
开标评标与中标	开标	组织开标会议	参加开标会议
	评标	组建评标委员会 投标文件初评 要求投标人提交澄清资料（必要时） 确定中标候选人、编写评标报告	提交澄清资料 （必要时）
	中标	确定中标人，15日内招标报告备案，发出中标通知书（或中标结果通知书）	接收中标通知书 或中标结果通知书
	订立合同	进行合同谈判，办理、提交支付担保，退还投标保证金，签订施工合同	进行合同谈判，办理、提交履约保函，签订施工合同

10.1.2　施工招标文件

1. 标准施工招标文件

（1）标准施工招标文件的适用范围和组成。

为了规范施工招标资格预审文件、招标文件编制活动，提高资格预审文件、招标文件编制质量，促进招标投标活动的公开、公平和公正，原国家发展和改革委员会、财政部、建设部、铁道部、交通部、信息产业部、水利部、民用航空总局、广播电影电视总局等九部委于2007年联合编制了《标准施工招标资格预审文件》和《标准施工招标文件》（以下简称《标准文件》），自2008年5月1日起施行。

《标准文件》不同于以往各部门或行业协会编制的合同"示范文本"。"示范文本"是推荐性使用的，不具有强制性，而《标准文件》具有强制性使用的效力，适用于依法必须招标的工程建设项目。

2011年，九部委又联合编制了《简明标准施工招标文件》和《标准设计施工总承包招标文件》，自2012年5月1日起施行。依法必须进行招标的工程建设项目，工期不超过12个月、技术相对简单且设计和施工不是由同一承包人承担的小型项目，其施工招标文件应当根据《简明标准施工招标文件》编制；设计施工一体化的总承包项目，其招标文件应当根据《标准设计施工总承包招标文件》编制。

以上《标准文件》都包括以下八章的内容。

1）招标公告或投标邀请书；

2）投标人须知；

3）评标办法；

4）合同条款及格式；

5）工程量清单；

6）图纸；

7）技术标准及要求；

8）投标文件格式。

（2）行业标准施工招标文件

国务院有关行业主管部门可以根据《标准施工招标文件》并结合本行业施工招标特点和管理需要，编制行业标准施工招标文件。2010 年 6 月，住房和城乡建设部编制了《房屋建筑和市政工程标准施工招标资格预审文件》和《房屋建筑和市政工程标准施工招标文件》；2009 年 5 月，交通运输部制定了《公路工程标准施工招标资格预审文件》和《公路工程标准施工招标文件》，并于 2018 年进行了修订；2008 年，铁道部下发《关于印发铁路建设项目单价承包等标准施工招标文件补充文本的通知》（铁建设〔2008〕254 号），《补充文本》分为单价承包、总价承包和工程总承包三种，每种又包括资格预审文件补充文本、招标文件补充文本两个单行本，自 2009 年 1 月 10 日起施行。2014 年、2015 年又进行了 2 次修订。

（3）招标人对标准文件的使用

招标人应根据《标准文件》和行业标准施工招标文件（如有），结合招标项目具体特点和实际需要，按照公开、公平、公正和诚实信用原则编写施工招标资格预审文件或施工招标文件，并按规定执行政府采购政策。

行业标准施工招标文件和招标人编制的施工招标文件，应不加修改地引用《标准施工招标文件》中的“投标人须知”（投标人须知前附表和其他附表除外）、“评标办法”（评标办法前附表除外）和“通用合同条款”。

招标人编制招标文件中的“专用合同条款”可根据招标项目的具体特点和实际需要，对《标准施工招标文件》中的“通用合同条款”进行补充、细化和修改，但不得违反法律、行政法规的强制性规定和平等、自愿、公平和诚实信用原则。

2. 招标公告或投标邀请书

招标公告适用于公开招标，投标邀请书适用于邀请招标。这两个文件均是向潜在投标人简单介绍招标信息，其内容主要包括：

（1）招标条件：包括招标项目的名称，审批、核准或备案机关、批文名称及编号，业主、资金来源及出资比例、招标人等。

（2）项目概况与招标范围：说明本次招标项目的建设地点、规模、计划工期、招标范围、标段划分等。

（3）投标人资格要求：要求投标人须具备的资质、业绩和施工能力；是否接受联合体投标及相关要求；对投标人可投标标段的数量限制。

（4）招标文件的获取：获取招标文件的时间、地点、方式、费用等。

（5）投标文件的递交：递交投标文件的截止时间和地点。

（6）发布公告的媒介 / 确认：公开招标说明发布招标公告的媒介，邀请招标则是对投标人回函的时间要求。

（7）联系方式：包括招标人和招标代理机构的地址、联系人、联系方式、开户行及账号等。

图 10-1 为招标公告格式范例。

1. 招标条件

本招标项目________（项目名称）已由________（项目审批、核准或备案机关名称）以________（批文名称及编号）批准建设，项目业主为________，建设资金来自________（资金来源），项目出资比例为________，招标人为________。项目已具备招标条件，现对该项目的施工进行公开招标。

2. 项目概况与招标范围

________（说明本次招标项目的建设地点、规模、计划工期、招标范围、标段划分等）。

3. 投标人资格要求

3.1　本次招标要求投标人须具备____资质，____业绩，并在人员、设备、资金等方面具有相应的施工能力。

3.2　本次招标____（接受或不接受）联合体投标。联合体投标的，应满足下列要求：________。

3.3　各投标人均可就上述标段中的________（具体数量）个标段投标。

4. 招标文件的获取

4.1　凡有意参加投标者，请于____年____月____日至____年____月____日（法定公休日、法定节假日除外），每日上午时至____时，下午____时至____时（北京时间，下同），在________（详细地址）持单位介绍信购买招标文件。

4.2　招标文件每套售价____元，售后不退。图纸押金____元，在退还图纸时退还（不计利息）。

4.3　邮购招标文件的，需另加手续费（含邮费）____元。招标人在收到单位介绍信和邮购款（含手续费）后____日内寄送。

5. 投标文件的递交

5.1　投标文件递交的截止时间（投标截止时间，下同）为____年____月____日____时____分，地点为________。

5.2　逾期送达的或者未送达指定地点的投标文件，招标人不予受理。

6. 发布公告的媒介

本次招标公告同时在________（发布公告的媒介名称）上发布。

7. 联系方式

招　标　人：________________	招标代理机构：________________
地　　址：________________	地　　址：________________
邮　　编：________________	邮　　编：________________
联　系　人：________________	联　系　人：________________
电　　话：________________	电　　话：________________
传　　真：________________	传　　真：________________
电子邮件：________________	电子邮件：________________
网　　址：________________	网　　址：________________
开户银行：________________	开户银行：________________
账　　号：________________	账　　号：________________

____年____月____日

图 10-1　招标公告格式范例

3. 投标人须知

投标人须知是招标人向投标人说明的投标注意事项和有关要求，包括前附表、正文、附表三个部分。

（1）投标人须知前附表

“投标人须知前附表”用于进一步明确“投标人须知”正文中的未尽事宜，招标人应结合招标项目具体特点和实际需要编制和填写，但不得与“投标人须知”正文内容相抵触，否则抵触内容无效。前附表的章节号与正文相对应，样例如表 10-2 所示。

投标人须知前附表样例　　表 10-2

条款号	条款名称	编列内容
1.1.2	招标人	名称：　地址：　联系人：　电话：
1.1.3	招标代理机构	名称：　地址：　联系人：　电话：
1.1.4	项目名称	
1.1.5	建设地点	
1.2.1	资金来源	
1.2.2	出资比例	
1.2.3	资金落实情况	
1.3.1	招标范围	
1.3.2	计划工期	计划工期：________日历天 计划开工日期：____年____月____日 计划竣工日期：____年____月____日
1.3.3	质量要求	
1.4.1	投标人资质条件、能力和信誉	
1.4.2	是否接受联合体投标	□不接受　□接受，应满足下列要求：
1.9.1	踏勘现场	□不组织　□组织，踏勘时间、地点：
1.10.1	投标预备会	□不召开　□召开，召开时间、地点：
1.10.2	投标人提出问题的截止时间	
1.10.3	招标人书面澄清的时间	
1.11	分包	□不允许　□允许，分包有关要求：
1.12	偏离	□不允许　□允许
2.1	构成招标文件的其他材料	
2.2.1	投标人要求澄清招标文件的截止时间	
2.2.2	投标截止时间	____年____月____日____时____分
2.2.3	投标人确认收到招标文件澄清的时间	
2.3.2	投标人确认收到招标文件修改的时间	
3.1.1	构成投标文件的其他材料	

续表

条款号	条款名称	编列内容
3.3.1	投标有效期	
3.4.1	投标保证金	投标保证金的形式：　　投标保证金的金额：
3.5.2	近年财务状况的年份要求	________年
3.5.3	近年完成的类似项目的年份要求	________年
3.5.5	近年发生的诉讼及仲裁情况的年份要求	________年
3.6	是否允许递交备选投标方案	□不允许　　□允许
3.7.3	签字或盖章要求	
3.7.4	投标文件副本份数	________份
3.7.5	装订要求	
4.1.2	封套上写明	招标人的地址： 招标人名称： ____（项目名称）____标段投标文件 在____年____月____日____时____分前不得开启
4.2.2	递交投标文件地点	
4.2.3	是否退还投标文件	□否　　□是
5.1	开标时间和地点	开标时间：同投标截止时间　　开标地点：
5.2	开标程序	（4）密封情况检查：　　（5）开标顺序：
6.1.1	评标委员会的组建	评标委员会构成：____人，其中招标人代表人，专家____人；评标专家确定方式：
7.1	是否授权评标委员会确定中标人	□是　　□否，推荐的中标候选人数：
7.3.1	履约担保	履约担保的形式：　　履约担保的金额：
……		
10	需要补充的其他内容	
……	……	

（2）投标人须知正文

1）总则。包括项目概况、资金来源和落实情况、招标范围、计划工期和质量要求、投标人资格要求、投标活动的费用承担、保密要求、语言文字、计量单位、踏勘现场、投标预备会、分包、投标文件的偏离等。

2）招标文件。包括招标文件的组成、招标文件的澄清、招标文件的修改等说明。

3）投标文件。包括投标文件的组成、投标报价、投标有效期、投标保证金、资格审查资料、备选投标方案、投标文件的编制等说明。

4）投标。包括投标文件的密封和标记、投标文件的递交、投标文件的修改与撤回等投标要求。

5）开标。包括开标时间、地点和程序的说明。

6）评标。对评标委员会、评标原则、评标办法等的说明。

7）合同授予。包括定标方式、中标通知、履约担保、签订合同的说明。

8）重新招标和不再招标。说明重新招标和不再招标情形。

9）纪律和监督。包括对招标人、投标人、评标委员会成员、与评标活动有关的工作人员的纪律要求和投诉的说明。

10）需要补充的其他内容。

（3）投标人须知附表

附表是投标人须知中有关记录表、往来联络等的格式。包括：

附表一：开标记录表；

附表二：问题澄清通知；

附表三：问题的澄清；

附表四：中标通知书；

附表五：中标结果通知书；

附表六：确认通知。

10.1.3 投标人资格审查

1. 资格审查的方式和内容

（1）资格审查的方式

资格审查分为资格预审和资格后审。

资格预审，是指在投标前对潜在投标人进行的资格审查。

资格后审，是指在开标后对投标人进行的资格审查。进行资格预审的，一般不再进行资格后审，但招标文件另有规定的除外。

（2）资格审查的主要内容

根据《工程建设项目施工招标投标办法》，资格审查应主要审查潜在投标人或者投标人是否符合下列条件：

1）具有独立订立合同的权利；

2）具有履行合同的能力，包括专业、技术资格和能力，资金、设备和其他物质设施状况，管理能力，经验、信誉和相应的从业人员；

3）没有处于被责令停业，投标资格被取消，财产被接管、冻结，破产状态；

4）在最近三年内没有骗取中标和严重违约及重大工程质量问题；

5）国家规定的其他资格条件。

资格审查时，招标人不得以不合理的条件限制、排斥潜在投标人或者投标人，不得对潜在投标人或者投标人实行歧视待遇。任何单位和个人不得以行政手段或者其他不合理方式限制投标人的数量。

2. 资格预审文件

（1）标准资格预审文件的组成

九部委联合编制的《标准施工招标资格预审文件》（2007版，以下简称《标准资格预审文件》），也具有强制性使用的效力，适用于依法必须招标的工程施工项目的资格预审。

《标准资格预审文件》包括5个部分：

1）资格预审公告；

2）申请人须知；

3）资格预审办法；

4）资格预审申请文件格式；

5）项目建设概况。

招标人编制的施工招标资格预审文件，应不加修改地引用《标准施工招标资格预审文件》中的“申请人须知”（申请人须知前附表除外）、“资格审查办法”（资格审查办法前附表除外），《标准文件》中的其他内容，供招标人参考。

（2）资格预审公告

采取资格预审的，招标人应当发布资格预审公告。对于法定招标的施工项目，招标人按照《标准资格预审文件》第一章“资格预审公告”的格式发布资格预审公告后，将实际发布的资格预审公告编入出售的资格预审文件中，作为资格预审邀请。资格预审公告应同时注明发布所在的所有媒介名称。

《标准资格预审文件》中，“资格预审公告”的内容主要有：

1）招标条件：

包括招标项目的名称，审批、核准或备案机关、批文名称及编号，业主、资金来源及出资比例、招标人等招标条件。

2）项目概况与招标范围：

说明本次招标项目的建设地点、规模、计划工期、招标范围、标段划分等。

3）申请人资格要求：

要求申请人须具备的资质、业绩和施工能力；是否接受联合体申请投标及相关要求；对投标人可申请投标标段的数量限制。

4）资格预审方法：

说明本次资格预审拟采用的方法，即合格制或有限数量制。

5）资格预审文件的获取：

获取资格预审文件的时间、地点、方式、费用等。

6）资格预审申请文件的递交：

递交资格预审申请文件的截止时间和地点。

7）发布公告的媒介：

说明发布资格预审公告的媒介。

8）联系方式：

包括招标人和招标代理机构的地址、联系人、联系方式、开户行及账号等。

图10-2为资格预审公告格式范例。

（3）资格预审申请人须知

申请人须知是招标人向申请人说明的资格预审注意事项和有关要求，包括前附表和正文两个部分。前附表是对正文的进一步明确，与投标人须知的前附表性质类似，招标人应结合招标项目具体特点和实际需要编制和填写，但不得与“资格预审须知”正文内容相抵触，否则抵触内容无效。正文包括：

1）总则：

包括项目概况、资金来源和落实情况、招标范围、计划工期和质量要求、申请人资格要求、费用承担、语言文字等。

2）资格预审文件：

包括资格预审文件的组成、澄清、修改等。

3）资格预审申请文件的编制：

包括资格预审申请文件的组成、编制要求、装订、签字等要求。

4）资格预审申请文件的递交：

包括资格预审申请文件的密封和标识、递交的时间、地点等。

5）资格预审申请文件的审查：

包括资格审查委员会的组建原则、人数以及资格审查办法和标准。

________（项目名称）________标段施工招标

资格预审公告（代招标公告）

1. 招标条件

本招标项目________（项目名称）已由________（项目审批、核准或备案机关名称）以________（批文名称及编号）批准建设，项目业主为________，建设资金来自________（资金来源），项目出资比例为________，招标人为________。项目已具备招标条件，现进行公开招标，特邀请有兴趣的潜在投标人（以下简称申请人）提出资格预审申请。

2. 项目概况与招标范围

________（说明本次招标项目的建设地点、规模、计划工期、招标范围、标段划分等）。

3. 申请人资格要求

3.1 本次资格预审要求申请人具备________资质，________业绩，并在人员、设备、资金等方面具备相应的施工能力。

3.2 本次资格预审________（接受或不接受）联合体资格预审申请。联合体申请资格预审的，应满足下列要求：________。

3.3 各申请人可就上述标段中的________（具体数量）个标段提出资格预审申请。

4. 资格预审方法

本次资格预审采用________（合格制 / 有限数量制）。

5. 资格预审文件的获取

5.1 请申请人于____年____月____日至____年____月____日（法定公休日、法定节假日除外），每日上午____时至____时，下午____时至____时（北京时间，下同），在________（详细地址）持单位介绍信购买资格预审文件。

5.2 资格预审文件每套售价________元，售后不退。

5.3 邮购资格预审文件的，需另加手续费（含邮费）________元。招标人在收到单位介绍信和邮购款（含手续费）后____日内寄送。

6. 资格预审申请文件的递交

6.1 递交资格预审申请文件截止时间（申请截止时间，下同）为____年____月____日____时____分，地点为____。

6.2 逾期送达或者未送达指定地点的资格预审申请文件，招标人不予受理。

7. 发布公告的媒介

本次资格预审公告同时在________（发布公告的媒介名称）上发布。

8. 联系方式

招 标 人：____________________	招标代理机构：____________________
……	……

____年____月____日

图 10-2 资格预审公告格式范例

6）通知和确认：

包括资格预审结果的通知、投标邀请书的发放、对资格预审结果的解释、通过资格预审的申请人的确认等。

7）申请人的资格改变：

说明通过资格预审的申请人组织机构、财务能力、信誉情况等资格条件发生变化，不再实质上满足规定标准的，其投标不被接受。

8）纪律与监督：

包括严禁贿赂、不得干扰资格审查工作、保密、投诉的要求和说明。

9）需要补充的其他内容。

（4）资格预审文件的澄清和修改

1）资格预审文件的澄清。

申请人应仔细阅读和检查资格预审文件的全部内容。如有疑问，应在申请人须知前附表规定的时间前以书面形式（包括信函、电报、传真等可以有形表现所载内容的形式），要求招标人对资格预审文件进行澄清。

招标人应在申请人须知前附表规定的时间前，以书面形式将澄清内容发给所有购买资格预审文件的申请人，但不指明澄清问题的来源。

申请人收到澄清后，应在申请人须知前附表规定的时间内以书面形式通知招标人，确认已收到该澄清。

2）资格预审文件的修改。

在申请人须知前附表规定的时间前，招标人可以书面形式通知申请人修改资格预审文件。在申请人须知前附表规定的时间后修改资格预审文件的，招标人应相应顺延申请截止时间。

申请人收到修改的内容后，应在申请人须知前附表规定的时间内以书面形式通知招标人，确认已收到该修改。

3）以上对资格预审文件的澄清和修改视为资格预审文件的组成部分。当资格预审文件、资格预审文件的澄清或修改等在同一内容的表述上不一致时，以最后发出的书面文件为准。

3. 资格预审申请文件

（1）资格预审申请文件的组成和编制

法定招标的施工项目，其资格预审申请文件应按《标准资格预审文件》中的格式和相关要求进行编制，包括以下几个部分：

1）资格预审申请函

格式如图 10-3 所示。

2）法定代表人身份证明或附有法定代表人身份证明的授权委托书。

法定代表人身份证明格式如图 10-4 所示；授权委托书格式如图 10-5 所示，法定代表人授权委托书必须由法定代表人签署，并且附法定代表人身份证明。

3）联合体协议书：

申请人须知前附表规定接受联合体资格预审申请的，须附联合体各方签章的、约定各方权利义务的协议（格式见图 10-6），同时图中“4 ～ 9”项表格和资料应包括联合体各方相关情况。申请人须知前附表规定不接受联合体资格预审申请的或申请人没有组成联合体的，资格预审申请文件不包括这一项。

一、资格预审申请函

________（招标人名称）：

1. 按照资格预审文件的要求，我方（申请人）递交的资格预审申请文件及有关资料，用于你方（招标人）审查我方参加________（项目名称）________标段施工招标的投标资格。

2. 我方的资格预审申请文件包含第二章“申请人须知”第 3.1.1 项规定的全部内容。

3. 我方接受你方的授权代表进行调查，以审核我方提交的文件和资料，并通过我方的客户，澄清资格预审申请文件中有关财务和技术方面的情况。

4. 你方授权代表可通过________（联系人及联系方式）得到进一步的资料。

5. 我方在此声明，所递交的资格预审申请文件及有关资料内容完整、真实和准确，且不存在第二章“申请人须知”第 1.4.3 项规定的任何一种情形。

申请人：________________________（盖单位章）
法定代表人或其委托代理人：__________（签字）
电话：____________________________________
传真：____________________________________
申请人地址：______________________________
邮政编码：________________________________
____年____月____日

图 10-3　资格预审申请函格式

二、法定代表人身份证明

申请人名称：____________________
单位性质：____________________
成立时间：____年____月____日
经营期限：____________
姓名：________性别：________年龄：________职务：________
系______________（申请人名称）的法定代表人。
特此证明。

申请人：________（盖单位章）
____年____月____日

图 10-4　法定代表人身份证明格式

二、授权委托书

本人________（姓名）系________（申请人名称）的法定代表人，现委托________（姓名）为我方代理人。代理人根据授权，以我方名义签署、澄清、递交、撤回、修改________（项目名称）________标段施工招标资格预审申请文件，其法律后果由我方承担。

委托期限：________。

代理人无转委托权。

附：法定代表人身份证明

申请人：________________________（盖单位章）

法定代表人：________________________（签字）

身份证号码：______________________________

委托代理人：________________________（签字）

身份证号码：______________________________

____年____月____日

图 10-5　授权委托书格式

三、联合体协议书

________（所有成员单位名称）自愿组成________（联合体名称）联合体，共同参加________（项目名称）________标段施工招标资格预审和投标。现就联合体投标事宜订立如下协议。

1. ________（某成员单位名称）为________（联合体名称）牵头人。

2. 联合体牵头人合法代表联合体各成员负责本标段施工招标项目资格预审申请文件、投标文件编制和合同谈判活动，代表联合体提交和接收相关的资料、信息及指示，处理与之有关的一切事务，并负责合同实施阶段的主办、组织和协调工作。

3. 联合体将严格按照资格预审文件和招标文件的各项要求，递交资格预审申请文件和投标文件，履行合同，并对外承担连带责任。

4. 联合体各成员单位内部的职责分工如下：________________。

5. 本协议书自签署之日起生效，合同履行完毕后自动失效。

6. 本协议书一式____份，联合体成员和招标人各执一份。

注：本协议书由委托代理人签字的，应附法定代表人签字的授权委托书。

牵头人名称：________________________________（盖单位章）

法定代表人或其委托代理人：______________________（签字）

成员一名称：________________________________（盖单位章）

法定代表人或其委托代理人：______________________（签字）

……

____年____月____日

图 10-6　联合体协议书格式

4）申请人基本情况表：

“申请人基本情况表”格式如表 10-3 所示。“申请人基本情况表”后应附申请人营业执照副本、资质证书副本和安全生产许可证等材料的复印件，同时还应附“项目经理简历表”。

申请人基本情况表 **表 10-3**

<table>
<tr><td>申请人名称</td><td colspan="9"></td></tr>
<tr><td>注册地址</td><td colspan="5"></td><td>邮政编码</td><td colspan="3"></td></tr>
<tr><td rowspan="2">联系方式</td><td>联系人</td><td colspan="4"></td><td>电话</td><td colspan="3"></td></tr>
<tr><td>传真</td><td colspan="4"></td><td>网址</td><td colspan="3"></td></tr>
<tr><td>组织结构</td><td colspan="9"></td></tr>
<tr><td>法定代表人</td><td>姓名</td><td></td><td>技术职称</td><td colspan="4"></td><td>电话</td><td></td></tr>
<tr><td>技术负责人</td><td>姓名</td><td></td><td>技术职称</td><td colspan="4"></td><td>电话</td><td></td></tr>
<tr><td>成立时间</td><td colspan="2"></td><td colspan="7">员工总人数：</td></tr>
<tr><td>企业资质等级</td><td colspan="2"></td><td rowspan="5">其中</td><td colspan="4">项目经理</td><td colspan="2"></td></tr>
<tr><td>营业执照号</td><td colspan="2"></td><td colspan="4">高级职称人员</td><td colspan="2"></td></tr>
<tr><td>注册资金</td><td colspan="2"></td><td colspan="4">中级职称人员</td><td colspan="2"></td></tr>
<tr><td>开户银行</td><td colspan="2"></td><td colspan="4">初级职称人员</td><td colspan="2"></td></tr>
<tr><td>账号</td><td colspan="2"></td><td colspan="4">技工</td><td colspan="2"></td></tr>
<tr><td>经营范围</td><td colspan="9"></td></tr>
<tr><td>备注</td><td colspan="9"></td></tr>
</table>

5）近年财务状况表：

“近年财务状况表”应附经会计师事务所或审计机构审计的财务会计报表，包括资产负债表、现金流量表、利润表和财务情况说明书的复印件，具体年份要求见申请人须知前附表。

6）近年完成的类似项目情况表：

“近年完成的类似项目情况表”包括已完成项目的名称、所在地、发包人名称、地址、电话、合同价格、开竣工日期、项目中承担的工作、工程质量、项目经理、技术负责人、总监理工程师及电话、项目描述等内容，每张表格只填写一个项目，并标明序号。该表后还应附已完成类似项目的中标通知书和（或）合同协议书、工程接收证书（工程竣工验收证书）的复印件，具体年份要求见申请人须知前附表。

7）正在施工和新承接的项目情况表：

“正在施工和新承接的项目情况表”的内容与“近年完成的类似项目情况表”相似，

也要求每张表格只填写一个项目，并标明序号。该表后应附正在施工和新承接的项目中标通知书和（或）合同协议书复印件。

8）近年发生的诉讼及仲裁情况：

“近年发生的诉讼及仲裁情况”应说明相关情况，并附法院或仲裁机构作出的判决、裁决等有关法律文书复印件，具体年份要求见申请人须知前附表。

9）其他材料：见申请人须知前附表。

（2）资格预审申请文件的装订和递交

1）资格预审申请文件的装订和签字。

申请人应按要求，编制完整的资格预审申请文件，用不褪色的材料书写或打印，并由申请人的法定代表人或其委托代理人签字或盖单位章。资格预审申请文件中的任何改动之处应加盖单位章或由申请人的法定代表人或其委托代理人签字确认。签字或盖章要严格按照“申请人须知前附表”规定的具体要求进行。

资格预审申请文件正本一份，副本份数根据“申请人须知前附表”确定。正本和副本的封面上应清楚地标记“正本”或“副本”字样。当正本和副本不一致时，以正本为准。

资格预审申请文件正本与副本应根据“申请人须知前附表”中的具体装订要求分别装订成册，并编制目录。

2）资格预审申请文件的密封和标识。

资格预审申请文件的正本与副本应分开包装，加贴封条，并在封套的封口处加盖申请人单位章。

在资格预审申请文件的封套上应清楚地标记“正本”或“副本”字样，封套还应写明的其他内容见申请人须知前附表。

未按要求密封和加写标记的资格预审申请文件，招标人不予受理。

3）资格预审申请文件的递交。

申请人按照“申请人须知前附表”中规定的截止时间和地点递交资格预审申请文件，逾期送达或者未送达指定地点的资格预审申请文件，招标人不予受理。

除“申请人须知前附表”另有规定的外，申请人所递交的资格预审申请文件不予退还。

4. 资格审查方法和标准

（1）资格审查方法

《标准资格预审文件》中规定了“合格制”和“有限数量制”两种资格审查方法，供招标人根据招标项目具体特点和实际需要选择适用。如无特殊情况，鼓励招标人采用合格制。资格后审的，采用合格制。

1）合格制：

即符合审查标准的申请人均通过资格预审，可以购买招标文件，参与投标竞争。合格制的优点是参加投标的人数较多，有利于招标人在较宽的范围内择优选择中标人，且竞争激烈，有利于获得较低的中标价格。缺点是，由于投标人数多，导致评标费用高、时间长、社会成本也高。

2）有限数量制：

即审查委员会依据审查标准和程序，对通过初步审查和详细审查的资格预审申请文件进行量化打分，按得分由高到低的顺序确定通过资格预审的申请人。通过资格预审的申请人不超过“资格审查办法前附表”规定的数量。

（2）资格审查标准

招标人应在“资格审查办法前附表”中，列明全部审查因素和审查标准，并在“资格审查办法”正文或前附表中标明申请人不满足其要求即不能通过资格预审的全部条款。对应于“有限数量制”的资格审查标准如表 10-4 所示。对应于“合格制”的资格审查标准无表 10-4 中“2.3 评分标准”，其余内容和“有限数量制”一致。

资格审查办法前附表（有限数量制）　　表 10-4

条款号		条款名称	编列内容
1		通过资格预审的人数	
2		审查因素	审查标准
2.1	初步审查标准	申请人名称	与营业执照、资质证书、安全生产许可证一致
		申请函签字盖章	有法定代表人或其委托代理人签字或加盖单位章
		申请文件格式	符合第四章“资格预审申请文件格式”的要求
		联合体申请人	提交联合体协议书，并明确联合体牵头人（如有）
		……	……
2.2	详细审查标准	营业执照	具备有效的营业执照
		安全生产许可证	具备有效的安全生产许可证
		资质等级	符合第二章“申请人须知”第 1.4.1 项规定
		财务状况	符合第二章“申请人须知”第 1.4.1 项规定
		类似项目业绩	符合第二章“申请人须知”第 1.4.1 项规定
		信誉	符合第二章“申请人须知”第 1.4.1 项规定
		项目经理资格	符合第二章“申请人须知”第 1.4.1 项规定
		其他要求	符合第二章“申请人须知”第 1.4.1 项规定
		联合体申请人	符合第二章“申请人须知”第 1.4.2 项规定
		……	……
2.3	评分标准	评分因素	评分标准
		财务状况	……
		类似项目业绩	……
		信誉	……
		认证体系	……
		……	……

5. 资格审查程序

（1）成立资格审查委员会

资格预审申请文件由招标人组建的审查委员会负责审查。审查委员会参照《招标投标法》有关“评标委员会”的规定组建。审查委员会人数为“申请人须知前附表”中规定的人数。资格后审的，资格审查由招标人组建的评标委员会负责。

审查委员会根据资格预审文件中规定的方法和审查标准，对所有已受理的资格预审申请文件进行审查。没有规定的方法和标准不得作为审查依据。

（2）初步审查

1）按初步审查标准审查。

审查委员会依据“资格审查办法前附表”中规定的初步审查标准，对资格预审申请文件进行初步审查。有一项因素不符合审查标准的，不能通过资格预审。主要包括：

① 申请人名称，要与营业执照、资质证书、安全生产许可证一致；

② 申请函签字盖章，要有法定代表人或其委托代理人签字或加盖单位章；

③ 申请文件格式，要符合第四章“资格预审申请文件格式”的要求；

④ 联合体申请人，要提交联合体协议书，并明确联合体牵头人（如有）；

⑤ 其他。

2）核验有关证明和证件。

审查委员会可以要求申请人以下提交有关证明和证件的原件，以便核验。包括：

①“申请人基本情况表”所附申请人营业执照副本及其年检合格的证明材料、资质证书副本和安全生产许可证等材料。

②“近年财务状况表”所附经会计师事务所或审计机构审计的财务会计报表，包括资产负债表、现金流量表、利润表和财务情况说明书。

③“近年完成的类似项目情况表”所附中标通知书和（或）合同协议书、工程接收证书（工程竣工验收证书）。

④“正在施工和新承接的项目情况表”所附中标通知书和（或）合同协议书。

⑤“近年发生的诉讼及仲裁情况”所附法院或仲裁机构作出的判决、裁决等有关法律文书。

（3）详细审查

1）按详细审查标准审查。

审查委员会依据“资格审查办法前附表”中规定的详细审查标准，对通过初步审查的资格预审申请文件进行详细审查。有一项因素不符合审查标准的，不能通过资格预审。主要包括：

① 营业执照，具备有效的营业执照；

② 安全生产许可证，具备有效的安全生产许可证；

③申请人资质条件、能力和信誉，即申请人资质等级、财务状况、类似项目业绩、信誉、项目经理资格和其他要求等，都要符合“申请人须知”中的规定；

④ 联合体申请人，应符合“申请人须知”中的要求（如有）。

2）申请人不得存在的情形。

通过详细审查的申请人，还不得存在下列任何一种情形：

① 不按审查委员会要求澄清或说明的；

② 有“申请人须知”中规定的以下任何一种情形的：

a. 为招标人不具有独立法人资格的附属机构（单位）；

b. 为本标段前期准备提供设计或咨询服务的，但设计施工总承包的除外；

c. 为本标段的监理人；

d. 为本标段的代建人；

e. 为本标段提供招标代理服务的；

f. 与本标段的监理人或代建人或招标代理机构同为一个法定代表人的；

g. 与本标段的监理人或代建人或招标代理机构相互控股或参股的；

h. 与本标段的监理人或代建人或招标代理机构相互任职或工作的；

i. 被责令停业的；

j. 被暂停或取消投标资格的；

k. 财产被接管或冻结的；

l. 在最近三年内有骗取中标或严重违约或重大工程质量问题的。

③ 在资格预审过程中弄虚作假、行贿或有其他违法违规行为的。

（4）资格预审申请文件的澄清

在审查过程中，审查委员会可以书面形式，要求申请人对所提交的资格预审申请文件中不明确的内容进行必要的澄清或说明。申请人的澄清或说明采用书面形式，并不得改变资格预审申请文件的实质性内容。申请人的澄清和说明内容属于资格预审申请文件的组成部分。招标人和审查委员会不接受申请人主动提出的澄清或说明。

（5）评分

资格审查方法采用“有限数量制”的，要对资格预审申请文件进行评分。

通过详细审查的申请人不少于3个且没有超过“资格审查办法前附表”规定数量的，均通过资格预审，不再进行评分。

通过详细审查的申请人数量超过“资格审查办法前附表”规定数量的，审查委员会依据“资格审查办法”及前附表规定的评分标准进行评分，按得分由高到低的顺序进行排序。评分因素主要考虑以下几项：

1）财务状况；

2）类似项目业绩；

3）信誉；

4）认证体系；

5）其他。

【行业规定】《公路工程标准施工招标资格预审文件》（2018年版）中规定，招标人应根据项目具体情况确定各评分因素及评分因素权重分值，并对各评分因素进行细分（如有）、确定各评分因素细分项的分值，各评分因素权重分值合计应为100分。各评分因素权重分值范围如下：

（1）拟投入本标段的项目经理（包括备选人）和项目总工（包括备选人）资历、信誉25～40分；

（2）类似工程施工经验 25 ～ 35 分；

（3）履约信誉 10 ～ 25 分；

（4）财务能力 10 ～ 20 分；

（5）技术能力 0 ～ 10 分。

各评分因素得分应以审查委员会各成员的打分平均值确定，审查委员会成员总数为 7 人以上时，该平均值以去掉一个最高分和一个最低分后计算。

（6）审查结果

1）提交审查报告。审查委员会对资格预审申请文件完成审查后，确定通过资格预审的申请人名单，并向招标人提交书面审查报告。

2）重新进行资格预审或招标。通过详细审查申请人的数量不足 3 个的，招标人重新组织资格预审或不再组织资格预审而直接招标。

（7）通知和确认

1）通知：招标人在申请人须知前附表规定的时间内以书面形式将资格预审结果通知申请人，并向通过资格预审的申请人发出投标邀请书。

2）解释：应申请人书面要求，招标人应对资格预审结果作出解释，但不保证申请人对解释内容满意。

3）确认：通过资格预审的申请人收到投标邀请书后，应在申请人须知前附表规定的时间内以书面形式明确表示是否参加投标。在申请人须知前附表规定时间内未表示是否参加投标或明确表示不参加投标的，不得再参加投标。因此造成潜在投标人数量不足 3 个的，招标人重新组织资格预审或不再组织资格预审而直接招标。

4）申请人的资格改变：通过资格预审的申请人组织机构、财务能力、信誉情况等资格条件发生变化，使其不再实质上满足“资格审查办法”规定标准的，其投标不被接受。

10.2　工程施工投标

10.2.1　施工投标程序

1. 研究招标文件

投标人取得投标资格，获得招标文件之后的首要工作就是认真仔细地研究招标文件，充分了解其内容和要求，以便有针对性地安排投标工作。

研究招标文件的重点应放在投标者须知、合同条款、设计图纸、工程范围及工程量表上，另外还要研究技术规范等，看是否有特殊的要求。

（1）投标人须知

投标人须知是招标人向投标人传递基础信息的文件，包括工程概况、招标内容、招标文件的组成、投标文件的组成、报价的原则、招标投标时间安排等关键的信息。

首先，投标人需要注意招标工程的详细内容和范围，避免遗漏或多报。

其次，还要特别注意投标文件的组成，避免因提供的资料不全而被否决投标。例如，曾经有一资信良好的著名企业，在投标时因为遗漏资产负债表而失去了本来非常有希望的中标机会。在工程实践中，这方面的案例不在少数。

还要注意招标答疑时间、投标截止时间等重要时间安排，避免因遗忘或迟到等原因而失去竞争机会。

（2）投标书附录与合同条件

这是招标文件的重要组成部分，其中可能标明了招标人的特殊要求，即投标人在中标后应享受的权利、所要承担的义务和责任等，投标人在报价时需要考虑这些因素。

（3）技术说明

要研究招标文件中的施工技术说明，熟悉所采用的技术规范，了解技术说明中有无特殊施工技术要求和特殊材料设备要求，以及有关选择代用材料、设备的规定，以便根据相应的定额和市场确定价格，计算有特殊要求项目的报价。

（4）永久性工程之外的报价补充文件

永久性工程是指合同的标的物—建设工程项目及其附属设施，但是为了保证工程建设的顺利进行，不同的业主还会对承包商提出额外的要求。这些可能包括：对旧有建筑物和设施的拆除，监理工程师的现场办公室及其各项开支、模型、广告、工程照片和会议费用等。如果有的话，则需要将其列入工程总价中去，并弄清所有纳入工程总报价的费用方式，以免产生遗漏从而导致损失。

2. 进行各项调查研究

在研究招标文件的同时，投标人需要开展详细的调查研究，即对招标工程的自然、经济和社会条件进行调查。

（1）市场宏观经济环境调查

应调查工程所在地的经济形势和经济状况，包括与工程实施有关的法律法规、劳动力与材料的供应状况，设备市场的租赁状况等。

（2）工程现场考察和工程所在地区的环境考察

要认真地考察施工现场，认真调查具体工程所在地的环境，一般包括自然条件、施工条件及环境，如地质、气候、交通、水电等的供应和其他资源情况等。

（3）业主和竞争对手的调查了解

业主、咨询工程师的情况，尤其是业主的项目资金落实情况、参加竞争的其他公司与工程所在地的工程公司的情况，与其他承包商或分包商的关系。参加现场勘察与标前会议可以获得更充分的信息。

3. 复核工程量

有的招标文件中提供了工程量清单，尽管如此，投标者还是需要进行复核，因为这直接影响到投标报价以及中标的机会。

对于单价合同，尽管是以实测工程量结算工程款，但投标人仍应根据图纸仔细核算工程量，当发现相差较大时，投标人应向招标人要求澄清。

对于固定总价合同，更要特别引起重视，工程量估算的错误可能带来无法弥补的经济损失，因为总价合同是以总报价为基础进行结算的，如果工程量出现差异，可能对施工方极为不利。对于总价合同，如果业主在投标前对争议工程量不予更正，而且是对投标者不利的情况，投标者在投标时要附上声明：工程量表中某项工程量有错误，施工结算应按实际完成量计算。

承包商在核算工程量时，还要结合招标文件中的技术规范弄清工程量中每一细目的具体内容，避免出现在计算单位、工程量或价格方面的错误与遗漏。

4. 选择施工方案

施工方案是报价的基础和前提，也是招标人评标时要考虑的重要因素之一。有什么样的方案，就有什么样的人工、机械与材料消耗，就会有相应的报价。因此，必须弄清分项工程的内容、工程量、所包含的相关工作、工程进度计划的各项要求、机械设备状态、劳动与组织状况等关键环节，据此制定施工方案。

施工方案应由投标人的技术负责人主持制定，主要应考虑施工方法、主要施工机具的配置、各工种劳动力的安排及现场施工人员的平衡、施工进度及分批竣工的安排、安全措施等。施工方案的制定应在技术、工期和质量保证等方面对招标人有吸引力，同时又有利于降低施工成本。

（1）要根据分类汇总的工程数量和工程进度计划中该类工程的施工周期、合同技术规范要求以及施工条件和其他情况选择和确定每项工程的施工方法，应根据实际情况和自身的施工能力来确定各类工程的施工方法。对各种不同施工方法应当从保证完成计划目标、保证工程质量、节约设备费用、降低劳务成本等多方面综合比较，选定最适用的、经济的施工方案。

（2）要根据施工方法选择相应的机具设备并计算所需数量和使用周期，研究确定采购新设备、租赁当地设备或调动企业现有设备。

（3）要研究确定工程用工计划。估算劳务数量，考虑用工来源及进场时间安排，注意当地是否有限制外籍劳务的规定。另外，从所需劳务的数量，估算所需管理人员和生活性临时设施的数量和标准等。

（4）要估算主要的和大宗的建筑材料的需用量，考虑其来源和分批进场的时间安排，从而估算现场用于存储、加工的临时设施（例如仓库、露天堆放场、加工场地或工棚等）。

（5）根据现场设备、高峰人数和一切生产和生活方面的需要，估算现场用水、用电量，确定临时供电和供排水设施，考虑外部和内部材料供应的运输方式，估计运输和交通车辆的需求和来源；考虑其他临时工程的需要和建设方案；提出某些特殊条件下保证正常施工的措施，例如排除或降低地下水以保证地面以下工程施工的措施；冬期、雨期施工措施以及其他必需的临时设施安排，例如现场安全保卫设施，现场临时通信联络设施等。

5. 报价

报价计算是投标人对招标工程施工所要发生的各种费用的计算。在进行报价计算时，必须首先根据招标文件复核或计算工程量，同时应预先确定施工方案和施工进度。此外，报价还必须与采用的合同计价形式相协调。

6. 正式投标

投标人按照招标人的要求完成标书的准备与填报之后，就可以向招标人正式提交投标文件。在投标时需要注意以下几方面：

（1）注意投标的截止日期。

招标人所规定的投标截止日期就是提交标书最后的期限。投标人在投标截止日之前所提交的投标是有效的，超过该日期之后就会被视为无效投标，招标人可以拒收。

（2）投标文件的完备性。

投标人应当按照招标文件的要求编制投标文件。投标文件应当对招标文件提出的实质性要求和条件作出响应。投标不完备或投标没有达到招标人的要求，在招标范围以外提出新的要求，均被视为对于招标文件的否定，不会被招标人所接受。

（3）注意标书的标准。

标书的提交要有固定的要求，基本内容是：签章、密封。如果不密封或密封不满足要求，投标是无效的。投标书还需要按照要求签章，投标书需要盖有投标企业公章以及企业法人的名章（或签字）。如果项目所在地与企业距离较远，由当地项目经理部组织投标，需要提交企业法人对于投标项目经理的授权委托书。

（4）注意投标的担保。

投标过程中，招标人可以要求投标人提交投标担保（投标保证金），投标人需要根据招标人要求的方式、金额、时间等提交投标担保。投标担保除现金外，可以是银行出具的银行保函、保兑支票、银行汇票或现金支票。

投标保证金不得超过项目估算价的百分之二，但最高不得超过八十万元人民币。投标保证金有效期应当与投标有效期一致。投标人应当按照招标文件要求的方式和金额，将投标保证金随投标文件提交给招标人或其委托的招标代理机构。依法必须进行施工招标的项目的境内投标单位，以现金或者支票形式提交的投标保证金应当从其基本账户转出。

10.2.2 施工投标文件

1. 投标文件的组成和编制

投标文件应当对招标文件有关工期、投标有效期、质量要求、技术标准和要求、招标范围等实质性内容作出响应。其格式应按招标文件规定的“投标文件格式”进行编写，如有必要，可以增加附页，作为投标文件的组成部分。根据《标准文件》，投标文件应包括十项内容。

（1）投标函及投标函附录

投标函是投标人按照招标文件的条件和要求，向招标人提交的包括投标报价、工期、质量目标等要约内容的函件，是投标人为响应招标文件要求所做的概括性核心函件，一般位于投标文件的首要部分，其格式如图 10-7 所示。投标函附录在满足招标文件实质性要求的基础上，可以提出比招标文件要求更有利于招标人的承诺。

（2）法定代表人身份证明或附有法定代表人身份证明的授权委托书

格式和要求与资格预审阶段相似，此处不再赘述。

（3）联合体协议书

投标人组成联合体投标的，需要签署联合体协议书（格式与图 10-6 相似，此处略）。

（4）投标保证金

1）投标保证金的递交。

（一）投标函

__________（招标人名称）：

1. 我方已仔细研究了______（项目名称）____标段施工招标文件的全部内容，愿意以人民币（大写）______元（¥______）的投标总报价，工期______日历天，按合同约定实施和完成承包工程，修补工程中的任何缺陷，工程质量达到______。

2. 我方承诺在投标有效期内不修改、撤销投标文件。

3. 随同本投标函提交投标保证金一份，金额为人民币（大写）______元（¥______）。

4. 如我方中标：

（1）我方承诺在收到中标通知书后，在中标通知书规定的期限内与你方签订合同。

（2）随同本投标函递交的投标函附录属于合同文件的组成部分。

（3）我方承诺按照招标文件规定向你方递交履约担保。

（4）我方承诺在合同约定的期限内完成并移交全部合同工程。

5. 我方在此声明，所递交的投标文件及有关资料内容完整、真实和准确，且不存在第二章"投标人须知"第 1.4.3 项规定的任何一种情形。

6. __________________（其他补充说明）。

投 标 人：______________（盖单位章）

法定代表人或其委托代理人：__________（签字）

地址：______________

网址：______________

电话：______________

传真：______________

邮政编码：______________

____年____月____日

图 10-7　投标函格式

投标人在递交投标文件的同时，应按投标人须知前附表规定的金额、担保形式和规定的投标保证金格式（如图 10-8 所示）递交投标保证金，并作为其投标文件的组成部分。联合体投标的，其投标保证金由牵头人递交，并应符合投标人须知前附表的规定。投标人不按要求提交投标保证金的，其投标文件作废标处理。

2）投标保证金的退还。

招标人与中标人签订合同后 5 个工作日内，向未中标的投标人和中标人退还投标保证金。有下列情形之一的，投标保证金将不予退还：

① 投标人在规定的投标有效期内撤销或修改其投标文件；

② 中标人在收到中标通知书后，无正当理由拒签合同协议书或未按招标文件规定提交履约担保。

出现特殊情况需要延长投标有效期的，招标人以书面形式通知所有投标人延长投标有效期。投标人同意延长的，应相应延长其投标保证金的有效期，但不得要求或被允许修改或撤销其投标文件；投标人拒绝延长的，其投标失效，但投标人有权收回其投标保证金。

四、投标保证金

____________________（招标人名称）：

鉴于____（投标人名称）（以下称“投标人”）于____年____月____日参加________（项目名称）____标段施工的投标，____（担保人名称，以下简称“我方”）无条件地、不可撤销地保证：投标人在规定的投标文件有效期内撤销或修改其投标文件的，或者投标人在收到中标通知书后无正当理由拒签合同或拒交规定履约担保的，我方承担保证责任。收到你方书面通知后，在7日内无条件向你方支付人民币（大写）____元。

本保函在投标有效期内保持有效。要求我方承担保证责任的通知应在投标有效期内送达我方。

担保人名称：______________________________（盖单位章）
法定代表人或其委托代理人：______________________（签字）
地址：____
邮政编码：____________________________________
电话：____
传真：____

____年____月____日

图 10-8 投标保证金格式

（5）已标价工程量清单

投标人应按招标文件中“工程量清单”的要求填写相应表格。

（6）施工组织设计

投标人编制施工组织设计时应采用文字并结合图表形式说明施工方法、拟投入本标段的主要施工设备情况、拟配备本标段的试验和检测仪器设备情况、劳动力计划等；结合工程特点提出切实可行的工程质量、安全生产、文明施工、工程进度、技术组织措施，同时应对关键工序、复杂环节重点提出相应技术措施，如冬雨期施工技术、减少噪声、降低环境污染、地下管线及其他地上地下设施的保护加固措施等。

施工组织设计除采用文字表述外可按规定格式附下列图表：

附表一：拟投入本标段的主要施工设备表；

附表二：拟配备本标段的试验和检测仪器设备表；

附表三：劳动力计划表；

附表四：计划开、竣工日期和施工进度网络图；

附表五：施工总平面图；

附表六：临时用地表。

（7）项目管理机构

投标人需根据招标文件的要求组建项目管理机构，并按规定格式填写“项目管理机构组成表”（如表 10-5 所示）和“主要人员简历表”（如表 10-6 所示）。

“主要人员简历表”中的项目负责人应附注册建造师证、身份证、职称证、学历证、养老保险复印件，管理过的项目业绩须附合同协议书复印件；技术负责人应附注册建造师证、身份证、职称证、学历证、养老保险复印件，管理过的项目业绩须附证明其所任技术职务的企业文件或用户证明；其他主要人员应附职称证（执业证或上岗证书）、养老保险复印件。

项目管理机构组成表　　　　表 10-5

职务	姓名	职称	执业或职业资格证明					备注
			证书名称	级别	证号	专业	养老保险	

主要人员简历表　　　　表 10-6

姓　名		年　龄		学　历	
职　称		职　务		拟在本合同任职	
毕业学校	年毕业于　　　学校　　　专业				
主要工作经历					

时　间	参加过的类似项目	担任职务	发包人及联系电话

（8）拟分包项目情况表

投标人拟中标后将部分非主体、非关键性的工作分包的，需要填写“拟分包项目情况表”（格式如表 10-7 所示）。

拟分包项目情况表　　　　表 10-7

分包人名称		地　址	
法定代表人		电　话	
营业执照号码		资质等级	
拟分包的工程项目	主 要 内 容	预计造价（万元）	已经做过的类似工程

（9）资格审查资料

已进行资格预审的，投标人在编制投标文件时，应按新情况更新或补充其在申请资格预审时提供的资料，以证实其各项资格条件仍能继续满足资格预审文件的要求，具备承担本标段施工的资质条件、能力和信誉。

未进行资格预审的，投标人应按招标文件的要求填写投标人基本情况表、近年财务状况表、近年完成的类似项目情况表、正在施工和新承接的项目情况表、近年发生的诉讼及仲裁情况、投标人须知前附表规定的其他材料等，并提供相应的证明材料（格式和要求与资格预审的相同，此处略）。

2. 投标文件的装订和递交

（1）投标文件的装订

投标文件应用不褪色的材料书写或打印，并由投标人的法定代表人或其委托代理人签字或盖单位章。委托代理人签字的，投标文件应附法定代表人签署的授权委托书。投标文件应尽量避免涂改、行间插字或删除。如果出现上述情况，改动之处应加盖单位章或由投标人的法定代表人或其授权的代理人签字确认。签字或盖章的具体要求见投标人须知前附表。

投标文件正本一份，副本份数见投标人须知前附表。正本和副本的封面上应清楚地标记"正本"或"副本"的字样。当副本和正本不一致时，以正本为准。投标文件的正本与副本应分别装订成册，并编制目录，具体装订要求见投标人须知前附表规定。

（2）投标文件的密封和标记

投标文件的正本与副本应分开包装，加贴封条，并在封套的封口处加盖投标人单位章。封套上应清楚地标记"正本"或"副本"字样，封套上应写明的其他内容见投标人须知前附表。

未按要求密封和加写标记的投标文件，招标人不予受理。

（3）投标文件的递交

投标人应在招标文件规定的地点、在投标截止时间前递交投标文件。招标人收到投标文件后，向投标人出具签收凭证。除投标人须知前附表另有规定外，投标人所递交的投标文件不予退还。

逾期送达的或者未送达指定地点的投标文件，招标人不予受理。

除投标人须知前附表另有规定外，投标人不得递交备选投标方案。允许投标人递交备选投标方案的，只有中标人所递交的备选投标方案方可予以考虑。评标委员会认为中标人的备选投标方案优于其按照招标文件要求编制的投标方案的，招标人可以接受该备选投标方案。

（4）投标文件的修改与撤回

在招标文件规定的投标截止时间前，投标人可以修改或撤回已递交的投标文件，但应以书面形式通知招标人。在规定的投标有效期内，投标人不得要求撤销或修改其投标文件。

投标人修改或撤回已递交投标文件的书面通知应以与投标文件相同的要求签字或盖章。招标人收到书面通知后，向投标人出具签收凭证。

修改的内容为投标文件的组成部分。修改的投标文件亦应按与投标文件同样的要求进行编制、密封、标记和递交，并标明"修改"字样。

投标人在投标截止时间前修改投标函中的投标总报价，应同时修改"工程量清单"中的相应报价。

10.2.3 投标报价策略

投标报价策略是指投标单位在投标竞争中的系统工作部署及参与投标竞争的方式和手段。投标报价策略可分为基本策略和报价技巧两个层面。

1. 基本策略

投标报价的基本策略主要是指投标单位应根据招标项目的不同特点，并考虑自身的优势和劣势，选择不同的报价。

（1）可选择报高价的情形：

投标单位遇下列情形时，其报价可高一些：施工条件差的工程（如条件艰苦、场地狭小或地处交通要道等）；专业要求高的技术密集型工程且投标单位在这方面有专长，声望也较高；总价低的小工程，以及投标单位不愿做而被邀请投标，又不便不投标的工程；特殊工程，如港口码头、地下开挖工程等；投标对手少的工程；工期要求紧的工程；支付条件不理想的工程。

（2）可选择报低价的情形：

投标单位遇下列情形时，其报价可低一些：施工条件好的工程，工作简单、工程量大而其他投标人都可以做的工程（如大量土方工程、一般房屋建筑工程等）；投标单位方急于打入某一市场、某一地区，或虽已在某一地区经营多年，但即将面临没有工程的情况，机械设备无工地转移时；附近有工程而本项目可利用该工程的设备、劳务或有条件短期内突击完成的工程；投标对手多，竞争激烈的工程；非急需工程；支付条件好的工程。

2. 常用报价技巧

报价技巧是指投标中具体采用的对策和方法，常用的报价技巧有不平衡报价法、多方案报价法、无利润竞标法和突然降价法等。

（1）不平衡报价法

不平衡报价法是指在不影响工程总报价的前提下，通过调整内部各个项目的报价，以达到既不提高总报价、不影响中标，又能在结算时得到更理想的经济效益的报价方法。不平衡报价法适用于以下几种情况：

1）能够早日结算的项目（如前期措施费、基础工程、土石方工程等）可以适当提高报价，以利资金周转，提高资金时间价值。后期工程项目（如设备安装、装饰工程等）的报价可适当降低。

2）经过工程量核算，预计今后工程量会增加的项目，适当提高单价，这样在最终结算时可多盈利；而对于将来工程量有可能减少的项目，适当降低单价，这样在工程结算时程不会有太大损失。

3）设计图纸不明确、估计修改后工程量要增加的，可以提高单价；而工程内容说明不清楚的，则可降低一些单价，在工程实施阶段通过索赔再寻求提高单价的机会。

4）对暂定项目要做具体分析。因这一类项目要在开工后由建设单位研究决定是否实施，肯定要施工的单价可报高些，不一定要施工的则应报低些。如果工程分包，该暂定项目也可能由其他承包单位施工时，则不宜报高价，以免抬高总报价。

5）单价与包干混合制合同中，招标人要求有些项目采用包干报价时，宜报高价。一则这类项目多半有风险，二则这类项目在完成后可全部按报价结算。对于其余单价项目，则可适当降低报价。

6）有时招标文件要求投标人对工程量大的项目报“综合单价分析表”，投标时可将单价分析表中的人工费及机械设备费报高一些，而材料费报低一些。这主要是为了在今后补充项目报价时，可以参考选用“综合单价分析表”中较高的人工费和机械费，而材料则往往采用市场价，因而可获得较高的收益。

（2）多方案报价法

多方案报价法是指在投标文件中报两个价：一个是按招标文件的条件报一个价；另一个是加注解的报价，即，如果某条款做某些改动，报价可降低多少。这样，可降低总报价，吸引招标人。

多方案报价法适用于招标文件中的工程范围不很明确，条款不很清楚或很不公正，或技术规范要求过于苛刻的工程。采用多方案报价法，可降低投标风险，但投标工作量较大。如果招标人在招标文件中明确规定不能采用多方案报价的方式，则不能采用。

（3）无利润报价法

对于缺乏竞争优势的承包单位，在不得已时可采用根本不考虑利润的报价方法，以获得中标机会。无利润报价法通常在下列情形时采用。

1）有可能在中标后，将大部分工程分包给索价较低的一些分包商；

2）对于分期建设的工程项目，先以低价获得首期工程，而后赢得机会创造第二期工程中的竞争优势，并在以后的工程实施中获得盈利；

3）较长时期内，投标单位没有在建工程项目，如果再不中标，就难以维持生存。因此，虽然本工程无利可图，但只要能有一定的管理费维持公司的日常运转，就可设法渡过暂时困难，以图将来东山再起。

（4）突然降价法

突然降价法是指先按一般情况报价或表现出自己对该工程兴趣不大，等快到投标截止时，再突然降价。采用突然降价法，可以迷惑对手，提高中标概率。但对投标单位的分析判断和决策能力要求很高，要求投标单位能全面掌握和分析信息，做出正确判断。

3. 其他报价技巧

对于计日工、暂定金额、可供选择的项目等也有相应的报价技巧。

（1）计日工单价的报价。如果是单纯报计日工单价，且不计入总报价中，则可报高些，以便在建设单位额外用工或使用施工机械时多盈利。但如果计日工单价要计入总报价时，则需具体分析是否报高价，以免抬高总报价。总之，要分析建设单位在开工后可能使用的计日工数量，再来确定报价策略。

（2）暂定金额的报价。暂定金额的报价有以下三种情形：

1）招标单位规定了暂定金额的分项内容和暂定总价款，并规定所有投标单位都必须在总报价中加入这笔固定金额，但由于分项工程量不很准确，允许将来按投标单位所报单价和实际完成的工程量付款。这种情况下，由于暂定总价款是固定的，对各投标单位的总报价水平竞争力没有任何影响，因此，投标时应适当提高暂定金额的单价。

2）招标单位列出了暂定金额的项目和数量，但并没有限制这些工程量的估算总价，要求投标单位既列出单价，又应按暂定项目的数量计算总价，当将来结算付款时可按实际完成的工程量和所报单价支付。这种情况下，投标单位必须慎重考虑。如果单价定得高，与其他工程量计价一样，将会增大总报价，影响投标报价的竞争力；如果单价项目，价定得低，将来这类工程量增大，会影响收益。一般来说，这类工程量可以采用正常价格。如果投标单位估计今后实际工程量肯定会增大，则可适当提高单价，可以在将来增加额外收益。

3）只有暂定金额的一笔固定总金额，将来这笔金额做什么用，由招标单位确定。这种情况对投标竞争没有实际意义，按招标文件要求将规定的暂定金额列入总报价即可。

（3）可供选择项目的报价。有些工程项目的分项工程，招标单位可能要求按某一方案报价，而后再提供几种可供选择方案的比较报价。投标时，应对不同规格情况下的价格进行调查，对于将来有可能被选择使用的规格应适当提高其报价；对于技术难度大或其他原因导致的难以实现的规格，可将价格有意抬高得更多一些，以阻挠招标单位选用。但是，所谓“可供选择项目”，是招标单位进行选择，并非由投标单位任意选择。因此，虽然适当提高可供选择项目的报价，并不意味着肯定可以取得较好的利润，只是提供了一种可能性，一旦招标单位今后选用，投标单位才可得到额外利益。

（4）增加建议方案。招标文件中有时规定，可提一个建议方案，即可以修改原设计方案，提出投标单位的方案。这时，投标单位应抓住机会，组织一批有经验的设计和施工工程师，仔细研究招标文件中的设计和施工方案，提出更为合理的方案以吸引建设单位，促成自己的方案中标。这种新建议方案可以降低总造价或缩短工期，或使工程实施方案更为合理。但要注意，对原招标方案一定也要报价。建议方案不要写得太具体，要保留方案的技术关键，防止招标单位将此方案交给其他投标单位。同时要强调的是，建议方案一定要比较成熟，具有较强的可操作性。

（5）采用分包商的报价。总承包商通常应在投标前先取得分包商的报价，并增加总承包商摊入的管理费，将其作为自己投标总价的一个组成部分一并列入报价单中。应当注意，分包商在投标前可能同意接受总承包商压低其报价的要求，但等总承包商中标后，他们常以种种理由要求提高分包价格，这将使总承包商处于十分被动的地位。为此，总承包商应在投标前找几家分包商分别报价，然后选择其中一家信誉较好、实力较强和报价合理的分包商签订协议，同意该分包商作为分包工程的唯一合作者，并将分包商列到投标文件中，但要求该分包商相应地提交投标保函。如果该分包商认为总承包商确实有可能中标，也许愿意接受这一条件。这种将分包商的利益与投标单位捆在一起的做法，不但可以防止分包商事后反悔和涨价，还可能迫使分包商报出较合理的价格，以便共同争取中标。

（6）许诺优惠条件。投标报价中附带优惠条件是一种行之有效的手段。招标单位在评标时，除了主要考虑报价和技术方案外，还要分析其他条件，如工期、支付条件等。因此，在投标时主动提出提前竣工、低息贷款、赠予施工设备、免费转让新技术或某种技术专利、免费技术协作、代为培训人员等，均是吸引招标单位、利于中标的辅助手段。

10.3　工程施工定标

10.3.1　施工定标程序

1. 开标

（1）开标的要求

招标人在招标文件规定的投标截止时间（开标时间）和地点公开开标，并邀请所有投标人的法定代表人或其委托代理人准时参加。招标人应记录开标过程，如表 10-8 所示。

××项目××标段施工开标记录表 表 10-8

开标时间：____年____月____日____时____分

序号	投标人	密封情况	投标保证金	投标报价（元）	质量目标	工期	备注	签名
招标人编制的标底								

招标人代表：________ 记录人：________ 监标人：________ ____年____月____日

（2）开标程序

主持人按下列程序进行开标：

1）宣布开标纪律；

2）公布在投标截止时间前递交投标文件的投标人名称，并点名确认投标人是否派人到场；

3）宣布开标人、唱标人、记录人、监标人等有关人员姓名；

4）按照投标人须知前附表规定检查投标文件的密封情况；

5）按照投标人须知前附表的规定确定并宣布投标文件开标顺序；

6）设有标底的，公布标底；

7）按照宣布的开标顺序当众开标，公布投标人名称、标段名称、投标保证金的递交情况、投标报价、质量目标、工期及其他内容，并记录在案；

8）投标人代表、招标人代表、监标人、记录人等有关人员在开标记录上签字确认；

9）开标结束。

【背景阅读】加快推进“互联网＋政务服务”，深圳市率先推行建设工程网上开标。

深圳特区报讯（2017年8月7日）今后，建设工程投标企业足不出户即可完成开标。记者昨日从市建设工程交易服务中心获悉，深圳市已率先全国推行建设工程网上开标，目前网上开标已展开试运行，参与投标企业通过专属数字身份认证及CA电子印章，可在互联网登录完成开标。

2017年8月4日，招标估价金额达25.64亿元的罗湖“二线插花地”棚户区改造项目基坑支护及土石方工程Ⅰ标和Ⅱ标，在市建设工程交易服务中心官网顺利完成网上开标。记者在该中心开标大厅看到，招标人通过电脑启动开标程序后，大厅电子屏幕上，20多家投标企业的投标价格、施工工期等信息陆续展现，一目了然，两个标段开标过程仅在半小时内就全部完成，并进入公示程序。

“今年7月，建设工程网上开标已展开试运行，参与投标的企业无须抵达开标现场，就可以通过类似网上银行Ukey一样的数字身份认证等，在任何有互联网的环境中完成网上开标过程。”建设工程交易中心有关负责人告诉记者，推行网上开标后，多个项目可同时在线开标，不受场地限制，极大地方便招投标企业，降低投标成本，提高效率，节约社会资源，保证招标过程的公开、公平和公正。

（3）应拒收或否决的投标

投标文件有下列情形之一的，招标人应当拒收：

1）逾期送达；

2）未按招标文件要求密封。

有下列情形之一的，评标委员会应当否决其投标：

1）投标文件未经投标单位盖章和单位负责人签字；

2）投标联合体没有提交共同投标协议；

3）投标人不符合国家或者招标文件规定的资格条件；

4）同一投标人提交两个以上不同的投标文件或者投标报价，但招标文件要求提交备选投标的除外；

5）投标报价低于成本或者高于招标文件设定的最高投标限价；

6）投标文件没有对招标文件的实质性要求和条件作出响应；

7）投标人有串通投标、弄虚作假、行贿等违法行为。

2. 评标

（1）组建评标委员会

评标由招标人依法组建的评标委员会负责。评标委员会由招标人或其委托的招标代理机构熟悉相关业务的代表，以及有关技术、经济等方面的专家组成。评标委员会成员人数以及技术、经济等方面专家的确定方式见投标人须知前附表。

评标委员会成员有下列情形之一的，应当回避：

1）招标人或投标人的主要负责人的近亲属；

2）项目主管部门或者行政监督部门的人员；

3）与投标人有经济利益关系，可能影响对投标公正评审的；

4）曾因在招标、评标以及其他与招标投标有关活动中从事违法行为而受过行政处罚或刑事处罚的。

（2）评标

评标活动遵循公平、公正、科学和择优的原则。

评标委员会按照招标文件中“评标办法”规定的方法、评审因素、标准和程序对投标文件进行评审。招标文件中没有规定的方法、评审因素和标准，不作为评标依据。

评标委员会完成评标后，应向招标人提出书面评标报告并推荐中标候选人。评标委员会推荐的中标候选人人数见投标人须知前附表，但应当限定在 1～3 人，并标明排列顺序。评标报告由评标委员会全体成员签字。

（3）公示中标候选人

依法必须进行招标的项目，招标人应当自收到评标报告之日起 3 日内公示中标候选人，公示期不得少于 3 日。

3. 合同授予

（1）定标方式

除投标人须知前附表规定评标委员会直接确定中标人外，招标人依据评标委员会推荐的中标候选人确定中标人。

国有资金占控股或者主导地位的依法必须进行招标的项目，招标人应当确定排名第一的中标候选人为中标人。排名第一的中标候选人放弃中标、因不可抗力提出不能履行合同、不按照招标文件的要求提交履约保证金，或者被查实存在影响中标结果的违法行为等情形，不符合中标条件的，招标人可以按照评标委员会提出的中标候选人名单排序依次确定其他中标候选人为中标人。依次确定其他中标候选人与招标人预期差距较大，或者对招标人明显不利的，招标人可以重新招标。

（2）中标通知

在招标文件规定的投标有效期内，招标人以书面形式向中标人发出中标通知书，同时将中标结果通知未中标的投标人。中标通知书格式如图 10-9 所示。

中标通知书

（中标人名称）：

你方于（投标日期）所递交的（项目名称）标段施工投标文件已被我方接受，被确定为中标人。

中标价：________元。

工期：________日历天。

工程质量：符合标准。

项目经理：（姓名）。

请你方在接到本通知书后的____日内到（指定地点）与我方签订施工承包合同，在此之前按招标文件第二章“投标人须知”第 7.3 款规定向我方提交履约担保。

特此通知。

招标人：（盖单位章）

法定代表人：（签字）

____年____月____日

图 10-9　中标通知书格式

招标人不得向中标人提出压低报价、增加工作量、缩短工期或其他违背中标人意愿的要求，以此作为发出中标通知书和签订合同的条件。

（3）履约担保

在签订合同前，中标人应按投标人须知前附表规定的金额、担保形式和招标文件中“合同条款及格式”规定的履约担保格式向招标人提交履约担保。联合体中标的，其履约担保由牵头人递交，并应符合金额、形式和格式要求。履约担保格式如图 10-10 所示。

中标人不能按要求提交履约担保的，视为放弃中标，其投标保证金不予退还，给招标人造成的损失超过投标保证金数额的，中标人还应当对超过部分予以赔偿。

（4）签订合同

招标人和中标人应当自中标通知书发出之日起 30 天内，根据招标文件和中标人的投标文件订立书面合同。中标人无正当理由拒签合同的，招标人取消其中标资格，其投标保证金不予退还；给招标人造成的损失超过投标保证金数额的，中标人还应当对超过部分予以赔偿。

发出中标通知书后，招标人无正当理由拒签合同的，招标人向中标人退还投标保证金；给中标人造成损失的，还应当赔偿损失。

招标人不得向中标人提出压低报价、增加工作量、缩短工期或其他违背中标人意愿的要求，以此作为发出中标通知书和签订合同的条件。

履约担保

________（发包人名称）：

鉴于（发包人名称，以下简称“发包人”）接受（承包人名称）（以下称“承包人”）于____年____月____日参加（项目名称）标段施工的投标。我方愿意无条件地、不可撤销地就承包人履行与你方订立的合同，向你方提供担保。

1. 担保金额人民币（大写）________元（¥）________。

2. 担保有效期自发包人与承包人签订的合同生效之日起至发包人签发工程接收证书之日止。

3. 在本担保有效期内，因承包人违反合同约定的义务给你方造成经济损失时，我方在收到你方以书面形式提出的在担保金额内的赔偿要求后，在 7 天内无条件支付。

4. 发包人和承包人按《通用合同条款》第 15 条变更合同时，我方承担本担保规定的义务不变。

担保人：________________________（盖单位章）
法定代表人或其委托代理人：____________（签字）
地址：________________________
邮政编码：________________________
电话：________________________
传真：________________________
____年____月____日

图 10-10　履约担保格式

10. 3. 2　施工评标方法

对应于《招标投标法》中规定的两个中标条件，《标准文件》第三章“评标办法”规定了“经评审的最低投标价法”和“综合评估法”两种评标方法，供招标人根据招标项目具体特点和实际需要选择适用。并规定，招标人选择适用综合评估法的，各评审因素的评审标准、分值和权重等由招标人自主确定。国务院有关部门对各评审因素的评审标准、分值和权重等有规定的，从其规定。

《房屋建筑和市政工程标准施工招标文件》（2010 版）第三章“评标办法”分别规定了“经评审的最低投标价法”和“综合评估法”两种评标方法。招标人选择使用“经评审的最低投标价法”的，应当在招标文件中明确启动投标报价是否低于投标人成本评审程序的警戒线，以及评标价的折算因素和折算标准。招标人选择适用“综合评估法”的，各评审因素的评审标准、分值和权重等由招标人根据有关规定和招标项目具体情况确定。

《公路工程标准施工招标文件》（2018 版）第三章“评标办法”分别规定了合理低价法、技术评分最低标价法、综合评分法和经评审的最低投标价法四种评标方法。并规定公路工程施工招标评标，一般采用合理低价法或技术评分最低标价法。技术特别复杂的特大桥梁和特长隧道项目主体工程，可以采用综合评分法。工程规模较小、技术含量较低的工程，可以采用经评审的最低投标价法。

《铁路建设项目总价承包标准施工招标文件补充文本》（2015 版）第三章“评标办法”

分别规定了“综合评估法”和“经评审的最低投标价法”两种评标方法。

以下结合《标准文件》及部分行业标准施工招标文件，介绍几种常见的评标方法。

1. 综合评估法

评标委员会对满足招标文件实质性要求的投标文件，按照招标文件中“评标办法”规定的量化因素和分值进行打分，计算出综合评估得分，并按得分由高到低顺序推荐中标候选人，或根据招标人授权直接确定中标人，但投标报价低于其成本的除外。综合评分相等时，以投标报价低的优先；投标报价也相等的，由招标人自行确定。

综合评估法的量化因素一般由施工组织设计、项目管理机构、投标报价和其他评分因素等构成，总分一般为100分，各因素具体分值比例由招标人在评标办法前附表中规定。

（1）施工组织设计评审和评分

施工组织设计的评分因素一般考虑其内容完整性和编制水平、施工方案与技术措施、质量管理体系与措施、安全管理体系与措施、环境保护管理体系与措施、工程进度计划与措施、资源配备计划等。

评审时，按照评标办法前附表中规定的分值设定、各项评分因素、评分标准，对施工组织设计进行评审和评分，施工组织设计的得分记录为A。

（2）项目管理机构评审和评分

项目管理机构的评分因素一般考虑项目负责人任职资格与业绩、技术负责人任职资格与业绩、其他主要人员等。其得分纪录为B。

（3）投标报价评审和评分

按“评标办法”中规定的评审因素和分值对投标报价进行评审和评分，其得分记录为C。《房屋建筑和市政工程标准施工招标文件》（2010版）规定了按投标总报价和分项报价两种评分方法。

1）仅按投标总报价进行评分。

首先按照评标办法前附表中规定的方法计算“评标基准价”；然后计算各个已通过了初步评审、施工组织设计评审和项目管理机构评审并且经过评审认定为不低于其成本的投标报价的“偏差率”；最后按照规定的评分标准，对照投标报价的偏差率，分别对各个投标报价进行评分。

2）按投标总报价中的分项报价分别进行评分。

首先分别计算各个分项投标报价“评标基准价”；然后分别计算各个分项投标报价与对应的分项投标报价评标基准价之间的偏差率；再对照分项投标报价的偏差率，分别对各个分项投标报价进行评分；最后汇总各个分项投标报价的得分，得出投标报价的得分。

（4）其他因素的评审和评分

根据评标办法前附表中规定的分值设定、各项评分因素和相应的评分标准，对其他因素（如果有）进行评审和评分，其他因素的得分记录为D。

（5）综合评估得分

各因素评分分值计算保留小数点后两位，小数点后第三位“四舍五入”。

投标人得分＝A＋B＋C＋D。

【案例】采用综合评估法的某产业园项目施工评标评分标准（2018年12月）：

（1）施工组织设计：30分

包括：总体施工组织布置及规划（5分）、主要工程项目的施工方案（5分）、工期保证体系及保证措施（5分）、工程质量管理体系及保证措施（5分）、安全生产管理体系及保证措施（5分）、环境保护、文明施工保证体系及保证措施（5分）。

以上6项均为合理者得5分，基本合理者得3分，不合理不得分。

（2）项目管理机构：4分

主要是项目负责人任职资格与业绩，项目负责人具有矿山工程二级注册建造师（第一标段）、建筑工程或市政工程（第二、三标段）一级注册建造师，有有效的安全生产考核证，且5年内相关业绩2项及以上者得满分，有一项者得1分，无业绩者不得分。

（3）投标报价：60分

第一标段：优惠率＝（矿山露天剥离工程优惠率×10%）＋（井巷工程优惠率×90%），优惠率最高者得60分且为评标基准价；对满足招标文件要求的其他投标人，其价格分统一按照下列公式计算：

价格得分＝（优惠率／评标基准价）×60

第二、三标段：优惠率最高者得60分且为评标基准价；对满足招标文件要求的其他投标人，其价格分统一按照下列公式计算：

价格得分＝（优惠率／评标基准价）×60

（4）工程业绩：4分

近3年来（2015年06月至今）有同类工程业绩（第一标段矿山剥离或井巷工程，第二、三标段工业建筑工程、市政工程、大型土石方工程等）2项及以上得满分，有一项者得1分，无同类工程业绩或业绩不符合要求者不得分（以中标通知书或合同原件为准）。

（5）履约信誉：2分

企业履约信誉良好，通过质量管理体系认证或具有重合同守信用证书者得2分；企业履约信誉一般得1分，否则不得分。

2. 经评审的最低投标价法

经评审的最低投标价法指经评标委员会评审，能够满足招标文件的实质性要求，且经评审的投标价最低（低于个别成本的除外）的投标人被推荐为排序第一的中标候选人的评标方法。该方法一般适用于具有通用技术、性能标准或者招标人对其技术、性能没有特殊要求的招标项目。

《标准文件》规定的“经评审的最低投标价法”实施程序为，评标委员会对满足招标文件实质要求的投标文件，根据招标文件中“评标办法”规定的量化因素及量化标准进行价格折算，按照经评审的投标价由低到高的顺序推荐中标候选人，或根据招标人授权直接确定中标人，但投标报价低于其成本的除外。经评审的投标价相等时，投标报价低的优先；投标报价也相等的，由招标人自行确定。

经评审的最低投标价法中的关键点在于认定投标人的报价是否低于成本。《标准文件》规定，评标委员会发现投标人的报价明显低于其他投标报价，或者在设有标底时明显低于标底，使得其投标报价可能低于其成本的，应当要求该投标人作出书面说明并提供相应的证明材料。投标人不能合理说明或者不能提供相应证明材料的，由评标委员会认定该投标人以低于成本报价竞标，其投标作无效投标处理。

实务中，不同行业、不同地区对认定投标人报价低于成本的规定不同。比如某省实施的《经评审的最低投标价法评标实施细则》中规定：在评审过程中，评标委员会发现投标人的报价低于所有投标报价的平均值5%以上，使得其投标报价可能低于其个别成本的，应当对该投标报价进行重点评审，并确认其是否为无效标书。对高于招标人期望价格（一般为工程正式预算价下浮4%）的报价，评标委员会可按投标人未实质上响应招标文件的要求，确认其为无效标书。在评审过程中，投标文件中出现下列情况的，评标委员会可认定其优惠条件或成本节约措施不合理，并以此作为判定投标价低于个别成本价的依据。(1）未做出报价不低于其成本价承诺的;(2）改变工程正式预算所列套用定额子目及工程量的;(3）所报让利预算中出现重大漏项或计算错误的（细微偏差除外）;(4）未详细列出成本节约措施、优惠条件、内容和理由，或者内容不完整、不全面、缺乏说服力的;(5）存在其他重大不合理让利的。

【背景阅读】国家发展和改革委员会发话了：将严格限定“经评审的最低投标价法”的适用范围。

针对“低价中标”的问题，国家发展和改革委员会主任何立峰在某次会议上说，各方面反映的产品采购低价中标的现象，实际上指的是评标时采用“经评审的最低投标价法”。这是我国《招标投标法》规定的一种重要评标方法，也是国际上确定中标人的通行做法。现行招标投标有关法律法规，对于“经评审的最低投标价法”的适用是有明确规定的。首先，这一评标方法一般适用于具有通用技术、性能标准或者招标人对其技术、性能没有特殊要求的招标项目。其次，投标人必须满足招标文件的实质性要求。而且，投标价格不得低于成本。因此，“经评审的最低投标价法”不等于唯价格论，更不等于接受和纵容低于成本中标。但是在实践当中，这一评标方法经常被滥用和错误使用，导致出现一系列的问题。一些企业低于成本价投标，中标以后通过偷工减料降低成本，对施工安全、工程质量留下很大的隐患，也导致了合同纠纷等一系列的问题。

何立峰以今年3月陕西西安的“电缆门”事件作为例子。他说，奥凯电缆的中标价严重低于实际成本，为了收回成本，便采用劣质光缆。而出现这些问题的主要原因在于，招标人没有严格执行评标办法的有关规定。

何立峰说，《招标投标法》第41条规定了两种评标办法，也就是“经评审的最低投标价法”和“综合评估法”。而“综合评估法”需要对投标人各项指标做出综合评价，主观性比较强，存在比较大的自由裁量空间。一些政府部门和国有企业在面对质疑、投诉、检查、审计的时候，往往很难解释清楚为什么中标人就比其他投标人要好、好在哪里等。“为了规避风险，不管是何种类型的采购项目都‘一刀切’采用‘经评审的最低投标价法’，并且在评标当中简单把价格作为决定性标准，忽略了法律规定的‘满足招标文件的实质性要求’的条件。”

何立峰认为，相关部门对于投标价格是不是低于合理成本，既没有去测算，也不要求投标人进行澄清说明。而投标人通过低价中标的收益远远大于他所要承担的风险。投标人低价中标以后，有的通过弄虚作假、偷工减料降低成本；有的通过设计方案变更等多种理由，要求招标人补签合同、追加投资；有的甚至以延长工期、高价索赔、搞所谓的“半拉子工程”等方式，迫使招标人就范，从而获取他的利益。而目前我国还没有建立完善的合同履行和信用评价体系，信用信息不能及时充分共享，“一处受罚、处处受制”的机制还没有完全形成。中标人出现了违法失信行为以后，并不会因此被清出市场，违法成本过低，导致一些中标人基于他的利益考虑不惜违法违规操作。而不管采用哪一种评标方法，是不是低价中标，在合同履行中，中标人都存在以次充好的可能性，因此关键是需要加强质量的监管。如果招标人能够在检查验收当中严把质量关口，投标人是不敢也不会以牺牲产品质量的方式去谋求低价中标的。

那么到底该如何规范招投标领域，又该如何惩治恶意低价中标者呢？何立峰开出了药方。他说，下一步会依法严格限定“经评审的最低投标价法”的适用范围。“经评审的最低投标价法”应当仅仅适用于技术、性能标准明确的项目或者设备的采购，而且中标人必须符合招标文件规定的实质性条件。还没有通用标准的采购项目，应当采用“综合评估法”。对于招标人采用评标方法不当的，潜在投标人或者其他利害关系人有权提出异议；对于投标人报价可能低于成本的，招标人应当根据《招标投标法实施条例》第52条的规定启动澄清程序，要求投标人作出书面说明，并且提供相关的证明材料。投标人不能合理说明或者不能提供相关证明材料的，应当否决其投标。

3. 合理低价法

《公路工程标准施工招标文件》(2018版)中规定了“合理低价法”，该方法其实是综合评估法的评分因素中评标价得分为100分、其他评分因素分值为0分的特例。

(1)评标价的确定：

方法一：评标价＝投标函文字报价；

方法二：评标价＝投标函文字报价－暂估价－暂列金额(不含计日工总额)。

(2)评标价平均值的计算：

除在开标现场被宣布为不进入评标基准价计算的投标报价之外(一般指超出最高投标限价等)，所有投标人的评标价去掉一个最高值和一个最低值后的算术平均值即为评标价平均值(如果参与评标价平均值计算的有效投标人少于5家时，则计算评标价平均值时不去掉最高值和最低值)。

(3)评标基准价的确定：

方法一：将评标价平均值直接作为评标基准价。

方法二：将评标价平均值下浮 %，作为评标基准价。

方法三：招标人设置评标基准价系数，由投标人代表现场抽取，评标价平均值乘以现场抽取的评标基准价系数作为评标基准价。

招标人可依据招标项目特点和实际需要，选择或制定适合项目的评标基准价计算方法。与评标基准价计算或评标价得分计算相关的所有系数(如有)，其具体数值或随机抽取的数值区间均应在评标办法中予以明确。

在评标过程中，评标委员会应对招标人计算的评标基准价进行复核，存在计算错误的应予以修正并在评标报告中作出说明。除此之外，评标基准价在整个评标期间保持不变，不随任何因素发生变化。

（4）评标价的偏差率计算公式：

偏差率＝100%×（投标人评标价－评标基准价）/ 评标基准价。

（5）评标价得分计算公式示例：

1）如果投标人的评标价＞评标基准价，则评标价得分＝100－偏差率×100×E_1；

2）如果投标人的评标价≤评标基准价，则评标价得分＝100＋偏差率×100×E_2。

E_1 是评标价每高于评标基准价一个百分点的扣分值，E_2 是评标价每低于评标基准价一个百分点的扣分值；招标人可依据招标项目具体特点和实际需要设置 E_1、E_2，但 E_1 应大于 E_2。

4. 技术评分最低标价法

《公路工程标准施工招标文件》（2018 版）中规定了“技术评分最低标价法”。评标委员会对满足招标文件实质性要求的投标文件的施工组织设计、主要人员、技术能力等因素进行评分，按照得分由高到低排序，对排名在招标文件规定数量以内的投标人的报价文件进行评审，按照评标价由低到高的顺序推荐中标候选人，或根据招标人授权直接确定中标人，但投标报价低于其成本的除外。评标价相等时，评标委员会应按照评标办法前附表规定的优先顺序推荐中标候选人或确定中标人。

即首先对通过初步审查的投标人的商务及技术文件进行评分，按照商务和技术得分由高到低排序，选择排名前几（具体数量在招标文件中规定）的投标人通过详细评审。然后对通过详细评审的投标人评审其投标价，按评标价由低到高的顺序推荐中标候选人。

2018 年 12 月某日，某高速公路路面工程施工开始招标，招标文件中采用技术评分最低标价法评标，其评标标准如表 10-9 所示。

采用技术评分最低标价法的某高速公路路面工程施工评标标准　　表 10-9

1. 商务及技术文件评分分值构成：

评分因素	分值	评分		
（1）施工组织设计	35	合理	基本合理	合格
1）关键工程项目的施工方案、方法与技术措施	7	5.6～7	4.2～5.6	4.2
2）工期的保证体系及保证措施	4	3.2～4	2.4～3.2	2.4
工程质量保证体系及保证措施	5	4～5	3～4	3
安全生产管理体系及保证措施	5	4～5	3～4	3
环境保护、水土保持保证体系及保证措施	3	2.4～3	1.8～2.4	1.8
文明施工、文物保护保证体系及保证措施	3	2.4～3	1.8～2.4	1.8
项目风险预测及防范，事故应急预案	3	2.4～3	1.8～2.4	1.8
施工组织图表	5	4～5	3～4	3
（2）主要人员	25			

续表

1）项目经理	15	注：不包含项目副经理
满足招标文件得 9 分，职称超出加 2 分，在满足招标文件人员最低要求后，每超过一个项目经理业绩加 2 分，加至满分为止。		
2）项目总工	10	注：不包含副总工
满足招标文件得 6 分，在满足招标文件人员最低要求后，每超过一个总工业绩加 2 分，加至满分为止		
（3）技术能力	10	注：以企业为单位
基本分得 6 分，投标人每获得公路路面工程国家级工法、专利（发明专利或实用新型专利）、国家公路工程奖项及科学技术进步奖，每主编或参编过国家、行业标准 1 个加 2 分，投标人每获得公路工程路面工程施工省级科学技术进步奖，每主编或参编过地方标准 1 个加 1 分，加至满分为止		
（4）履约信誉	15	
满足招标文件得 13 分。2017 年度被招标项目所在地省级交通运输主管部门评为 AA 级的投标人加 2 分，A 级的加 1 分，B 级的不加分，C 级的扣 2 分		
（5）财务能力	5	满足招标文件要求，得 5 分
（6）业绩	10	
满足招标文件得 6 分，在满足招标文件业绩最低要求后（2008 年 12 月 1 日～ 2018 年 12 月 1 日交工通车，以网站上公布的交工时间为准），投标人提供的 n 条业绩里程长度达到 80km，从第 $n+1$ 条新建高速公路路面工程业绩开始起算加分。每增加一项高速公路路面工程施工项目业绩加 1 分，加至满分为止。注：所有路面工程施工合同必须包含完整的沥青混凝土面层和基层工作内容		
通过详细评审的投标人数量：投标人商务和技术得分由高到低排序，选择前 3 名通过详细评审		
2. 评标价计算公式：		
评标价＝投标函文字报价－暂估价－暂列金额（不含计日工总额）－安全生产费		
对通过第一个信封详细评审的投标人，按评标价由低到高的排序推荐中标候选人		

10.3.3　施工评标程序

1. 初步评审

（1）初步评审的内容和标准

初步评审包括形式评审、资格评审、响应性评审、施工组织设计和项目管理机构评审。评标委员会依据评标办法中规定的标准对投标文件进行初步评审。有一项不符合评审标准的，作废标处理。评标委员会可以要求投标人提交“投标人须知”规定的有关证明和证件的原件，以便核验。

1）形式评审：

在初步评审阶段，首先按表 10-10 所示的评审因素和评审标准进行形式评审。

形式评审标准　　表 10-10

评审因素	评审标准
投标人名称	与营业执照、资质证书、安全生产许可证一致
投标函签字盖章	有法定代表人或其委托代理人签字或加盖单位章

续表

评审因素	评审标准
投标文件格式	符合第八章“投标文件格式”的要求
联合体投标人	提交联合体协议书，并明确联合体牵头人（如有）
报价唯一	只能有一个有效报价
……	……

2）资格评审：

已进行资格预审的，不再进行资格审查。当投标人资格预审申请文件的内容发生重大变化时，评标委员会依据资格审查标准对其更新资料进行评审。

未进行资格预审的，从营业执照、安全生产许可证、资质等级、财务状况、类似项目业绩、信誉、项目经理、联合体投标人等方面进行资格评审。

3）响应性评审：

主要审查投标文件中的主要内容是否实质上响应招标文件的要求，一般从投标内容、工期、工程质量、投标有效期、投标保证金、权利义务、已标价工程量清单、技术标准和要求等方面进行响应性评审。

4）施工组织设计和项目管理机构评审：

采用“经评审的最低投标价法”的，需要从施工方案与技术措施、质量管理体系与措施、安全管理体系与措施、环境保护管理体系与措施、工程进度计划与措施、资源配备计划、技术负责人、其他主要人员、施工设备、试验、检测仪器设备等方面对施工组织设计和项目管理机构进行评审。

采用“综合评估法”的，初步评审阶段无此项。

（2）废标的情形

投标人有以下情形之一的，其投标作废标处理。

1）存在“投标人须知”中规定的投标人不得存在的情形：

① 为招标人不具有独立法人资格的附属机构（单位）；

② 为本标段前期准备提供设计或咨询服务的，但设计施工总承包的除外；

③ 为本标段的监理人；

④ 为本标段的代建人；

⑤ 为本标段提供招标代理服务的；

⑥ 与本标段的监理人或代建人或招标代理机构同为一个法定代表人的；

⑦ 与本标段的监理人或代建人或招标代理机构相互控股或参股的；

⑧ 与本标段的监理人或代建人或招标代理机构相互任职或工作的；

⑨ 被责令停业的；

⑩ 被暂停或取消投标资格的；

⑪ 财产被接管或冻结的；

⑫ 在最近三年内有骗取中标或严重违约或重大工程质量问题的。

2）串通投标或弄虚作假或有其他违法行为的。

3）不按评标委员会要求澄清、说明或补正的。

2. 详细评审

（1）对投标文件的量化打分

采用“经评审的最低投标价法”的，评标委员会按评标办法规定的量化因素和标准进行价格折算，计算出评标价，并编制价格比较一览表。

采用“综合评估法”的，评标委员会按评标办法规定的量化因素和分值进行打分，并计算出综合评估得分。

（2）低于成本报价的处理

评标委员会发现投标人的报价明显低于其他投标报价，或者在设有标底时明显低于标底，使得其投标报价可能低于其成本的，应当要求该投标人作出书面说明并提供相应的证明材料。投标人不能合理说明或者不能提供相应证明材料的，由评标委员会认定该投标人以低于成本报价竞标，其投标作废标处理。

（3）投标文件的澄清和修正

在评标过程中，评标委员会可以书面形式要求投标人对所提交的投标文件中不明确的内容进行书面澄清或说明，或者对细微偏差进行补正。评标委员会不接受投标人主动提出的澄清、说明或补正。澄清、说明和补正不得改变投标文件的实质性内容（算术性错误修正的除外）。投标人的书面澄清、说明和补正属于投标文件的组成部分。评标委员会对投标人提交的澄清、说明或补正有疑问的，可以要求投标人进一步澄清、说明或补正，直至满足评标委员会的要求。

投标报价有算术错误的，评标委员会按以下原则对投标报价进行修正，修正的价格经投标人书面确认后具有约束力。投标人不接受修正价格的，其投标作废标处理。

1）投标文件中的大写金额与小写金额不一致的，以大写金额为准；

2）总价金额与依据单价计算出的结果不一致的，以单价金额为准修正总价，但单价金额小数点有明显错误的除外。

（4）评标结果

1）推荐中标候选人：

采用“经评审的最低投标价法”的，评标委员会按照经评审的价格由低到高的顺序推荐中标候选人。

采用“综合评估法”的，评标委员会按照得分由高到低的顺序推荐中标候选人。

招标人也可以在“投标人须知”前附表中明确授权评标委员会直接确定中标人。

2）评标报告：

评标委员会完成评标后，应当向招标人提交书面评标报告。

评标报告应当由全体评标委员会成员签字，并于评标结束时抄送有关行政监督部门。《标准文件》未规定评标报告的格式和内容。《房屋建筑和市政工程标准施工招标文件（2010 年版）》中规定评标报告应当包括以下内容：

① 基本情况和数据表；

② 评标委员会成员名单；

③ 开标记录；

④ 符合要求的投标一览表；

⑤ 废标情况说明；

⑥ 评标标准、评标方法或者评标因素一览表;

⑦ 经评审的价格一览表（包括评标委员会在评标过程中所形成的所有记载评标结果、结论的表格、说明、记录等文件）;

⑧ 经评审的投标人排序;

⑨ 推荐的中标候选人名单（如果第二章“投标人须知”前附表授权评标委员会直接确定中标人，则为“确定的中标人”）与签订合同前要处理的事宜;

⑩ 澄清、说明或补正事项纪要。

复习思考题

1. 实务中，招标人应如何编制施工项目招标的招标文件?

2. 资格预审与资格后审有何区别?

3. 请对照第 2 章的相关理论，分析投标文件的撤回与撤销。

4. 投标有效期是什么意思?

5. 请上网查阅某行业或某地区现行的施工评标办法，找出其不合理之处。

6. 请对照第 2 章的章节内容，并查阅相关资料，分析采用招标投标的方式订立工程施工合同时，工程合同的主体资格、合同的形式、合同的内容、订立合同的程序、合同的成立等相应内容。

第 11 章　工程服务和货物招标投标

与工程建设有关的服务，主要指为完成工程所需的勘察、设计、监理等服务。与工程建设有关的货物，指为实现工程基本功能所必需的设备、材料等。工程勘察、设计、监理、设备和材料采购招标的基本程序、招标范围、招标组织方式、投标注意事项、开标过程、评标委员会的组成、定标程序等基本内容与施工项目招标投标类似，同时也遵从《招标投标法》和《招标投标法实施条例》的基本规定。

本章主要根据《政府采购货物和服务招标投标管理办法》(2017 年施行)、《工程建设项目勘察设计招标投标办法》(2013 年修订)、《工程建设项目货物招标投标办法》(2013 年修订)、《中华人民共和国标准勘察招标文件》(2017 版)、《中华人民共和国标准设计招标文件》(2017 版)、《中华人民共和国标准监理招标文件》(2017 版)、《中华人民共和国标准设备采购招标文件》(2017 版)、《中华人民共和国标准材料采购招标文件》(2017 版) 以及部分行业的相关管理办法和标准招标文件，结合工程勘察、设计、监理、采购项目的特点，介绍其招标、投标、评标过程中需要特别注意的内容。

11.1　勘察设计招标投标

11.1.1　勘察设计招标

1. 招标条件

根据《工程建设项目勘察设计招标投标办法》(2013 年修订)，依法必须进行勘察设计招标的工程建设项目，在招标时应当具备下列条件:

(1) 招标人已经依法成立;

(2) 按照国家有关规定需要履行项目审批、核准或者备案手续的，已经审批、核准或者备案;

(3) 勘察设计有相应资金或者资金来源已经落实;

(4) 所必需的勘察设计基础资料已经收集完成;

(5) 法律法规规定的其他条件。

2. 招标方式的选择

(1) 应当公开招标的情形:

国有资金投资占控股或者主导地位的工程建设项目，以及国务院发展和改革部门确定的国家重点项目和省、自治区、直辖市人民政府确定的地方重点项目，应当公开招标。

(2) 可以邀请招标的情形:

依法必须进行公开招标的项目，在下列情况下可以进行邀请招标：

1）技术复杂、有特殊要求或者受自然环境限制，只有少量潜在投标人可供选择；

2）采用公开招标方式的费用占项目合同金额的比例过大。

有前述第二项所列情形，属于按照国家有关规定需要履行项目审批、核准手续的项目，由项目审批、核准部门在审批、核准项目时作出认定；其他项目由招标人申请有关行政监督部门作出认定。

（3）可以不招标的情形：

按照国家规定需要履行项目审批、核准手续的依法必须进行招标的项目，有下列情形之一的，经项目审批、核准部门审批、核准，项目的勘察设计可以不进行招标：

1）涉及国家安全、国家秘密、抢险救灾或者属于利用扶贫资金实行以工代赈、需要使用农民工等特殊情况，不适宜进行招标；

2）主要工艺、技术采用不可替代的专利或者专有技术，或者其建筑艺术造型有特殊要求；

3）采购人依法能够自行勘察、设计；

4）已通过招标方式选定的特许经营项目投资人依法能够自行勘察、设计；

5）技术复杂或专业性强，能够满足条件的勘察设计单位少于三家，不能形成有效竞争；

6）已建成项目需要改、扩建或者技术改造，由其他单位进行设计影响项目功能配套性；

7）国家规定其他特殊情形。

3. 招标文件的组成

根据《工程建设项目勘察设计招标投标办法》（2013年修订）的规定，招标人应当根据招标项目的特点和需要编制招标文件。勘察设计招标文件应当包括下列内容：

（1）投标须知；

（2）投标文件格式及主要合同条款；

（3）项目说明书，包括资金来源情况；

（4）勘察设计范围，对勘察设计进度、阶段和深度要求；

（5）勘察设计基础资料；

（6）勘察设计费用支付方式，对未中标人是否给予补偿及补偿标准；

（7）投标报价要求；

（8）对投标人资格审查的标准；

（9）评标标准和方法；

（10）投标有效期。

《中华人民共和国标准勘察招标文件》和《中华人民共和国标准设计招标文件》中，将招标文件的内容归纳为七类：

（1）招标公告（或投标邀请书）；

（2）投标人须知；

（3）评标办法；

（4）合同条款及格式；

（5）发包人要求；

（6）投标文件格式；

（7）投标人须知前附表规定的其他资料。

设计施工一体化的项目，按照《标准设计施工总承包招标文件》（2012 年版）编制招标文件，内容与以上大致相同。

招标文件的澄清、修改等与施工项目的类似，此处不再赘述。

4. 发包人要求

为更加明确招标人对投标人的要求，以利于中标后的合同履行，《标准勘察招标文件》和《标准设计招标文件》中都规定了“发包人要求”。发包人要求通常包括但不限于以下内容：

（1）勘察（或设计）要求。

招标人应当根据项目情况明确相应的勘察（或设计）要求，一般应包括以下内容：

1）项目概况：包括项目名称、建设单位、建设规模、项目地理位置、周边环境、树木情况、文物情况、地质地貌、气候及气象条件、道路交通状况、市政情况等。

2）勘察（或设计）范围及内容。

3）勘察（或设计）依据。

4）基础资料（或项目使用功能的要求）：

设计项目招标无此项要求，而是“项目使用功能的要求”。

5）勘察人员和设备要求（或设计人员要求）：

设计项目招标没有设备要求，只是“设计人员要求”。

6）其他要求。

（2）适用规范标准。

1）国家、行业、项目所在地规范名录。

2）国家、行业、项目所在地标准名录。

3）国家、行业、项目所在地规程名录。

（3）成果文件要求。

1）成果文件的组成：勘察（或设计）说明、图纸等。

2）成果文件的深度。

3）成果文件的格式要求。

4）成果文件的份数要求。

5）成果文件的载体要求。

① 纸质版的要求；

② 电子版的要求；

③ 其他要求。

6）成果文件的展板、模型、沙盘、动画要求（勘察项目招标无此项要求）。

7）成果文件的其他要求。

（4）发包人财产清单。

1）发包人提供的设备、设施。

① 发包人提供的办公房屋及冷暖设施：如办公室数量及面积、空调等。

② 发包人提供的设备清单：如电脑、投影、打印机、复印机等。

③ 发包人提供的设施清单：如办公桌椅、文件柜等。

2）发包人提供的资料。

① 施工场地及毗邻区域内的供水、排水、供电、供气、供热、通信、广播电视等地下管线资料、气象和水文观测资料，相邻建筑物和构筑物、地下工程的有关资料，以及其他与建设工程有关的原始资料。

② 定位放线的基准点、基准线和基准标高。

③ 发包人取得的有关审批、核准和备案材料，如规划许可证。

④ 发包人提供的勘察资料（勘察项目招标无此项）。

⑤ 技术标准、规范。

⑥ 其他资料。

3）发包人财产使用要求及退还要求。

（5）发包人提供的便利条件。

1）发包人提供的生活条件；

2）发包人提供的交通条件；

3）发包人提供的网络、通信条件；

4）发包人提供的协助人员。

（6）勘察（或设计）人需要自备的工作条件。

1）工作手册：如本项目必备的规范标准、图集等；

2）办公设备：如电脑、软件、投影、打印机、复印机、照相机等；

3）交通工具：如出行车辆等；

4）现场办公设施：如办公桌椅、文件柜等；

5）安全设施：如安全帽、安全鞋、手电筒等；

6）勘察检测仪器、设备、工具（设计项目招标无此项要求）。

（7）发包人的其他要求。

11.1.2 勘察设计投标

1. 投标文件

勘察设计投标文件应当对招标文件有关勘察（或设计）服务期限、投标有效期、发包人要求、招标范围等实质性内容作出响应。投标文件应包括下列内容：

（1）投标函及投标函附录；

（2）法定代表人身份证明或授权委托书；

（3）联合体协议书；

（4）投标保证金；

（5）勘察（或设计）费用清单；

（6）资格审查资料；

（7）勘察纲要（或设计方案）；

（8）投标人须知前附表规定的其他资料。

设计施工一体化的项目，按照《标准设计施工总承包招标文件》（2012年版）编制投标文件，内容增加了承包人建议书和承包人实施计划。承包人建议书侧重于设计方案，承包人实施计划侧重于施工组织设计。

投标文件应按招标文件中的“投标文件格式”进行编写，如有必要，可以增加附页，作为投标文件的组成部分。其中，投标函附录在满足招标文件实质性要求的基础上，可以提出比招标文件要求更有利于招标人的承诺。

投标文件的打印、签字、盖章、装订、密封、递交、修改、撤回等与施工项目投标类似，此处不再赘述。

2. 勘察纲要（或设计方案）的内容

在勘察设计投标中，投标人编制的勘察纲要（或设计方案）非常重要，往往在评标因素中占最大的权重，直接影响着是否中标。勘察纲要（或设计方案）一般应包括（但不限于）下列内容：

（1）工程概况；

（2）勘察（或设计）范围、内容；

（3）勘察（或设计）依据、工作目标；

（4）勘察（或设计）机构设置（框图）、岗位职责；

（5）勘察（或设计）说明和方案；

（6）拟投入的人员、设备（设计项目招标无设备要求）；

（7）勘察（或设计）质量、进度、保密等保证措施；

（8）勘察（或设计）安全保证措施；

（9）勘察（或设计）工作重点、难点分析；

（10）对本工程勘察（或设计）的合理化建议。

3. 勘察设计投标的注意事项

（1）勘察设计投标报价

投标人应按招标文件中“投标文件格式”的要求，充分考虑勘察设计项目的总体情况以及影响投标报价的其他要素，在投标函中进行报价并填写勘察设计费用清单（格式如图 11-1 所示）。勘察设计收费报价应符合国务院价格主管部门制定的工程勘察设计收费标准，同时不得超过招标人设置的最高投标限价。

勘察（或设计）费用清单

1. 勘察（或设计）费用清单说明

2. 勘察（或设计）费用清单

单位：人民币元

序号	勘察（或设计）费用分项名称	计算依据、过程和公式	金额（元）	备注
1				
2				
3				
…	…			
合计报价				

图 11-1　勘察（或设计）费用清单格式

投标报价应包括国家规定的增值税税金，除投标人须知前附表另有规定外，增值税税金按一般计税方法计算。

（2）投标保证金

《工程建设项目勘察设计招标投标办法》中规定，招标文件要求投标人提交投标保证金的，保证金数额不得超过勘察设计估算费用的百分之二，最多不超过十万元人民币。投标保证金的递交与退还与施工项目类似。

（3）投标有效期

除投标人须知前附表另有规定外，投标有效期为90天。在投标有效期内，投标人撤销投标文件的，应承担招标文件和法律规定的责任。

出现特殊情况需要延长投标有效期的，招标人以书面形式通知所有投标人延长投标有效期。投标人应予以书面答复，同意延长的，应相应延长其投标保证金的有效期，但不得要求或被允许修改其投标文件；投标人拒绝延长的，其投标失效，但投标人有权收回其投标保证金及以现金或者支票形式递交的投标保证金的银行同期存款利息。

（4）备选投标方案

允许投标人递交备选投标方案的，只有中标人所递交的备选投标方案方可予以考虑。评标委员会认为中标人的备选投标方案优于其按照招标文件要求编制的投标方案的，招标人可以接受该备选投标方案。

投标人提供两个或两个以上投标报价，或者在投标文件中提供一个报价，但同时提供两个或两个以上勘察方案的，视为提供备选方案。

除投标人须知前附表规定允许外，投标人不得递交备选投标方案，否则其投标将被否决。

11.1.3 勘察设计评标

勘察设计项目的开标、评标、合同授予等程序性内容与施工项目的相同，此处重点介绍勘察设计项目评标的方法。

1. 评标方法

勘察设计评标一般采取“综合评估法”进行。评标委员会应当按照招标文件确定的评标标准和方法，结合经批准的项目建议书、可行性研究报告或者上阶段设计批复文件，对投标人的业绩、信誉和勘察设计人员的能力以及勘察设计方案的优劣进行综合评定。评标过程中，对满足招标文件实质性要求的投标文件，按照招标文件规定的评分标准进行打分，并按得分由高到低顺序推荐中标候选人，或根据招标人授权直接确定中标人，但投标报价低于其成本的除外。综合评分相等时，以投标报价低的优先；投标报价也相等的，以勘察纲要（或设计纲要）得分高的优先；如果勘察纲要（或设计纲要）得分也相等，按照评标办法前附表的规定确定中标候选人顺序。

设计施工一体化的项目，《标准设计施工总承包招标文件》（2012年版）分别规定了“综合评估法”和“经评审的最低投标价法”两种评标方法，供招标人根据招标项目具体特点和实际需要选择适用。具体评审程序、方法和内容与施工项目类似。

2. 分值构成与评分标准

勘察设计评标的量化因素一般由资信业绩、勘察纲要（或设计方案）、投标报价和其他评分因素等构成，总分一般为 100 分，各因素具体分值比例由招标人在评标办法前附表中规定（格式可参考表 11-1）。

（1）资信业绩

资信业绩部分的评分因素主要考虑信誉、类似项目业绩、项目负责人资历和业绩、其他主要人员资历和业绩、拟投入的勘察设备（设计评标无此项）等。

（2）勘察纲要（或设计方案）

勘察纲要（或设计方案）部分的评分因素主要从以下几个方面考虑：

1）勘察（或设计）范围、内容；

2）勘察（或设计）依据、工作目标；

3）勘察（或设计）机构设置和岗位职责；

4）勘察（或设计）说明和方案；

5）勘察（或设计）质量、进度、保密等保证措施；

6）勘察（或设计）安全保证措施；

7）勘察（或设计）工作重点、难点分析；

8）合理化建议。

（3）投标报价

投标报价的评分标准一般根据投标报价与评标基准价的偏差率确定，评标基准价、偏差率和报价评分的计算办法由招标人在评标办法前附表中列明。

（4）其他评分因素

结合勘察招标项目的特点，招标人可以确定其他的评分因素，并在评标办法前附表中列出相应的评分标准。

【行业惯例】《公路工程标准勘察设计招标文件》（2018 年版）规定的分值构成和评分标准。

公路工程勘察设计评标规定的分值构成和评分标准建议为：

（1）技术建议书：30 ～ 45 分；

（2）主要人员：20 ～ 30 分；

（3）技术能力：0 ～ 5 分；

（4）业绩：10 ～ 25 分；

（5）履约信誉：5 ～ 10 分；

（6）评标价：不宜超过 10 分。

某公路工程施工图勘察设计评标分值构成与评分标准　　**表 11-1**

序号	评审因素	分值	评分标准
1	技术建议书	45	各细分因素的评分标准如下
（1）	对招标项目的理解和总体设计思路	8	1）对招标项目的理解和总体设计思路基本满足要求，得 6.5 ～ 7.0 分； 2）对招标项目的理解和总体设计思路详细、合理可行，得 7.0 ～ 7.5 分； 3）对招标项目的理解和总体设计思路全面、细致较好，得 7.5 ～ 8.0 分

续表

序号	评审因素	分值	评分标准
（2）	招标项目勘察设计的特点、关键技术问题的认识及其对策措施	8	1）招标项目勘察设计的特点、关键技术问题的认识及其对策措施基本满足要求，得6.5～7.0分； 2）招标项目勘察设计的特点、关键技术问题的认识及其对策措施详细、合理可行，得7.0～7.5分； 3）招标项目勘察设计的特点、关键技术问题的认识及其对策措施全面、细致较好，得7.5～8.0分
（3）	对前一阶段工作技术结论及技术方案的不同看法及建议	8	1）对前一阶段工作技术结论及技术方案的不同看法及建议基本满足要求，得6.5～7.0分； 2）对前一阶段工作技术结论及技术方案的不同看法及建议详细、合理可行，得7.0～7.5分； 3）对前一阶段工作技术结论及技术方案的不同看法及建议全面、细致较好，得7.5～8.0分
（4）	勘察设计工作量及计划安排	7	1）勘察设计工作量及计划安排基本满足要求，得5.5～6.0分； 2）勘察设计工作量及计划安排详细、合理可行，得6.0～6.5分； 3）勘察设计工作量及计划安排全面、细致较好，得6.5～7.0分
（5）	勘察设计的质量保证措施、进度保证措施和安全保证措施	7	1）勘察设计的质量保证措施、进度保证措施基本满足要求，得5.5～6.0分； 2）勘察设计的质量保证措施、进度保证措施详细、科学合理可行，得6.0～6.5分； 3）勘察设计的质量保证措施、安全保证措施全面、细致较好，得6.5～7.0分
（6）	后续服务的安排及保证措施	7	1）后续服务的安排及保证措施基本满足要求，得5.5～6.0分； 2）后续服务的安排及保证措施详细、合理可行，得6.0～6.5分； 3）后续服务的安排及保证措施全面、细致较好，得6.5～7.0分
2	主要人员（项目负责人任职资格与业绩及分项负责人任职资格）	20	1）项目负责人资质满足资格审查强制性条件要求，得基本分12分；具备正高级工程师职称加2分，同时具备注册土木工程师（道路工程）加2分； 2）分项负责人： ① 勘察分项负责人具备注册土木工程师（岩土工程）加1分； ② 造价分项负责人同时具备交通运输部和住房和城乡建设部注册造价工程师资格加1分； ③ 测绘人员具备注册测绘工程师资格加1分； ④ 技术负责人具备注册土木工程师（道路工程）加1分。 总分最多加至20分
3	业绩（类似勘察设计项目业绩）	10	1）勘察设计项目业绩满足资格审查强制性资格条件要求，得基本分6分； 2）类似勘察设计项目业绩满足资格审查强制性资格条件要求的基础上每增加一项业绩，加1分，总分最多加至10分。 注：类似项目业绩指2014年1月至今单个长度不少于50km的一级及以上公路工程勘察设计项目
4	技术能力（企业具备的资质与技术能力）	5	1）投标人资质满足项目要求得基本分3分；具有公路专业（交通工程、特长隧道）甲级设计资质得0.5分，具有测绘航空摄影（无人飞行器航摄）专业甲级及以上资质得0.5分；投标人同时具备工程勘察综合类甲级和安全生产许可证得0.5分（勘察资质证书与安全生产许可证证书必须为同一法人，全资子公司或控股子公司所拥有资质不计入得分条件）； 2）投标人具有建筑信息模型（BIM）技术设计能力，以获得国家各部委或国家级勘察设计协会BIM奖项为评分依据，每获1个得0.5分，最高得分为0.5分
5	履约信誉（交通运输部信用评级情况）	10	履约信誉满足资格审查条件得基础分8分，在交通运输部2017年度信用评价为C级扣2分，B级不加分，为A级加1分，为AA级加2分

续表

序号	评审因素	分值	评 分 标 准
6	评标价	10	评标价得分计算公式示例： 1）如果投标人的投标价＞评标基准价，则投标价得分＝F－偏差率×100×E1； 2）如果投标人的投标价≤评标基准价，则投标价得分＝F＋偏差率×100×E2。 其中，F 是投标价所占的评分满分值，E1 是评标价每高于评标基准价一个百分点的扣分值，其中 E1＝2，E2 是评标价每低于评标基准价一个百分点的扣分值，其中 E2＝1。评标价最低得分为 0 分
说明：按第一个信封（商务及技术文件）评审得分由高到低的顺序选取前三名，对其第二个信封（报价文件）的投标价作算术平均，将该平均值作为评标基准价。 偏差率＝100%×（投标人评标价－评标基准价）/ 评标基准价（偏差率保留 2 位小数）			

【案例】某加油站项目勘察评标评分标准（2019 年 1 月）：

1. 报价（30 分）

所有有效投标人报价去掉一个最高报价和一个最低报价的算术平均值（投标人个数不足 5 个时，则为所有投标人报价算术平均值）作为评标指标，投标人投标报价与评标指标相等时得 30 分，投标报价与评标指标相比，每向上浮动 1% 扣 1 分，每向下浮动 1% 扣 1 分；偏差率不足 1 个百分点时按 1% 计，扣完为止。

在评标过程中，投标人报价低于采购预算 40% 或低于其他有效投标人报价算数平均值 30%，有可能影响产品质量或者不能诚信履约的，评标委员会应当将其投标文件作为无效处理。

偏差率＝[（投标人报价－评标基准价）/ 评标基准价]×100%

2. 商务部分（30 分）

（1）资质条件能符合该项目工程勘察设计等级要求（满分 5 分）。

（2）拟在工程勘察设计中，配备项目负责人具有教授级高级工程师资格者得 2 分、配备的各专业技术人员具有教授级高级工程师资格每个专业得 1 分（满分 10 分）。

（3）承担过类似勘察设计工程业绩，每个业绩得 1 分（满分 5 分）。

（4）投标人若非甘肃省内企业，在甘肃省内设有分公司的，提供分公司营业执照原件得 10 分（满分 10 分）。

3. 技术部分（40 分）

（1）投标人的勘察纲要。勘察纲要简明扼要、内容全面、重点突出、符合招标文件要求，能够了解投标工程勘察技术要求、工程与场地概况、勘察目的与任务以及重点和关键性技术问题（满分 10 分）。

（2）设计方案科学、布置合理，满足相关规范标准要求，设计周期符合招标要求、各专业安排合理、衔接关系合适编制正确，设计要点把握清楚，工程造价控制措施合理，后续服务及现场服务承诺满足业主要求（满分 15 分）。

（3）对勘察场地和地层复杂性应分析透彻，探孔的平面布置、深度符合相应国家技术规范、标准和招标文件提出的要求。对工程地质问题作较详细的说明，有针对性地提出适宜的基础形式和有关的计算参数，勘察方案符合相关标准并具有针对性、可行性和创造性（满分5分）。

（4）计划的勘察设计成果报告和图表齐全，满足业主要求，并提出施工中应注意事项。拟采用的仪器、设备、技术先进（满分5分）。

（5）勘察设计工作进度计划和勘察设计质量保证措施制定合理，切实可行，并满足招标文件要求（满分5分）。

11.2 工程监理招标投标

11.2.1 工程监理招标

1. 招标文件

《标准监理招标文件》中，将招标文件的内容归纳为七类：

（1）招标公告（或投标邀请书）；

（2）投标人须知；

（3）评标办法；

（4）合同条款及格式；

（5）委托人要求；

（6）投标文件格式；

（7）投标人须知前附表规定的其他资料。

2. 委托人要求

“委托人要求”由招标人根据行业标准监理招标文件（如有）、招标项目具体特点和实际需要编制，并与“投标人须知”“通用合同条款”“专用合同条款”相衔接。《标准监理招标文件》中列出的委托人要求通常包括但不限于：

（1）监理要求：

招标人应当根据项目情况明确相应的监理要求，一般应包括以下内容：

1）项目概况：

包括项目名称、建设单位、建设规模、项目地理位置、周边环境、树木情况、文物情况、地质地貌、气候及气象条件、道路交通状况、市政情况等。

2）监理范围及内容。

3）监理依据。

4）监理人员和试验检测仪器设备要求。

5）其他要求。

（2）适用规范标准：

1）国家、行业、项目所在地规范名录。

2）国家、行业、项目所在地标准名录。

3）国家、行业、项目所在地规程名录。

（3）成果文件要求：

1）成果文件的组成。

2）成果文件的深度。

3）成果文件的格式要求。

4）成果文件的份数要求。

5）成果文件的载体要求。

① 纸质版的要求；

② 电子版的要求；

③ 其他要求。

6）成果文件的其他要求。

（4）委托人财产清单：

1）委托人提供的设备、设施：

① 委托人提供的办公房屋及冷暖设施：如办公室数量及面积、空调等；

② 委托人提供的设备清单：如电脑、投影仪、打印机、复印机等；

③ 委托人提供的设施清单：如办公桌椅、文件柜等。

2）委托人提供的资料：

① 施工场地及毗邻区域内的供水、排水、供电、供气、供热、通信、广播电视等地下管线资料、气象和水文观测资料，相邻建筑物和构筑物、地下工程的有关资料，以及其他与建设工程有关的原始资料；

② 定位放线的基准点、基准线和基准标高；

③ 委托人取得的有关审批、核准和备案材料；

④ 勘察文件、设计文件等资料；

⑤ 技术标准、规范；

⑥ 工程承包合同及其他相关合同；

⑦ 其他资料。

3）委托人财产使用要求及退还要求。

（5）委托人提供的便利条件：

1）委托人提供的生活条件；

2）委托人提供的交通条件；

3）委托人提供的网络、通信条件；

4）委托人提供的协助人员。

（6）监理人需要自备的工作条件：

1）监理人自备的工作手册：如本项目必备的规范标准、图集等；

2）监理人自备的办公设备：如电脑、软件、投影仪、打印机、复印机、照相机等；

3）监理人自备的交通工具：如出行车辆等；

4）监理人自备的现场办公设施：如办公桌椅、文件柜等；

5）监理人自备的安全设施：如安全帽、安全鞋、手电筒等；

6）监理人自备的试验检测仪器、设备、工具；

7）监理人自备的试验用房、样品用房。

（7）委托人的其他要求。

11.2.2　工程监理投标

1. 投标文件

投标文件应当对招标文件有关监理服务期限、投标有效期、委托人要求、招标范围等实质性内容作出响应，包括下列内容：

（1）投标函及投标函附录；

（2）法定代表人身份证明或授权委托书；

（3）联合体协议书；

（4）投标保证金；

（5）监理报酬清单；

（6）资格审查资料；

（7）监理大纲；

（8）投标人须知前附表规定的其他资料。

2. 监理大纲

监理大纲是工程监理投标的重要技术文件，在评标因素中占较大的权重，一般应包括（但不限于）下列内容：

（1）监理工程概况；

（2）监理范围、监理内容；

（3）监理依据、监理工作目标；

（4）监理机构设置（框图）、岗位职责；

（5）监理工作程序、方法和制度；

（6）拟投入的监理人员、试验检测仪器设备；

（7）质量、进度、造价、安全、环保监理措施；

（8）合同、信息管理方案；

（9）组织协调内容及措施；

（10）监理工作重点、难点分析；

（11）对本工程监理的合理化建议。

11.2.3　工程监理评标

1. 评标办法

工程监理评标一般采用“综合评估法”。评标委员会对满足招标文件实质性要求的投标文件，按照招标文件规定的评分标准进行打分，并按得分由高到低顺序推荐中标候选人，或根据招标人授权直接确定中标人，但投标报价低于其成本的除外。综合评分相等时，以投标报价低的优先；投标报价也相等的，以监理大纲得分高的优先；如果监理大纲得分也相等，按照招标文件中评标办法前附表的规定确定中标候选人顺序。

《标准监理招标文件》第三章“评标办法”规定了综合评估法的评审标准和评审程序。各评审因素的评审标准、分值和权重等由招标人自主确定。国务院有关部门对各评审因素的评审标准、分值和权重等有规定的，从其规定。

监理评标的量化因素一般由资信业绩、监理大纲、投标报价和其他评分因素等构成，总分一般为 100 分，各因素具体分值比例由招标人在评标办法前附表中规定。

（1）资信业绩

资信业绩部分的评分因素主要考虑信誉、类似项目业绩、总监理工程师资格和业绩、其他主要人员资格和业绩、拟投入的试验检测仪器设备等。

（2）监理大纲

监理大纲部分的评分因素主要从以下几个方面考虑：

1）监理范围、监理内容；

2）监理依据、监理工作目标；

3）监理机构设置和岗位职责；

4）监理工作程序、方法和制度；

5）质量、进度、造价、安全、环保监理措施；

6）合同、信息管理方案；

7）建立组织协调内容及措施；

8）监理工作重点、难点分析；

9）合理化建议。

（3）投标报价

投标报价的评分标准一般根据投标报价与评标基准价的偏差率确定，评标基准价、偏差率和报价评分的计算办法由招标人在评标办法前附表中列明。

（4）其他评分因素

结合监理项目的特点，招标人可以确定其他的评分因素，并在评标办法前附表中列出相应的评分标准。

2. 行业惯例

国内部分行业制定了行业标准监理招标文件，其中规定的评标办法适用于本行业的工程监理评标。比如，交通运输部制定的《公路工程标准监理招标文件》（2018 年版）中规定的公路工程监理评标方法，适用于公路工程监理的评标。

【行业惯例】《公路工程标准监理招标文件》（2018 年版）规定的分值构成和评分标准。

公路工程监理评标的综合评分法分值构成和评分标准建议为：

（1）技术建议书（25 ～ 35 分）：主要包括监理大纲（或监理方案）和措施、本工程监理工作的重点与难点分析、对本工程的建议等；

（2）主要人员（25 ～ 40 分）：主要包括总监理工程师或驻地监理工程师任职资格与业绩等；

（3）技术能力（0 ～ 5 分）：指投标人的科研开发和技术创新能力，招标人可结合招标项目的具体情况提出相关要求，包括投标人获得的与工程咨询管理（包括勘察设计、监理等工程咨询工作）有关的专利（发明专利或实用新型专利）、国家或省级科学技术进步奖，主编或参编过的国家、行业或地方标准等；

（4）业绩（10 ～ 25 分）：主要指以往从事过的类似项目业绩；

（5）履约信誉（5 ～ 10 分）：主要指以往履约信誉、信用评级等；

（6）评标价：不宜超过 10 分（有的监理项目评标不考虑报价）。

以下介绍一个房屋建筑工程监理评标案例。

【案例】某高校学生公寓及留学生公寓楼建设项目监理评标办法（2019 年 1 月）。

本工程监理评标采用综合评分法。首先对投标文件进行初步评审，初步评审合格的投标文件，进入详细评审。综合量化记分最高的投标人为推荐中标人。投标人在国家、省、地（州、市）建设行政主管部门或行业主管部门的检查中，有违规、违章行为的从查处之日起一年内每次扣 2 分。

1. 初步评审

投标人递交的投标文件有下列情况之一的，评标委员会应当否决其投标：

（1）投标人的资格证明文件不合格；

（2）无单位盖章、无法定代表人或法定代表人授权的代理人签字或盖章；

（3）未按规定的格式填写，内容不全或关键字迹模糊、无法辨认；

（4）投标人提交两份或多份内容不同的投标文件，或在一份投标文件中对同一项目报有两个或多个报价，并未声明哪一个有效的，按招标文件提供备选方案除外；

（5）未按招标文件要求提交投标保证金；

（6）联合体投标未附联合体各方共同投标协议的。

2. 详细评审

（1）商务标（20 分）

1）监理业绩（10 分，以建设行政主管部门备案的中标通知书和合同原件为据）：

① 投标人近三年监理过与招标工程同规模或相类似工程者，得 5 分；

② 总监理工程师近三年监理过与招标工程同规模或相类似工程者，得 5 分。

2）投标人资格 10 分：

① 投标人取得国家注册监理工程师证书的人员达 10 人以上，得 4 分；5 人以上者得 2 分。

② 总监理工程师取得国家注册监理工程师证书，且为工民建高级工程师者，得 1 分；投标人派驻现场的监理专业人员、技术职称及年龄结构合理，确能满足监理业务需要，得 2 分。派驻现场的国家注册监理工程师每增加一名加 1 分，最多 3 分。

（2）技术标（80 分）

技术标以监理方案、监理大纲、监理细则作为评分依据。

1）工程概况与工程特点（5 分）：

① 工程概况简明扼要，重点突出，符合招标文件要求得 1 分，否则不得分；

② 能准确把握工程特点得 1 分，否则不得分；

③ 能指出施工图纸存在的问题，或对设计提出合理化建议能改善功能或节约投资得 1 分，否则不得分；

④ 能准确把握工程难点得 2 分，否则不得分。

2）监理控制目标和对招标文件的响应（5 分）：

① 监理控制目标，达到招标文件要求，得 3 分，否则酌情扣分，达不到招标文件最低要求，不得分；

② 投标文件格式、内容符合招标文件要求，并对招标文件做出实质性响应得 2 分，否则不得分。

3）项目监理组织机构和岗位责任制（10 分）：

① 项目监理组织机构形式符合工程特点，职能划分明确得 2 分，否则不得分；

② 各级监理人员岗位职责完善明确得 4 分，有缺陷的酌情扣分，职责不完善或职责不清，不得分；

③ 投入本项目的监理人员专业、技术职称及年龄结构搭配合理，符合工程需要得 4 分，否则酌情扣分。

4）质量控制（15 分）：

① 质量控制内容齐全、重点突出得 4 分；有主要内容、重点不突出得 2 分；其余情况酌情扣分；

② 质量控制方法和程序正确，得 5 分；基本正确得 3 分，否则不得分；

③ 质量控制措施得力，关键部位考虑旁站，得 4 分，控制措施一般，关键部位未考虑旁站，得 2 分；

④ 监理单位内部有完善的监理工作质量奖惩制度，得 2 分；有一般的工作质量奖惩制度得 1 分，否则不得分。

5）投资控制（10 分）：

① 投资控制内容齐全得 1 分；能针对项目特点得 1 分；对资金运用提出合理化建议得 1 分，否则不得分；

② 投资控制方法和程序正确得 4 分；基本正确得 2 分，否则不得分；

③ 投资控制措施得力，能运用技术、经济手段、合同措施确保实现投资控制目标得 3 分，措施不全，每缺一项扣 1 分。

6）进度控制（10 分）：

① 能根据工程和当地施工水平、气候特点，提出合理施工进度计划得 4 分，进度计划基本合理得 2 分，否则不得分；

② 进度控制方法和程序正确得 4 分；基本正确得 2 分，否则不得分；

③进度控制措施得力得 2 分，基本正确得 1 分，否则不得分。

7）合同管理（5 分）：

① 合同管理内容齐全，能根据合同具体条款，公正调解合同纠纷，公正处理合同索赔得 3 分，否则酌情扣分或不得分；

② 处理合同适宜程序正确得 2 分，否则酌情扣分或不得分。

8）现场协调（5 分）：

① 有完善的现场协调制度，能准确把握各方面关系得 2 分，否则酌情扣分或不得分；

② 协调方法和措施得力得 3 分，否则酌情扣分或不得分。

9）文明施工和安全管理（5 分）：

① 有切实可行的文明施工、安全管理的监理措施得 3 分，否则酌情扣分；

② 单位有完善的文明监理、现场监理制度得 2 分，否则酌情扣分或不得分。

10）用于本工程的监理设备及后勤保障（10 分）：

① 投标人为本项目配备了与项目规模相适应的常规交通，检测及办公监理设备，能满足监理业务需要得 8 分，配备了主要的交通、检测及办公监理设备得 5 分，配备了一般的办公监理设备得 3 分；

② 监理单位后勤保障措施得力者得 2 分，否则酌情扣分。

11.3 工程货物招标投标

11.3.1 工程货物招标

1. 招标注意事项

（1）招标条件

根据《工程建设项目货物招标投标办法》（2013 年修订），依法必须招标的工程建设项目，应当具备下列条件才能进行货物招标：

1）招标人已经依法成立；

2）按照国家有关规定应当履行项目审批、核准或者备案手续的，已经审批、核准或者备案；

3）有相应资金或者资金来源已经落实；

4）能够提出货物的使用与技术要求。

（2）总承包招标与标包划分

工程建设项目招标人对项目实行总承包招标时，未包括在总承包范围内的货物属于依法必须进行招标的项目范围且达到国家规定规模标准的，应当由工程建设项目招标人依法组织招标。以暂估价形式包括在总承包范围内的货物属于依法必须进行招标的项目范围且达到国家规定规模标准的，应当依法组织招标。

招标货物需要划分标包的，招标人应合理划分标包，确定各标包的交货期。招标人不得以不合理的标包限制或者排斥潜在投标人或者投标人。依法必须进行招标的项目的招标人不得利用标包划分规避招标。

（3）两阶段招标

对无法精确拟定其技术规格的货物，招标人可以采用两阶段招标程序。

在第一阶段，招标人可以首先要求潜在投标人提交技术建议，详细阐明货物的技术规格、质量和其他特性。招标人可以与投标人就其建议的内容进行协商和讨论，达成一个统一的技术规格后编制招标文件。

在第二阶段，招标人应当向第一阶段提交了技术建议的投标人提供包含统一技术规格的正式招标文件，投标人根据正式招标文件的要求提交包括价格在内的最后投标文件。

招标人要求投标人提交投标保证金的，应当在第二阶段提出。

2. 招标文件的组成

《标准设备采购招标文件》（2017 版）和《标准材料采购招标文件》（2017 版）中规定的招标文件包括：

（1）招标公告（或投标邀请书）；

（2）投标人须知；

（3）评标办法；

（4）合同条款及格式；

（5）供货要求；

（6）投标文件格式；

（7）投标人须知前附表规定的其他资料。

3. 供货要求

招标文件中的"供货要求"由招标人根据行业标准货物采购招标文件（如有）、招标项目具体特点和实际需要编制，并与"投标人须知""通用合同条款""专用合同条款"相衔接。招标人应尽可能清晰准确地提出对货物的需求，并对所要求提供的设备（或材料）名称、规格、数量及单位、交货期、交货地点、技术性能指标（或质量标准）、检验考核要求（或验收标准）、技术服务和质保期服务要求（或相关服务要求）等作出说明。鉴于供货要求是合同文件的组成文件之一，指代主体名称宜采用买方和卖方分别表示招标人和投标人或中标人。

（1）项目概况及总体要求

招标人可根据需要对工程项目的概况进行介绍，以使投标人更清晰地了解供货的总体要求和相关信息。

（2）货物需求一览表

招标人应在供货要求中提出货物需求一览表，格式如表 11-2 所示。

设备（或材料）需求一览表　　表 11-2

序号	货物名称	规格	数量及单位	交货期	交货地点	……
1						
2						
3						
……						

（3）技术性能指标（或质量标准）

招标人应编制详细的技术性能指标（或质量标准）并考虑以下因素：

1）技术性能指标（或质量标准）构成评标委员会评价投标文件技术响应性的标准。因此，定义明确的技术性能指标（或质量标准）有助于投标人编制响应性的投标文件，也有助于评标委员会审查、评审和比较投标文件。

2）技术性能指标（或质量标准）应具有足够的广泛性，以免在生产制造货物时对普遍使用的工艺、材料和设备造成限制。

3）招标文件中规定的工艺、材料和设备的标准不得有限制性，应尽可能地采用国家标准。法律法规对设备安全性有特殊要求的，应当符合有关产品质量的强制性国家标准、行业标准。

4）技术性能指标（或质量标准）不得限定或者指定特定的专利、商标、品牌、原产地或者供应商，不得含有倾向或者排斥投标人的其他内容。在引用不可能避免时，该引用后应注明“或相当于”的字样。

（4）检验考核要求（或验收标准）

对于设备招标，招标人应对合同设备在考核中应达到的技术性能考核指标进行规定，并可根据合同设备的实际情况，规定可以接受的合同设备的最低技术性能考核指标。

对于材料招标，招标人应规定明确的材料验收标准。

（5）技术服务和质保期服务要求（或相关服务要求）

对于设备招标，招标人还应该提出设备安装期间供应商应提供的技术服务以及设备安装后的质保期服务要求。对于材料招标，招标人也应该提出相关服务要求。

11.3.2 工程货物投标

1. 投标注意事项

（1）投标人

法定代表人为同一个人的两个及两个以上法人，母公司、全资子公司及其控股公司，都不得在同一货物招标中同时投标。一个制造商对同一品牌同一型号的货物，仅能委托一个代理商参加投标。

（2）投标报价

投标人应按招标文件中“投标文件格式”的要求在投标函中进行报价并填写分项报价表。投标报价为各分项报价金额之和，投标报价与分项报价的合价不一致的，应以各分项合价累计数为准，修正投标报价；如分项报价中存在缺漏项，则视为缺漏项价格已包含在其他分项报价之中。投标人在投标截止时间前修改投标函中的投标报价总额，应同时修改投标文件“分项报价表”中的相应报价。投标报价应包括国家规定的增值税税金，除投标人须知前附表另有规定外，增值税税金按一般计税方法计算。

（3）投标保证金

投标保证金不得超过项目估算价的百分之二，但最高不得超过八十万元人民币。投标保证金有效期应当与投标有效期一致。

2. 投标文件

投标文件应当对招标文件有关供货期、投标有效期、供货要求、招标范围等实质性内容作出响应。投标文件在满足招标文件实质性要求的基础上，可以提出比招标文件要求更有利于招标人的承诺。投标文件应包括下列内容：

（1）投标函；

（2）法定代表人（单位负责人）身份证明或授权委托书；

（3）联合体协议书；

（4）投标保证金；

（5）商务和技术偏差表；

（6）分项报价表；

（7）资格审查资料；

（8）设备技术性能指标（或材料质量标准）的详细描述；

（9）技术支持资料；

（10）技术服务和质保期服务（或相关服务）计划；

（11）投标人须知前附表规定的其他资料。

11.3.3 工程货物评标

工程货物采购的评标有“综合评估法”和“经评审的最低投标价法”两种评标方法，招标人可根据招标项目具体特点和实际需要选择适用。技术简单或技术规格、性能、制作工艺要求统一的货物，一般采用经评审的最低投标价法进行评标。技术复杂或技术规格、性能、制作工艺要求难以统一的货物，一般采用综合评估法进行评标。招标人选择适用综合评估法的，各评审因素的评审标准、分值和权重等由招标人自主确定。国务院有关部门对各评审因素的评审标准、分值和权重等有规定的，从其规定。

1. 综合评估法

工程货物评标的综合评估法，是指评标委员会对满足招标文件实质性要求的投标文件，按照评标办法前附表规定的评分标准进行打分，并按得分由高到低顺序推荐中标候选人，或根据招标人授权直接确定中标人，但投标报价低于其成本的除外。综合评分相等时，以投标报价低的优先;投标报价也相等的，以技术得分高的优先;如果技术得分也相等，按照评标办法前附表的规定确定中标候选人顺序。

工程货物评标的量化因素一般由商务部分、技术部分、投标报价和其他评分因素等构成，总分一般为 100 分，各因素具体分值比例由招标人在评标办法前附表中规定。

（1）商务部分

主要包括对投标人履约能力的评价、对招标文件商务条款的响应程度、投标货物的业绩。

（2）技术部分

主要包括对投标货物整体评价、设备技术性能指标（或材料质量标准）的响应程度、对投标人技术服务和质保期服务能力（或相关服务能力）的评价。

（3）投标报价

投标报价的评分标准一般根据投标报价与评标基准价的偏差率确定，评标基准价、偏差率和报价评分的计算办法由招标人在评标办法前附表中列明。

（4）其他评分因素

结合工程项目和招标货物的特点，招标人可以确定其他的评分因素，并在评标办法前附表中列出相应的评分标准。

【案例】采用综合评分法的 LZ 市轨道交通 1 号线一期工程 XG 站人防系统设备采购评标（2019 年 1 月）。

分值构成与评分标准：

1. 商务部分（100 分），权重为 30%：

（1）企业综合能力（5 分）。

（2）项目施工人员配置（5 分）。

（3）近三年财务状况（5 分）。

（4）项目负责人（20 分）。

（5）业绩（60 分）。

（6）互保共建（5分）：投标人所投标的产品为注册在LZ市行政区域范围内的企业生产制造得5分（编者注：此条涉嫌以不合理条件限制或排斥潜在投标人）。

2. 技术部分（100分），权重为40%：

（1）系统设备技术要求（30分）。

（2）设备制造方案（10分）。

（3）设备安装方案（20分）。

（4）接口配合（10分）。

（5）工期、安全、文明保证措施（10分）。

（6）通过最终验收的保证措施（10分）。

（7）项目管理（10分）。

3. 投标报价（100分），权重为30%，按表1计算打分：

投标报价评分表 **表1**

价格差值比例范围	评审分值范围	打分公示
$V_n \leqslant B \times 80\%$	63	
$B \times 80\% < V_n < B \times 90\%$	63～93	$X = 93 - (0.90 - V_n/B) \times 3 \times 100$
$B \times 90\% \leqslant V_n \leqslant B \times 97\%$	93～100	$X = 100 - (0.97 - V_n/B) \times 1 \times 100$
$B \times 97\% < V_n < B \times 105\%$	100～84	$X = 100 - (V_n/B - 0.97) \times 2 \times 100$
$B \times 105\% \leqslant V_n < B \times 115\%$	84～44	$X = 84 - (V_n/B - 1.05) \times 4 \times 100$
$V_n \geqslant B \times 115\%$	44	

其中，B为评标基准价，即$B = \sum V_n/N$，V_n为参与计算评标基准价的评标价，N为参与计算评标基准价的投标人数量，分如下情况确定：

（1）当通过资格审查的投标人数量小于等于5家时，取所有投标人参与计算B值，进行价格评审。

（2）当通过资格审查的投标人数量为6家（含）以上时，去掉一个最高评标价、一个最低评标价后先计算算术平均值A，并剔除评标价在A的［70%，120%］范围外的投标人，计算B值。如果参与计算B值的投标人少于3家，则取与A值差值的绝对值最小的投标人补足3家计算B值，进行价格评审。

2. 经评审的最低投标价法

经评审的最低投标价法，是指评标委员会对满足招标文件实质性要求的投标文件，根据评标办法前附表规定的评标价格调整方法进行必要的价格调整，并按照经评审的投标价由低到高的顺序推荐中标候选人，或根据招标人授权直接确定中标人，但投标报价低于其成本的除外。经评审的投标价相等时，投标报价低的优先；投标报价也相等的，按照评标办法前附表中的规定确定中标候选人顺序。

《工程建设项目货物招标投标办法》（2013年修订）规定，技术简单或技术规格、性能、制作工艺要求统一的货物，一般采用经评审的最低投标价法进行评标。《政府采购货物和服务招标投标管理办法》（2017年修订）规定，技术、服务等标准统一的货物服务项目，应当采用最低评标价法。但在实务中，采用经评审的最低投标价法容易造成投标人恶意压低报价进行竞争，同时所招标货物的技术、性能和工艺标准不易统一，除价格之外的其他因素调整为投标价的方法也不够严谨。因此，近年来，在我国工程设备、材料等大宗货物的评标过程中已较少采用经评审的最低投标价法，而更多的是采用综合评分法。

复习思考题

1. 设计项目和施工项目的评标有什么不同的侧重点?
2. 请上网查阅相关资料，分析对未中标人的工程设计方案是如何处理的?
3. 工程监理项目评标主要考虑哪些因素?
4. 工程货物采购项目评标主要考虑哪些因素?

第 3 篇

工程合同管理实务

第 12 章　工程合同管理概述

导 读

工程合同指在工程施工、勘察、设计、监理、材料设备采购各环节，由建设单位、施工单位、勘察设计单位、监理单位、材料设备供货方之间签订的明确双方权利义务关系的合同。

本章在明确工程合同的概念和特征的基础上，介绍我国现行的工程合同系列文本及其适用范围，然后介绍工程合同常用的三种计价方式，最后介绍工程合同条款中的一般约定。

12.1　工程合同的概念与特征

12.1.1　工程合同的概念

1. 工程、服务和货物

工程，是指建设工程，包括建筑物和构筑物的新建、改建、扩建及其相关的装修、拆除、修缮等。

工程服务，即与工程建设有关的服务，是指为完成工程所需的勘察、设计、监理等。

工程货物，即与工程建设有关的货物，是指构成工程不可分割的组成部分，且为实现工程基本功能所必需的设备、材料等。

2. 工程施工合同

工程施工合同是指承包人完成工程的建筑安装工作，发包人验收后，接受该工程并支付价款的合同。

工程施工合同的当事人是发包人和承包人，标的是工程的建筑安装任务，内容主要包括工程范围、建设工期、中间交工工程的开工和竣工时间、工程质量、工程造价、技术资料交付时间、材料和设备供应责任、拨款和结算、竣工验收、质量保证期、双方互相协作等条款。

3. 工程勘察设计合同

工程勘察、设计合同是指勘察人、设计人完成工程勘察设计服务，发包人支付勘察设计费的协议。

勘察服务，指勘察人按照合同约定履行的服务，包括制订勘察纲要、进行测绘、勘探、取样和试验等，查明、分析和评估地质特征和工程条件，编制勘察报告和提供发包人委托的其他服务。

设计服务，指设计人按照合同约定履行的服务，包括编制设计文件和设计概算、预算、提供技术交底、施工配合、参加竣工验收或发包人委托的其他服务。

4. 工程监理合同

工程监理合同是发包人和监理人约定，由监理人处理发包人委托的工程监理服务的合同。

监理服务，指监理人接受委托人的委托，依照法律、规范标准和监理合同等，对建设工程勘察、设计或施工等阶段进行质量控制、进度控制、投资控制、合同管理、信息管理、组织协调和安全监理、环保监理的服务活动。

5. 工程货物采购合同

工程货物采购合同是由出卖人转移合同设备或材料的所有权于买受人，买受人支付价款的合同。这里的出卖人一般指设备或材料的供货商，买受人指需要设备或材料的发包人或承包人。

合同设备，指出卖人按合同约定应向买受人提供的设备、装置、备品、备件、易损易耗件、配套使用的软件或其他辅助电子应用程序及技术资料，或其中任何一部分。

合同材料，指出卖人按合同约定应向买受人提供的材料及技术资料，或其中任何一部分。

12.1.2　工程合同的特征

1. 合同的标的仅限于建设工程

工程合同的标的主要是作为建设工程的建筑物和构筑物的新建、改建、扩建及其相关的装修、拆除、修缮等以及相关的勘察、设计、监理服务，也包括对线路、管道、设备等进行的安装建设。涉及房屋、铁路、公路、机场、港口、桥梁、矿井、水库、电站、通信线路等领域。

由于建设工程具有空间上的固定性、生产的单件性、生产的露天性、周期长、工序复杂等特征。因此，工程合同也具有标的额大、内容复杂、影响因素多、周期长等特征。

2. 具有较强的国家管理性

不同于其他合同有较强的任意性，工程合同则有较强的国家管理性。从合同的形式、合同的订立、合同文本等方面，国家对其都有强制管理的一些规定、标准或方式。比如工程合同的形式必须采用书面形式；对满足一定标准和规模要求的工程合同的订立必须采用招标投标的方式，其合同文本也要采用国家制定的标准文本等。

3. 合同的要式性

所谓要式性，即合同必须采用特定的形式。由于工程合同的标的额一般较大，当事人权利义务关系复杂。《合同法》明确规定，工程合同必须采用书面形式，并且国家制定了适合于强制性使用的标准文本和推荐性适用的示范文本。

12.2　工程合同文本

我国现行的工程合同文本有两个系列：一是九部委联合编制的系列《标准招标文件》中规定的合同条款及格式，本书简称“标准文本”；二是住房和城乡建设部制定的系列《示范文本》，本书简称“示范文本”。二者的条款约定基本是一致的。本课程介绍工程合同的主要内容时，以“标准文本”中的通用条款为主，“示范文本”中的通用条款与“标准文本”不一致时，作必要补充。

12.2.1 工程合同标准文本

原国家发展和改革委员会、财政部、建设部、铁道部、交通部、信息产业部、水利部、民用航空总局、广播电影电视总局等九部委于2007年联合编制了《标准施工招标资格预审文件》和《标准施工招标文件》，自2008年5月1日起施行。2011年，九部委又联合编制了《简明标准施工招标文件》和《标准设计施工总承包招标文件》，自2012年5月1日起施行。对于依法必须进行招标的工程建设项目，中标后签订合同时，必须要采用《标准施工招标文件》中规定的合同条款及格式。而对于依法必须进行招标的工程建设项目，工期不超过12个月、技术相对简单且设计和施工不是由同一承包人承担的小型项目，中标后签订合同时，应当根据《简明标准施工招标文件》中规定的合同条款及格式。对于设计施工一体化的总承包项目，中标后签订合同时，应当根据《标准设计施工总承包招标文件》中规定的合同条款及格式。

2017年9月4日，国家发展和改革委员会、工业和信息化部、住房和城乡建设部、交通运输部、水利部、商务部、国家新闻出版广电总局、国家铁路局、中国民用航空局等九部委联合印发了《标准设备采购招标文件》、《标准材料采购招标文件》、《标准勘察招标文件》、《标准设计招标文件》和《标准监理招标文件》等五个标准招标文件（发改法规［2017］1606号），自2018年1月1日起实施，适用于依法必须招标的与工程建设有关的设备、材料等货物项目和勘察、设计、监理等服务项目。

以上一系列《标准招标文件》具有强制性使用的效力，适用于依法必须招标的工程建设项目。本书所称的“标准文本”，即《标准招标文件》第四章规定的“合同条款和格式”，包括“通用合同条款”“专用合同条款”和“合同附件格式”三部分。在我国境内实施的法定招标项目，在招标、签订合同过程中，一般参照“标准文本”确定合同格式、拟订合同条款，并且对其中的“通用合同条款”，应当不加修改地引用。

实务中，国务院有关行业主管部门可根据本行业招标特点和管理需要、招标人可根据招标项目的具体特点和实际需要，在“专用合同条款”中对“标准文本”中的“通用合同条款”进行补充、细化和修改。但除“通用合同条款”明确规定可以作出不同约定外，“专用合同条款”补充和细化的内容不得与“通用合同条款”相抵触，不得违反法律、行政法规的强制性规定，以及平等、自愿、公平和诚实信用原则，否则相关内容无效。

12.2.2 工程合同示范文本

为规范工程施工、勘察、设计市场秩序和工程监理活动，维护工程施工、勘察、设计、监理合同当事人的合法权益，住房和城乡建设部、工商总局制定了一系列工程合同示范文本。现行的主要有《建设工程施工合同（示范文本）》（GF—2017—0201）、《建设工程勘察合同（示范文本）》（GF—2016—0203）、《建设工程设计合同示范文本（房屋建筑工程）》（GF—2015—0209）、《建设工程设计合同示范文本（专业建设工程）》（GF—2015—0210）、《建设工程监理合同（示范文本）》（GF—2012—0202）等（以下统一简称“示范文本”）。

这些“示范文本”是推荐性使用的，不具有强制性，合同当事人可结合工程具体情况，根据《示范文本》订立合同，并按照法律法规和合同约定履行相应的权利义务，承担相应的法律责任。

其中，建设工程施工合同“示范文本”适用于房屋建筑工程、土木工程、线路管道和设备安装工程、装修工程等建设工程的施工承发包活动。

建设工程勘察合同“示范文本”适用于岩土工程勘察、岩土工程设计、岩土工程物探/测试/检测/监测、水文地质勘查及工程测量等工程勘察活动，岩土工程设计也可使用《建设工程设计合同示范文本（专业建设工程）》（GF—2015—0210）。

建设工程设计合同“示范文本”（房屋建筑工程），适用于建设用地规划许可证范围内的建筑物构筑物设计、室外工程设计、民用建筑修建的地下工程设计及住宅小区、工厂厂前区、工厂生活区、小区规划设计及单体设计等，以及所包含的相关专业的设计内容（总平面布置、竖向设计、各类管网管线设计、景观设计、室内外环境设计及建筑装饰、道路、消防、智能、安保、通信、防雷、人防、供配电、照明、废水治理、空调设施、抗震加固等）等工程设计活动。

建设工程设计合同“示范文本”（专业建设工程）适用于房屋建筑工程以外各行业建设工程项目的主体工程和配套工程（含厂/矿区内的自备电站、道路、专用铁路、通信、各种管网管线和配套的建筑物等全部配套工程）以及与主体工程、配套工程相关的工艺、土木、建筑、环境保护、水土保持、消防、安全、卫生、节能、防雷、抗震、照明工程等工程设计活动。房屋建筑工程以外的各行业建设工程统称为专业建设工程，具体包括煤炭、化工石化医药、石油天然气（海洋石油）、电力、冶金、军工、机械、商物粮、核工业、电子通信广电、轻纺、建材、铁道、公路、水运、民航、市政、农林、水利、海洋等工程。

此外，《建设工程施工专业分包合同（示范文本）》、《建设工程施工劳务分包合同（示范文本）》、《建设项目工程总承包合同示范文本（试行）》目前正在修订或征求意见阶段，本书不再做详细介绍。

12.3 工程合同计价方式

工程合同的计价方式主要有三种，即总价合同、单价合同和成本加酬金合同。

12.3.1 单价合同

单价合同（Unit Price Contract），即根据估计的工程内容和估算工程量，在合同中明确每项工程内容的单位价格（如每米、每平方米或者每立方米的价格），实际支付时根据每一个子项的实际完成工程量乘以该子项的合同单价计算该项工作的应付工程款。

单价合同的特点是单价优先。实务中，若业主给出的工程量清单表中的数字是参考数字，实际工程款则按实际完成的工程量和合同中确定的单价计算。虽然在投标报价、评标以及签订合同中，人们常常注重总价格，但在工程款结算中单价优先。

由于单价合同允许随工程量变化而调整工程总价，业主和承包商都不存在工程量的风险，因此对合同双方都比较公平。另外，在招标前，发包单位无需对工程范围做出完整的、详尽的规定，从而可以缩短招标准备时间。投标人也只需对所列工程内容报出自己的单价，从而缩短投标时间。

采用单价合同对业主的不足之处是，业主需要安排专门力量来核实已经完成的工程量，需要在施工过程中花费不少精力，协调工作量大。另外，实际工程量可能超过预测的工程量，即实际投资容易超过计划投资，对投资控制不利。

单价合同又分为固定单价合同和变动单价合同。

固定单价合同条件下，无论发生哪些影响价格的因素都不对单价进行调整，因而对承包商而言就存在一定的风险。当采用变动单价合同时，合同双方可以约定一个估计的工程量，当实际工程量发生较大变化时可以对单价进行调整，同时还应该约定如何对单价进行调整；当然也可以约定，当通货膨胀达到一定水平或者国家政策发生变化时，可以对哪些工程内容的单价进行调整以及如何调整等。因此，承包商的风险就相对较小。

固定单价合同适用于工期较短、工程量变化幅度不会太大的项目。

12.3.2 总价合同

1. 总价合同的含义

所谓总价合同（Lump Sum Contract），是指根据合同规定的工程施工内容和有关条件，业主应付给承包商的款额是一个规定的金额，即明确的总价。总价合同也称作总价包干合同，即根据工程招标时的要求和条件，当工程内容和有关条件不发生变化时，业主付给承包商的价款总额就不发生变化。

总价合同又分固定总价合同和变动总价合同两种。

2. 固定总价合同

固定总价合同的价格计算是以图纸及标准、规范为基础，工程任务和内容明确，业主的要求和条件清楚，合同总价一次包死，固定不变，即不再因为环境的变化和工程量的增减而变化。在这类合同中，承包商承担了全部的工作量和价格的风险。因此，承包商在报价时应对一切费用的价格变动因素以及不可预见因素都做充分的估计，并将其包含在合同价格之中。

在国际上，这种合同被广泛接受和采用，因为有比较成熟的法规和先例。对业主而言，在合同签订时就可以基本确定项目的总投资额，对投资控制有利；在双方都无法预测的风险条件下和可能有工程变更的情况下，承包商承担了较大的风险，业主的风险较小。但是，工程变更和不可预见的困难也常常引起合同双方的纠纷或者诉讼，最终导致其他费用的增加。

当然，在固定总价合同中还可以约定，在发生重大工程变更、累计工程变更超过一定幅度或者其他特殊条件下可以对合同价格进行调整。因此，在订立合同时需要确定重大工程变更的含义、累计工程变更的幅度以及什么样的特殊条件才能调整合同价格，以及如何调整合同价格等。

采用固定总价合同，双方结算比较简单，但是由于承包商承担了较大的风险，因此报价中不可避免地要增加一笔较高的不可预见风险费。承包商的风险主要有两个方面：一是价格风险，二是工作量风险。价格风险有报价计算错误、询价失误、物价和人工费上涨等；工作量风险有工程量计算错误、工程范围不确定、工程变更或者由于设计深度不够所造成的误差等。

固定总价合同适用于以下情况:

（1）工程量小、工期短，估计在施工过程中环境因素变化小，工程条件稳定并合理。

（2）工程设计详细，图纸完整、清楚，工程任务和范围明确。

（3）工程结构和技术简单，风险小。

（4）投标期相对宽裕，承包商可以有充足的时间详细考察现场、复核工程量、分析招标文件、拟订施工计划。

3. 变动总价合同

变动总价合同又称为可调总价合同，合同价格是以图纸及标准、规范为基础，按照时价（Current Price）进行计算，得到包括全部工程任务和内容的暂定合同价格。它是一种相对固定的价格，在合同执行过程中，由于通货膨胀等原因而使工、料成本增加时，可以按照合同约定对合同总价进行相应的调整。当然，一般由于设计变更、工程量变化和其他工程条件变化所引起的费用变化也可以进行调整。因此，通货膨胀等不可预见因素的风险由业主承担，对承包商而言，其风险相对较小，但对业主而言，不利于其进行投资控制，突破投资的风险就增大了。

4. 总价合同的特点和应用

显然，采用总价合同时，对承发包工程的内容及其各种条件都应基本清楚、明确，否则，承发包双方都有蒙受损失的风险。因此，一般是在施工图设计完成，施工任务和范围比较明确，业主的目标、要求和条件都清楚的情况下才采用总价合同。对业主来说，由于设计花费时间长，因而开工时间较晚，开工后的变更容易带来索赔，而且在设计过程中也难以吸收承包商的建议。总价合同的特点是:

（1）发包单位可以在报价竞争状态下确定项目的总造价，可以较早确定或者预测工程成本。

（2）业主的风险较小，承包人将承担较多的风险。

（3）评标时易于迅速确定最低报价的投标人。

（4）在施工进度上能极大地调动承包人的积极性。

（5）发包单位能更容易、更有把握地对项目进行控制。

（6）必须完整而明确地规定承包人的工作。

（7）必须将设计和施工方面的变化控制在最小限度内。

在工程施工承包招标时，施工期限较短的项目一般实行固定总价合同，通常不考虑价格调整问题，以签订合同时的单价和总价为准，物价上涨的风险全部由承包商承担。但是对建设周期较长的项目，则应考虑下列因素引起的价格变化问题:

（1）劳务工资以及材料费用的上涨。

（2）其他影响工程造价的因素，如运输费、燃料费、电力等价格的变化。

（3）外汇汇率的不稳定。

（4）国家或者省、市立法的改变引起的工程费用的上涨。

12.3.3　成本加酬金合同

1. 成本加酬金合同的含义

成本加酬金合同也称为成本补偿合同，工程合同的最终价格将按照工程的实际成本再加上一定的酬金进行计算。在合同签订时，工程实际成本往往不能确定，只能确定酬金的取值比例或者计算原则。

采用这种合同，承包商不承担任何价格变化或工程量变化的风险，对业主的投资控制很不利。承包商则往往缺乏控制成本的积极性，常常不仅不愿意控制成本，甚至还会期望提高成本以提高自己的经济效益，因此这种合同容易被那些不道德或不称职的承包商滥用，从而损害工程的整体效益。所以，应该尽量避免采用这种合同。

2. 成本加酬金合同的特点和适用条件

成本加酬金合同通常用于如下情况：

（1）工程特别复杂，工程技术、结构方案不能预先确定，或者尽管可以确定工程技术和结构方案，但是不能进行竞争性的招标活动并以总价合同或单价合同的形式确定价格。

（2）时间特别紧迫，如抢险、救灾工程，来不及进行详细的计划和商谈。

对业主而言，这种合同形式也有一定优点，如：

（1）可以通过分段施工缩短工期，而不必等待所有施工图完成才开始招标和施工。

（2）可以减少承包商的对立情绪，承包商对工程变更和不可预见条件的反应会比较积极和快捷。

（3）可以利用承包商的施工技术专家，帮助改进或弥补设计中的不足。

（4）业主可以根据自身力量和需要，较深入地介入和控制工程施工和管理。

（5）也可以通过确定最大保证价格约束工程成本不超过某一限值，从而转移一部分风险。

对承包商来说，这种合同比固定总价的风险低，利润比较有保证，因而比较有积极性。其缺点是合同的不确定性，由于设计未完成，无法准确确定合同的工程内容、工程量以及合同的终止时间，有时难以对工程计划进行合理安排。

3. 成本加酬金合同的形式

（1）成本加固定费用合同

根据双方讨论同意的工程规模、估计工期、技术要求、工作性质及复杂性、所涉及的风险等来考虑确定一笔固定数目的报酬金额作为管理费及利润，对人工、材料、机械台班等直接成本则实报实销。如果设计变更或增加新项目，当直接费超过原估算成本的一定比例（如 10%）时，固定的报酬也要增加。在工程总成本一开始估计不准，可能变化不大的情况下，可采用此合同形式。这种方式虽然不能鼓励承包商降低成本，但为了尽快得到酬金，承包商会尽力缩短工期。

（2）成本加固定比例费用合同

工程成本中直接费加一定比例的报酬费，报酬部分的比例在签订合同时由双方确定。这种方式的报酬费用总额随成本加大而增加，不利于缩短工期和降低成本。一般在工程初期很难描述工作范围和性质，或工期紧迫，无法按常规编制招标文件时采用。

（3）成本加奖金合同

奖金是根据报价书中的成本估算指标制定的，在合同中对这个估算指标规定一个底点和顶点，比如为工程成本估算的 60% ～ 75% 和 110% ～ 135%。承包商在估算指标的顶点以下完成工程则可得到奖金，超过顶点则要对超出部分支付罚款。如果成本在底点之下，则可加大酬金值或酬金百分比。

（4）最大成本加费用合同

在工程成本总价基础上加固定酬金的方式，即当设计深度达到可以报总价的深度，投标人报一个工程成本总价和一个固定的酬金（包括各项管理费、风险费和利润）。如果实际成本超过合同中的工程成本总价，由承包商承担额外费用，若实施过程中节约了成本，节约的部分归业主，或者由业主与承包商分享，在合同中要确定节约分成比例。

4. 成本加酬金合同的应用

在国际上，许多项目管理合同、咨询服务合同等采用成本加酬金合同方式。在施工合同中采用成本加酬金计价方式时，业主与承包商应该注意以下问题：

（1）必须有一个明确的如何向承包商支付酬金的条款，包括支付时间和金额百分比。如果发生变更和其他变化，酬金支付如何调整。

（2）应该列出工程费用清单，要规定一套详细的工程现场有关的数据记录、信息存储甚至记账的格式和方法，以便对工地实际发生的人工、机械和材料消耗等数据认真而及时地记录。应该保留有关工程实际成本的发票或付款的账单、表明款额已经支付的记录或证明等，以便业主进行审核和核算。

12.4 工程合同的一般约定

“标准文本”和“示范文本”中，“通用合同条款”部分的第 1 条都是对工程合同的一般约定。

“标准文本”中的“一般约定”主要包括词语定义、语言文字、适用法律、合同文件的优先顺序、合同协议书、文件的提供和照管（施工合同为图纸和承包人文件）、联络、转让、严禁贿赂、化石文物（仅施工合同有此项）、知识产权（施工合同为“专利技术”）、文件及信息的保密（施工合同为“图纸和文件的保密”）、发包人（或委托人）要求（施工合同无此项）等几个方面。

“示范文本”中“一般约定”包括的内容与“标准文本”类似。以工程施工合同为例，“一般约定”部分的条款对比如表 12-1 所示。

“标准文本”和“示范文本”中“一般约定”的条款对比（施工合同） 表 12-1

序号	标准文本	示范文本
1	1.1 词语定义	1.1 词语定义与解释
2	1.2 语言文字	1.2 语言文字
3	1.3 法律	1.3 法律
4	1.4 合同文件的优先顺序	1.5 合同文件的优先顺序
5	1.5 合同协议书	—
6	1.6 图纸和承包人文件	1.6 图纸和承包人文件
7	1.7 联络	1.7 联络
8	1.8 转让	—
9	1.9 严禁贿赂	1.8 严禁贿赂
10	1.10 化石、文物	1.9 化石、文物
11	1.11 专利技术	1.11 知识产权

续表

序号	标准文本	示范文本
12	1.12 图纸和文件的保密	1.12 保密
13	—	1.4 标准和规范
14	—	1.10 交通运输
15	—	1.13 工程量清单错误的修正

以下以施工合同为例，介绍合同条款中“一般约定”部分的主要内容。

12.4.1 词语定义

即“标准文本”“示范文本”中通用合同条款、专用合同条款的词语所赋予的含义。

1. 合同

有关“合同”的词语定义归纳如表12-2所示。

“标准文本”和“示范文本”中有关“合同”的词语定义　　表12-2

序号	词语	标准文本中的定义	示范文本中的定义
1	合同	指合同协议书、中标通知书、投标函及投标函附录、专用合同条款、通用合同条款、技术标准和要求、图纸、已标价工程量清单，以及其他合同文件	是指根据法律规定和合同当事人约定具有约束力的文件，构成合同的文件包括合同协议书、中标通知书（如果有）、投标函及其附录（如果有）、专用合同条款及其附件、通用合同条款、技术标准和要求、图纸、已标价工程量清单或预算书以及其他合同文件
2	合同协议书	指第1.5款（合同协议书）所指的合同协议书	是指构成合同的由发包人和承包人共同签署的称为“合同协议书”的书面文件
3	中标通知书	指发包人通知承包人中标的函件	是指构成合同的由发包人通知承包人中标的书面文件
4	投标函	指构成合同文件组成部分的由承包人填写并签署的投标函	是指构成合同的由承包人填写并签署的用于投标的称为“投标函”的文件
5	投标函附录	指附在投标函后构成合同文件的投标函附录	是指构成合同的附在投标函后的称为“投标函附录”的文件
6	技术标准和要求	指构成合同文件组成部分的名为技术标准和要求的文件，包括合同双方当事人约定对其所作的修改或补充	是指构成合同的施工应当遵守的或指导施工的国家、行业或地方的技术标准和要求，以及合同约定的技术标准和要求
7	图纸	指包含在合同中的工程图纸，以及由发包人按合同约定提供的任何补充和修改的图纸，包括配套的说明	是指构成合同的图纸，包括由发包人按照合同约定提供或经发包人批准的设计文件、施工图、鸟瞰图及模型等，以及在合同履行过程中形成的图纸文件。图纸应当按照法律规定审查合格
8	已标价工程量清单	指构成合同文件组成部分的由承包人按照规定的格式和要求填写并标明价格的工程量清单	是指构成合同的由承包人按照规定的格式和要求填写并标明价格的工程量清单，包括说明和表格
9	其他合同文件	指经合同双方当事人确认构成合同文件的其他文件	是指经合同当事人约定的与工程施工有关的具有合同约束力的文件或书面协议。合同当事人可以在专用合同条款中进行约定
10	预算书	—	是指构成合同的由承包人按照发包人规定的格式和要求编制的工程预算文件
11	书面形式	指合同文件、信函、电报、传真等可以有形地表现所载内容的形式	

2. 合同当事人和人员

有关“合同当事人和人员”的词语定义归纳如表 12-3 所示。

有关“合同当事人和人员”的词语定义　　表 12-3

序号	词语	标准文本中的定义	示范文本中的定义
1	合同当事人	指发包人和（或）承包人	是指发包人和（或）承包人
2	发包人	指专用合同条款中指明并与承包人在合同协议书中签字的当事人	是指与承包人签订合同协议书的当事人及取得该当事人资格的合法继承人
3	承包人	指与发包人签订合同协议书的当事人	是指与发包人签订合同协议书的，具有相应工程施工承包资质的当事人及取得该当事人资格的合法继承人
4	承包人项目经理	指承包人派驻施工场地的全权负责人	是指由承包人任命并派驻施工现场，在承包人授权范围内负责合同履行，且按照法律规定具有相应资格的项目负责人
5	分包人	指从承包人处分包合同中某一部分工程，并与其签订分包合同的分包人	是指按照法律规定和合同约定，分包部分工程或工作，并与承包人签订分包合同的具有相应资质的法人
6	监理人	指在专用合同条款中指明的，受发包人委托对合同履行实施管理的法人或其他组织	是指在专用合同条款中指明的，受发包人委托按照法律规定进行工程监督管理的法人或其他组织
7	总监理工程师	指由监理人委派常驻施工场地对合同履行实施管理的全权负责人	是指由监理人任命并派驻施工现场进行工程监理的总负责人
8	设计人	—	是指在专用合同条款中指明的，受发包人委托负责工程设计并具备相应工程设计资质的法人或其他组织
9	发包人代表	—	是指由发包人任命并派驻施工现场在发包人授权范围内行使发包人权利的人

3. 工程和设备

有关“工程和设备”的词语定义归纳如表 12-4 所示。

有关“工程和设备”的词语定义　　表 12-4

序号	词语	标准文本中的定义	示范文本中的定义
1	工程	指永久工程和（或）临时工程	是指与合同协议书中工程承包范围对应的永久工程和（或）临时工程
2	永久工程	指按合同约定建造并移交给发包人的工程，包括工程设备	是指按合同约定建造并移交给发包人的工程，包括工程设备
3	临时工程	指为完成合同约定的永久工程所修建的各类临时性工程，不包括施工设备	是指为完成合同约定的永久工程所修建的各类临时性工程，不包括施工设备
4	单位工程	指专用合同条款中指明特定范围的永久工程	是指在合同协议书中指明的，具备独立施工条件并能形成独立使用功能的永久工程
5	工程设备	指构成或计划构成永久工程一部分的机电设备、金属结构设备、仪器装置及其他类似的设备和装置	是指构成永久工程的机电设备、金属结构设备、仪器及其他类似的设备和装置

续表

序号	词语	标准文本中的定义	示范文本中的定义
6	施工设备	指为完成合同约定的各项工作所需的设备、器具和其他物品，不包括临时工程和材料	是指为完成合同约定的各项工作所需的设备、器具和其他物品，但不包括工程设备、临时工程和材料
7	临时设施	指为完成合同约定的各项工作所服务的临时性生产和生活设施	是指为完成合同约定的各项工作所服务的临时性生产和生活设施
8	承包人设备	指承包人自带的施工设备	—
9	施工场地	指用于合同工程施工的场所，以及在合同中指定作为施工场地组成部分的其他场所，包括永久占地和临时占地	是指用于工程施工的场所，以及在专用合同条款中指明作为施工场所组成部分的其他场所，包括永久占地和临时占地
10	永久占地	指专用合同条款中指明为实施合同工程需永久占用的土地	是指专用合同条款中指明为实施工程需永久占用的土地
11	临时占地	指专用合同条款中指明为实施合同工程需临时占用的土地	是指专用合同条款中指明为实施工程需要临时占用的土地

4. 日期

有关“日期”的词语定义归纳如表 12-5 所示。

有关“日期”的词语定义　　表 12-5

序号	词语	标准文本中的定义	示范文本中的定义
1	开工通知	指监理人按第 11.1 款〔开工〕通知承包人开工的函件	—
2	开工日期	指监理人按第 11.1 款〔开工〕发出的开工通知中写明的开工日期	包括计划开工日期和实际开工日期。计划开工日期是指合同协议书约定的开工日期；实际开工日期是指监理人按照第 7.3.2 项〔开工通知〕约定发出的符合法律规定的开工通知中载明的开工日期
3	工期	指承包人在投标函中承诺的完成合同工程所需的期限，包括按第 11.3 款〔发包人的工期延误〕、第 11.4 款〔异常恶劣的气候条件〕和第 11.6 款〔工期提前〕约定所作的变更	是指在合同协议书约定的承包人完成工程所需的期限，包括按照合同约定所作的期限变更
4	竣工日期	指第 1.1.4.3 目〔工期〕约定工期届满时的日期。实际竣工日期以工程接收证书中写明的日期为准	包括计划竣工日期和实际竣工日期。计划竣工日期是指合同协议书约定的竣工日期；实际竣工日期按照第 13.2.3 项〔竣工日期〕的约定确定
5	缺陷责任期	指履行第 19.2 款〔缺陷责任〕约定的缺陷责任的期限，具体期限由专用合同条款约定，包括根据第 19.3 款〔缺陷责任期的延长〕约定所作的延长	是指承包人按照合同约定承担缺陷修复义务，且发包人预留质量保证金（已缴纳履约保证金的除外）的期限，自工程实际竣工日期起计算
6	基准日期	指投标截止时间前 28 天的日期	招标发包的工程以投标截止日前 28 天的日期为基准日期，直接发包的工程以合同签订日前 28 天的日期为基准日期

续表

序号	词语	标准文本中的定义	示范文本中的定义
7	天	除特别指明外，指日历天。合同中按天计算时间的，开始当天不计入，从次日开始计算。期限最后一天的截止时间为当天 24：00	除特别指明外，均指日历天。合同中按天计算时间的，开始当天不计入，从次日开始计算，期限最后一天的截止时间为当天 24：00
8	保修期	—	是指承包人按照合同约定对工程承担保修责任的期限，从工程竣工验收合格之日起计算

5. 合同价格和费用

有关“合同价格和费用”的词语定义归纳如表 12-6 所示。

有关“合同价格和费用”的词语定义　　表 12-6

序号	词语	标准文本中的定义	示范文本中的定义
1	签约合同价	指签订合同时合同协议书中写明的，包括了暂列金额、暂估价的合同总金额	是指发包人和承包人在合同协议书中确定的总金额，包括安全文明施工费、暂估价及暂列金额等
2	合同价格	指承包人按合同约定完成了包括缺陷责任期内的全部承包工作后，发包人应付给承包人的金额，包括在履行合同过程中按合同约定进行的变更和调整	是指发包人用于支付承包人按照合同约定完成承包范围内全部工作的金额，包括合同履行过程中按合同约定发生的价格变化
3	费用	指为履行合同所发生的或将要发生的所有合理开支，包括管理费和应分摊的其他费用，但不包括利润	是指为履行合同所发生的或将要发生的所有必需的开支，包括管理费和应分摊的其他费用，但不包括利润
4	暂列金额	指已标价工程量清单中所列的暂列金额，用于在签订协议书时尚未确定或不可预见变更的施工及其所需材料、工程设备、服务等的金额，包括以计日工方式支付的金额	是指发包人在工程量清单或预算书中暂定并包括在合同价格中的一笔款项，用于工程合同签订时尚未确定或者不可预见的所需材料、工程设备、服务的采购，施工中可能发生的工程变更、合同约定调整因素出现时的合同价格调整以及发生的索赔、现场签证确认等的费用
5	暂估价	指发包人在工程量清单中给定的用于支付必然发生但暂时不能确定价格的材料、设备以及专业工程的金额	是指发包人在工程量清单或预算书中提供的用于支付必然发生但暂时不能确定价格的材料、工程设备的单价、专业工程以及服务工作的金额
6	计日工	指对零星工作采取的一种计价方式，按合同中的计日工子目及其单价计价付款	是指合同履行过程中，承包人完成发包人提出的零星工作或需要采用计日工计价的变更工作时，按合同中约定的单价计价的一种方式
7	质量保证金	指按第 17.4.1 项〔质量保证金〕约定用于保证在缺陷责任期内履行缺陷修复义务的金额	是指按照第 15.3 款〔质量保证金〕约定承包人用于保证其在缺陷责任期内履行缺陷修补义务的担保
8	总价项目	—	是指在现行国家、行业以及地方的计量规则中无工程量计算规则，在已标价工程量清单或预算书中以总价或以费率形式计算的项目

12.4.2 语言文字、法律及标准规范

1. 语言文字

"标准文本"中规定：除专用术语外，合同使用的语言文字为中文。必要时专用术语应附有中文注释。

"示范文本"中规定为：合同以中国的汉语简体文字编写、解释和说明。合同当事人在专用合同条款中约定使用两种以上语言时，汉语为优先解释和说明合同的语言。

2. 法律

适用于合同的法律包括中华人民共和国法律、行政法规、部门规章，以及工程所在地的地方法规、自治条例、单行条例和地方政府规章。

"示范文本"中增加了一款：合同当事人可以在专用合同条款中约定合同适用的其他规范性文件。

3. 标准和规范

"示范文本"中增加此条，包括以下三款：

（1）适用于工程的国家标准、行业标准、工程所在地的地方性标准，以及相应的规范、规程等，合同当事人有特别要求的，应在专用合同条款中约定。

（2）发包人要求使用国外标准、规范的，发包人负责提供原文版本和中文译本，并在专用合同条款中约定提供标准规范的名称、份数和时间。

（3）发包人对工程的技术标准、功能要求高于或严于现行国家、行业或地方标准的，应当在专用合同条款中予以明确。除专用合同条款另有约定外，应视为承包人在签订合同前已充分预见前述技术标准和功能要求的复杂程度，签约合同价中已包含由此产生的费用。

12.4.3 图纸和承包人文件

1. 图纸

（1）图纸的提供

除专用合同条款另有约定外，图纸应在合理的期限内按照合同约定的数量提供给承包人。由于发包人未按时提供图纸造成工期延误的，按第 11.3 款〔发包人的工期延误〕办理。

"示范文本"中该条细化为"图纸的提供和交底"，内容扩充为：

发包人应按照专用合同条款约定的期限、数量和内容向承包人免费提供图纸，并组织承包人、监理人和设计人进行图纸会审和设计交底。发包人至迟不得晚于第 7.3.2 项〔开工通知〕载明的开工日期前 14 天向承包人提供图纸。

因发包人未按合同约定提供图纸导致承包人费用增加和（或）工期延误的，按照第 7.5.1 项〔因发包人原因导致工期延误〕约定办理。

（2）图纸的修改

图纸需要修改和补充的，应由监理人取得发包人同意后，在该工程或工程相应部位施工前的合理期限内签发图纸修改图给承包人，具体签发期限在专用合同条款中约定。承包人应按修改后的图纸施工。

“示范文本”中该条规定为：图纸需要修改和补充的，应经图纸原设计人及审批部门同意，并由监理人在工程或工程相应部位施工前将修改后的图纸或补充图纸提交给承包人，承包人应按修改或补充后的图纸施工。

（3）图纸的错误

承包人发现发包人提供的图纸存在明显错误或疏忽，应及时通知监理人。

“示范文本”中该条细化为：承包人在收到发包人提供的图纸后，发现图纸存在差错、遗漏或缺陷的，应及时通知监理人。监理人接到该通知后，应附具相关意见并立即报送发包人，发包人应在收到监理人报送的通知后的合理时间内作出决定。合理时间是指发包人在收到监理人的报送通知后，尽其努力且不懈怠地完成图纸修改补充所需的时间。

2. 承包人提供的文件

按专用合同条款约定由承包人提供的文件，包括部分工程的大样图、加工图等，承包人应按约定的数量和期限报送监理人。监理人应在专用合同条款约定的期限内批复。

“示范文本”中该条细化为：

承包人应按照专用合同条款的约定提供应当由其编制的与工程施工有关的文件，并按照专用合同条款约定的期限、数量和形式提交监理人，并由监理人报送发包人。

除专用合同条款另有约定外，监理人应在收到承包人文件后 7 天内审查完毕，监理人对承包人文件有异议的，承包人应予以修改，并重新报送监理人。监理人的审查并不减轻或免除承包人根据合同约定应当承担的责任。

3. 图纸和承包人文件的保管

监理人和承包人均应在施工场地各保存一套完整的包含约定内容的图纸和承包人文件。

“示范文本”中规定：除专用合同条款另有约定外，承包人应在施工现场另外保存一套完整的图纸和承包人文件，供发包人、监理人及有关人员进行工程检查时使用。

12.4.4　联络

与合同有关的通知、批准、证明、证书、指示、要求、请求、同意、意见、确定和决定等，均应采用书面形式。以上来往函件，均应在合同约定的期限内送达指定地点和接收人，并办理签收手续。

“示范文本”中该条内容扩充为：

（1）与合同有关的通知、批准、证明、证书、指示、指令、要求、请求、同意、意见、确定和决定等，均应采用书面形式，并应在合同约定的期限内送达接收人和送达地点。

（2）发包人和承包人应在专用合同条款中约定各自的送达接收人和送达地点。任何一方合同当事人指定的接收人或送达地点发生变动的，应提前 3 天以书面形式通知对方。

（3）发包人和承包人应当及时签收另一方送达至送达地点和指定接收人的来往信函。拒不签收的，由此增加的费用和（或）延误的工期由拒绝接收一方承担。

12.4.5　化石和文物

在施工场地发掘的所有文物、古迹以及具有地质研究或考古价值的其他遗迹、化石、钱币或物品属于国家所有。一旦发现上述文物，承包人应采取有效合理的保护措施，防止任何人员移动或损坏上述物品，并立即报告当地文物行政部门，同时通知监理人。

发包人、监理人和承包人应按文物行政部门要求采取妥善保护措施，由此导致费用增加和（或）工期延误由发包人承担。

承包人发现文物后不及时报告或隐瞒不报，致使文物丢失或损坏的，应赔偿损失，并承担相应的法律责任。

12.4.6 专利技术

承包人在使用任何材料、承包人设备、工程设备或采用施工工艺时，因侵犯专利权或其他知识产权所引起的责任，由承包人承担，但由于遵照发包人提供的设计或技术标准和要求引起的除外。

承包人在投标文件中采用专利技术的，专利技术的使用费包含在投标报价内。

承包人的技术秘密和声明需要保密的资料和信息，发包人和监理人不得为合同以外的目的泄露给他人。

“示范文本”中该条变更为“知识产权”，内容相应扩充为：

（1）除专用合同条款另有约定外，发包人提供给承包人的图纸、发包人为实施工程自行编制或委托编制的技术规范以及反映发包人要求的或其他类似性质的文件的著作权属于发包人，承包人可以为实现合同目的而复制、使用此类文件，但不能用于与合同无关的其他事项。未经发包人书面同意，承包人不得为了合同以外的目的而复制、使用上述文件或将之提供给任何第三方。

（2）除专用合同条款另有约定外，承包人为实施工程所编制的文件，除署名权以外的著作权属于发包人，承包人可因实施工程的运行、调试、维修、改造等目的而复制、使用此类文件，但不能用于与合同无关的其他事项。未经发包人书面同意，承包人不得为了合同以外的目的而复制、使用上述文件或将之提供给任何第三方。

（3）合同当事人保证在履行合同过程中不侵犯对方及第三方的知识产权。承包人在使用材料、施工设备、工程设备或采用施工工艺时，因侵犯他人的专利权或其他知识产权所引起的责任，由承包人承担；因发包人提供的材料、施工设备、工程设备或施工工艺导致侵权的，由发包人承担责任。

（4）除专用合同条款另有约定外，承包人在合同签订前和签订时已确定采用的专利、专有技术、技术秘密的使用费已包含在签约合同价中。

12.4.7 其他

1. 合同协议书

承包人按中标通知书规定的时间与发包人签订合同协议书。除法律另有规定或合同另有约定外，发包人和承包人的法定代表人或其委托代理人在合同协议书上签字并盖单位章后，合同生效。

“示范文本”中未单列该条，对应的内容在“词语定义部分”。

2. 转让

除合同另有约定外，未经对方当事人同意，一方当事人不得将合同权利全部或部分转让给第三人，也不得全部或部分转移合同义务。

3. 严禁贿赂

合同双方当事人不得以贿赂或变相贿赂的方式，谋取不当利益或损害对方权益。因贿赂造成对方损失的，行为人应赔偿损失，并承担相应的法律责任。

“示范文本”中增加了一款：承包人不得与监理人或发包人聘请的第三方串通损害发包人利益。未经发包人书面同意，承包人不得为监理人提供合同约定以外的通信设备、交通工具及其他任何形式的利益，不得向监理人支付报酬。

4. 图纸和文件的保密

发包人提供的图纸和文件，未经发包人同意，承包人不得为合同以外的目的泄露给他人或公开发表与引用。

承包人提供的文件，未经承包人同意，发包人和监理人不得为合同以外的目的泄露给他人或公开发表与引用。

“示范文本”中该条变更为“保密”，内容相应变更为：

除法律规定或合同另有约定外，未经发包人同意，承包人不得将发包人提供的图纸、文件以及声明需要保密的资料信息等商业秘密泄露给第三方。

除法律规定或合同另有约定外，未经承包人同意，发包人不得将承包人提供的技术秘密及声明需要保密的资料信息等商业秘密泄露给第三方。

5. 工程量清单错误的修正

“示范文本”中增加该项：除专用合同条款另有约定外，发包人提供的工程量清单，应被认为是准确的和完整的。出现下列情形之一时，发包人应予以修正，并相应调整合同价格：

（1）工程量清单存在缺项、漏项的；

（2）工程量清单偏差超出专用合同条款约定的工程量偏差范围的；

（3）未按照国家现行计量规范强制性规定计量的。

复习思考题

1. 试分析本章所讲的几种工程合同分别应属于第 1 章“合同分类”中哪一种基本类型？

2. 参照本章所讲内容，查阅资料后，阐述工程装修合同应采用什么样的合同文本？一般采用什么计价方式？

3. 通过各种渠道查找实际的工程合同，找出其涉及计价方式的条款并加以分析。

第 13 章　工程施工合同的内容及履行

导读

施工合同的履行由于其期限长、标的额大、影响因素多，因此是工程合同管理的核心内容。

本章首先介绍施工合同的文本，然后介绍施工合同中当事人的权利义务，再对工程材料、设备、现场交通运输、测量放线、施工安全、治安保卫、环境保护、文明施工等合同内容和履行加以阐述，最后介绍施工合同中关于工程质量、进度、价款的控制性内容。

13.1　合同文本及文件

13.1.1　施工合同文本

1. 施工合同标准文本

施工合同标准文本由三部分内容组成:

（1）通用合同条款

通用合同条款包括一般约定、发包人义务、监理人、承包人、材料和工程设备、施工设备和临时设施、交通运输、测量放线、施工安全治安保卫和环境保护、进度计划、开工和竣工、暂停施工、工程质量、试验和检验、变更、价格调整、计量与支付、竣工验收、缺陷责任与保修责任、保险、不可抗力、违约、索赔、争议的解决等 24 条，计 131 款。

（2）专用合同条款

由于通用条款的内容涵盖各类工程项目施工共性的合同责任和履行管理程序，各行业可以结合工程项目施工的行业特点编制标准施工合同文本在专用条款内体现，具体招标工程在编制合同时，应针对项目的特点、招标人的要求，在专用条款内针对通用条款涉及的内容进行补充、细化。

工程应用时，通用条款中适用于招标项目的条或款不必在专用条款内重复，需要补充细化的内容应与通用条款的条或款的序号一致，使得通用条款与专用条款中相同序号的条款内容共同构成对履行合同某一方面的完备约定。

（3）合同附件格式

合同附件格式，包括合同协议书、履约保函和预付款保函三个文件。

1）合同协议书

合同协议书是合同组成文件中唯一需要发包人和承包人同时签字盖章的法律文书，因此标准施工合同中规定了应用格式如图 13-1 所示。

合同协议书

________（发包人名称，以下简称“发包人”）为实施________________（项目名称），已接受________（承包人名称，以下简称“承包人”）对该项目________标段施工的投标。发包人和承包人共同达成如下协议。

1. 本协议书与下列文件一起构成合同文件：

（1）中标通知书；

（2）投标函及投标函附录；

（3）专用合同条款；

（4）通用合同条款；

（5）技术标准和要求；

（6）图纸；

（7）已标价工程量清单；

（8）其他合同文件。

2. 上述文件互相补充和解释，如有不明确或不一致之处，以合同约定次序在先者为准。

3. 签约合同价：人民币（大写）________元（¥________）。

4. 承包人项目经理：____________。

5. 工程质量符合________标准。

6. 承包人承诺按合同约定承担工程的实施、完成及缺陷修复。

7. 发包人承诺按合同约定的条件、时间和方式向承包人支付合同价款。

8. 承包人应按照监理人指示开工，工期为____日历天。

9. 本协议书一式____份，合同双方各执一份。

10. 合同未尽事宜，双方另行签订补充协议。补充协议是合同的组成部分。

发包人：________________（盖单位章）　　承包人：________________（盖单位章）

法定代表人或其委托代理人：____（签字）　　法定代表人或其委托代理人：____（签字）

____年____月____日　　____年____月____日

图 13-1　合同协议书格式

2）履约保函

标准文本要求履约担保采用保函的形式，给出的履约保函标准格式体现了两个特点：

① 担保期限。担保期限自发包人和承包人签订合同之日起，至签发工程移交证书日止，而不是至缺陷责任期满止，即担保人在保修期内不承担担保责任，这是因为保修期内有“质量保证金”作为担保。

② 担保方式。采用无条件担保方式，即持有履约保函的发包人认为承包人有严重违约情况时，即可凭保函向担保人要求予以赔偿，不需承包人确认。即担保人承诺“在本担保有效期内，因承包人违反合同约定的义务给你方造成经济损失时，我方在收到你方以书面形式提出的在担保金额内的赔偿要求后，在 7 天内无条件支付”。

履约保函的详细内容及格式见第 15 章。

3）预付款担保

标准文本规定的预付款担保采用银行保函形式，主要特点为：

① 担保方式也是采用无条件担保形式。

② 担保期限自预付款支付给承包人起生效，至发包人签发的进度付款证书显示完全扣清预付款止。

③ 担保金额保持与剩余预付款的金额相等原则。保函格式中明确说明："本保函的担保金额，在任何时候不应超过预付款金额减去发包人按合同约定在向承包人签发的进度付款证书中扣除的金额"。

预付款担保的详细内容及格式见第 15 章。

2. 施工合同示范文本

施工合同《示范文本》由合同协议书、通用合同条款、专用合同条款以及附件组成。

（1）合同协议书

合同协议书共计 13 条，主要包括：工程概况、合同工期、质量标准、签约合同价和合同价格形式、项目经理、合同文件构成、承诺以及合同生效条件等重要内容。

（2）通用合同条款

通用合同条款是根据《中华人民共和国建筑法》、《中华人民共和国合同法》等法律法规，就工程建设的实施及相关事项，对合同当事人的权利义务作出的原则性约定。

通用合同条款共计 20 条，分别为：一般约定、发包人、承包人、监理人、工程质量、安全文明施工与环境保护、工期和进度、材料与设备、试验与检验、变更、价格调整、合同价格、计量与支付、验收和工程试车、竣工结算、缺陷责任与保修、违约、不可抗力、保险、索赔和争议解决。

（3）专用合同条款

专用合同条款是对通用合同条款原则性约定的细化、完善、补充、修改或另行约定的条款。合同当事人可以根据不同建设工程的特点及具体情况，通过双方的谈判、协商对相应的专用合同条款进行修改补充。在使用专用合同条款时，应注意以下事项：

1）专用合同条款的编号应与相应的通用合同条款的编号一致；

2）合同当事人可以通过对专用合同条款的修改，满足具体建设工程的特殊要求，避免直接修改通用合同条款；

3）在专用合同条款中有横线的地方，合同当事人可针对相应的通用合同条款进行细化、完善、补充、修改或另行约定；如无细化、完善、补充、修改或另行约定，则填写"无"或划"/"。

（4）附件

1）协议书附件：

附件 1：承包人承揽工程项目一览表。

2）专用合同条款附件：

附件 2：发包人供应材料设备一览表；

附件 3：工程质量保修书；

附件 4：主要建设工程文件目录；

附件 5：承包人用于本工程施工的机械设备表；

附件 6：承包人主要施工管理人员表；

附件 7：分包人主要施工管理人员表；

附件 8：履约担保格式；

附件 9：预付款担保格式；

附件 10：支付担保格式；

附件 11：暂估价一览表。

13.1.2　施工合同文件

组成施工合同、对双方有约束力的合同文件有很多，这些文件应互相解释，互为说明。除专用合同条款另有约定外，合同文件的组成及解释顺序如下：

1. 合同协议书；
2. 中标通知书；
3. 投标函及投标函附录；
4. 专用合同条款；

"示范文本"中细化为"专用合同条款及其附件"。

5. 通用合同条款；
6. 技术标准和要求；
7. 图纸；
8. 已标价工程量清单；

"示范文本"中细化为"已标价工程量清单或预算书"。

9. 其他合同文件。

13.2　当事人权利义务

13.2.1　发包人义务

施工合同中的发包人义务可归纳为以下几类：

1. 许可或批准

（1）遵守法律

发包人在履行合同过程中应遵守法律，并保证承包人免于承担因发包人违反法律而引起的任何责任。

（2）发出开工通知

发包人应委托监理人按第 11.1 款〔开工〕的约定向承包人发出开工通知。

（3）协助承包人办理证件和批件

发包人应协助承包人办理法律规定的有关施工证件和批件。

在"示范文本"中，该项规定为：

发包人应遵守法律，并办理法律规定由其办理的许可、批准或备案，包括但不限于建设用地规划许可证、建设工程规划许可证、建设工程施工许可证、施工所需临时用水、临时用电、中断道路交通、临时占用土地等许可和批准。发包人应协助承包人办理法律规定的有关施工证件和批件。

因发包人原因未能及时办理完毕前述许可、批准或备案，由发包人承担由此增加的费用和（或）延误的工期，并支付承包人合理的利润。

2. 施工现场、条件和基础资料的提供

发包人应按专用合同条款约定向承包人提供施工场地，以及施工场地内地下管线和地下设施等有关资料，并保证资料的真实、准确、完整。

在“示范文本”中，扩展为以下几项：

（1）提供施工现场

除专用合同条款另有约定外，发包人应最迟于开工日期7天前向承包人移交施工现场。

（2）提供施工条件

除专用合同条款另有约定外，发包人应负责提供施工所需要的条件，包括：

1）将施工用水、电力、通信线路等施工所必需的条件接至施工现场内；

2）保证向承包人提供正常施工所需要的进入施工现场的交通条件；

3）协调处理施工现场周围地下管线和邻近建筑物、构筑物、古树名木的保护工作，并承担相关费用；

4）按照专用合同条款约定应提供的其他设施和条件。

（3）提供基础资料

发包人应当在移交施工现场前向承包人提供施工现场及工程施工所必需的毗邻区域内供水、排水、供电、供气、供热、通信、广播电视等地下管线资料，气象和水文观测资料，地质勘查资料，相邻建筑物、构筑物和地下工程等有关基础资料，并对所提供资料的真实性、准确性和完整性负责。

按照法律规定确需在开工后方能提供的基础资料，发包人应尽其努力及时地在相应工程施工前的合理期限内提供，合理期限应以不影响承包人的正常施工为限。

（4）逾期提供的责任

因发包人原因未能按合同约定及时向承包人提供施工现场、施工条件、基础资料的，由发包人承担由此增加的费用和（或）延误的工期。

【行业惯例】在公路、铁路、房屋建筑与市政工程等行业，针对“提供施工场地”项，在其专用条款中，又不同程度地作了补充：

1. 公路工程专用合同条款补充：

发包人负责办理永久占地的征用及与之有关的拆迁赔偿手续并承担相关费用。承包人在按第10条规定提交施工进度计划的同时，应向监理人提交一份按施工先后顺序所需的永久占地计划。监理人应在收到此计划后的14天内审核并转报发包人核备。发包人应在监理人发出本工程或分部工程开工通知之前，对承包人开工所需的永久占地办妥征用手续和相关拆迁赔偿手续，通知承包人使用，以使承包人能够及时开工；此后按承包人提交并经监理人同意的合同进度计划的安排，分期（也可以一次性）将施工所需的其余永久占地办妥征用以及拆迁赔偿手续，通知承包人使用，以使承包人能够连续不间断地施工。由于承包人施工考虑不周或措施不当等原因而造成的超计划占地或拆迁等所发生的征用和赔偿费用，应由承包人承担。

由于发包人未能按照本项规定办妥永久占地征用手续，影响承包人及时使用永久占地造成的费用增加和（或）工期延误应由发包人承担。由于承包人未能按照本项规定提交占地计划，影响发包人办理永久占地征用手续造成的费用增加和（或）工期延误由承包人承担。

---

2. 铁路工程专用合同条款约定为：

施工场地中，属于永久用地的，发包人负责办理，承包人协助；属于临时用地的，由承包人负责，发包人协助。发包人提供永久占地和有关资料的时间在项目专用合同条款约定。

3. 房屋建筑与市政专用合同条款补充：

施工场地应当在监理人发出的开工通知中载明的开工日期前天具备施工条件并移交给承包人，具体施工条件在第七章“技术标准和要求”第一节“一般要求”中约定。发包人最迟应当在移交施工场地的同时向承包人提供施工场地内地下管线和地下设施等有关资料，并保证资料的真实、准确和完整。

3. 组织设计交底和竣工验收

（1）组织设计交底

发包人应根据合同进度计划，组织设计单位向承包人进行设计交底。

（2）组织竣工验收

发包人应按合同约定及时组织竣工验收。

4. 支付

发包人应按合同约定向承包人及时支付合同价款。

在“示范文本”中，增加了“资金来源证明及支付担保”项：

除专用合同条款另有约定外，发包人应在收到承包人要求提供资金来源证明的书面通知后28天内，向承包人提供能够按照合同约定支付合同价款的相应资金来源证明。

除专用合同条款另有约定外，发包人要求承包人提供履约担保的，发包人应当向承包人提供支付担保。支付担保可以采用银行保函或担保公司担保等形式，具体由合同当事人在专用合同条款中约定。

5. 其他义务

发包人应履行合同约定的其他义务。

在“示范文本”中，增加了“现场统一管理协议”项：

发包人应与承包人、由发包人直接发包的专业工程的承包人签订施工现场统一管理协议，明确各方的权利义务。施工现场统一管理协议作为专用合同条款的附件。

【行业惯例】在铁路行业，对发包人义务在“其他义务”项作了扩充：

（1）发包人应按铁路总公司有关规定提出建设项目推行标准化管理总体规划，明确承包人标准化管理标准，对承包人推进标准化管理情况进行检查考核。

（2）发包人应提出“架子队”管理的具体要求，对承包人实施“架子队”情况进行检查。

（3）发包人应向承包人提供铁路建设项目管理信息系统需要资料目录及格式并提供接口。

（4）发包人应及时提供大临工程和过渡工程设计文件，并组织进行技术交底。大临设施具体要求在项目专用合同条款约定。

（5）发包人应按照国家有关规定支付安全生产费用，组织或委托监理人对承包人的安全生产设施情况进行检查，督促承包人完善安全生产措施，满足安全生产需要。

（6）发包人按照铁路总公司有关规定对承包人实行考核，根据考核结果支付激励约束考核费用。

（7）发包人在项目实施过程中按铁路总公司现行规定开展信用评价活动。

（8）工程初验后发包人应按铁路总公司规定向承包人提出竣工决算时间和内容要求。

（10）项目专用合同条款约定的其他义务。

13.2.2 承包人义务

施工合同中，承包人的一般义务可以归纳为以下几类。

1. 遵守法律

承包人在履行合同过程中应遵守法律，并保证发包人免于承担因承包人违反法律而引起的任何责任。

承包人应按有关法律规定纳税，应缴纳的税金包括在合同价格内。

在“示范文本”中，增加了一款：

办理法律规定应由承包人办理的许可和批准，并将办理结果书面报送发包人留存。

2. 完成工程施工任务

（1）完成各项承包工作

承包人应按合同约定以及监理人根据第3.4款〔监理人的指示〕作出的指示，实施、完成全部工程，并修补工程中的任何缺陷。除专用合同条款另有约定外，承包人应提供为完成合同工作所需的劳务、材料、施工设备、工程设备和其他物品，并按合同约定负责临时设施的设计、建造、运行、维护、管理和拆除。

在“示范文本”中，本条规定为：按法律规定和合同约定完成工程，并在保修期内承担保修义务。

（2）对施工作业和施工方法的完备性负责

承包人应按合同约定的工作内容和施工进度要求，编制施工组织设计和施工措施计划，并对所有施工作业和施工方法的完备性和安全可靠性负责。

在“示范文本”中，增加一条：按照法律规定和合同约定编制竣工资料，完成竣工资料立卷及归档，并按专用合同条款约定的竣工资料的套数、内容、时间等要求移交发包人。

（3）保证工程施工和人员的安全

承包人应按第9.2款〔承包人的施工安全责任〕采取施工安全措施，确保工程及其人员、材料、设备和设施的安全，防止因工程施工造成的人身伤害和财产损失。

在“示范文本”中，增加一条：按法律规定和合同约定采取施工安全和环境保护措施，办理工伤保险，确保工程及人员、材料、设备和设施的安全。

3. 对周边环境和第三方的义务

（1）负责施工场地及其周边环境与生态的保护工作

承包人应按照第 9.4 款〔环境保护〕负责施工场地及其周边环境与生态的保护工作。

（2）避免施工对公众与他人的利益造成损害

承包人在进行合同约定的各项工作时，不得侵害发包人与他人使用公用道路、水源、市政管网等公共设施的权利，避免对邻近的公共设施产生干扰。承包人占用或使用他人的施工场地，影响他人作业或生活的，应承担相应责任。

（3）为他人提供方便

承包人应按监理人的指示为他人在施工场地或附近实施与工程有关的其他各项工作提供可能的条件。除合同另有约定外，提供有关条件的内容和可能发生的费用，由监理人按第 3.5 款〔商定或确定〕商定或确定。

4. 工程的维护和照管

工程接收证书颁发前，承包人应负责照管和维护工程。工程接收证书颁发时尚有部分未竣工工程的，承包人还应负责该未竣工工程的照管和维护工作，直至竣工后移交给发包人为止。

在"示范文本"中，本条扩充为：

（1）除专用合同条款另有约定外，自发包人向承包人移交施工现场之日起，承包人应负责照管工程及工程相关的材料、工程设备，直到颁发工程接收证书之日止。

（2）在承包人负责照管期间，因承包人原因造成工程、材料、工程设备损坏的，由承包人负责修复或更换，并承担由此增加的费用和（或）延误的工期。

（3）对合同内分期完成的成品和半成品，在工程接收证书颁发前，由承包人承担保护责任。因承包人原因造成成品或半成品损坏的，由承包人负责修复或更换，并承担由此增加的费用和（或）延误的工期。

5. 工程价款专款专用

发包人按合同约定支付给承包人的各项价款应专用于合同工程。

在"示范文本"中，本条细化为：将发包人按合同约定支付的各项价款专用于合同工程，且应及时支付其雇用人员工资，并及时向分包人支付合同价款。

【行业惯例】对工程价款，不仅要求专款专用，某些行业的专用合同条款中还要求对工程价款实施监管，比如：

1. 公路行业规定：发包人按合同约定支付给承包人的各项价款应专用于合同工程。承包人必须在发包人指定的银行开户，并与发包人、银行共同签订《工程资金监管协议》，接受发包人和银行对资金的监管。承包人应向发包人授权进行本合同工程开户银行工程资金的查询。发包人支付的工程进度款应为本工程的专款专用资金，不得转移或用于其他工程。发包人的期中支付款将转入该银行所设的专门账户，发包人及其派出机构有权不定期对承包人工程资金使用情况进行检查，发现问题及时责令承包人限期改正，否则，将终止月支付，直至承包人改正为止。

2. 铁路行业规定：发包人按合同约定拨付预付款和工程款；承包人接受发包人对建

设资金流向实施的监管。一次拨款额度超过300万元时，应将该项资金的用途和拨付单位向发包人备案，接受发包人及其主管部门对本建设项目建设资金和农民工工资保证金专项账户资金使用情况的检查。发包人发现上述资金流向、保证金使用情况不符合本合同约定提出整改意见的，承包人应当按照发包人的意见予以更正。

6. 现场查勘

发包人应将其持有的现场地质勘探资料、水文气象资料提供给承包人，并对其准确性负责。但承包人应对其阅读上述有关资料后所作出的解释和推断负责。

承包人应对施工场地和周围环境进行查勘，并收集有关地质、水文、气象条件、交通条件、风俗习惯以及其他为完成合同工作有关的当地资料。在全部合同工作中，应视为承包人已充分估计了应承担的责任和风险。

7. 其他义务

承包人应履行合同约定的其他义务。

13.2.3 发包人管理

1. 监理人

（1）监理人的职责和权力

1）监理人受发包人委托，享有合同约定的权力。监理人在行使某项权力前需要经发包人事先批准而通用合同条款没有指明的，应在专用合同条款中指明。

2）监理人发出的任何指示应视为已得到发包人的批准，但监理人无权免除或变更合同约定的发包人和承包人的权利、义务和责任。

3）合同约定应由承包人承担的义务和责任，不因监理人对承包人提交文件的审查或批准，对工程、材料和设备的检查和检验，以及为实施监理作出的指示等职务行为而减轻或解除。

在“示范文本”中，本条约定为：

工程实行监理的，发包人和承包人应在专用合同条款中明确监理人的监理内容及监理权限等事项。监理人应当根据发包人授权及法律规定，代表发包人对工程施工相关事项进行检查、查验、审核、验收，并签发相关指示，但监理人无权修改合同，且无权减轻或免除合同约定的承包人的任何责任与义务。

除专用合同条款另有约定外，监理人在施工现场的办公场所、生活场所由承包人提供，所发生的费用由发包人承担。

【行业惯例】对于监理人的权力，在公路、铁路行业的专用合同条款中有以下补充条款：

1. 公路工程专用合同条款中，监理人在行使下列权力前需要经发包人事先批准：

（1）同意分包本工程的某些非关键性工作或者适合专业化队伍施工的专项工程；

（2）确定第4.11款〔不利物质条件〕下产生的费用增加额；

（3）发布开工通知、暂停施工指示或复工通知；

（4）决定第 11.3 款〔发包人的工期延误〕、第 11.4 款〔异常恶劣的气候条件〕下的工期延长；

（5）审查批准技术方案或设计的变更；

（6）发出的变更指示，其单项工程变更或累计变更涉及的金额超过了项目专用合同条款数据表中规定的金额；

（7）确定变更工作的单价；

（8）决定有关暂列金额的使用；

（9）确定暂估价金额；

（10）确定索赔额。

2. 铁路工程专用合同条款中约定，监理人的职责和权力应符合《铁路建设工程监理规范》中的规定，监理人在行使下列权力前需要经发包人事先同意：

（1）根据合同条款，更换、撤换承包人项目经理、主要管理人员和技术骨干；

（2）发出开工、暂停施工及复工指示的；

（3）项目专用合同条款约定的其他权力。

（2）总监理工程师

发包人应在发出开工通知前将总监理工程师的任命通知承包人。总监理工程师更换时，应在调离 14 天前通知承包人。总监理工程师短期离开施工场地的，应委派代表代行其职责，并通知承包人。

（3）监理人员

1）总监理工程师可以授权其他监理人员负责执行其指派的一项或多项监理工作。总监理工程师应将被授权监理人员的姓名及其授权范围通知承包人。被授权的监理人员在授权范围内发出的指示视为已得到总监理工程师的同意，与总监理工程师发出的指示具有同等效力。总监理工程师撤销某项授权时，应将撤销授权的决定及时通知承包人。

2）监理人员对承包人的任何工作、工程或其采用的材料和工程设备未在约定的或合理的期限内提出否定意见的，视为已获批准，但不影响监理人在以后拒绝该项工作、工程、材料或工程设备的权利。

3）承包人对总监理工程师授权的监理人员发出的指示有疑问的，可向总监理工程师提出书面异议，总监理工程师应在 48 小时内对该指示予以确认、更改或撤销。

4）除专用合同条款另有约定外，总监理工程师不应将第 3.5 款〔商定或确定〕约定应由总监理工程师作出确定的权力授权或委托给其他监理人员。

在“示范文本”中，“监理人员”部分约定为：

发包人授予监理人对工程实施监理的权利由监理人派驻施工现场的监理人员行使，监理人员包括总监理工程师及监理工程师。监理人应将授权的总监理工程师和监理工程师的姓名及授权范围以书面形式提前通知承包人。更换总监理工程师的，监理人应提前 7 天书面通知承包人；更换其他监理人员，监理人应提前 48 小时书面通知承包人。

（4）监理人的指示

1）监理人应按第 3.1 款〔监理人的职责和权力〕向承包人发出指示，监理人的指示应盖有监理人授权的施工场地机构章，并由总监理工程师或被授权的监理人员签字。

2）承包人收到监理人作出的指示后应遵照执行。指示构成变更的，应按第 15 条〔变更〕处理。

3）在紧急情况下，总监理工程师或被授权的监理人员可以当场签发临时书面指示，承包人应遵照执行。承包人应在收到上述临时书面指示后 24 小时内，向监理人发出书面确认函。监理人在收到书面确认函后 24 小时内未予答复的，该书面确认函应被视为监理人的正式指示。

4）除合同另有约定外，承包人只从总监理工程师或被授权的监理人员处取得指示。

5）由于监理人未能按合同约定发出指示、指示延误或指示错误而导致承包人费用增加和（或）工期延误的，由发包人承担赔偿责任。

在“示范文本”中，增加一款：承包人对监理人发出的指示有疑问的，应向监理人提出书面异议，监理人应在 48 小时内对该指示予以确认、更改或撤销，监理人逾期未回复的，承包人有权拒绝执行上述指示。

（5）商定或确定

1）合同约定总监理工程师应按照本款对任何事项进行商定或确定时，总监理工程师应与合同当事人协商，尽量达成一致。不能达成一致的，总监理工程师应认真研究后审慎确定。

2）总监理工程师应将商定或确定的事项通知合同当事人，并附详细依据。对总监理工程师的确定有异议的，构成争议，按照第 24 条〔争议的解决〕的约定处理。在争议解决前，双方应暂按总监理工程师的确定执行，按照第 24 条〔争议的解决〕的约定对总监理工程师的确定作出修改的，按修改后的结果执行。

【行业惯例】对于商定或确定，在公路、铁路行业的专用合同条款中有以下补充：

1. 公路工程专用合同条款补充：

如果这项商定或确定导致费用增加和（或）工期延长，或者涉及确定变更工程的价格，则总监理工程师在发出通知前，应征得发包人的同意。

2. 铁路工程专用合同条款补充：

如果这项商定或确定会导致投资增加或工期延长，监理人在发出通知前，应征得发包人的同意。

---

2. 发包人代表及人员

在“示范文本”中，对发表人代表及人员做了规定。

（1）发包人代表

发包人应在专用合同条款中明确其派驻施工现场的发包人代表的姓名、职务、联系方式及授权范围等事项。发包人代表在发包人的授权范围内，负责处理合同履行过程中与发包人有关的具体事宜。发包人代表在授权范围内的行为由发包人承担法律责任。发包人更换发包人代表的，应提前 7 天书面通知承包人。

发包人代表不能按照合同约定履行其职责及义务，并导致合同无法继续正常履行的，承包人可以要求发包人撤换发包人代表。

不属于法定必须监理的工程，监理人的职权可以由发包人代表或发包人指定的其他人员行使。

（2）发包人人员

发包人应要求在施工现场的发包人人员遵守法律及有关安全、质量、环境保护、文明施工等规定，并保障承包人免于承受因发包人人员未遵守上述要求给承包人造成的损失和责任。

发包人人员包括发包人代表及其他由发包人派驻施工现场的人员。

13.2.4　承包人管理

1. 项目经理

（1）承包人应按合同约定指派项目经理，并在约定的期限内到职。承包人更换项目经理应事先征得发包人同意，并应在更换 14 天前通知发包人和监理人。承包人项目经理短期离开施工场地，应事先征得监理人同意，并委派代表代行其职责。

对于项目经理的任职，在“示范文本”中做了更加详细的约定：

项目经理应为合同当事人所确认的人选，并在专用合同条款中明确项目经理的姓名、职称、注册执业证书编号、联系方式及授权范围等事项，项目经理经承包人授权后代表承包人负责履行合同。项目经理应是承包人正式聘用的员工，承包人应向发包人提交项目经理与承包人之间的劳动合同，以及承包人为项目经理缴纳社会保险的有效证明。承包人不提交上述文件的，项目经理无权履行职责，发包人有权要求更换项目经理，由此增加的费用和（或）延误的工期由承包人承担。

项目经理应常驻施工现场，且每月在施工现场时间不得少于专用合同条款约定的天数。项目经理不得同时担任其他项目的项目经理。项目经理确需离开施工现场时，应事先通知监理人，并取得发包人的书面同意。项目经理的通知中应当载明临时代行其职责的人员的注册执业资格、管理经验等资料，该人员应具备履行相应职责的能力。

承包人违反上述约定的，应按照专用合同条款的约定，承担违约责任。

（2）承包人项目经理应按合同约定以及监理人的指示，负责组织合同工程的实施。在情况紧急且无法与监理人取得联系时，可采取保证工程和人员生命财产安全的紧急措施，并在采取措施后 24 小时内（示范文本中规定为 48 小时）向监理人提交书面报告。

（3）承包人为履行合同发出的一切函件均应盖有承包人授权的施工场地管理机构章，并由承包人项目经理或其授权代表签字。

（4）承包人项目经理可以授权其下属人员履行其某项职责，但事先应将这些人员的姓名和授权范围通知监理人。

2. 承包人人员

（1）承包人应在接到开工通知后 28 天内（示范文本中规定为 7 天内），向监理人提交承包人在施工场地的管理机构以及人员安排的报告，其内容应包括管理机构的设置、各主要岗位的技术和管理人员名单及其资格，以及各工种技术工人的安排状况（示范文本中包括合同管理、施工、技术、材料、质量、安全、财务等主要施工管理人员名单及其岗位、注册执业资格等，以及各工种技术工人的安排情况，并同时提交主要施工管理人员与承包人之间的劳动关系证明和缴纳社会保险的有效证明）。承包人应向监理人提交施工场地人员变动情况的报告。

（2）为完成合同约定的各项工作，承包人应向施工场地派遣或雇佣足够数量的下列人员：

1）具有相应资格的专业技工和合格的普工；

2）具有相应施工经验的技术人员；

3）具有相应岗位资格的各级管理人员。

（3）承包人安排在施工场地的主要管理人员和技术骨干应相对稳定。承包人更换主要管理人员和技术骨干时，应取得监理人的同意。

（4）特殊岗位的工作人员均应持有相应的资格证明，监理人有权随时检查。监理人认为有必要时，可进行现场考核。

（5）承包人应对其项目经理和其他人员进行有效管理。监理人要求撤换不能胜任本职工作、行为不端或玩忽职守的承包人项目经理和其他人员的，承包人应予以撤换。

3. 保障承包人人员的合法权益（示范文本中无此项约定）

（1）承包人应与其雇佣的人员签订劳动合同，并按时发放工资。

（2）承包人应按劳动法的规定安排工作时间，保证其雇佣人员享有休息和休假的权利。因工程施工的特殊需要占用休假日或延长工作时间的，应不超过法律规定的限度，并按法律规定给予补休或付酬。

（3）承包人应为其雇佣人员提供必要的食宿条件，以及符合环境保护和卫生要求的生活环境，在远离城镇的施工场地，还应配备必要的伤病防治和急救的医务人员与医疗设施。

（4）承包人应按国家有关劳动保护的规定，采取有效的防止粉尘、降低噪声、控制有害气体和保障高温、高寒、高空作业安全等劳动保护措施。其雇佣人员在施工中受到伤害的，承包人应立即采取有效措施进行抢救和治疗。

（5）承包人应按有关法律规定和合同约定，为其雇佣人员办理保险。

（6）承包人应负责处理其雇佣人员因工伤亡事故的善后事宜。

4. 分包

经发包人同意，承包人可以将工程的非主体性、非关键性的工作分包给第三人完成。

分包人的资格能力应与其分包工程的标准和规模相适应。按投标函附录约定分包工程的，承包人应向发包人和监理人提交分包合同副本。承包人应与分包人就分包工程向发包人承担连带责任。

承包人不得将其承包的全部工程转包给第三人，或将其承包的全部工程肢解后以分包的名义转包给第三人。承包人不得将工程主体、关键性工作分包给第三人。除专用合同条款另有约定外，未经发包人同意，承包人不得将工程的其他部分或工作分包给第三人。

5. 联合体

联合体各方应共同与发包人签订合同协议书。联合体各方应为履行合同承担连带责任。

联合体协议经发包人确认后作为合同附件。在履行合同过程中，未经发包人同意，不得修改联合体协议。

联合体牵头人负责与发包人和监理人联系，并接受指示，负责组织联合体各成员全面履行合同。

13.3　工程材料和设备管理

13.3.1　概述

1. 材料和工程设备的概念

材料，即工程材料，指构成或将构成永久工程组成部分的各类物品（工程设备除外）。

工程设备，指构成或计划构成永久工程一部分的机电设备、金属结构设备、仪器装置及其他类似的设备和装置。

2. 材料和工程设备专用于合同工程

（1）运入施工场地的材料、工程设备，包括备品备件、安装专用工器具与随机资料，必须专用于合同工程，未经监理人同意，承包人不得运出施工场地或挪作他用。

（2）随同工程设备运入施工场地的备品备件、专用工器具与随机资料，应由承包人会同监理人按供货人的装箱单清点后共同封存，未经监理人同意不得启用。承包人因合同工作需要使用上述物品时，应向监理人提出申请。

3. 禁止使用不合格的材料和工程设备

（1）监理人有权拒绝承包人提供的不合格材料或工程设备，并要求承包人立即进行更换。监理人应在更换后再次进行检查和检验，由此增加的费用和（或）工期延误由承包人承担。

（2）监理人发现承包人使用了不合格的材料和工程设备，应即时发出指示要求承包人立即改正，并禁止在工程中继续使用不合格的材料和工程设备。

（3）发包人提供的材料或工程设备不符合合同要求的，承包人有权拒绝，并可要求发包人更换，由此增加的费用和（或）工期延误由发包人承担。

13.3.2　承包人提供的材料和工程设备

1. 采购、运输和保管

除专用合同条款另有约定外，承包人提供的材料和工程设备均由承包人负责采购、运输和保管。承包人应对其采购的材料和工程设备负责。

承包人应按专用合同条款的约定，将各项材料和工程设备的供货人及品种、规格、数量和供货时间等报送监理人审批。承包人应向监理人提交其负责提供的材料和工程设备的质量证明文件，并满足合同约定的质量标准。

“示范文本”中规定为：承包人负责采购材料、工程设备的，应按照设计和有关标准要求采购，并提供产品合格证明及出厂证明，对材料、工程设备质量负责。合同约定由承包人采购的材料、工程设备，发包人不得指定生产厂家或供应商，发包人违反本款约定指定生产厂家或供应商的，承包人有权拒绝，并由发包人承担相应责任。

【行业惯例】房屋建筑与市政专用合同条款补充规定：

发包人在工程量清单中给定暂估价的材料和工程设备，包括从暂列金额开支的材料和工程设备，其中属于依法必须招标的范围并达到规定的规模标准的，以及虽不属于依法必须招标的范围但合同中约定采用招标方式采购的，应当按专用合同条款第 15.8.1 项的约定，由发包人和承包人以招标方式确定专项供应商。

2. 检验和验收

对承包人提供的材料和工程设备，承包人应会同监理人进行检验和交货验收，查验材料合格证明和产品合格证书，并按合同约定和监理人指示，进行材料的抽样检验和工程设备的检验测试，检验和测试结果应提交监理人，所需费用由承包人承担。

"示范文本"中规定为：承包人采购的材料和工程设备，应保证产品质量合格，承包人应在材料和工程设备到货前 24 小时通知监理人检验。承包人进行永久设备、材料的制造和生产的，应符合相关质量标准，并向监理人提交材料的样本以及有关资料，并应在使用该材料或工程设备之前获得监理人同意。

13.3.3 发包人提供的材料和工程设备

1. 相关约定

发包人提供的材料和工程设备，应在专用合同条款中写明材料和工程设备的名称、规格、数量、价格、交货方式、交货地点和计划交货日期等。实务中，一般以附件"发包人供应材料设备一览表"的形式约定。

2. 供货时间

由于发包人供应的材料和设备也是用于工程施工和安装，因此一般根据承包人的施工进度计划供货。

承包人应根据合同进度计划的安排，向监理人报送要求发包人交货的日期计划。发包人应按照监理人与合同双方当事人商定的交货日期，向承包人提交材料和工程设备。

发包人要求向承包人提前交货的，承包人不得拒绝，但发包人应承担承包人由此增加的费用。

"示范文本"中规定为：

承包人应提前 30 天通过监理人以书面形式通知发包人供应材料与工程设备进场。承包人按照第 7.2.2 项〔施工进度计划的修订〕修订施工进度计划时，需同时提交经修订后的发包人供应材料与工程设备的进场计划。

3. 接收和保管

发包人应在材料和工程设备到货 7 天前通知承包人，承包人应会同监理人在约定的时间内，赴交货地点共同进行验收。除专用合同条款另有约定外，发包人提供的材料和工程设备验收后，由承包人负责接收、运输和保管。

承包人要求更改交货日期或地点的，应事先报请监理人批准。由于承包人要求更改交货时间或地点所增加的费用和（或）工期延误由承包人承担。

发包人提供的材料和工程设备的规格、数量或质量不符合合同要求，或由于发包人原因发生交货日期延误及交货地点变更等情况的，发包人应承担由此增加的费用和（或）工期延误，并向承包人支付合理利润。

“示范文本”对发包人供应材料设备的验收和保管，细化规定为：

发包人应按《发包人供应材料设备一览表》约定的内容提供材料和工程设备，并向承包人提供产品合格证明及出厂证明，对其质量负责。发包人应提前24小时以书面形式通知承包人、监理人材料和工程设备到货时间，承包人负责材料和工程设备的清点、检验和接收。

发包人提供的材料和工程设备的规格、数量或质量不符合合同约定的，或因发包人原因导致交货日期延误或交货地点变更等情况的，按照第16.1款〔发包人违约〕约定办理。

发包人供应的材料和工程设备，承包人清点后由承包人妥善保管，保管费用由发包人承担，但已标价工程量清单或预算书已经列支或专用合同条款另有约定除外。因承包人原因发生丢失毁损的，由承包人负责赔偿；监理人未通知承包人清点的，承包人不负责材料和工程设备的保管，由此导致丢失毁损的由发包人负责。

发包人供应的材料和工程设备使用前，由承包人负责检验，检验费用由发包人承担，不合格的不得使用。

13.3.4　样品

“示范文本”对材料设备的样品管理，约定了合同条款：

1. 样品的报送与封存

需要承包人报送样品的材料或工程设备，样品的种类、名称、规格、数量等要求均应在专用合同条款中约定。样品的报送程序如下：

（1）承包人应在计划采购前28天向监理人报送样品。承包人报送的样品均应来自供应材料的实际生产地，且提供的样品的规格、数量足以表明材料或工程设备的质量、型号、颜色、表面处理、质地、误差和其他要求的特征。

（2）承包人每次报送样品时应随附申报单，申报单应载明报送样品的相关数据和资料，并标明每件样品对应的图纸号，预留监理人批复意见栏。监理人应在收到承包人报送的样品后7天向承包人回复经发包人签认的样品审批意见。

（3）经发包人和监理人审批确认的样品应按约定的方法封样，封存的样品作为检验工程相关部分的标准之一。承包人在施工过程中不得使用与样品不符的材料或工程设备。

（4）发包人和监理人对样品的审批确认仅为确认相关材料或工程设备的特征或用途，不得被理解为对合同的修改或改变，也并不减轻或免除承包人任何的责任和义务。如果封存的样品修改或改变了合同约定，合同当事人应当以书面协议予以确认。

2. 样品的保管

经批准的样品应由监理人负责封存于现场，承包人应在现场为保存样品提供适当和固定的场所并保持适当和良好的存储环境条件。

13.3.5　试验与检验

1. 一般约定

（1）试验与检验程序

承包人应按合同约定进行材料、工程设备和工程的试验和检验，并为监理人对上述材料、工程设备和工程的质量检查提供必要的试验资料和原始记录。按合同约定应由监理人与承包人共同进行试验和检验的，由承包人负责提供必要的试验资料和原始记录。

（2）自行试验和检验

监理人未按合同约定派员参加试验和检验的，除监理人另有指示外，承包人可自行试验和检验，并应立即将试验和检验结果报送监理人，监理人应签字确认。

试验属于自检性质的，承包人可以单独进行试验。

（3）取样

“示范文本”对取样做了补充：试验属于自检性质的，承包人可以单独取样。试验属于监理人抽检性质的，可由监理人取样，也可由承包人的试验人员在监理人的监督下取样。

（4）重新试验和检验

监理人对承包人的试验和检验结果有疑问的，或为查清承包人试验和检验成果的可靠性要求承包人重新试验和检验的，可按合同约定由监理人与承包人共同进行。重新试验和检验的结果证明该项材料、工程设备或工程的质量不符合合同要求的，由此增加的费用和（或）工期延误由承包人承担；重新试验和检验结果证明该项材料、工程设备和工程符合合同要求，由发包人承担由此增加的费用和（或）工期延误，并支付承包人合理利润。

2. 现场材料试验

承包人根据合同约定或监理人指示进行的现场材料试验，应由承包人提供试验场所、试验人员、试验设备器材以及其他必要的试验条件。

监理人在必要时可以使用承包人的试验场所、试验设备器材以及其他试验条件，进行以工程质量检查为目的的复核性材料试验，承包人应予以协助。

3. 现场工艺试验

承包人应按合同约定或监理人指示进行现场工艺试验。对大型的现场工艺试验，监理人认为必要时，应由承包人根据监理人提出的工艺试验要求，编制工艺试验措施计划，报送监理人审批。

【行业惯例】关于试验和检验费用，公路工程专用合同条款补充第 14.4 款：

14.4 试验和检验费用

（1）承包人应负责提供合同和技术规范规定的试验和检验所需的全部样品，并承担其费用。

（2）在合同中明确规定的试验和检验，包括无须在工程量清单中单独列项和已在工程量清单中单独列项的试验和检验，其试验和检验的费用由承包人承担。

（3）如果监理人所要求做的试验和检验为合同未规定的或是在该材料或工程设备的制造、加工、制配场地以外的场所进行的，则检验结束后，如表明操作工艺或材料、工程设备未能符合合同规定，其费用应由承包人承担，否则，其费用应由发包人承担。

13.4 工程现场管理

13.4.1 施工设备和临时设施

1. 一般规定

施工设备，指为完成合同约定的各项工作所需的设备、器具和其他物品，不包括临时工程和材料。

临时设施，指为完成合同约定的各项工作所服务的临时性生产和生活设施。

一般情况下，施工设备和临时设施由承包人负责提供和配置；特殊情况下，需要发包人提供施工设备和临时设施的，由双方在专用合同条款约定。

2. 承包人提供的施工设备和临时设施

（1）承包人应按合同进度计划的要求，及时配置施工设备和修建临时设施。进入施工场地的承包人设备需经监理人核查后才能投入使用。承包人更换合同约定的承包人设备的，应报监理人批准。

（2）除专用合同条款另有约定外，承包人应自行承担修建临时设施的费用，需要临时占地的，应由发包人办理申请手续并承担相应费用。

3. 要求承包人增加或更换施工设备

承包人使用的施工设备不能满足合同进度计划和（或）质量要求时，监理人有权要求承包人增加或更换施工设备，承包人应及时增加或更换，由此增加的费用和（或）工期延误由承包人承担。

4. 施工设备和临时设施专用于合同工程

除合同另有约定外，运入施工场地的所有施工设备以及在施工场地建设的临时设施应专用于合同工程。未经监理人同意，不得将上述施工设备和临时设施中的任何部分运出施工场地或挪作他用。

经监理人同意，承包人可根据合同进度计划撤走闲置的施工设备。

13.4.2 交通运输

1. 道路通行权和场外设施

除专用合同条款另有约定外，发包人应根据合同工程的施工需要，负责办理取得出入施工场地的专用和临时道路的通行权，以及取得为工程建设所需修建场外设施的权利，并承担有关费用。承包人应协助发包人办理上述手续。

“示范文本”中补充规定：承包人应在订立合同前查勘施工现场，并根据工程规模及技术参数合理预见工程施工所需的进出施工现场的方式、手段、路径等。因承包人未合理预见所增加的费用和（或）延误的工期由承包人承担。

2. 场内施工道路

除专用合同条款另有约定外，承包人应负责修建、维修、养护和管理施工所需的临时道路和交通设施，包括维修、养护和管理发包人提供的道路和交通设施，并承担相应费用。

除专用合同条款另有约定外，承包人修建的临时道路和交通设施应免费提供发包人和监理人使用。

“示范文本”中补充规定：发包人应提供场内交通设施的技术参数和具体条件。

3. 场外交通

承包人车辆外出行驶所需的场外公共道路的通行费、养路费和税款等由承包人承担。

承包人应遵守有关交通法规，严格按照道路和桥梁的限制荷重安全行驶，并服从交通管理部门的检查和监督。

“示范文本”中补充规定：发包人应提供场外交通设施的技术参数和具体条件，场外交通设施无法满足工程施工需要的，由发包人负责完善并承担相关费用。

4. 超大件和超重件的运输

由承包人负责运输的超大件或超重件，应由承包人负责向交通管理部门办理申请手续，发包人给予协助。运输超大件或超重件所需的道路和桥梁临时加固改造费用和其他有关费用，由承包人承担，但专用合同条款另有约定除外。

5. 道路和桥梁的损坏责任

因承包人运输造成施工场地内外公共道路和桥梁损坏的，由承包人承担修复损坏的全部费用和可能引起的赔偿。

6. 水路和航空运输

上述内容适用于水路运输和航空运输，其中“道路”一词的涵义包括河道、航线、船闸、机场、码头、堤防以及水路或航空运输中其他相似结构物；“车辆”一词的涵义包括船舶和飞机等。

13.4.3 测量放线

1. 施工控制网

（1）测量基准及资料的提供

发包人应在专用合同条款约定的期限内，通过监理人向承包人提供测量基准点、基准线和水准点及其书面资料。

发包人应对其提供的测量基准点、基准线和水准点及其书面资料的真实性、准确性和完整性负责。发包人提供上述基准资料错误导致承包人测量放线工作的返工或造成工程损失的，发包人应当承担由此增加的费用和（或）工期延误，并向承包人支付合理利润。承包人发现发包人提供的上述基准资料存在明显错误或疏忽的，应及时通知监理人。

（2）施工控制网的测设

除专用合同条款另有约定外，承包人应根据国家测绘基准、测绘系统和工程测量技术规范，按发包人提供的基准点（线）以及合同工程精度要求，测设施工控制网，并在专用合同条款约定的期限内，将施工控制网资料报送监理人审批。

（3）施工控制网点的管理

承包人应负责管理施工控制网点。施工控制网点丢失或损坏的，承包人应及时修复。承包人应承担施工控制网点的管理与修复费用，并在工程竣工后将施工控制网点移交发包人。

监理人需要使用施工控制网的，承包人应提供必要的协助，发包人不再为此支付费用。

2. 施工测量

（1）承包人测量：承包人应负责施工过程中的全部施工测量放线工作，并配置合格的人员、仪器、设备和其他物品。

（2）监理人复测：监理人可以指示承包人进行抽样复测，当复测中发现错误或出现超过合同约定的误差时，承包人应按监理人指示进行修正或补测，并承担相应的复测费用。

13.4.4　施工安全

合同履行期间，合同当事人均应当遵守国家和工程所在地有关安全生产的要求，合同当事人有特别要求的，应在专用合同条款中明确施工项目安全生产标准化达标目标及相应事项。承包人有权拒绝发包人及监理人强令承包人违章作业、冒险施工的任何指示。

1. 发包人的施工安全责任

（1）履行安全职责

发包人应按合同约定履行安全职责，授权监理人按合同约定的安全工作内容监督、检查承包人安全工作的实施，组织承包人和有关单位进行安全检查。

（2）对发包方人员工伤事故承担责任

发包人应对其现场机构雇佣的全部人员的工伤事故承担责任，但由于承包人原因造成发包人人员工伤的，应由承包人承担责任。

（3）赔偿因工程或发包人造成的第三方损失

发包人应负责赔偿以下各种情况造成的第三者人身伤亡和财产损失：

1）工程或工程的任何部分对土地的占用所造成的第三者财产损失；

2）由于发包人原因在施工场地及其毗邻地带造成的第三者人身伤亡和财产损失。

2. 承包人的施工安全责任

（1）编制施工安全措施

承包人应按合同约定履行安全职责，执行监理人有关安全工作的指示，并在专用合同条款约定的期限内，按合同约定的安全工作内容，编制施工安全措施计划报送监理人审批。

“示范文本”中规定为：承包人应当按照有关规定编制安全技术措施或者专项施工方案，建立安全生产责任制度、治安保卫制度及安全生产教育培训制度，并按安全生产法律规定及合同约定履行安全职责，如实编制工程安全生产的有关记录，接受发包人、监理人及政府安全监督部门的检查与监督。

【行业惯例】关于施工安全措施，公路工程专用合同条款补充为：

承包人应根据本工程的实际安全施工要求，编制施工安全技术措施，并在签订合同协议书后 28 天内，报监理人和发包人批准。该施工安全技术措施包括（但不限于）施工安全保障体系，安全生产责任制，安全生产管理规章制度，安全防护施工方案，施工现场临时用电方案，施工安全评估，安全预控及保证措施方案，紧急应变措施，安全标识、警示和围护方案等。对影响安全的重要工序和下列危险性较大的工程应编制专项施工方案，并附安全验算结果，经承包人项目总工签字并报监理人和发包人批准后实施，由专职安全生产管理人员进行现场监督。

本项目需要编制专项施工方案的工程包括但不限于以下内容：

（1）不良地质条件下有潜在危险性的土方、石方开挖；

（2）滑坡和高边坡处理；

（3）桩基础、挡墙基础、深水基础及围堰工程；

（4）桥梁工程中的梁、拱、柱等构件施工等；

（5）隧道工程中的不良地质隧道、高瓦斯隧道等；

（6）水上工程中的打桩船作业、施工船作业、外海孤岛作业、边通航边施工作业等；

（7）水下工程中的水下焊接、混凝土浇筑、爆破工程等；

（8）爆破工程；

（9）大型临时工程中的大型支架、模板、便桥的架设与拆除；桥梁、码头的加固与拆除；

（10）其他危险性较大的工程。

监理人和发包人在检查中发现有安全问题或有违反安全管理规章制度的情况时，可视为承包人违约。

（2）特别安全生产管理

承包人应加强施工作业安全管理，特别应加强易燃、易爆材料、火工器材、有毒与腐蚀性材料和其他危险品的管理，以及对爆破作业和地下工程施工等危险作业的管理。

“示范文本”中补充：

承包人在动力设备、输电线路、地下管道、密封防震车间、易燃易爆地段以及临街交通要道附近施工时，施工开始前应向发包人和监理人提出安全防护措施，经发包人认可后实施。

实施爆破作业，在放射、毒害性环境中施工（含储存、运输、使用）及使用毒害性、腐蚀性物品施工时，承包人应在施工前7天以书面通知发包人和监理人，并报送相应的安全防护措施，经发包人认可后实施。

（3）安全标准与规程

承包人应严格按照国家安全标准制定施工安全操作规程，配备必要的安全生产和劳动保护设施，加强对承包人人员的安全教育，并发放安全工作手册和劳动保护用具。

（4）安全应急预案

承包人应按监理人的指示制定应对灾害的紧急预案，报送监理人审批。承包人还应按预案做好安全检查，配置必要的救助物资和器材，切实保护好有关人员的人身和财产安全。

（5）安全事故责任

1）承包人应对其履行合同所雇佣的全部人员，包括分包人人员的工伤事故承担责任，但由于发包人原因造成承包人人员工伤事故的，应由发包人承担责任。

2）由于承包人原因在施工场地内及其毗邻地带造成的第三者人员伤亡和财产损失，由承包人负责赔偿。

（6）安全防护

在公路和铁路行业的合同专用条款中，均有关于安全防护的补充规定：为了保护工程免遭损坏，或为了现场附近和过往人员的安全，在确有必要的时间和位置，或监理人或发包人要求时，承包人应提供照明、警卫、护栅、警告等安全防护设施。

3. 事故处理

工程施工过程中发生事故的，承包人应立即通知监理人，监理人应立即通知发包人。发包人和承包人应立即组织人员和设备进行紧急抢救和抢修，减少人员伤亡和财产损失，防止事故扩大，并保护事故现场。需要移动现场物品时，应作出标记和书面记录，妥善保管有关证据。发包人和承包人应按国家有关规定，及时如实地向有关部门报告事故发生的情况，以及正在采取的紧急措施等。

4. 安全施工的费用

合同约定的安全作业环境及安全施工措施所需费用应遵守有关规定，并包括在相关工作的合同价格中。因采取合同未约定的安全作业环境及安全施工措施增加的费用，由监理人按第 3.5 款商定或确定。

【行业惯例】关于安全施工的费用，公路工程专用合同条款补充为：

除项目专用合同条款另有约定外，安全生产费用应为投标价（不含安全生产费及建筑工程一切险及第三者责任险的保险费）的 1.5%（若发包人公布了最高投标限价时，按最高投标限价的 1.5% 计）。安全生产费用应用于施工安全防护用具及设施的采购和更新、安全施工措施的落实、安全生产条件的改善，不得挪作他用。如承包人在此基础上增加安全生产费用以满足项目施工需要，则承包人应在本项目工程量清单其他相关子目的单价或总额价中予以考虑，发包人不再另行支付。因采取合同未约定的特殊防护措施增加的费用，由监理人按第 3.5 款商定或确定。

13.4.5　治安保卫

除合同另有约定外，发包人应与当地公安部门协商，在现场建立治安管理机构或联防组织，统一管理施工场地的治安保卫事项，履行合同工程的治安保卫职责。

发包人和承包人除应协助现场治安管理机构或联防组织维护施工场地的社会治安外，还应做好包括生活区在内的各自管辖区的治安保卫工作。

除合同另有约定外，发包人和承包人应在工程开工后，共同编制施工场地治安管理计划，并制定应对突发治安事件的紧急预案。在工程施工过程中，发生暴乱、爆炸等恐怖事件，以及群殴、械斗等群体性突发治安事件的，发包人和承包人应立即向当地政府报告。发包人和承包人应积极协助当地有关部门采取措施平息事态，防止事态扩大，尽量减少财产损失和避免人员伤亡。

13.4.6　文明施工

“示范文本”中对文明施工做了专门规定：

承包人在工程施工期间，应当采取措施保持施工现场平整，物料堆放整齐。工程所在地有关政府行政管理部门有特殊要求的，按照其要求执行。合同当事人对文明施工有其他要求的，可以在专用合同条款中明确。

在工程移交之前，承包人应当从施工现场清除承包人的全部工程设备、多余材料、垃圾和各种临时工程，并保持施工现场清洁整齐。经发包人书面同意，承包人可在发包人指定的地点保留承包人履行保修期内的各项义务所需要的材料、施工设备和临时工程。

“示范文本”中对安全文明施工费统一做了补充规定：

安全文明施工费由发包人承担，发包人不得以任何形式扣减该部分费用。因基准日期后合同所适用的法律或政府有关规定发生变化，增加的安全文明施工费由发包人承担。

承包人经发包人同意采取合同约定以外的安全措施所产生的费用，由发包人承担。未经发包人同意的，如果该措施避免了发包人的损失，则发包人在避免损失的额度内承担该措施费。如果该措施避免了承包人的损失，由承包人承担该措施费。

除专用合同条款另有约定外，发包人应在开工后28天内预付安全文明施工费总额的50%，其余部分与进度款同期支付。发包人逾期支付安全文明施工费超过7天的，承包人有权向发包人发出要求预付的催告通知，发包人收到通知后7天内仍未支付的，承包人有权暂停施工，并按第16.1.1项〔发包人违约的情形〕执行。

承包人对安全文明施工费应专款专用，承包人应在财务账目中单独列项备查，不得挪作他用，否则发包人有权责令其限期改正；逾期未改正的，可以责令其暂停施工，由此增加的费用和（或）延误的工期由承包人承担。

13.4.7 职业健康

“示范文本”中对职业健康做了专门规定：

1. 劳动保护

承包人应按照法律规定安排现场施工人员的劳动和休息时间，保障劳动者的休息时间，并支付合理的报酬和费用。承包人应依法为其履行合同所雇用的人员办理必要的证件、许可、保险和注册等，承包人应督促其分包人为分包人所雇用的人员办理必要的证件、许可、保险和注册等。

承包人应按照法律规定保障现场施工人员的劳动安全，并提供劳动保护，并应按国家有关劳动保护的规定，采取有效的防止粉尘、降低噪声、控制有害气体和保障高温、高寒、高空作业安全等劳动保护措施。承包人雇佣人员在施工中受到伤害的，承包人应立即采取有效措施进行抢救和治疗。

承包人应按法律规定安排工作时间，保证其雇佣人员享有休息和休假的权利。因工程施工的特殊需要占用休假日或延长工作时间的，应不超过法律规定的限度，并按法律规定给予补休或付酬。

2. 生活条件

承包人应为其履行合同所雇用的人员提供必要的膳宿条件和生活环境；承包人应采取有效措施预防传染病，保证施工人员的健康，并定期对施工现场、施工人员生活基地和工程进行防疫和卫生的专业检查和处理，在远离城镇的施工场地，还应配备必要的伤病防治和急救的医务人员与医疗设施。

13.4.8 环境保护

1. 遵守环保法律与合同约定

承包人在施工过程中，应遵守有关环境保护的法律，履行合同约定的环境保护义务，并对违反法律和合同约定义务所造成的环境破坏、人身伤害和财产损失负责。

2. 编制施工环保措施

承包人应按合同约定的环保工作内容，编制施工环保措施计划，报送监理人审批。

3. 合理处理施工废弃物

承包人应按照批准的施工环保措施计划有序地堆放和处理施工废弃物，避免对环境造成破坏。因承包人任意堆放或弃置施工废弃物造成妨碍公共交通、影响城镇居民生活、降低河流行洪能力、危及居民安全、破坏周边环境，或者影响其他承包人施工等后果的，承包人应承担责任。

4. 水土保护

承包人应按合同约定采取有效措施，对施工开挖的边坡及时进行支护，维护排水设施，并进行水土保护，避免因施工造成的地质灾害。

5. 水源保护

承包人应按国家饮用水管理标准定期对饮用水源进行监测，防止施工活动污染饮用水源。

6. 排放控制

承包人应按合同约定，加强对噪声、粉尘、废气、废水和废油的控制，努力降低噪声，控制粉尘和废气浓度，做好废水和废油的治理和排放。

【行业惯例】公路工程专用合同条款细化和补充了环境保护的义务：

1. 承包人应切实执行技术规范中有关环境保护方面的条款和规定。

（1）对于来自施工机械和运输车辆的施工噪声，为保护施工人员的健康，应遵守《中华人民共和国环境噪声污染防治法》并依据《工业企业噪声卫生标准》合理安排工作人员轮流操作筑路机械，减少接触高噪声的时间，或间歇安排高噪声的工作。对距噪声源较近的施工人员，除采取使用防护耳塞或头盔等有效措施外，还应当缩短其劳动时间。同时，要注意对机械的经常性保养，尽量使其噪声降低到最低水平。为保护施工现场附近居民的夜间休息，对居民区150m以内的施工现场，施工时间应加以控制。

（2）对于公路施工中粉尘污染的主要污染源——灰土拌和、施工车辆和筑路机械运行及运输产生的扬尘，应采取有效措施减轻其对施工现场的大气污染，保护人民健康，如：

1）拌和设备应有较好的密封，或有防尘设备。

2）施工通道、沥青混凝土拌和站及灰土拌和站应经常进行洒水降尘。

3）路面施工应注意保持水分，以免扬尘。

4）隧道出渣和桥梁钻孔灌注桩施工时排出的泥浆要进行妥善处理，严禁向河流或农田排放。

（3）采取可靠措施保证原有交通的正常通行，维持沿线村镇的居民饮水、农田灌溉、生产生活用电及通信等管线的正常使用。

2. 在整个施工过程中对承包人采取的环境保护措施，发包人和监理人有权监督，并向承包人提出整改要求。如果由于承包人未能对其负责的上述事项采取各种必要的措施而导致或发生与此有关的人身伤亡、罚款、索赔、损失补偿、诉讼费用及其他一切责任应由承包人负责。

3. 在施工期间，承包人应随时保持现场整洁，施工设备和材料、工程设备应整齐妥善存放和储存，废料与垃圾及不再需要的临时设施应及时从现场清除、拆除并运走。

4. 在施工期间，承包人应严格遵守《关于在公路建设中实行最严格的耕地保护制度的若干意见》的相关规定，规范用地、科学用地、合理用地和节约用地。承包人应合理利用所占耕地地表的耕作层，用于重新造地；合理设置取土坑和弃土场，取土坑和弃土场的施工防护要符合要求，防止水土流失。承包人应严格控制临时占地数量，施工便道、各种料场、预制场要根据工程进度统筹考虑，尽可能设置在公路用地范围内或利用荒坡、废弃地解决，不得占用农田。施工过程中要采取有效措施防止污染农田，项目完工后承包人应将临时占地自费恢复到临时占地使用前的状况。

5. 承包人应严格按照国家有关法规要求，做好施工过程中的生态保护和水土保持工作。施工中要尽可能减少对原地面的扰动，减少对地面草木的破坏，需要爆破作业的，应按规定进行控爆设计。雨期填筑路基应随挖、随运、随填、随压，要完善施工中的临时排水系统，加强施工便道的管理。取（弃）土场必须先挡后弃，严禁在指定的取（弃）土场以外的地方乱挖乱弃。

13.5 工程质量控制

13.5.1 工程质量要求

1. 质量标准

工程质量验收按合同约定验收标准执行。

在“示范文本”中规定：工程质量标准必须符合现行国家有关工程施工质量验收规范和标准的要求。有关工程质量的特殊标准或要求由合同当事人在专用合同条款中约定。

公路工程专用合同条款约定为：工程质量验收按技术规范及《公路工程质量检验评定标准》执行。

2. 未达质量标准的责任

（1）承包人原因

因承包人原因造成工程质量达不到合同约定验收标准的，监理人有权要求承包人返工直至符合合同要求为止，由此造成的费用增加和（或）工期延误由承包人承担。

（2）发包人原因

因发包人原因造成工程质量达不到合同约定验收标准的，发包人应承担由于承包人返工造成的费用增加和（或）工期延误，并支付承包人合理利润。

3. 工程质量登记制度

在公路、铁路等行业，专用合同条款中列入了工程质量登记制度。

【行业惯例】实施工程质量登记制度的专用条款：

公路工程：发包人和承包人应严格遵守《关于严格落实公路工程质量责任制的若干意见》的相关规定，认真执行工程质量责任登记制度并按要求填写工程质量责任登记表。

铁路工程：承包人应对具体负责本合同的管理、技术、作业人员进行质量责任登记，承包人及其人员对工程质量终身负责。

13.5.2　承包人的质量管理

1. 质量检查机制

承包人应在施工场地设置专门的质量检查机构，配备专职质量检查人员，建立完善的质量检查制度。承包人应在合同约定的期限内，提交工程质量保证措施文件，包括质量检查机构的组织和岗位责任、质检人员的组成、质量检查程序和实施细则等，报送监理人审批。

2. 质量教育与培训

承包人应加强对施工人员的质量教育和技术培训，定期考核施工人员的劳动技能，严格执行规范和操作规程。

3. 其他质量管理要求

合同双方可以在专用条款中约定承包人的其他质量管理要求。

【行业惯例】公路工程专用合同条款补充约定了8项质量管理要求：

13.2.3　公路工程施行质量责任终身制。承包人应当书面明确相应的项目负责人和质量负责人。承包人的相关人员按照国家法律法规和有关规定在工程合理使用年限内承担相应的质量责任。

13.2.4　承包人应当建立健全工程质量保证体系，制定质量管理制度，强化工程质量管理措施，完善工程质量目标保障机制；严格遵守国家有关法律、法规和规章，严格执行公路工程强制性技术标准、各类技术规范及规程，全面履行工程合同义务。

13.2.5　承包人对工程施工质量负责，应当按合同约定设立现场质量管理机构、配备工程技术人员和质量管理人员，落实工程施工质量责任制。

13.2.6　承包人应当严格按照工程设计图纸、施工技术标准和合同约定施工，对原材料、混合料、构配件、工程实体、机电设备等进行检验；按规定施行班组自检、工序交接检、专职质检员检验的质量控制程序；对分项工程、分部工程和单位工程进行质量自评。检验或者自评不合格的，不得进入下道工序或者投入使用。

13.2.7　承包人应当加强施工过程质量控制，并形成完整、可追溯的施工质量管理资料，主体工程的隐蔽部位施工还应当保留影像资料。对施工中出现的质量问题或者验收不合格的工程，应当负责返工处理；对在保修范围和保修期限内发生质量问题的工程，应当履行保修义务。

13.2.8　承包人应当按照合同约定设立工地临时试验室，配齐检测和试验仪器、仪表，及时校正确保其精度；严格按照工程技术标准、检测规范和规程，在核定的试验检测参数范围内开展试验检测活动，并确保规范规定的检验、抽检频率。承包人应当对其设立的工地临时试验室所出具的试验检测数据和报告的真实性、客观性、准确性负责。

13.2.9 承包人应当依法规范分包行为，并对承担的工程质量负总责，分包单位对分包合同范围内的工程质量负责。

13.2.10 承包人驻工程现场机构应在现场驻地和重要的分部、分项工程施工现场设置明显的工程质量责任登记表公示牌。

13.5.3 质量检查

1. 承包人的质量检查

承包人应按合同约定对材料、工程设备以及工程的所有部位及其施工工艺进行全过程的质量检查和检验，并作详细记录，编制工程质量报表，报送监理人审查。

“示范文本”中补充规定：承包人还应按照法律规定和发包人的要求，进行施工现场取样试验、工程复核测量和设备性能检测，提供试验样品、提交试验报告和测量成果以及其他工作。

2. 监理人的质量检查

监理人有权对工程的所有部位及其施工工艺、材料和工程设备进行检查和检验。承包人应为监理人的检查和检验提供方便，包括监理人到施工场地，或制造、加工地点，或合同约定的其他地方进行察看和查阅施工原始记录。承包人还应按监理人指示，进行施工场地取样试验、工程复核测量和设备性能检测，提供试验样品、提交试验报告和测量成果以及监理人要求进行的其他工作。监理人的检查和检验，不免除承包人按合同约定应负的责任。

13.5.4 工程隐蔽部位覆盖前的检查

1. 检查程序

经承包人自检确认的工程隐蔽部位具备覆盖条件后，承包人应通知监理人在约定的期限内检查。承包人的通知应附有自检记录和必要的检查资料。监理人应按时到场检查。经监理人检查确认质量符合隐蔽要求，并在检查记录上签字后，承包人才能进行覆盖。监理人检查确认质量不合格的，承包人应在监理人指示的时间内修整返工后，由监理人重新检查。

监理人未按约定的时间进行检查的，除监理人另有指示外，承包人可自行完成覆盖工作，并作相应记录报送监理人，监理人应签字确认。监理人事后对检查记录有疑问的，可进行重新检查。

在“示范文本”中，将检查程序细化为：

除专用合同条款另有约定外，工程隐蔽部位经承包人自检确认具备覆盖条件的，承包人应在共同检查前48小时书面通知监理人检查，通知中应载明隐蔽检查的内容、时间和地点，并应附有自检记录和必要的检查资料。

监理人应按时到场并对隐蔽工程及其施工工艺、材料和工程设备进行检查。经监理人检查确认质量符合隐蔽要求，并在验收记录上签字后，承包人才能进行覆盖。经监理人检查质量不合格的，承包人应在监理人指示的时间内完成修复，并由监理人重新检查，由此增加的费用和（或）延误的工期由承包人承担。

除专用合同条款另有约定外，监理人不能按时进行检查的，应在检查前 24 小时向承包人提交书面延期要求，但延期不能超过 48 小时，由此导致工期延误的，工期应予以顺延。监理人未按时进行检查，也未提出延期要求的，视为隐蔽工程检查合格，承包人可自行完成覆盖工作，并作相应记录报送监理人，监理人应签字确认。监理人事后对检查记录有疑问的，可按第 5.3.3 项〔重新检查〕的约定重新检查。

2. 监理人重新检查

承包人覆盖工程隐蔽部位后，监理人对质量有疑问的，可要求承包人对已覆盖的部位进行钻孔探测或揭开重新检验，承包人应遵照执行，并在检验后重新覆盖恢复原状。经检验证明工程质量符合合同要求的，由发包人承担由此增加的费用和（或）工期延误，并支付承包人合理利润；经检验证明工程质量不符合合同要求的，由此增加的费用和（或）工期延误由承包人承担。

3. 承包人私自覆盖

承包人未通知监理人到场检查，私自将工程隐蔽部位覆盖的，监理人有权指示承包人钻孔探测或揭开检查，由此增加的费用和（或）工期延误由承包人承担。

13.5.5　不合格工程的处理

1. 承包人原因

承包人使用不合格材料、工程设备，或采用不适当的施工工艺，或施工不当，造成工程不合格的，监理人可以随时发出指示，要求承包人立即采取措施进行补救，直至达到合同要求的质量标准，由此增加的费用和（或）工期延误由承包人承担。

如果承包人未在规定时间内执行监理人的指示，发包人有权雇用他人执行，由此增加的费用和（或）工期延误由承包人承担。

2. 发包人原因

由于发包人提供的材料或工程设备不合格造成的工程不合格，需要承包人采取措施补救的，发包人应承担由此增加的费用和（或）工期延误，并支付承包人合理利润。

13.5.6　质量争议检测

在“示范文本”中，补充规定了质量争议检测的条款：

合同当事人对工程质量有争议的，由双方协商确定的工程质量检测机构鉴定，由此产生的费用及因此造成的损失，由责任方承担。

合同当事人均有责任的，由双方根据其责任分别承担。合同当事人无法达成一致的，按照第 4.4 款〔商定或确定〕执行。

13.6　工程进度控制

13.6.1　进度计划

1. 合同进度计划

承包人应按专用合同条款约定的内容和期限，编制详细的施工进度计划和施工方案说明报送监理人。监理人应在专用合同条款约定的期限内批复或提出修改意见，否则该进度计划视为已得到批准。经监理人批准的施工进度计划称合同进度计划，是控制合同工程进度的依据。承包人还应根据合同进度计划，编制更为详细的分阶段或分项进度计划，报监理人审批。

【行业惯例】

1. 公路工程专用合同条款对进度计划的补充约定：

承包人向监理人报送施工进度计划和施工方案说明的期限：签订合同协议书后28天之内。

监理人应在14天内对承包人施工进度计划和施工方案说明予以批复或提出修改意见。

合同进度计划应按照关键线路网络图和主要工作横道图两种形式分别编绘，并应包括每月预计完成的工作量和形象进度。

2. 房屋建筑与市政工程专用合同条款对进度计划的补充约定：

（1）承包人应当在收到监理人按照通用合同条款第11.1.1项发出的开工通知后7天内，编制详细的施工进度计划和施工方案说明并报送监理人。施工进度计划中还应载明要求发包人组织设计人进行阶段性工程设计交底的时间。

（2）监理人批复或对施工进度计划和施工方案说明提出修改意见的期限：自监理人收到承包人报送的相关进度计划和施工方案说明后14天内。

2. 合同进度计划的修订

不论何种原因造成工程的实际进度与合同进度计划不符时，承包人可以在专用合同条款约定的期限内向监理人提交修订合同进度计划的申请报告，并附有关措施和相关资料，报监理人审批；监理人也可以直接向承包人作出修订合同进度计划的指示，承包人应按该指示修订合同进度计划，报监理人审批。监理人应在专用合同条款约定的期限内批复。监理人在批复前应获得发包人同意。

“示范文本”中，对该条细化为：施工进度计划不符合合同要求或与工程的实际进度不一致的，承包人应向监理人提交修订的施工进度计划，并附具有关措施和相关资料，由监理人报送发包人。除专用合同条款另有约定外，发包人和监理人应在收到修订的施工进度计划后7天内完成审核和批准或提出修改意见。发包人和监理人对承包人提交的施工进度计划的确认，不能减轻或免除承包人根据法律规定和合同约定应承担的任何责任或义务。

13.6.2 开工

1. 开工通知

监理人应在开工日期7天前向承包人发出开工通知。监理人在发出开工通知前应获得发包人同意。工期自监理人发出的开工通知中载明的开工日期起计算。承包人应在开工日期后尽快施工。

2. 开工报审

承包人应按约定的合同进度计划，向监理人提交工程开工报审表，经监理人审批后执行。开工报审表应详细说明按合同进度计划正常施工所需的施工道路、临时设施、材料设备、施工人员等施工组织措施的落实情况以及工程的进度安排。

【行业惯例】公路工程专用合同条款对开工报审的细化规定：

承包人应在分部工程开工前14天向监理人提交分部工程开工报审表，若承包人的开工准备、工作计划和质量控制方法是可接受的且已获得批准，则经监理人书面同意，分部工程才能开工。

13.6.3 竣工

1. 正常竣工

承包人应在约定的期限内完成合同工程。实际竣工日期在接收证书中写明。

2. 工期提前

发包人要求承包人提前竣工，或承包人提出提前竣工的建议能够给发包人带来效益的，应由监理人与承包人共同协商采取加快工程进度的措施和修订合同进度计划。发包人应承担承包人由此增加的费用，并向承包人支付专用合同条款约定的相应奖金。

【行业惯例】公路工程专用合同条款对提前交工的补充规定：

发包人不得随意要求承包人提前交工，承包人也不得随意提出提前交工的建议。如遇特殊情况，确需将工期提前的，发包人和承包人必须采取有效措施，确保工程质量。

如果承包人提前交工，发包人支付奖金的计算方法在项目专用合同条款数据表中约定，时间自交工验收证书中写明的实际交工日期起至预定的交工日期止，按天计算。但奖金最高限额不超过项目专用合同条款数据表中写明的限额。

13.6.4 工期延误

1. 承包人导致的工期延误

由于承包人原因，未能按合同进度计划完成工作，或监理人认为承包人施工进度不能满足合同工期要求的，承包人应采取措施加快进度，并承担加快进度所增加的费用。由于承包人原因造成工期延误，承包人应支付逾期竣工违约金。逾期竣工违约金的计算方法在专用合同条款中约定。承包人支付逾期竣工违约金，不免除承包人完成工程及修补缺陷的义务。

【行业惯例】公路工程专用合同条款对延误的细化规定：

（1）承包人应严格执行监理人批准的合同进度计划，对工作量计划和形象进度计划分别控制。除第11.3款规定外，承包人的实际工程进度曲线应在合同进度管理曲线规定的安全区域之内。若承包人的实际工程进度曲线处在合同进度管理曲线规定的安全区域的下限之外时，则监理人有权认为本合同工程的进度过慢，并通知承包人应采取必要措施，以便加快工程进度，确保工程能在预定的工期内交工。承包人应采取措施加快进度，并承担加快进度所增加的费用。

(2)如果承包人在接到监理人通知后的14天内，未能采取加快工程进度的措施，致使实际工程进度进一步滞后，或承包人虽采取了一些措施，仍无法按预计工期交工时，监理人应立即通知发包人。发包人在向承包人发出书面警告通知14天后，发包人可按第22.1款终止对承包人的雇用，也可将本合同工程中的一部分工作交由其他承包人或其他分包人完成。在不解除本合同规定的承包人责任和义务的同时，承包人应承担因此所增加的一切费用。

(3)由于承包人原因造成工期延误，承包人应支付逾期交工违约金。逾期交工违约金的计算方法在项目专用合同条款数据表中约定，时间自预定的交工日期起到交工验收证书中写明的实际交工日期止（扣除已批准的延长工期），按天计算。逾期交工违约金累计金额最高不超过项目专用合同条款数据表中写明的限额。发包人可以从应付或到期应付给承包人的任何款项中或采用其他方法扣除此违约金。

2. 发包人导致的工期延误

在履行合同过程中，由于发包人的下列原因造成工期延误的，承包人有权要求发包人延长工期和（或）增加费用，并支付合理利润。需要修订合同进度计划的，按照约定办理。

(1)增加合同工作内容；

(2)改变合同中任何一项工作的质量要求或其他特性；

(3)发包人迟延提供材料、工程设备或变更交货地点的；

(4)因发包人原因导致的暂停施工；

(5)提供图纸延误；

(6)未按合同约定及时支付预付款、进度款；

(7)发包人造成工期延误的其他原因。

“示范文本”中，将下列情况导致的工期延误视为发包人原因：

(1)发包人未能按合同约定提供图纸或所提供图纸不符合合同约定的；

(2)发包人未能按合同约定提供施工现场、施工条件、基础资料、许可、批准等开工条件的；

(3)发包人提供的测量基准点、基准线和水准点及其书面资料存在错误或疏漏的；

(4)发包人未能在计划开工日期之日起7天内同意下达开工通知的；

(5)发包人未能按合同约定日期支付工程预付款、进度款或竣工结算款的；

(6)监理人未按合同约定发出指示、批准等文件的；

(7)专用合同条款中约定的其他情形。

【行业惯例】在部分行业专用合同条款中规定：

即使由于发包人原因造成工期延误，如果受影响的工程并非处在工程施工进度网络计划的关键线路上，则承包人无权要求延长总工期。

3. 客观原因造成的工期延误

(1)异常恶劣的气候条件

由于出现专用合同条款规定的异常恶劣气候的条件导致工期延误的，承包人有权要求发包人延长工期。

“示范文本”中，对异常恶劣的气候条件作了细化规定：

异常恶劣的气候条件是指在施工过程中遇到的，有经验的承包人在签订合同时不可预见的，对合同履行造成实质性影响的，但尚未构成不可抗力事件的恶劣气候条件。合同当事人可以在专用合同条款中约定异常恶劣的气候条件的具体情形。

承包人应采取克服异常恶劣的气候条件的合理措施继续施工，并及时通知发包人和监理人。监理人经发包人同意后应当及时发出指示，指示构成变更的，按第10条〔变更〕约定办理。承包人因采取合理措施而增加的费用和（或）延误的工期由发包人承担。

【行业惯例】公路工程专用合同条款中约定的异常恶劣的气候条件：

异常气候是指项目所在地30年以上一遇的罕见气候现象（包括温度、降水、降雪、风等）。

（2）不利物质条件

“示范文本”中，规定了不利物质条件及其导致的工期延误：

不利物质条件是指有经验的承包人在施工现场遇到的不可预见的自然物质条件、非自然的物质障碍和污染物，包括地表以下物质条件和水文条件以及专用合同条款约定的其他情形，但不包括气候条件。

承包人遇到不利物质条件时，应采取克服不利物质条件的合理措施继续施工，并及时通知发包人和监理人。通知应载明不利物质条件的内容以及承包人认为不可预见的理由。监理人经发包人同意后应当及时发出指示，指示构成变更的，按第10条〔变更〕约定执行。承包人因采取合理措施而增加的费用和（或）延误的工期由发包人承担。

需要说明的是，工程施工合同履行过程中若发生不可抗力并造成工期延误，承包人可以向发包人要求延长工期；不可抗力导致合同目的难以实现的，可主张解除合同。具体不可抗力发生后的处理程序，详见本书第15章“不可抗力”部分。

13.6.5　暂停施工

1. 承包人暂停施工的责任

因下列暂停施工增加的费用和（或）工期延误由承包人承担：

（1）承包人违约引起的暂停施工；

（2）由于承包人原因为工程合理施工和安全保障所必需的暂停施工；

（3）承包人擅自暂停施工；

（4）承包人其他原因引起的暂停施工；

（5）专用合同条款约定由承包人承担的其他暂停施工。

“示范文本”中：因承包人原因引起的暂停施工，承包人应承担由此增加的费用和（或）延误的工期，且承包人在收到监理人复工指示后84天内仍未复工的，视为第16.2.1项〔承包人违约的情形〕第（7）目约定的承包人无法继续履行合同的情形。

2. 发包人暂停施工的责任

由于发包人原因引起的暂停施工造成工期延误的，承包人有权要求发包人延长工期和（或）增加费用，并支付合理利润。

3. 监理人指示暂停施工

监理人认为有必要时，可向承包人作出暂停施工的指示，承包人应按监理人指示暂停施工。不论由于何种原因引起的暂停施工，暂停施工期间承包人应负责妥善保护工程并提供安全保障。

4. 紧急情况暂停施工

由于发包人的原因发生暂停施工的紧急情况，且监理人未及时下达暂停施工指示的，承包人可先暂停施工，并及时向监理人提出暂停施工的书面请求。监理人应在接到书面请求后的 24 小时内予以答复，逾期未答复的，视为同意承包人的暂停施工请求。

5. 暂停施工后的复工

（1）复工程序

暂停施工后，监理人应与发包人和承包人协商，采取有效措施积极消除暂停施工的影响。当工程具备复工条件时，监理人应立即向承包人发出复工通知。承包人收到复工通知后，应在监理人指定的期限内复工。

（2）无法复工的责任

承包人无故拖延和拒绝复工的，由此增加的费用和工期延误由承包人承担；因发包人原因无法按时复工的，承包人有权要求发包人延长工期和（或）增加费用，并支付合理利润。

6. 暂停施工持续 56 天以上

监理人发出暂停施工指示后 56 天内未向承包人发出复工通知，除了该项停工属于第 12.1 款［承包人暂停施工的责任］的情况外，承包人可向监理人提交书面通知，要求监理人在收到书面通知后 28 天内准许已暂停施工的工程或其中一部分工程继续施工。如监理人逾期不予批准，则承包人可以通知监理人，将工程受影响的部分视为按第 15.1（1）项［变更］的可取消工作。如暂停施工影响到整个工程，可视为发包人违约，应按第 22.2 款的规定办理。

由于承包人责任引起的暂停施工，如承包人在收到监理人暂停施工指示后 56 天内不认真采取有效的复工措施，造成工期延误，可视为承包人违约，应按第 22.1 款［发包人违约］的规定办理。

13.7 工程价款控制

13.7.1 计量

1. 计量原则

（1）计量单位

计量采用国家法定的计量单位。

（2）计量方法

工程量清单中的工程量计算规则应按有关国家标准、行业标准的规定，并在合同中约定执行。

实务中，房屋建筑与市政工程项目的工程量计算规则执行国家标准《建设工程工程量清单计价规范》（GB 50500—2013）或其适用的修订版本。铁路工程项目工程量清单中各个子目的具体计算规则按《铁路工程工程量清单计价指南》执行。公路工程项目则按照《公路工程标准施工招标文件》（2018 年版）中所附“工程量清单计量规则”执行。

（3）计量周期

除专用合同条款另有约定外，单价子目已完成工程量按月计量，总价子目的计量周期按批准的支付分解报告确定。

2. 单价（合同）子目的计量

已标价工程量清单中的单价子目工程量为估算工程量。结算工程量是承包人实际完成的，并按合同约定的计量方法进行计量的工程量。计量程序为：

（1）承包人计量

承包人对已完成的工程进行计量，向监理人提交进度付款申请单、已完成工程量报表和有关计量资料。

“示范文本”中，细化约定为：承包人应于每月 25 日向监理人报送上月 20 日至当月 19 日已完成的工程量报告，并附具进度付款申请单、已完成工程量报表和有关资料。

（2）监理人复核

监理人对承包人提交的工程量报表进行复核，以确定实际完成的工程量。监理人应在收到承包人提交的工程量报表后的 7 天内进行复核，监理人未在约定时间内复核的，承包人提交的工程量报表中的工程量视为承包人实际完成的工程量，据此计算工程价款。

（3）共同复核

对数量有异议的，监理人可要求承包人进行共同复核和抽样复测。承包人应协助监理人进行复核并按监理人要求提供补充计量资料。监理人认为有必要时，可通知承包人共同进行联合测量、计量，承包人应遵照执行。

承包人未按监理人要求参加复核，监理人复核或修正的工程量视为承包人实际完成的工程量。

（4）结算工程量

承包人完成工程量清单中每个子目的工程量后，监理人应要求承包人派员共同对每个子目的历次计量报表进行汇总，以核实最终结算工程量。监理人可要求承包人提供补充计量资料，以确定最后一次进度付款的准确工程量。承包人未按监理人要求派员参加的，监理人最终核实的工程量视为承包人完成该子目的准确工程量。

3. 总价（合同）子目的计量

总价子目的计量和支付应以总价为基础，不因第 16.1 款［物价波动引起的价格调整］中的因素而进行调整。承包人实际完成的工程量，是进行工程目标管理和控制进度支付的依据。计量程序为：

（1）承包人计量

承包人在合同约定的每个计量周期内，对已完成的工程进行计量，并向监理人提交进度付款申请单、专用合同条款约定的合同总价支付分解表所表示的阶段性或分项计量的支持性资料，以及所达到工程形象目标或分阶段需完成的工程量和有关计量资料。

“示范文本”中，细化约定为：承包人应于每月 25 日向监理人报送上月 20 日至当月 19 日已完成的工程量报告，并附具进度付款申请单、已完成工程量报表和有关资料。

（2）监理人复核

监理人对承包人提交的上述资料进行复核，以确定分阶段实际完成的工程量和工程形象目标。对其有异议的，可要求承包人进行共同复核和抽样复测。

“示范文本”中，细化约定为：

监理人应在收到承包人提交的工程量报告后 7 天内完成对承包人提交的工程量报表的审核并报送发包人，以确定当月实际完成的工程量。监理人对工程量有异议的，有权要求承包人进行共同复核或抽样复测。承包人应协助监理人进行复核或抽样复测并按监理人要求提供补充计量资料。承包人未按监理人要求参加复核或抽样复测的，监理人审核或修正的工程量视为承包人实际完成的工程量。

监理人未在收到承包人提交的工程量报表后的 7 天内完成复核的，承包人提交的工程量报告中的工程量视为承包人实际完成的工程量。

（3）结算工程量

除按照第 15 条［变更］约定的变更外，总价子目的工程量是承包人用于结算的最终工程量。

13.7.2 支付

1. 预付款

（1）预付款的支付

预付款用于承包人为合同工程施工购置材料、工程设备、施工设备、修建临时设施以及组织施工队伍进场等。预付款的额度和预付办法在专用合同条款中约定。预付款必须专用于合同工程。

“示范文本”中，约定了预付款支付的时间要求：

预付款最迟应在开工通知载明的开工日期前 7 天前支付。

发包人逾期支付预付款超过 7 天的，承包人有权向发包人发出要求预付的催告通知，发包人收到通知后 7 天内仍未支付的，承包人有权暂停施工，并按第 16.1.1 项〔发包人违约的情形〕执行。

【行业惯例】

1. 公路工程专用合同条款约定的预付款包括开工预付款和材料、设备预付款。具体额度和预付办法如下：

1）开工预付款：金额在项目专用合同条款数据表中约定（一般应为 10% 签约合同价）。在承包人签订了合同协议书且承包人承诺的主要设备进场后，监理人应在当期进度付款证书中向承包人支付开工预付款。

承包人不得将该预付款用于与本工程无关的支出，监理人有权监督承包人对该项费用的使用，如经查实承包人滥用开工预付款，发包人有权立即向银行索赔履约保证金，并解除合同。

2）材料、设备预付款：按项目专用合同条款数据表中所列主要材料、设备单据费用（进口的材料、设备为到岸价，国内采购的为出厂价或销售价，地方材料为堆场价）的百分比支付（一般应为 70% ～ 75%，最低不少于 60%）。其预付条件为：

a. 材料、设备符合规范要求并经监理人认可；

b. 承包人已出具材料、设备费用凭证或支付单据；

c. 材料、设备已在现场交货，且存储良好，监理人认为材料、设备的存储方法符合要求。

监理人应将此项金额作为材料、设备预付款计入下一次的进度付款证书中。在预计交工前 3 个月，将不再支付材料、设备预付款。

2. 铁路工程专用合同条款约定的预付款额度：

包工包料的工程按当年预计完成投资额（扣除甲供材料设备费）为基数计算预付额，建筑工程预付比例为 10%，安装工程预付比例为 10%。

（2）预付款保函

除专用合同条款另有约定外，承包人应在收到预付款的同时向发包人提交预付款保函，预付款保函的担保金额应与预付款金额相同。保函的担保金额可根据预付款扣回的金额相应递减。

【行业惯例】

1. 公路工程专用合同条款约定为：

承包人无须向发包人提交预付款保函。发包人向承包人支付的预付款，应按照本合同规定使用，承包人提交的履约保证金对预付款的正常使用承担保证责任。

2. 房屋建筑与市政工程专用合同条款补充：

预付款保函的担保金额应当根据预付款扣回的金额递减，保函条款中可以设立担保金额递减的条款。发包人在签认每一期进度付款证书后 14 天内，应当以书面方式通知出具预付款保函的担保人并附上一份经其签认的进度付款证书副本，担保人根据发包人的通知和经发包人签认的进度付款证书中累计扣回的预付款金额等额调减预付款保函的担保金额。自担保人收到发包人通知之日起，该经过递减的担保金额为预付款保函担保金额。

（3）预付款的扣回与还清

预付款在进度付款中扣回，扣回办法在专用合同条款中约定。在颁发工程接收证书前，由于不可抗力或其他原因解除合同时，预付款尚未扣清的，尚未扣清的预付款余额应作为承包人的到期应付款。

【行业惯例】

1. 公路工程专用合同条款约定的预付款扣回办法：

1）开工预付款在进度付款证书的累计金额未达到签约合同价的 30% 之前不予扣回，在达到签约合同价 30% 之后，开始按工程进度以固定比例（即每完成签约合同价的 1%，扣回开工预付款的 2%）分期从各月的进度付款证书中扣回，全部金额在进度付款证书的累计金额达到签约合同价的 80% 时扣完。

2）当材料、设备已用于或安装在永久工程之中时，材料、设备预付款应从进度付款证书中扣回，扣回期不超过 3 个月。已经支付材料、设备预付款的材料、设备的所有权应属于发包人。

2. 铁路工程专用合同条款约定的预付款扣回办法：

1）每年 1 月份开始施工的项目，从 7 月份至 12 月份支付月份工程款中，每月抵扣预付工程款的六分之一；

2）年度中间开始施工的项目，从预付工程款后第 7 个月支付月份工程款开始抵扣预付工程款，至次年 1 月份支付上年度工程进度款时全部抵扣完毕；

3）年度施工期不足 7 个月的项目，当年不抵扣预付工程款，从次年 1 月份支付上年度工程进度款中一次性抵扣上年全部预付工程款。总工期少于 7 个月的，预付款扣回方式由发包人在招标文件中载明。

2. 工程进度付款

（1）进度付款申请单

1）进度付款申请单的编制

承包人应在每个付款周期末，按监理人批准的格式和专用合同条款约定的份数，向监理人提交进度付款申请单，并附相应的支持性证明文件。除专用合同条款另有约定外，进度付款申请单应包括下列内容：

① 截至本次付款周期末已实施工程的价款；

② 根据第 15 条［变更］应增加和扣减的变更金额；

③ 根据第 23 条［索赔］应增加和扣减的索赔金额；

④ 根据第 17.2 款［预付款］约定应支付的预付款和扣减的返还预付款；

⑤ 根据第 17.4.1 项［质量保证金］约定应扣减的质量保证金；

⑥ 根据合同应增加和扣减的其他金额。

【行业惯例】铁路工程专用合同条款将以上第（6）项补充为：

① 总承包风险费的支付：

总承包风险费可采用据实验工、按比例控制、总额包干的计价方式。按发包人批准的季度实际完成的投资额乘以总承包风险费率确定每季度计价限额，每季度完成的应由总承包风险费解决的工程或费用，如果低于本季度计价限额，按实际计算费用计价，余额结转到下个季度的计价限额；如果高于本季度计价限额，则按本季度计价限额计价。末次计价总额包干（本季度计价限额＝每季度计价限额＋结转余额）。

按规定支付激励约束考核费用。

② 安全生产费：根据国家、行业和铁路总公司相关规定，在季度结算工程款拨付时按规定比例一并支付。

③ 其他款项的支付在项目专用合同条款约定。

2）进度付款申请单的提交

"示范文本"中，细化了进度付款申请单的提交程序：

① 单价合同进度付款申请单的提交

单价合同的进度付款申请单，按照第12.3.3项〔单价合同的计量〕约定的时间按月向监理人提交，并附上已完成工程量报表和有关资料。单价合同中的总价项目按月进行支付分解，并汇总列入当期进度付款申请单。

② 总价合同进度付款申请单的提交

总价合同按月计量支付的，承包人按照第12.3.4项〔总价合同的计量〕约定的时间按月向监理人提交进度付款申请单，并附上已完成工程量报表和有关资料。

总价合同按支付分解表支付的，承包人应按照第12.4.6项〔支付分解表〕及第12.4.2项〔进度付款申请单的编制〕的约定向监理人提交进度付款申请单。

③ 其他价格形式合同的进度付款申请单的提交

合同当事人可在专用合同条款中约定其他价格形式合同的进度付款申请单的编制和提交程序。

（2）进度付款审核和支付

1）签发进度付款证书

监理人在收到承包人进度付款申请单以及相应的支持性证明文件后的14天内完成核查，提出发包人到期应支付给承包人的金额以及相应的支持性材料，经发包人审查同意后，由监理人向承包人出具经发包人签认的进度付款证书。监理人有权扣发承包人未能按照合同要求履行任何工作或义务的相应金额。

"示范文本"中，进一步细化了进度付款审核的程序，对时间的要求也更加严格：

除专用合同条款另有约定外，监理人应在收到承包人进度付款申请单以及相关资料后7天内完成审查并报送发包人，发包人应在收到后7天内完成审批并签发进度款支付证书。发包人逾期未完成审批且未提出异议的，视为已签发进度款支付证书。

发包人和监理人对承包人的进度付款申请单有异议的，有权要求承包人修正和提供补充资料，承包人应提交修正后的进度付款申请单。监理人应在收到承包人修正后的进度付款申请单及相关资料后7天内完成审查并报送发包人，发包人应在收到监理人报送的进度付款申请单及相关资料后7天内，向承包人签发无异议部分的临时进度款支付证书。存在争议的部分，按照第20条〔争议解决〕的约定处理。

2）进度款支付时间

发包人应在监理人收到进度付款申请单后的28天内，将进度应付款支付给承包人。发包人不按期支付的，按专用合同条款的约定支付逾期付款违约金。

"示范文本"中，对进度款支付的时间要求为：

除专用合同条款另有约定外，发包人应在进度款支付证书或临时进度款支付证书签发后14天内完成支付，发包人逾期支付进度款的，应按照中国人民银行发布的同期同类贷款基准利率支付违约金。

3）有关说明

① 监理人出具进度付款证书，不应视为监理人已同意、批准或接受了承包人完成的该部分工作。

② 进度付款涉及政府投资资金的，按照国库集中支付等国家相关规定和专用合同条

款的约定办理。

（3）工程进度付款的修正

在对以往历次已签发的进度付款证书进行汇总和复核中发现错、漏或重复的，监理人有权予以修正，承包人也有权提出修正申请。经双方复核同意的修正，应在本次进度付款中支付或扣除。

【行业惯例】公路工程专用合同条款补充规定了“农民工工资保证金”：

（1）为确保施工过程中农民工工资实时、足额发放到位，承包人应按照项目专用合同条款约定的时间和金额缴存农民工工资保证金。

（2）农民工工资保证金可采用银行保函或现金、支票形式。采用银行保函时，出具保函的银行须具有相应担保能力，且按照发包人批准的格式出具，所需费用由承包人承担。

（3）农民工工资保证金的扣留条件、返还时间按照项目专用合同条款的约定执行。

【行业惯例】房屋建筑与市政工程专用合同条款补充规定了“临时付款证书”：

在合同约定的期限内，承包人和监理人无法对当期已完工程量和按合同约定应当支付的其他款项达成一致的，监理人应当在收到承包人报送的进度付款申请单等文件后14天内，就承包人没有异议的金额准备一个临时付款证书，报送发包人审查。临时付款证书中应当说明承包人有异议部分的金额及其原因，经发包人签认后，由监理人向承包人出具临时付款证书。发包人应当在监理人收到进度付款申请单后28天内，将临时付款证书中确定的应付金额支付给承包人。发包人和监理人均不得以任何理由延期支付工程进度付款。

对临时付款证书中列明的承包人有异议部分的金额，承包人应当按照监理人要求，提交进一步的支持性文件和（或）与监理人做进一步共同复核工作，经监理人进一步审核并认可的应付金额，应当按通用合同条款第17.3.4项［工程进度付款的修正］的约定纳入到下一期进度付款证书中。经过进一步努力，承包人仍有异议的，按合同条款第24条［争议的解决］的约定办理。

有异议款项中经监理人进一步审核后认可的或者经过合同条款第24条［争议的解决］约定的争议解决方式确定的应付金额，其应付之日为引发异议的进度付款证书的应付之日，承包人有权得到按专用合同条款约定计算的逾期付款违约金。

（4）支付分解表

“示范文本”约定了支付分解表的编制与审批程序：

1）支付分解表的编制要求

① 支付分解表中所列的每期付款金额，应为第12.4.2项〔进度付款申请单的编制〕第1目的估算金额；

② 实际进度与施工进度计划不一致的，合同当事人可按照第4.4款〔商定或确定〕修改支付分解表；

③ 不采用支付分解表的，承包人应向发包人和监理人提交按季度编制的支付估算分解表，用于支付参考。

2）总价合同支付分解表的编制与审批

① 除专用合同条款另有约定外，承包人应根据第7.2款〔施工进度计划〕约定的施工进度计划、签约合同价和工程量等因素对总价合同按月进行分解，编制支付分解表。承包人应当在收到监理人和发包人批准的施工进度计划后7天内，将支付分解表及编制支付分解表的支持性资料报送监理人。

② 监理人应在收到支付分解表后7天内完成审核并报送发包人。发包人应在收到经监理人审核的支付分解表后7天内完成审批，经发包人批准的支付分解表为有约束力的支付分解表。

③ 发包人逾期未完成支付分解表审批的，也未及时要求承包人进行修正和提供补充资料的，则承包人提交的支付分解表视为已经获得发包人批准。

3）单价合同的总价项目支付分解表的编制与审批

除专用合同条款另有约定外，单价合同的总价项目，由承包人根据施工进度计划和总价项目的总价构成、费用性质、计划发生时间和相应工程量等因素按月进行分解，形成支付分解表，其编制与审批参照总价合同支付分解表的编制与审批执行。

3. 竣工结算

（1）竣工付款申请单

1）工程接收证书颁发后，承包人应按专用合同条款约定的份数和期限向监理人提交竣工付款申请单，并提供相关证明材料。除专用合同条款另有约定外，竣工付款申请单应包括下列内容：竣工结算合同总价、发包人已支付承包人的工程价款、应扣留的质量保证金、应支付的竣工付款金额。

“示范文本”中规定，除专用合同条款另有约定外，承包人应在工程竣工验收合格后28天内向发包人和监理人提交竣工结算申请单。

2）监理人对竣工付款申请单有异议的，有权要求承包人进行修正和提供补充资料。经监理人和承包人协商后，由承包人向监理人提交修正后的竣工付款申请单。

（2）竣工付款证书及支付时间

1）监理人在收到承包人提交的竣工付款申请单后的14天内完成核查，提出发包人到期应支付给承包人的价款送发包人审核并抄送承包人。发包人应在收到后14天内审核完毕，由监理人向承包人出具经发包人签认的竣工付款证书。监理人未在约定时间内核查，又未提出具体意见的，视为承包人提交的竣工付款申请单已经监理人核查同意；发包人未在约定时间内审核又未提出具体意见的，监理人提出发包人到期应支付给承包人的价款视为已经发包人同意。

“示范文本”中规定，发包人在收到承包人提交竣工结算申请书后28天内未完成审批且未提出异议的，视为发包人认可承包人提交的竣工结算申请单，并自发包人收到承包人提交的竣工结算申请单后第29天起视为已签发竣工付款证书。

2）发包人应在监理人出具竣工付款证书后的14天内，将应支付款支付给承包人。发包人不按期支付的，按合同的约定，将逾期付款违约金支付给承包人。

“示范文本”中规定，除专用合同条款另有约定外，发包人应在签发竣工付款证书后的 14 天内，完成对承包人的竣工付款。发包人逾期支付的，按照中国人民银行发布的同期同类贷款基准利率支付违约金；逾期支付超过 56 天的，按照中国人民银行发布的同期同类贷款基准利率的两倍支付违约金。

3）承包人对发包人签认的竣工付款证书有异议的，发包人可出具竣工付款申请单中承包人已同意部分的临时付款证书。存在争议的部分，按第 24 条［争议的解决］的约定办理。

“示范文本”中规定，承包人对发包人签认的竣工付款证书有异议的，对于有异议部分应在收到发包人签认的竣工付款证书后 7 天内提出异议，并由合同当事人按照专用合同条款约定的方式和程序进行复核，或按照第 20 条〔争议解决〕约定处理。对于无异议部分，发包人应签发临时竣工付款证书，并按本款第（2）项完成付款。承包人逾期未提出异议的，视为认可发包人的审批结果。

4）竣工付款涉及政府投资资金的，按国库集中支付等国家相关规定和专用合同条款的约定办理。

4. 最终结清

（1）最终结清申请单

1）缺陷责任期终止证书签发后，承包人可按专用合同条款约定的份数和期限向监理人提交最终结清申请单，并提供相关证明材料。

“示范文本”中规定，除专用合同条款另有约定外，承包人应在缺陷责任期终止证书颁发后 7 天内，按专用合同条款约定的份数向发包人提交最终结清申请单，并提供相关证明材料。

除专用合同条款另有约定外，最终结清申请单应列明质量保证金、应扣除的质量保证金、缺陷责任期内发生的增减费用。

2）发包人对最终结清申请单内容有异议的，有权要求承包人进行修正和提供补充资料，由承包人向监理人提交修正后的最终结清申请单。

（2）最终结清证书和支付时间

1）监理人收到承包人提交的最终结清申请单后的 14 天内，提出发包人应支付给承包人的价款送发包人审核并抄送承包人。发包人应在收到后 14 天内审核完毕，由监理人向承包人出具经发包人签认的最终结清证书。监理人未在约定时间内核查，又未提出具体意见的，视为承包人提交的最终结清申请监理人已经核查同意；发包人未在约定时间内审核又未提出具体意见的，监理人提出应支付给承包人的价款视为发包人已经同意。

2）发包人应在监理人出具最终结清证书后的 14 天内，将应支付款支付给承包人。发包人不按期支付的，按合同的约定，将逾期付款违约金支付给承包人。

“示范文本”中规定，除专用合同条款另有约定外，发包人应在颁发最终结清证书后 7 天内完成支付。发包人逾期支付的，按照中国人民银行发布的同期同类贷款基准利率支付违约金；逾期支付超过 56 天的，按照中国人民银行发布的同期同类贷款基准利率的两倍支付违约金。

3）承包人对发包人签认的最终结清证书有异议的，按第 24 条［争议的解决］的约定办理。

4）最终结清付款涉及政府投资资金的，按国库集中支付等国家相关规定和专用合同条款的约定办理。

复习思考题

1. 对比分析施工合同中发包人和承包人对周边环境和第三方的义务。
2. 请根据本章内容画出监理人发出指示的流程图。
3. 发包人供应的材料和设备应如何进行管理?
4. 请综合分析各种情况造成的工期延误应如何处理。
5. 请分析暂停施工的程序并画出流程图。
6. 请分析工程款支付的程序并画出流程图。

第 14 章　工程施工合同的变更与索赔

导 读

工程施工合同在履行的过程中，由于履行期限较长、履行期发生的不确定因素较多，因此合同内容的变更会非常频繁，承包商因为非自身原因增加工作量或延误工期而提出的索赔也经常发生。

本章首先介绍工程变更的范围、内容和程序，然后介绍因为物价波动和法律变化所引起的价格调整的处理方法，最后介绍施工索赔发生的原因、分类以及处理程序。

14.1　工程施工合同的变更

工程施工合同的变更主要是合同内容的变更，不涉及合同的主体和标的的变更。实务中，施工合同内容的变更主要涉及工程数量的变更（即“工程变更”）和工程价款的变更（即“价格调整”）两个方面。

14.1.1　工程变更

工程变更，是指工程施工合同履行过程中出现与订立合同时的预计条件不一致的情况，需要改变原定施工合同范围内的某些工作内容，从而导致工程合同数量发生变更。工程变更通常有监理人指示的变更和承包人的合理化建议两类。

1. 工程变更的范围和内容

标准文本规定，除专用合同条款另有约定外，在履行合同中发生以下情形之一，应按照规定进行变更。

（1）取消合同中任何一项工作，但被取消的工作不能转由发包人或其他人实施；

（2）改变合同中任何一项工作的质量或其他特性；

（3）改变合同工程的基线、标高、位置或尺寸；

（4）改变合同中任何一项工作的施工时间或改变已批准的施工工艺或顺序；

（5）为完成工程需要追加的额外工作。

示范文本中，规定了类似的变更范围：

（1）增加或减少合同中任何工作，或追加额外的工作；

（2）取消合同中任何工作，但转由他人实施的工作除外；

（3）改变合同中任何工作的质量标准或其他特性；

（4）改变工程的基线、标高、位置和尺寸；

（5）改变工程的时间安排或实施顺序

2. 监理人指示变更

（1）已经发生工程变更

在合同履行过程中，发生工程变更情形的，监理人应按照合同约定向承包人发出变更指示。

变更指示应说明变更的目的、范围、变更内容以及变更的工程量及其进度和技术要求，并附有关图纸和文件。承包人收到变更指示后，应按变更指示进行变更工作。

（2）可能发生工程变更

在合同履行过程中，可能发生工程变更情形的，监理人可向承包人发出变更意向书。

变更意向书应说明变更的具体内容和发包人对变更的时间要求，并附必要的图纸和相关资料。变更意向书应要求承包人提交包括拟实施变更工作的计划、措施和竣工时间等内容的实施方案。发包人同意承包人根据变更意向书要求提交的变更实施方案的，由监理人按合同约定发出变更指示。

若承包人收到监理人的变更意向书后认为难以实施此项变更，应立即通知监理人，说明原因并附详细依据。监理人与承包人和发包人协商后确定撤销、改变或不改变原变更意向书。

（3）承包人发现存在变更

承包人收到监理人按合同约定发出的图纸和文件，经检查认为其中存在变更情形的，可向监理人提出书面变更建议。变更建议应阐明要求变更的依据，并附必要的图纸和说明。监理人收到承包人书面建议后，应与发包人共同研究，确认存在变更的，应在收到承包人书面建议后的 14 天内作出变更指示。经研究后不同意作为变更的，应由监理人书面答复承包人。

3. 承包人的合理化建议

（1）合理化建议书

在履行合同过程中，承包人对发包人提供的图纸、技术要求以及其他方面提出的合理化建议，均应以书面形式提交监理人。合理化建议书的内容应包括建议工作的详细说明、进度计划和效益以及与其他工作的协调等，并附必要的设计文件。监理人应与发包人协商是否采纳建议。建议被采纳并构成变更的，应向承包人发出变更指示。

（2）合理化建议奖励

承包人提出的合理化建议降低了合同价格、缩短了工期或者提高了工程经济效益的，发包人可按国家有关规定在专用合同条款中约定给予奖励。

4. 变更估价

（1）变更估价的程序

1）除专用合同条款对期限另有约定外，承包人应在收到变更指示或变更意向书后的 14 天内，向监理人提交变更报价书，报价内容应根据约定的估价原则，详细开列变更工作的价格组成及其依据，并附必要的施工方法说明和有关图纸。

2）变更工作影响工期的，承包人应提出调整工期的具体细节。监理人认为有必要时，可要求承包人提交要求提前或延长工期的施工进度计划及相应施工措施等详细资料。

3）除专用合同条款对期限另有约定外，监理人收到承包人变更报价书后的 14 天内，根据约定的估价原则，商定或确定变更价格。

“示范文本”中，变更估价的程序规定为：

承包人应在收到变更指示后14天内，向监理人提交变更估价申请。监理人应在收到承包人提交的变更估价申请后7天内审查完毕并报送发包人，监理人对变更估价申请有异议，通知承包人修改后重新提交。发包人应在承包人提交变更估价申请后14天内审批完毕。发包人逾期未完成审批或未提出异议的，视为认可承包人提交的变更估价申请。

因变更引起的价格调整应计入最近一期的进度款中支付。

（2）变更的估价原则

除专用合同条款另有约定外，因变更引起的价格调整按照以下原则处理。

1）已标价工程量清单中有适用于变更工作的子目的，采用该子目的单价。

2）已标价工程量清单中无适用于变更工作的子目，但有类似子目的，可在合理范围内参照类似子目的单价，由监理人商定或确定变更工作的单价。

3）已标价工程量清单中无适用或类似子目的单价，可按照成本加利润的原则，由监理人商定或确定变更工作的单价。

“示范文本”中，以上第（3）项原则细化为：

变更导致实际完成的变更工程量与已标价工程量清单或预算书中列明的该项目工程量的变化幅度超过15%的，或已标价工程量清单或预算书中无相同项目及类似项目单价的，按照合理的成本与利润构成的原则，由合同当事人按照合同〔商定或确定〕确定变更工作的单价。

5. 其他变更的情形

（1）暂列金额

暂列金额，指已标价工程量清单中所列的暂列金额，用于在签订协议书时尚未确定或不可预见变更的施工及其所需材料、工程设备、服务等的金额，包括以计日工方式支付的金额。

暂列金额只能按照监理人的指示使用，并对合同价格进行相应调整。

（2）计日工

计日工，指对零星工作采取的一种计价方式，按合同中的计日工子目及其单价计价付款。

发包人认为有必要时，由监理人通知承包人以计日工方式实施变更的零星工作。其价款按列入已标价工程量清单中的计日工计价子目及其单价进行计算。

采用计日工计价的任何一项变更工作，应从暂列金额中支付，承包人应在该项变更的实施过程中，每天提交以下报表和有关凭证报送监理人审批：

1）工作名称、内容和数量；

2）投入该工作所有人员的姓名、工种、级别和耗用工时；

3）投入该工作的材料类别和数量；

4）投入该工作的施工设备型号、台数和耗用台时；

5）监理人要求提交的其他资料和凭证。

计日工由承包人汇总后，按约定列入进度付款申请单，由监理人复核并经发包人同意后列入进度付款。

（3）暂估价

暂估价，指发包人在工程量清单中给定的用于支付必然发生但暂时不能确定价格的材料、设备以及专业工程的金额。

发包人在工程量清单中给定暂估价的材料、工程设备和专业工程属于依法必须招标的范围并达到规定的规模标准的，由发包人和承包人以招标的方式选择供应商或分包人。发包人和承包人的权利义务关系在专用合同条款中约定。中标金额与工程量清单中所列的暂估价的金额差以及相应的税金等其他费用列入合同价格。

发包人在工程量清单中给定暂估价的材料和工程设备不属于依法必须招标的范围或未达到规定的规模标准的，应由承包人按"承包人提供的材料和工程设备"的情形提供。经监理人确认的材料、工程设备的价格与工程量清单中所列的暂估价的金额差以及相应的税金等其他费用列入合同价格。

发包人在工程量清单中给定暂估价的专业工程不属于依法必须招标的范围或未达到规定的规模标准的，由监理人按照"变更的估价原则"进行估价，但专用合同条款另有约定的除外。经估价的专业工程与工程量清单中所列的暂估价的金额差以及相应的税金等其他费用列入合同价格。

对于暂估价工程，"示范文本"中做了更为详细的规定：

1）依法必须招标的暂估价项目

对于依法必须招标的暂估价项目，采取以下第1种方式确定。合同当事人也可以在专用合同条款中选择其他招标方式。

第1种方式：对于依法必须招标的暂估价项目，由承包人招标，对该暂估价项目的确认和批准按照以下约定执行：

① 承包人应当根据施工进度计划，在招标工作启动前14天将招标方案通过监理人报送发包人审查，发包人应当在收到承包人报送的招标方案后7天内批准或提出修改意见。承包人应当按照经过发包人批准的招标方案开展招标工作；

② 承包人应当根据施工进度计划，提前14天将招标文件通过监理人报送发包人审批，发包人应当在收到承包人报送的相关文件后7天内完成审批或提出修改意见；发包人有权确定招标控制价并按照法律规定参加评标；

③ 承包人与供应商、分包人在签订暂估价合同前，应当提前7天将确定的中标候选供应商或中标候选分包人的资料报送发包人，发包人应在收到资料后3天内与承包人共同确定中标人；承包人应当在签订合同后7天内，将暂估价合同副本报送发包人留存。

第2种方式：对于依法必须招标的暂估价项目，由发包人和承包人共同招标确定暂估价供应商或分包人的，承包人应按照施工进度计划，在招标工作启动前14天通知发包人，并提交暂估价招标方案和工作分工。发包人应在收到后7天内确认。确定中标人后，由发包人、承包人与中标人共同签订暂估价合同。

2）不属于依法必须招标的暂估价项目

除专用合同条款另有约定外，对于不属于依法必须招标的暂估价项目，采取以下第1种方式确定：

第1种方式：对于不属于依法必须招标的暂估价项目，按本项约定确认和批准：

① 承包人应根据施工进度计划，在签订暂估价项目的采购合同、分包合同前28天向监理人提出书面申请。监理人应当在收到申请后3天内报送发包人，发包人应当在收到申

请后 14 天内给予批准或提出修改意见，发包人逾期未予批准或提出修改意见的，视为该书面申请已获得同意；

② 发包人认为承包人确定的供应商、分包人无法满足工程质量或合同要求的，发包人可以要求承包人重新确定暂估价项目的供应商、分包人；

③ 承包人应当在签订暂估价合同后 7 天内，将暂估价合同副本报送发包人留存。

第 2 种方式：承包人按照〔依法必须招标的暂估价项目〕约定的第 1 种方式确定暂估价项目。

第 3 种方式：承包人直接实施的暂估价项目。

承包人具备实施暂估价项目的资格和条件的，经发包人和承包人协商一致后，可由承包人自行实施暂估价项目，合同当事人可以在专用合同条款约定具体事项。

14. 1. 2 价格调整

工程施工合同履行过程中的价格调整，主要包括物价波动和法律变化两种情形所引起的价格调整。

1. 物价波动引起的价格调整

除专用合同条款另有约定外，因物价波动引起的价格调整按照以下约定处理。

（1）采用价格指数调整价格差额

1）价格调整公式

因人工、材料和设备等价格波动影响合同价格时，根据投标函附录中的价格指数和权重表约定的数据，按以下公式计算差额并调整合同价格。

$$\Delta P=P_0\left[A+\left(B_1\times\frac{F_{t1}}{F_{01}}+B_2\times\frac{F_{t2}}{F_{02}}+B_3\times\frac{F_{t3}}{F_{03}}+\cdots+B_n\times\frac{F_{tn}}{F_{0n}}\right)-1\right]$$

式中 ΔP——需调整的价格差额；

P_0——进度付款、竣工付款和最终结清项约定的付款证书中承包人应得到的已完成工程量的金额。此项金额应不包括价格调整、不计质量保证金的扣留和支付、预付款的支付和扣回。工程变更及其他金额已按现行价格计价的，也不计在内；

A——定值权重（即不调部分的权重）；

B_1，B_2，B_3……B_n——各可调因子的变值权重（即可调部分的权重）为各可调因子在投标函投标总报价中所占的比例；

F_{t1}，F_{t2}，F_{t3}……F_{tn}——各可调因子的现行价格指数，指进度付款、竣工付款和最终结清项约定的付款证书相关周期最后一天的前 42 天的各可调因子的价格指数；

F_{01}，F_{02}，F_{03}……F_{0n}——各可调因子的基本价格指数，指基准日期的各可调因子的价格指数。

以上价格调整公式中的各可调因子、定值和变值权重，以及基本价格指数及其来源在投标函附录价格指数和权重表中约定。价格指数应首先采用有关部门提供的价格指数，缺乏上述价格指数时，可采用有关部门提供的价格代替。

2）暂时确定调整差额

在计算调整差额时得不到现行价格指数的，可暂用上一次价格指数计算，并在以后的付款中再按实际价格指数进行调整。

3）权重的调整

工程变更导致原定合同中的权重不合理时，由监理人与承包人和发包人协商后进行调整。

4）承包人工期延误后的价格调整

由于承包人原因未在约定的工期内竣工的，则对原约定竣工日期后继续施工的工程，在使用第 1）项中价格调整公式时，应采用原约定竣工日期与实际竣工日期的两个价格指数中较低的一个作为现行价格指数。

（2）采用造价信息调整价格差额

施工期内，因人工、材料、设备和机械台班价格波动影响合同价格时，人工、机械使用费按照国家或省、自治区、直辖市建设行政管理部门、行业建设管理部门或其授权的工程造价管理机构发布的人工成本信息、机械台班单价或机械使用费系数进行调整；需要进行价格调整的材料，其单价和采购数应由监理人复核，监理人确认需调整的材料单价及数量，作为调整工程合同价格差额的依据。

2. 法律变化引起的价格调整

在基准日后，因法律变化导致承包人在合同履行中所需要的工程费用发生约定以外的增减时，监理人应根据法律、国家或省、自治区、直辖市有关部门的规定，按合同［商定或确定］的条款商定或确定需调整的合同价款。

14.2　工程施工合同的索赔

工程施工合同的索赔（一般简称“工程索赔”），是指在施工合同的履行过程中，当事人一方由于非自身的原因而遭受损失时，向另一方主张工期和费用补偿的行为。通常，索赔是双向的，既包括承包人向发包人的索赔，也包括发包人向承包人的索赔。但在实务中，发包人的索赔数量较少，而且可通过冲账、扣拨工程款、扣保证金等方式实现对承包人的索赔。而承包人对发包人的索赔则相对较困难。因此，这里的工程索赔主要讲承包人对发包人的索赔。即承包方在合同实施过程中，对非自身原因造成的工期延长、费用增加而要求发包人给予补偿损失的权利要求。

14.2.1　工程索赔产生的原因

工程索赔是由于发生了施工过程中承包人不能控制的干扰事件。这些干扰事件影响了合同的正常履行，造成了工期延长、费用增加，成为工程索赔的理由。

1. 发包人违约

在工程实施过程中，由于发包人或监理人没有尽到合同义务，导致索赔事件发生。如：未按合同规定提供设计资料、图纸，未及时下达指令、答复请示等，使工程延期；未按合同规定的日期交付施工场地和行驶道路、提供水电、提供应由发包人提供的材料和设备，使承包人不能及时开工或造成工程中断；未按合同规定按时支付工程款，或不再继续履行合同；下达错误指令，提供错误信息；发包人或监理人协调工作不力等。

2. 合同缺陷

合同缺陷表现为合同文件规定不严谨甚至矛盾、合同条款遗漏或错误，设计图纸错误造成设计修改、工程返工、窝工等。

3. 合同变更

合同变更也有可能导致索赔事件发生，如：发包人指令增加、减少工作量，增加新的工程，提高设计标准、质量标准；由于非承包人原因，发包人指令中止工程施工；发包人要求承包人采取加速措施，其原因是非承包人责任的工程拖延，或发包人希望在合同工期前交付工程；发包人要求修改施工方案，打乱施工顺序；发包人要求承包人完成合同规定以外的义务或工作。

4. 工程环境的变化

如材料价格和人工工日单价的大幅度上涨；国家法令的修改；货币贬值；外汇汇率变化等。

5. 不可抗力或不利的物质条件

不可抗力又可以分为自然事件和社会事件。

14.2.2 索赔的分类

工程索赔按不同的划分标准，可分为不同类型。

1. 按索赔的合同依据分类

（1）合同中明示的索赔。是指承包人提出的索赔要求，在该工程项目施工合同文件中有文字依据。这些在合同文件中有文字规定的合同条款，称为明示条款。

（2）合同中默示的索赔。是指承包人所提出的索赔要求，虽然在工程项目施工合同条款中没有专门的文字叙述，但可根据该合同中某些条款的含义，推论出施工单位有索赔权。

2. 按索赔的目的分类

（1）工期索赔。由于非承包人的原因导致施工进度拖延，要求批准延长合同工期的索赔，称为工期索赔。工期索赔形式上是对权利的要求，以避免在原定合同竣工日不能完工时，被发包人追究拖期违约责任。一旦获得批准合同工期延长后，承包人不仅可免除承担拖期违约赔偿费的严重风险，而且可因提前交工获得奖励，最终仍反映在经济收益上。

（2）费用索赔。费用索赔是承包人要求发包人补偿其经济损失。当施工的客观条件改变导致承包人增加开支时，要求对超出计划成本的附加开支给予补偿，以挽回不应由其承担的经济损失。

3. 按索赔事件的性质分类

（1）工程延期索赔。因发包人未按合同要求提供施工条件，如未及时交付设计图纸、施工现场、道路等，或因发包人指令工程暂停或不可抗力事件等原因造成工期拖延的，承包人对此提出索赔。这是工程实施中常见的一类索赔。

（2）工程变更索赔。由于发包人或监理人指令增加或减少工程量或增加附加工程、修改设计、变更工程顺序等，造成工期延长和费用增加，承包人对此提出索赔。

（3）合同被迫终止索赔。由于发包人违约及不可抗力事件等原因造成合同非正常终止，承包人因其蒙受经济损失而向发包人提出索赔。

（4）工程加速索赔。由于发包人或监理人指令承包人加快施工速度，缩短工期，引起承包人人、财、物的额外开支而提出的索赔。

（5）意外风险和不可预见因素索赔。在工程实施过程中，因人力不可抗拒的自然灾害、特殊风险以及一个有经验的承包人通常不能合理预见的不利施工条件或外界障碍，如地下水、地质断层、溶洞、地下障碍物等引起的索赔。

（6）其他索赔。如因货币贬值、汇率变化、物价上涨，政策法令变化等原因引起的索赔。

14.2.3　工程索赔的程序

1. 承包人提出索赔的程序

根据合同约定，承包人认为有权得到追加付款和（或）延长工期的，应按以下程序向发包人提出索赔。

（1）递交索赔意向通知书

承包人应在知道或应当知道索赔事件发生后 28 天内，向监理人递交索赔意向通知书，并说明发生索赔事件的事由。承包人未在前述 28 天内发出索赔意向通知书的，丧失要求追加付款和（或）延长工期的权利。

（2）递交索赔通知书（或索赔报告）

承包人应在发出索赔意向通知书后 28 天内，向监理人正式递交索赔通知书（示范文本中称为“索赔报告”）。索赔通知书应详细说明索赔理由以及要求追加的付款金额和（或）延长的工期，并附必要的记录和证明材料。

（3）递交延续索赔通知

索赔事件具有连续影响的，承包人应按合理时间间隔继续递交延续索赔通知，说明连续影响的实际情况和记录，列出累计的追加付款金额和（或）工期延长天数。

（4）递交最终索赔通知书（或索赔报告）

在索赔事件影响结束后的 28 天内，承包人应向监理人递交最终索赔通知书（示范文本中称为“索赔报告”），说明最终要求索赔的追加付款金额和延长的工期，并附必要的记录和证明材料。

（5）承包人提出索赔的期限

承包人接受了竣工付款证书后，应被认为已无权再提出在合同工程接收证书颁发前所发生的任何索赔。

承包人提交的最终结清申请单中，只限于提出工程接收证书颁发后发生的索赔。提出索赔的期限自接受最终结清证书时终止。

2. 监理人处理索赔的程序

（1）审查索赔通知书（或索赔报告）

监理人收到承包人提交的索赔通知书后，应及时审查索赔通知书的内容、查验承包人的记录和证明材料，必要时监理人可要求承包人提交全部原始记录副本。

“示范文本”中规定为：监理人应在收到索赔报告后 14 天内完成审查并报送发包人。监理人对索赔报告存在异议的，有权要求承包人提交全部原始记录副本。

（2）出具索赔处理结果

监理人应按［商定或确定］确定追加的付款和（或）延长的工期，并在收到上述索赔通知书或有关索赔的进一步证明材料后的 42 天内，将索赔处理结果答复承包人。

"示范文本"中规定为：发包人应在监理人收到索赔报告或有关索赔的进一步证明材料后的 28 天内，由监理人向承包人出具经发包人签认的索赔处理结果。发包人逾期答复的，则视为认可承包人的索赔要求。

（3）完成赔付

承包人接受索赔处理结果的，发包人应在作出索赔处理结果答复后 28 天内完成赔付。承包人不接受索赔处理结果的，按［争议的解决］的约定办理。

"示范文本"中规定为：承包人接受索赔处理结果的，索赔款项在当期进度款中进行支付；承包人不接受索赔处理结果的，按照第 20 条〔争议解决〕约定处理。

14.2.4 涉及工程索赔的条款

标准文本中，可以给承包人补偿的条款归纳如表 14-1 所示。

标准施工合同中应给承包人补偿的条款 **表 14-1**

序号	款号	主要内容	可补偿内容		
			工期	费用	利润
1	1.10.1	文物、化石	√	√	—
2	3.4.5	监理人的指示延误或错误指示	√	√	√
3	4.11.12	不利的物质条件	√	√	—
4	5.2.4	发包人提供的资料和工程设备提前交货	—	√	—
5	5.4.3	发包人提供的资料和工程设备不符合合同要求	√	√	√
6	8.3	基准资料的错误	√	√	√
7	11.3（1）	增加合同工作内容	√	√	√
8	（2）	改变和合同中任何一项工作的质量要求或者其他特征	√	√	√
9	（3）	发包人延迟提供材料、工程设备或者变更交货地点的	√	√	√
10	（4）	因发包人原因导致的暂停施工	√	√	√
11	（5）	提供图纸延误	√	√	√
12	（6）	未按合同约定及时支付预付款、进度款	√	√	√
13	11.4	异常恶劣气候条件	√	—	—
14	11.2	发包人原因的暂停施工	√	√	√
15	12.4.2	发包人原因无法按时复工	√	√	√
16	13.1.3	发包人原因导致工程质量缺陷	√	√	√
17	13.5.3	隐藏工程重新检验质量合格	√	√	√
18	13.6.2	发包人提供的材料和设备不符合承包人采取补救	√	√	√

续表

序号	款号	主要内容	可补偿内容		
			工期	费用	利润
19	14.1.3	对材料或设备的重新检验或检验证明质量合格	√	√	√
20	16.1	附加浮动引起的价格调整	—	√	—
21	16.2	法规变化引起的价格调整	—	√	—
22	18.4.2	发包人提前占用工程导致承包人费用增加	√	√	√
23	18.6.2	发包人原因试运失败，承包人修复	—	√	√
24	22.2.2	因发包人违约承包人暂停施工	√	√	√
25	21.3（4）	不可抗力停工期间的照管和后续清理	—	√	—
26	（5）	不可抗力不能按期竣工	√	—	—

复习思考题

1. 请分析工程师指示变更的程序并画出流程图。
2. 请分析工程施工索赔的程序并画出流程图。
3. 查阅相关资料，制作一个工程施工索赔的案例。
4. 工程变更与索赔有何区别？

第 15 章　工程施工合同的风险管理

导 读

工程施工合同的履行过程中，不确定因素众多，加之工程工期长、标的额大，各项因素叠加造成的工程风险大，风险发生后的损失也比较严重。因此在施工合同的订立和履行过程中，有效防范、规避和处理风险具有非常重要的意义。

本章首先介绍工程施工合同的风险分配，然后对施工合同履行过程中的工程保险、工程担保内容进行阐述，最后介绍施工过程中发生不可抗力的处理程序、风险分担原则等内容。

15.1　工程施工合同的风险分配

15.1.1　施工合同风险分配的重要性

发包人起草招标文件和合同条件，确定合同类型，对风险的分配起主导作用，有更大的主动权和责任。所以发包人不能随心所欲地不顾客观条件，任意在合同中增加对承包商的单方面约束性条款和对自己的免责条款，把风险全部推给对方，一定要理性分配风险，否则可能产生如下后果。

（1）如果发包人不承担风险，他也缺乏工程控制的积极性和内在动力，工程也不能顺利进行。

（2）如果合同不平等，承包人没有合理利润，不可预见的风险太大，则会对工程缺乏信心和履约积极性。如果风险事件发生，不可预见风险费用不足以弥补承包人的损失，他通常会采取其他各种办法弥补损失或减少开支。例如：偷工减料、减少工作量、降低材料设备和施工质量标准以降低成本，甚至放慢施工速度或停工等，最终影响工程的整体效益。

（3）如果合同所定义的风险没有发生，则发包人多支付了报价中的不可预见风险费。承包人取得了超额利润。

合理地分配风险的好处是：

（1）发包人可以获得一个合理的报价，承包人报价中的不可预见风险费较少。

（2）减少合同的不确定性，承包人可以准确地计划和安排工程施工。

（3）可以最大限度发挥合同双方风险控制和履约的积极性。

（4）发包人工程的整体产出效益可能会更好。

15.1.2　施工合同风险分配的原则

合同风险应该按照效率原则和公平原则进行分配。

（1）从工程整体效益出发，最大限度发挥双方的积极性，尽可能做到：

1）谁能最有效地（有能力和经验）预测，防止和控制风险，或能有效地降低风险损失，或能将风险转移给其他方面，则应由他承担相应的风险责任。

2）承担者控制相关风险是经济的，即能够以最低的成本来承担风险损失，同时他管理风险的成本、自我防范和市场保险费用最低，同时又是有效、方便可行的。

3）通过风险分配，加强责任，发挥双方管理和技术革新的积极性等。

（2）公平合理，责权利平衡，体现在：

1）承包人提供的工程（或服务）与发包人支付的价格之间应体现公平。

2）风险责任与权利之间应平衡。

3）风险责任与机会对等，即风险承担者同时应享有风险带来的收益和机会收益。

4）给风险承担者以风险预测、计划、控制的条件和可能性。

（3）符合现代工程管理理念。

（4）符合工程惯例。

15.2　工程保险

15.2.1　工程保险的概念

工程保险是对以工程施工合同履行过程中所涉及的财产、人身和建设各方当事人之间权利义务关系为对象的保险的总称；是发包人和承包人为了工程项目的顺利实施，以建设工程项目，包括建设工程本身、工程设备和施工机具以及与之有关联的人作为保险对象，向保险人支付保险费，由保险人根据合同约定对建设过程中遭受自然灾害或意外事故所造成的财产和人身伤害承担保险金责任的一种保险形式。投保人将威胁自己的工程风险通过按约缴纳保险费的办法转移给保险人。如果事故发生，投保人可以通过保险公司取得损失赔偿，以保证自身免受或少受损失。其好处是付出一定的保险费，换得遭受大量损失时得到补偿的保障，从而增强抵御风险的能力。

需要注意的是，合同当事人在投保后仍须预防灾害和事故，尽量避免和减少风险危害。工程保险并不能解决所有的风险问题，只是转移了部分重大风险可能带来的损害，发包人和承包人仍然要采取各种有力措施防止事故和灾害发生，并阻止事故的扩大。

15.2.2　工程保险的种类

按照国际惯例以及国内施工合同履行的要求，“标准文本”对于易发生重大风险事件的投保范围作了明确规定，主要包括工程一切险、工伤保险、人身意外伤害险、第三者责任险、设备险等。

1. 工程一切险

按照我国保险制度，工程险包括建筑工程一切险、安装工程一切险两类。在施工过程中，由于在建工程尚未交付，因此要求办理保险时应以双方名义共同投保。为了保证保险的有效性和连贯性，国内工程通常由项目法人即发包人办理保险，国际工程一般要求承包人办理保险。

如果承包人不愿投保一切险，也可以就承包人的工程材料、待安装设备、临时工程、已完工程等分别进行投保，但应征得发包人的同意。一般来说，集中投保一切险，可能比分别投保的费用要少。有时，承包人将一部分工程或劳务分包给其他分包人，则可以要求分包人投保其分担责任的那一部分保险，而自己按扣除该分包价格的余额进行投保。

“标准文本”规定，除专用合同条款另有约定外，承包人应以发包人和承包人的共同名义向双方同意的保险人投保建筑工程一切险、安装工程一切险。其具体的投保内容、保险金额、保险费率、保险期限等有关内容在专用合同条款中约定。

“示范文本”规定，除专用合同条款另有约定外，发包人应投保建筑工程一切险或安装工程一切险；发包人委托承包人投保的，因投保产生的保险费和其他相关费用由发包人承担。

2. 工伤保险

（1）承包人工伤保险

承包人应依照有关法律规定参加工伤保险，为其履行合同所雇佣的全部人员，缴纳工伤保险费，并要求其分包人也进行此项保险。

（2）发包人工伤保险

发包人应依照有关法律规定参加工伤保险，为其现场机构雇佣的全部人员，缴纳工伤保险费，并要求其监理人也进行此项保险。

3. 人身意外伤害险

（1）发包人员意外伤害险

发包人应在整个施工期间为其现场机构雇用的全部人员，投保人身意外伤害险，缴纳保险费，并要求其监理人也进行此项保险。

（2）承包人员意外伤害险

承包人应在整个施工期间为其现场机构雇用的全部人员，投保人身意外伤害险，缴纳保险费，并要求其分包人也进行此项保险。

4. 第三者责任险

第三者责任险系指在保险期内，对因工程意外事故造成的、依法应由被保险人负责的工地上及毗邻地区的第三者人身伤亡、疾病或财产损失（本工程除外），以及被保险人因此而支付的诉讼费用和事先经保险人书面同意支付的其他费用等赔偿责任。

在缺陷责任期终止证书颁发前，承包人应以承包人和发包人的共同名义，投保第三者责任险，其保险费率、保险金额等有关内容在专用合同条款中约定。

5. 其他保险

除专用合同条款另有约定外，承包人应为其施工设备、进场的材料和工程设备等办理保险。

6. 对各项保险的一般要求

（1）保险凭证

承包人应在专用合同条款约定的期限内向发包人提交各项保险生效的证据和保险单副本，保险单必须与专用合同条款约定的条件保持一致。

“示范文本”规定为，合同当事人应及时向另一方当事人提交其已投保的各项保险的凭证和保险单复印件。

（2）保险合同条款的变动

承包人需要变动保险合同条款时，应事先征得发包人同意，并通知监理人。保险人作出变动的，承包人应在收到保险人通知后立即通知发包人和监理人。

（3）持续保险

承包人应与保险人保持联系，使保险人能够随时了解工程实施中的变动，并确保按保险合同条款要求持续保险。

（4）保险金不足的补偿

保险金不足以补偿损失的，应由承包人和（或）发包人按合同约定负责补偿。

（5）未按约定投保的补救

1）由于负有投保义务的一方当事人未按合同约定办理保险，或未能使保险持续有效的，另一方当事人可代为办理，所需费用由对方当事人承担。

2）由于负有投保义务的一方当事人未按合同约定办理某项保险，导致受益人未能得到保险人的赔偿，原应从该项保险得到的保险金应由负有投保义务的一方当事人支付。

（6）报告义务

当保险事故发生时，投保人应按照保险单规定的条件和期限及时向保险人报告。

15.3 工程担保

建设工程中经常采用的担保种类有：投标担保、履约担保、支付担保、预付款担保、工程保修担保等。根据《国务院办公厅关于清理规范工程建设领域保证金的通知》（国办发〔2016〕49 号）的规定，对建筑业企业在工程建设中需缴纳的保证金，除依法依规设立的投标保证金、履约保证金、工程质量保证金、农民工工资保证金外，其他保证金一律取消。对取消的保证金，自本通知印发之日起，一律停止收取。对保留的保证金，推行银行保函制度，建筑业企业可以银行保函方式缴纳。

15.3.1 投标担保

1. 投标担保的含义

投标担保，是指投标人向招标人提供的担保，保证投标人一旦中标即按中标通知书、投标文件和招标文件等有关规定与发包人签订承包合同。

2. 投标担保的形式

投标担保可以采用银行保函，担保公司担保书、同业担保书和投标保证金担保方式，多数采用银行投标保函和投标保证金担保方式，具体方式由招标人在招标文件中规定。未能按照招标文件要求提供投标担保的投标，可被视为不响应招标而被拒绝。

3. 担保额度和有效期

《中华人民共和国招标投标法实施条例》规定，投标保证金不得超过招标项目估算价的 2%。投标保证金有效期应当与投标有效期一致。

《工程建设项目施工招标投标办法》规定，施工项目投标保证金的数额一般不得超过投标总价的 2%，但最高不得超过 80 万元人民币。投标保证金有效期应当超出投标有效期三十天。投标人不按招标文件要求提交投标保证金的，该投标文件将被拒绝，作废标处理。

这里《工程建设项目施工招标投标办法》对施工项目的投标保证金作了比《招标投标法实施条例》更为严格的规定，要求投标保证金的有效期不仅要覆盖投标有效期，还要超出三十天。

4. 投标担保的作用

投标担保的主要目的是保护招标人不因中标人不签约而蒙受经济损失。投标担保要确保投标人在投标有效期内不要撤销投标书以及投标人在中标后保证与发包人签订合同并提供发包人所要求的履约担保、预付款担保等。

投标担保的另一个作用是，在一定程度上可以起到筛选投标人的作用。

【行业背景】需要注意的是，近期陆续有多个地方取消了政府采购领域的投标保证金。比如，根据《深圳市财政局关于明确政府采购保证金管理工作的通知》，自 2019 年 8 月 15 日起，深圳市政府采购中心停止收取投标保证金和履约保证金，市政府采购中心同时为所有注册供应商开放投标权限。这也是继湖北省、河南省、山东省、浙江省和广西壮族自治区等省区之后，又一地区取消了政府采购领域的投标保证金。

优化营商环境，取消投标保证金的出发点是好的。但是，就投标保证金应该不应该取消这个话题，业内存在不同的声音。部分业内人士认为，投标保证金应该取消，取消投标保证金有利于给企业减负，促进企业参与招投标活动的积极性；而反对取消投标保证金的人士认为，投标保证金本质是一种投标责任担保，其实质是为了避免因投标人在投标有效期内随意撤销投标或中标后不能提交履约保证金和签署合同等行为而给招标人造成损失而提供的一种担保。在信用体系尚不完善的今日，如果取消了投标保证金，如何杜绝部分投标人的围标串标行为？如何保证投标人中途随意撤销投标文件和中标后不签订合同的行为？取消投标保证金，意味着招标人失去了约束投标人投标行为的直接砝码。此外，部分业内人士认为，地方上取消投标保证金的做法值得商榷。收取投标保证金是法律法规赋予招标人的一种权利，以地方规范性文件的形式取消法律赋予招标人的权利，实属不妥。

笔者认为，目前各地取消的主要是对投标人资金压力比较大的以现金形式缴纳的投标保证金，而作为其他投标保证的方式，比如投标保函、投标承诺、投标保险等，还会继续在我国法律的框架内存在。

15.3.2 履约担保

1. 履约担保的含义

所谓履约担保，是指招标人在招标文件中规定的要求中标的投标人提交的保证履行合同义务和责任的担保。这是工程担保中最重要也是担保金额最大的一种担保。

履约担保的有效期始于工程开工之日，终止日期则可以约定为工程竣工交付之日或者保修期满之日。由于合同履行期限应该包括保修期，履约担保的时间范围也应该覆盖保修期，如果确定履约担保的终止日期为工程竣工交付之日，则需要另外提供工程保修担保。

承包人应保证其履约担保在发包人颁发工程接收证书前一直有效。发包人应在工程接收证书颁发后 28 天内把履约担保退还给承包人。

2. 履约担保的形式

履约担保可以采用银行保函、履约担保书和履约保证金的形式，也可以采用同业担保的方式，即由实力强、信誉好的承包商为其提供履约担保，但应当遵守国家有关企业之间提供担保的有关规定，不允许两家企业互相担保或多家企业交叉互保。在保修期内，工程保修担保可以采用预留质量保证金的方式。

（1）银行履约保函

银行履约保函是由商业银行开具的担保证明，通常为合同金额的 10% 左右。银行保函分为有条件的银行保函和无条件的银行保函。

1）有条件的保函是指：在承包人没有实施合同或者未履行合同义务时，由发包人或工程师出具证明说明情况，并由担保人对已执行合同部分和未执行部分加以鉴定，确认后收兑银行保函，由发包人得到保函中的款项。

2）无条件的保函是指下述情形：在承包人没有实施合同或者未履行合同义务时，发包人只要看到承包人违约，不需要出具任何证明和理由就可对银行保函进行收兑。

（2）履约担保书

由担保公司或者保险公司开具履约担保书，当承包人在执行合同过程中违约时，开出担保书的担保公司或者保险公司用该项担保金去完成施工任务或者向发包人支付完成该项目所实际花费的金额，但该金额必须在担保金额之内。

（3）履约担保格式

“标准文本”规定的履约担保格式如图 15-1 所示。

履约担保

______________（发包人名称）：

鉴于__________（发包人名称，以下简称“发包人”）接受________（承包人名称）（以下称“承包人”）于____年____月____日参加________（项目名称）________标段施工的投标。我方愿意无条件地、不可撤销地就承包人履行与你方订立的合同，向你方提供担保。

1. 担保金额人民币（大写）________元（¥________）。

2. 担保有效期自发包人与承包人签订的合同生效之日起至发包人签发工程接收证书之日止。

3. 在本担保有效期内，因承包人违反合同约定的义务给你方造成经济损失时，我方在收到你方以书面形式提出的在担保金额内的赔偿要求后，在 7 天内无条件支付。

4. 发包人和承包人按《通用合同条款》第 15 条变更合同时，我方承担本担保规定的义务不变。

担 保 人：____________________（盖单位章）
法定代表人或其委托代理人：______________（签字）
……

____年____月____日

图 15-1　履约担保格式

3. 履约担保的额度

履约担保额的大小取决于招标项目的类型与规模，要尽量保证承包人违约时，发包人不受损失。在投标须知中，发包人要规定履约担保的形式和额度。

《中华人民共和国招标投标法实施条例》规定，招标文件要求中标人提交履约保证金的，中标人应当按照招标文件的要求提交。履约保证金不得超过中标合同金额的 10%。

15.3.3 预付款担保

1. 预付款担保的含义

工程合同签订以后，发包人往往会支付给承包人一定比例的预付款，如果发包人有要求，承包人应该向发包人提供预付款担保。预付款担保是指承包人与发包人签订合同后领取预付款之前，为保证正确、合理地使用发包人支付的预付款而提供的担保。

2. 预付款担保的形式

预付款担保的主要形式是银行保函，担保金额通常与发包人的预付款是等值的。预付款一般逐月从工程付款中扣除，预付款担保的担保金额也相应逐月减少。

预付款担保也可由担保公司提供保证担保，或采取抵押等担保形式。

“标准文本”规定的预付款担保格式如图 15-2 所示。

预付款担保

________________（发包人名称）：

根据________（承包人名称）（以下称“承包人”）与________________（发包人名称）（以下简称“发包人”）于____年____月____日签订的________（项目名称）________标段施工承包合同，承包人按约定的金额向发包人提交一份预付款担保，即有权得到发包人支付相等金额的预付款。我方愿意就你方提供给承包人的预付款提供担保。

1. 担保金额人民币（大写）____________元（¥____________）。
2. 担保有效期自预付款支付给承包人起生效，至发包人签发的进度付款证书说明已完全扣清止。
3. 在本保函有效期内，因承包人违反合同约定的义务而要求收回预付款时，我方在收到你方的书面通知后，在 7 天内无条件支付。但本保函的担保金额，在任何时候不应超过预付款金额减去发包人按合同约定在向承包人签发的进度付款证书中扣除的金额。
4. 发包人和承包人按《通用合同条款》第 15 条变更合同时，我方承担本保函规定的义务不变。

担 保 人：__________________________（盖单位章）

法定代表人或其委托代理人：______________（签字）

……

____年____月____日

图 15-2 预付款担保格式

15.3.4 支付担保

1. 支付担保的含义

支付担保是中标人要求招标人提供的保证履行合同中约定的工程款支付义务的担保。在国际上还有一种特殊的担保—分包人付款的担保，即承包人向发包人保证，将把发包人支付的用于实施分包工程的工程款及时、足额地支付给分包人。

2. 支付担保的形式

支付担保通常采用如下的几种形式:

（1）银行保函。

（2）履约保证金。

（3）担保公司担保。

发包人的支付担保实行分段滚动担保。支付担保的额度为工程合同总额的 20% ～ 25%。本段清算后进入下段。已完成担保额度，发包人未能按时支付，承包人可依据担保合同暂停施工，并要求担保人承担支付责任和相应的经济损失。

3. 支付担保的作用

工程款支付担保的作用在于，通过对业主资信状况进行严格审查并落实各项担保措施，确保工程费用及时支付到位；一旦业主违约，付款担保人将代为履约。

向分包人付款的付款担保，可以保证工程款真正支付给实施工程的单位或个人，如果承包人不能及时、足额地将分包工程款支付给分包人，业主可以要求担保人直接向分包人付款。

上述对工程款支付担保的规定，对解决我国建筑市场工程款拖欠现象具有特殊重要的意义。类似情形，我国部分行业已推行"农民工工资保证金"。

4. 支付担保有关规定

（1）示范文本中规定：除专用合同条款另有约定外，发包人要求承包人提供履约担保的，发包人应当向承包人提供支付担保。支付担保可以采用银行保函或担保公司担保等形式，具体由合同当事人在专用合同条款中约定。

（2）《房屋建筑和市政基础设施工程施工招标投标管理办法》规定：招标文件要求中标人提交履约担保的，中标人应当提交。招标人应当同时向中标人提供工程款支付担保。

15.4　不可抗力

15.4.1　不可抗力及处理程序

1. 不可抗力的概念

施工合同中的不可抗力是指承包人和发包人在订立合同时不可预见，在工程施工过程中不可避免发生并不能克服的自然灾害和社会性突发事件，如地震、海啸、瘟疫、水灾、骚乱、暴动、战争和专用合同条款约定的其他情形。

2. 不可抗力的确认

不可抗力发生后，发包人和承包人应及时认真统计所造成的损失，收集不可抗力造成损失的证据。合同双方对是否属于不可抗力或其损失的意见不一致的，由监理人按［商定或确定］确认。发生争议时，按［争议的解决］办理。

【行业惯例】公路工程和铁路工程行业专用合同条款中，将不可抗力的确认做了进一步明确。

1. 公路工程专用合同条款细化为：

不可抗力是指承包人和发包人在订立合同时不可预见，在工程施工过程中不可避免发生并不能克服的自然灾害和社会性突发事件。包括但不限于：

（1）地震、海啸、火山爆发、泥石流、暴雨（雪）、台风、龙卷风、水灾等自然灾害；

（2）战争、骚乱、暴动，但纯属承包人或其分包人派遣与雇用的人员由于本合同工程施工原因引起者除外；

（3）核反应、辐射或放射性污染；

（4）空中飞行物体坠落或非发包人或承包人责任造成的爆炸、火灾；

（5）瘟疫；

（6）项目专用合同条款约定的其他情形。

2. 铁路工程专用合同条款将导致不可抗力的自然灾害明确为：暴雨、雪灾、洪水、地震、海啸、台风、火山爆发、山体滑坡、雪崩、泥石流、隧道内不可预测的突发性地质灾害等。其中具体程度的约定为：

暴雨：每小时降雨量达 16mm 以上，或连续 12h 降雨量达 30mm 以上，或连续 24h 降雨量达 50mm 以上；

雪灾：每平方米雪压超过建筑结构荷载规范规定的荷载标准；

洪水：规律性的涨潮、设施漏水、水管爆裂造成的除外；

地震、海啸、台风：以当地气象机构的认定为准；

火山爆发、山体滑坡、雪崩：不可预测或采取措施无法阻止的；

泥石流：突然爆发的大量夹带泥沙、石块等的洪流；

隧道内不可预测的突发性地质灾害等。

3. 不可抗力的通知

合同一方当事人遇到不可抗力事件，使其履行合同义务受到阻碍时，应立即通知合同另一方当事人和监理人，书面说明不可抗力和受阻碍的详细情况，并提供必要的证明。

如不可抗力持续发生，合同一方当事人应及时向合同另一方当事人和监理人提交中间报告，说明不可抗力和履行合同受阻的情况，并于不可抗力事件结束后 28 天内提交最终报告及有关资料。

15.4.2 不可抗力发生后的损害分担原则

1. 各自承担原则

除专用合同条款另有约定外，不可抗力导致的人员伤亡、财产损失、费用增加和（或）工期延误等后果，由合同双方按以下原则承担：

（1）永久工程，包括已运至施工场地的材料和工程设备的损害，以及因工程损害造成的第三者人员伤亡和财产损失由发包人承担；

（2）承包人设备的损坏由承包人承担；

（3）发包人和承包人各自承担其人员伤亡和其他财产损失及其相关费用；

（4）承包人的停工损失由承包人承担，但停工期间应监理人要求照管工程和清理、修复工程的金额由发包人承担；

（5）不能按期竣工的，应合理延长工期，承包人不需支付逾期竣工违约金。发包人要求赶工的，承包人应采取赶工措施，赶工费用由发包人承担。

2. 延迟履行不免责的原则

合同一方当事人延迟履行，在延迟履行期间发生不可抗力的，不免除其责任。

3. 避免损失扩大原则

不可抗力发生后，发包人和承包人均应采取措施尽量避免和减少损失的扩大，任何一方没有采取有效措施导致损失扩大的，应对扩大的损失承担责任。

15.4.3　因不可抗力解除合同

合同一方当事人因不可抗力不能履行合同的，应当及时通知对方解除合同。合同解除后，承包人应撤离施工场地。已经订货的材料、设备由订货方负责退货或解除订货合同，不能退还的货款和因退货、解除订货合同发生的费用，由发包人承担，因未及时退货造成的损失由责任方承担。

"示范文本"将该部分内容细化为：因不可抗力导致合同无法履行连续超过 84 天或累计超过 140 天的，发包人和承包人均有权解除合同。合同解除后，由双方当事人按照〔商定或确定〕商定或确定发包人应支付的款项，该款项包括：

（1）合同解除前承包人已完成工作的价款；

（2）承包人为工程订购的并已交付给承包人，或承包人有责任接受交付的材料、工程设备和其他物品的价款；

（3）发包人要求承包人退货或解除订货合同而产生的费用，或因不能退货或解除合同而产生的损失；

（4）承包人撤离施工现场以及遣散承包人人员的费用；

（5）按照合同约定在合同解除前应支付给承包人的其他款项；

（6）扣减承包人按照合同约定应向发包人支付的款项；

（7）双方商定或确定的其他款项。

除专用合同条款另有约定外，合同解除后，发包人应在商定或确定上述款项后 28 天内完成上述款项的支付。

复习思考题

1. 上网浏览各大保险公司网站，了解其工程保险险种设置情况。
2. 上网浏览各大银行、金融机构、担保公司网站，了解其工程担保业务开展情况。
3. 请分析不可抗力发生后的处理程序，并画出流程图。
4. 不可抗力发生后损失分担的原则是什么？

第 16 章　工程施工合同的终止与责任

导 读

工程施工项目的竣工不代表工程合同管理的结束，实务中很多涉及工程施工合同的纠纷和争议就发生在施工合同的终止前后，比如在工程验收、竣工结算、缺陷责任、保修责任、违约责任等过程中。

本章首先介绍工程施工合同中对阶段性验收、试运行、施工期运行、竣工验收的条款内容，然后对施工合同的缺陷责任、保修责任、违约责任等条款进行详细阐述和分析，最后简要介绍施工合同争议的解决方式。

16.1　工程验收与试运行

16.1.1　阶段性验收

1. 分部分项工程验收

“标准文本”中，对分部分项工程的验收按照［工程隐蔽部位覆盖前的检查］、［材料、工程设备和工程的试验与检验］的进行。

“示范文本”中，对分部分项工程的验收作了专门约定。

（1）验收标准

分部分项工程质量应符合国家有关工程施工验收规范、标准及合同约定，承包人应按照施工组织设计的要求完成分部分项工程施工。

（2）验收程序

除专用合同条款另有约定外，分部分项工程经承包人自检合格并具备验收条件的，承包人应提前 48 小时通知监理人进行验收。监理人不能按时进行验收的，应在验收前 24 小时向承包人提交书面延期要求，但延期不能超过 48 小时。监理人未按时进行验收，也未提出延期要求的，承包人有权自行验收，监理人应认可验收结果。分部分项工程未经验收的，不得进入下一道工序施工。

分部分项工程的验收资料应当作为竣工资料的组成部分。

2. 提前交付单位工程的验收

发包人根据合同进度计划安排，在全部工程竣工前需要使用已经竣工的单位工程时，或承包人提出经发包人同意时，可进行单位工程验收。验收的程序可参照［竣工验收］的约定进行。验收合格后，由监理人向承包人出具经发包人签认的单位工程验收证书。已签发单位工程接收证书的单位工程由发包人负责照管。单位工程的验收成果和结论作为全部工程竣工验收申请报告的附件。

发包人在全部工程竣工前，使用已接收的单位工程导致承包人费用增加的，发包人应承担由此增加的费用和（或）工期延误，并支付承包人合理利润。

16.1.2　试运行与施工期运行

1. 试运行（试车）

（1）试运行（试车）的概念

工程或工程设备的试运行也称为试车，即在工程施工或安装完毕后，对工程设备、电路、管线等系统的试运行，测试是否运转正常，是否满足设计及规范要求。

根据试运行时有无负荷，可分为无负荷试车和投料试车；根据试运行时是否多台（套）联动，可分为单机试车和联动试车。实务中常见的情况有：

1）单机无负荷试车，即单台设备空载试运行；

2）联动无负荷试车，即整套设备或多台设备一起空载试运行；

3）投料试车，即按正常工作方式试运行。

（2）试车程序

除专用合同条款另有约定外，承包人应按专用合同条款约定进行工程及工程设备试运行，负责提供试运行所需的人员、器材和必要的条件，并承担全部试运行费用。试车的程序按照［材料、工程设备和工程的试验与检验］的约定进行。

"示范文本"中约定，工程需要试车的，除专用合同条款另有约定外，试车内容应与承包人承包范围相一致，试车费用由承包人承担。工程试车应按如下程序进行：

（1）单机无负荷试车

具备单机无负荷试车条件，承包人组织试车，并在试车前48小时书面通知监理人，通知中应载明试车内容、时间、地点。承包人准备试车记录，发包人根据承包人要求为试车提供必要条件。试车合格的，监理人在试车记录上签字。监理人在试车合格后不在试车记录上签字，自试车结束满24小时后视为监理人已经认可试车记录，承包人可继续施工或办理竣工验收手续。

监理人不能按时参加试车，应在试车前24小时以书面形式向承包人提出延期要求，但延期不能超过48小时，由此导致工期延误的，工期应予以顺延。监理人未能在前述期限内提出延期要求，又不参加试车的，视为认可试车记录。

（2）无负荷联动试车

具备无负荷联动试车条件，发包人组织试车，并在试车前48小时以书面形式通知承包人。通知中应载明试车内容、时间、地点和对承包人的要求，承包人按要求做好准备工作。试车合格，合同当事人在试车记录上签字。承包人无正当理由不参加试车的，视为认可试车记录。

（3）投料试车

如需进行投料试车的，发包人应在工程竣工验收后组织投料试车。发包人要求在工程竣工验收前进行或需要承包人配合时，应征得承包人同意，并在专用合同条款中约定有关事项。

投料试车合格的，费用由发包人承担；因承包人原因造成投料试车不合格的，承包人应按照发包人要求进行整改，由此产生的整改费用由承包人承担；非因承包人原因导致投料试车不合格的，如发包人要求承包人进行整改的，由此产生的费用由发包人承担。

（3）试车责任

由于承包人的原因导致试运行失败的，承包人应采取措施保证试运行合格，并承担相应费用。由于发包人的原因导致试运行失败的，承包人应当采取措施保证试运行合格，发包人应承担由此产生的费用，并支付承包人合理利润。

“示范文本”对不同原因导致的试车责任做了更细化的约定：

因设计原因导致试车达不到验收要求，发包人应要求设计人修改设计，承包人按修改后的设计重新安装。发包人承担修改设计、拆除及重新安装的全部费用，工期相应顺延。

因承包人原因导致试车达不到验收要求，承包人按监理人要求重新安装和试车，并承担重新安装和试车的费用，工期不予顺延。

因工程设备制造原因导致试车达不到验收要求的，由采购该工程设备的合同当事人负责重新购置或修理，承包人负责拆除和重新安装，由此增加的修理、重新购置、拆除及重新安装的费用及延误的工期由采购该工程设备的合同当事人承担。

2. 施工期运行

施工期运行是指合同工程尚未全部竣工，其中某项或某几项单位工程或工程设备安装已竣工，根据专用合同条款约定，需要投入施工期运行的，经发包人按［单位工程验收］的约定验收合格，证明能确保安全后，才能在施工期投入运行。

在施工期运行中发现工程或工程设备损坏或存在缺陷的，由承包人按［缺陷责任］的约定进行修复。

16.1.3 竣工验收

1. 竣工验收的概念和条件

（1）竣工验收的概念

竣工验收指承包人完成了全部合同工作后，发包人按合同要求进行的验收。工程需要进行国家验收的，竣工验收是国家验收的一部分。国家验收是政府有关部门根据法律、规范、规程和政策要求，针对发包人全面组织实施的整个工程正式交付投运前的验收。

（2）竣工验收的标准和要求

竣工验收所采用的各项验收和评定标准应符合国家验收标准。发包人和承包人为竣工验收提供的各项竣工验收资料应符合国家验收的要求。

（3）竣工验收的条件

当工程具备以下条件时，承包人即可向监理人报送竣工验收申请报告：

1）除监理人同意列入缺陷责任期内完成的尾工（甩项）工程和缺陷修补工作外，合同范围内的全部单位工程以及有关工作，包括合同要求的试验、试运行以及检验和验收均已完成，并符合合同要求；

2）已按合同约定的内容和份数备齐了符合要求的竣工资料；

【行业惯例】竣工资料的内容和份数一般根据国家要求或者所在行业、地区的规定来编制。

1. 公路工程专用合同条款约定：承包人应按照《公路工程竣（交）工验收办法》和相关规定编制竣工资料。

2. 铁路工程专用合同条款约定：竣工资料的内容和份数应符合《铁路建设项目资料管理规程》和《铁路建设项目竣工文件编制移交办法》。

3）已按监理人的要求编制了在缺陷责任期内完成的尾工（甩项）工程和缺陷修补工作清单以及相应施工计划；

4）监理人要求在竣工验收前应完成的其他工作；

5）监理人要求提交的竣工验收资料清单。

（4）实际竣工日期

除专用合同条款另有约定外，经验收合格工程的实际竣工日期，以提交竣工验收申请报告的日期为准，并在工程接收证书中写明。

2. 竣工验收程序

（1）承包人报送竣工验收申请报告

当工程具备竣工验收条件时，承包人即可向监理人报送竣工验收申请报告。

（2）监理人审查竣工验收申请报告

监理人收到承包人提交的竣工验收申请报告后，应审查申请报告的各项内容，并按以下不同情况进行处理：

1）不具备竣工验收条件：

监理人审查后认为尚不具备竣工验收条件的，应在收到竣工验收申请报告后的28天内通知承包人，指出在颁发接收证书前承包人还需进行的工作内容。承包人完成监理人通知的全部工作内容后，应再次提交竣工验收申请报告，直至监理人同意为止。

2）已具备竣工验收条件：

监理人审查后认为已具备竣工验收条件的，应在收到竣工验收申请报告后的28天内提请发包人进行工程验收。

（3）发包人组织竣工验收

竣工验收一般由发包人主持，组织监理、设计、施工、运营、维护各方以及政府相关部门参加。验收后根据以下不同情况处理：

1）验收通过

发包人经过验收后同意接收工程的，应在监理人收到竣工验收申请报告后的56天内，由监理人向承包人出具经发包人签认的工程接收证书。发包人验收后同意接收工程但提出整修和完善要求的，限期修好，并缓发工程接收证书。整修和完善工作完成后，监理人复查达到要求的，经发包人同意后，再向承包人出具工程接收证书。

2）验收未通过

发包人验收后不同意接收工程的，监理人应按照发包人的验收意见发出指示，要求承包人对不合格工程认真返工重作或进行补救处理，并承担由此产生的费用。承包人在完成不合格工程的返工重作或补救工作后，应重新提交竣工验收申请报告。

3）未按时限组织验收

发包人在收到承包人竣工验收申请报告56天后未进行验收的，视为验收合格，实际竣工日期以提交竣工验收申请报告的日期为准，但发包人由于不可抗力不能进行验收的除外。

3. 竣工验收后的清场与撤离

（1）竣工清场

除合同另有约定外，工程接收证书颁发后，承包人应按以下要求对施工场地进行清理，直至监理人检验合格为止。竣工清场费用由承包人承担。

1）施工场地内残留的垃圾已全部清除出场；

2）临时工程已拆除，场地已按合同要求进行清理、平整或复原；

3）按合同约定应撤离的承包人设备和剩余的材料，包括废弃的施工设备和材料，已按计划撤离施工场地；

4）工程建筑物周边及其附近道路、河道的施工堆积物，已按监理人指示全部清理；

5）监理人指示的其他场地清理工作已全部完成。

承包人未按监理人的要求恢复临时占地，或者场地清理未达到合同约定的，发包人有权委托其他人恢复或清理，所发生的金额从拟支付给承包人的款项中扣除。

（2）施工队伍的撤离

工程接收证书颁发后的56天内，除了经监理人同意需在缺陷责任期内继续工作和使用的人员、施工设备和临时工程外，其余的人员、施工设备和临时工程均应撤离施工场地或拆除。除合同另有约定外，缺陷责任期满时，承包人的人员和施工设备应全部撤离施工场地。

16.2 缺陷责任与保修责任

16.2.1 缺陷责任

1. 缺陷责任的概念

"标准文本"规定，承包人应在缺陷责任期内对已交付使用的工程承担缺陷责任。这里"缺陷"是指建设工程质量不符合工程建设强制性标准、设计文件，以及承包合同的约定。"缺陷责任期"指承担缺陷责任的期限，具体期限由专用合同条款约定。根据住房和城乡建设部、财政部印发的《建设工程质量保证金管理办法》（建质［2017］138号）的规定，缺陷责任期一般为1年，最长不超过2年。

2. 缺陷责任期的起算

"标准文本"规定，缺陷责任期自实际竣工日期起计算。在全部工程竣工验收前，发包人已经提前验收的单位工程，其缺陷责任期的起算日期相应提前。

《建设工程质量保证金管理办法》规定，缺陷责任期从工程通过竣工验收之日起计。由于承包人原因导致工程无法按规定期限进行竣工验收的，缺陷责任期从实际通过竣工验收之日起计。由于发包人原因导致工程无法按规定期限进行竣工验收的，在承包人提交竣工验收报告90天后，工程自动进入缺陷责任期。

3. 缺陷责任的承担

（1）缺陷责任承担的原则

根据《建设工程质量保证金管理办法》，缺陷责任期内，由承包人原因造成的缺陷，承包人应负责维修，并承担鉴定及维修费用。如承包人不维修也不承担费用，发包人可按合同约定从保证金或银行保函中扣除，费用超出保证金额的，发包人可按合同约定向承包人进行索赔。承包人维修并承担相应费用后，不免除对工程的损失赔偿责任。

由他人原因造成的缺陷，发包人负责组织维修，承包人不承担费用，且发包人不得从保证金中扣除费用。

（2）缺陷责任承担的具体约定

"标准文本"约定了工程使用过程中缺陷责任的发现、查验、修复、修复后的重新试验、承包人进入权等内容。

1）缺陷责任的发现和修复：缺陷责任期内，发包人对已接收使用的工程负责日常维护工作。发包人在使用过程中，发现已接收的工程存在新的缺陷或已修复的缺陷部位或部件又遭损坏的，承包人应负责修复，直至检验合格为止。

2）缺陷责任的查验：监理人和承包人应共同查清缺陷和（或）损坏的原因。经查明属承包人原因造成的，应由承包人承担修复和查验的费用。经查验属发包人原因造成的，发包人应承担修复和查验的费用，并支付承包人合理利润。

3）缺陷的他人修复：承包人不能在合理时间内修复缺陷的，发包人可自行修复或委托其他人修复，所需费用和利润由缺陷责任方承担。

4）进一步试验和试运行：任何一项缺陷或损坏修复后，经检查证明其影响了工程或工程设备的使用性能，承包人应重新进行合同约定的试验和试运行，试验和试运行的全部费用应由责任方承担。

5）承包人的进入权：缺陷责任期内承包人为缺陷修复工作需要，有权进入工程现场，但应遵守发包人的保安和保密规定。

4. 缺陷责任期的延长与终止

由于承包人原因造成某项缺陷或损坏使某项工程或工程设备不能按原定目标使用而需要再次检查、检验和修复的，发包人有权要求承包人相应延长缺陷责任期，但缺陷责任期最长不超过2年。

在合同约定的缺陷责任期，或者经延长的缺陷责任期终止后14天内，由监理人向承包人出具经发包人签认的缺陷责任期终止证书，并退还剩余的质量保证金。

16.2.2　质量保证金

1. 质量保证金的概念

根据《建设工程质量保证金管理办法》，建设工程质量保证金是指发包人与承包人在建设工程承包合同中约定，从应付的工程款中预留，用以保证承包人在缺陷责任期内对建设工程出现的缺陷进行维修的资金。发包人应当在招标文件中明确保证金预留、返还等内容，并与承包人在合同条款中对涉及保证金的下列事项进行约定：

（1）保证金预留、返还方式；

（2）保证金预留比例、期限；

（3）保证金是否计付利息，如计付利息，利息的计算方式；

（4）缺陷责任期的期限及计算方式；

（5）保证金预留、返还及工程维修质量、费用等争议的处理程序；

（6）缺陷责任期内出现缺陷的索赔方式；

（7）逾期返还保证金的违约金支付办法及违约责任。

2. 质量保证金的预留

（1）质量保证金的预留方式

质量保证金的预留一般有以下三种方式：

1）银行保函的方式；

2）预留一定比例工程款的方式；

3）双方约定的其他方式。

"示范文本"中规定，除专用合同条款另有约定外，质量保证金的扣留原则上采用上述第（1）种方式。

（2）质量保证金的预留额度

预留的质量保证金总额由合同双方在专用条款中约定，但总额不得高于工程价款结算总额的3%。

（3）禁止重复预留保证金

在工程项目竣工前，已经缴纳履约保证金的，发包人不得同时预留工程质量保证金。采用工程质量保证担保、工程质量保险等其他保证方式的，发包人不得再预留保证金。

（4）质量保证金的预留程序

"标准文本"规定，监理人应从第一个付款周期开始，在发包人的进度付款中，按专用合同条款的约定扣留质量保证金，直至扣留的质量保证金总额达到专用合同条款约定的金额或比例为止。质量保证金的计算额度不包括预付款的支付、扣回以及价格调整的金额。

【行业惯例】不同行业的标准文本专用条款对质量保证金的预留做了细节规定。

1. 公路工程专用合同条款细化为：交工验收证书签发后14天内，承包人应向发包人缴纳质量保证金。质量保证金可采用银行保函或现金、支票形式，金额应符合项目专用合同条款数据表的规定。采用银行保函时，出具保函的银行须具有相应担保能力，且按照发包人批准的格式出具，所需费用由承包人承担。

质量保证金采用现金、支票形式提交的，发包人应在项目专用合同条款数据表中明确是否计付利息以及利息的计算方式。

若交工验收时承包人具备被招标项目所在地省级交通运输主管部门评定的最高信用等级，发包人可在质量保证金方面给予一定的优惠奖励，例如可给予发包人2%合同价格质量保证金的优惠，具体优惠幅度由发包人自行确定。

2. 铁路工程专用合同条款中预留质量保证金约定为：按合同约定拨付工程进度款时，发包人按批准的验工计价额的5%预留工程质量保证金（按现行规定已改为3%）。工程竣工验收（初验）合格交付使用一年后，发包人应于三个月内不计息按规定返还剩余的质量保证金。

3. 房屋建筑与市政工程专用合同条款补充：质量保证金由监理人从第一个付款周期开始按进度付款证书确认的已实施工程的价款、根据合同条款第15条增加和扣减的变更金额、根据合同条款第23条增加和扣减的索赔金额以及根据合同应增加和扣减的其他金额（不包括预付款的支付、返还、合同条款第16条约定的价格调整金额、此前已经按合同约定支付给承包人的进度款以及已经扣留的质量保证金）的总额的百分之五（5%）扣留，直至质量保证金累计扣留金额达到签约合同价的百分之五（5%）为止（按现行规定已改为3%）。

“示范文本”中规定，质量保证金的扣留有以下三种方式：

1）在支付工程进度款时逐次扣留，在此情形下，质量保证金的计算基数不包括预付款的支付、扣回以及价格调整的金额；

2）工程竣工结算时一次性扣留质量保证金；

3）双方约定的其他扣留方式。

除专用合同条款另有约定外，质量保证金的扣留原则上采用上述第（1）种方式。

3. 质量保证金的管理

（1）政府投资项目质量保证金的管理

缺陷责任期内，实行国库集中支付的政府投资项目，保证金的管理应按国库集中支付的有关规定执行。其他政府投资项目，保证金可以预留在财政部门或发包方。缺陷责任期内，如发包方被撤销，保证金随交付使用资产一并移交使用单位管理，由使用单位代行发包人职责。

（2）社会投资项目质量保证金的管理

社会投资项目采用预留保证金方式的，发、承包双方可以约定将保证金交由第三方金融机构托管。

4. 质量保证金的返还

根据《建设工程质量保证金管理办法》，缺陷责任期内，承包人认真履行合同约定的责任，到期后，承包人向发包人申请返还保证金。发包人在接到承包人返还保证金申请后，应于14天内会同承包人按照合同约定的内容进行核实。如无异议，发包人应当按照约定将保证金返还给承包人。对返还期限没有约定或者约定不明确的，发包人应当在核实后14天内将保证金返还承包人，逾期未返还的，依法承担违约责任。发包人在接到承包人返还保证金申请后14天内不予答复，经催告后14天内仍不予答复，视同认可承包人的返还保证金申请。

“标准文本”中规定，在约定的缺陷责任期满时，承包人向发包人申请到期应返还承包人剩余的质量保证金金额，发包人应在14天内会同承包人按照合同约定的内容核实承包人是否完成缺陷责任。如无异议，发包人应当在核实后将剩余保证金返还承包人。承包人没有完成缺陷责任的，发包人有权扣留与未履行责任剩余工作所需金额相应的质量保证金余额，并有权根据合同约定要求延长缺陷责任期，直至完成剩余工作为止。

【行业惯例】公路工程专用条款将质量保证金的返还规定为：

在约定的缺陷责任期满，且质量监督机构已按规定对工程质量检测鉴定合格，承包人向发包人申请到期应返还承包人剩余的质量保证金金额，发包人应在14天内会同承包人按照合同约定的内容核实承包人是否完成缺陷责任。如无异议，发包人应当在核实后将剩余保证金返还承包人。

“示范文本”中，对质量保证金的返还做了与《建设工程质量保证金管理办法》相同的规定。另外还规定，发包人在退还质量保证金的同时按照中国人民银行发布的同期同类贷款基准利率支付利息。

16.2.3 保修责任

1. 保修制度

根据我国《建设工程质量管理条例》（2017 年修订），建设工程实行质量保修制度。建设工程承包单位在向建设单位提交工程竣工验收报告时，应当向建设单位出具质量保修书。质量保修书中应当明确建设工程的保修范围、保修期限和保修责任等。

建设工程在保修范围和保修期限内发生质量问题的，施工单位应当履行保修义务，并对造成的损失承担赔偿责任。

建设工程在超过合理使用年限后需要继续使用的，产权所有人应当委托具有相应资质等级的勘察、设计单位鉴定，并根据鉴定结果采取加固、维修等措施，重新界定使用期。

2. 保修期

《建设工程质量管理条例》规定，在正常使用条件下，建设工程的最低保修期限为：

（1）基础设施工程、房屋建筑的地基基础工程和主体结构工程，为设计文件规定的该工程的合理使用年限；

（2）屋面防水工程、有防水要求的卫生间、房间和外墙面的防渗漏，为 5 年；

（3）供热与供冷系统，为 2 个采暖期、供冷期；

（4）电气管线、给排水管道、设备安装和装修工程，为 2 年。

其他项目的保修期限由发包方与承包方约定。

建设工程的保修期，自竣工验收合格之日起计算。

3. 保修责任

“示范文本”规定了工程保修责任与修复的程序：

（1）保修责任

工程保修期从工程竣工验收合格之日起算，具体分部分项工程的保修期由合同当事人在专用合同条款中约定，但不得低于法定最低保修年限。在工程保修期内，承包人应当根据有关法律规定以及合同约定承担保修责任。

发包人未经竣工验收擅自使用工程的，保修期自转移占有之日起算。

（2）修复费用

保修期内，修复的费用按照以下约定处理：

1）保修期内，因承包人原因造成工程的缺陷、损坏，承包人应负责修复，并承担修复的费用以及因工程的缺陷、损坏造成的人身伤害和财产损失；

2）保修期内，因发包人使用不当造成工程的缺陷、损坏，可以委托承包人修复，但发包人应承担修复的费用，并支付承包人合理利润；

3）因其他原因造成工程的缺陷、损坏，可以委托承包人修复，发包人应承担修复的费用，并支付承包人合理的利润，因工程的缺陷、损坏造成的人身伤害和财产损失由责任方承担。

（3）修复通知

在保修期内，发包人在使用过程中，发现已接收的工程存在缺陷或损坏的，应书面通知承包人予以修复，但情况紧急必须立即修复缺陷或损坏的，发包人可以口头通知承包人并在口头通知后48小时内书面确认，承包人应在专用合同条款约定的合理期限内到达工程现场并修复缺陷或损坏。

（4）未能修复

因承包人原因造成工程的缺陷或损坏，承包人拒绝维修或未能在合理期限内修复缺陷或损坏，且经发包人书面催告后仍未修复的，发包人有权自行修复或委托第三方修复，所需费用由承包人承担。但修复范围超出缺陷或损坏范围的，超出范围部分的修复费用由发包人承担。

（5）承包人出入权

在保修期内，为了修复缺陷或损坏，承包人有权出入工程现场，除情况紧急必须立即修复缺陷或损坏外，承包人应提前24小时通知发包人进场修复的时间。承包人进入工程现场前应获得发包人同意，且不应影响发包人正常的生产经营，并应遵守发包人有关保安和保密等规定。

16.3 违约责任

16.3.1 承包人违约

1. 承包人违约的情形

在履行合同过程中发生下列情况的属承包人违约：

（1）承包人违反约定，私自将合同的全部或部分权利转让给其他人，或私自将合同的全部或部分义务转移给其他人；

（2）承包人违反约定，未经监理人批准，私自将已按合同约定进入施工场地的施工设备、临时设施或材料撤离施工场地；

（3）承包人违反约定使用了不合格材料或工程设备，工程质量达不到标准要求，又拒绝清除不合格工程；

（4）承包人未能按合同进度计划及时完成合同约定的工作，已造成或预期造成工期延误；

（5）承包人在缺陷责任期内，未能对工程接收证书所列的缺陷清单的内容或缺陷责任期内发生的缺陷进行修复，而又拒绝按监理人指示再进行修补；

（6）承包人无法继续履行或明确表示不履行或实质上已停止履行合同；

（7）承包人不按合同约定履行义务的其他情况。

【行业惯例】公路工程专用合同条款增加了承包人违约的情形：

（7）承包人未能按期开工；

（8）承包人违反约定，未按承诺或未按监理人的要求及时配备称职的主要管理人员、技术骨干或关键施工设备；

（9）经监理人和发包人检查，发现承包人有安全问题或有违反安全管理规章制度的情况；

（10）承包人不按合同约定履行义务的其他情况。

---

2. 承包人违约的处理

（1）承包人发生以上第（6）目约定的违约情况时，发包人可通知承包人立即解除合同，并按有关法律处理。

（2）承包人发生除第（6）目约定以外的其他违约情况时，监理人可向承包人发出整改通知，要求其在指定的期限内改正。承包人应承担其违约所引起的费用增加和（或）工期延误。

监理人发出整改通知 28 天后，承包人仍不纠正违约行为的，发包人可向承包人发出解除合同通知。

（3）经检查证明承包人已采取了有效措施纠正违约行为，具备复工条件的，可由监理人签发复工通知复工。

【行业惯例】公路工程、铁路工程的行业专用条款对承包人违约的处理补充了第（4）条。

1. 公路工程专用合同条款补充：

（4）承包人发生违约的情形时，无论发包人是否解除合同，发包人均有权向承包人课以项目专用合同条款中规定的违约金，并由发包人将其违约行为上报省级交通运输主管部门，作为不良记录纳入公路建设市场信用信息管理系统。

2. 铁路工程专用合同条款补充：

（4）承包人发生违约的情形时，发包人有权要求承包人支付项目专用合同条款约定的违约金。

---

3. 承包人违约解除合同

（1）发包人进驻施工现场

合同解除后，发包人可派员进驻施工场地，另行组织人员或委托其他承包人施工。发包人因继续完成该工程的需要，有权扣留使用承包人在现场的材料、设备和临时设施。但发包人的这一行动不免除承包人应承担的违约责任，也不影响发包人根据合同约定享有的索赔权利。

（2）协议利益的转让

因承包人违约解除合同的，发包人有权要求承包人将其为实施合同而签订的材料和设备的订货协议或任何服务协议利益转让给发包人，并在解除合同后的 14 天内，依法办理转让手续。

（3）合同解除后的估价、付款和结清

1）合同解除后，监理人按［商定或确定］商定或确定承包人实际完成工作的价值，以及承包人已提供的材料、施工设备、工程设备和临时工程等的价值。

2）合同解除后，发包人应暂停对承包人的一切付款，查清各项付款和已扣款金额，包括承包人应支付的违约金。

3）合同解除后，发包人应按［发包人索赔］的约定向承包人索赔由于解除合同给发包人造成的损失。

4）合同双方确认上述往来款项后，出具最终结清付款证书，结清全部合同款项。

5）发包人和承包人未能就解除合同后的结清达成一致而形成争议的，按［争议的解决］的约定办理。

4. 紧急情况下雇佣第三方抢救

在工程实施期间或缺陷责任期内发生危及工程安全的事件，监理人通知承包人进行抢救，承包人声明无能力或不愿立即执行的，发包人有权雇佣其他人员进行抢救。此类抢救按合同约定属于承包人义务的，由此发生的金额和（或）工期延误由承包人承担。

16.3.2 发包人违约

1. 发包人违约的情形

在履行合同过程中发生的下列情形，属发包人违约：

（1）发包人未能按合同约定支付预付款或合同价款，或拖延、拒绝批准付款申请和支付凭证，导致付款延误的；

（2）发包人原因造成停工的；

（3）监理人无正当理由没有在约定期限内发出复工指示，导致承包人无法复工的；

（4）发包人无法继续履行或明确表示不履行或实质上已停止履行合同的；

（5）发包人不履行合同约定其他义务的。

【行业惯例】公路工程专用合同条款增加了发包人违约的情形：

（6）发包人无正当理由不按时返还履约保证金、质量保证金或农民工工资保证金的。

---

2. 发包人违约的处理

（1）承包人暂停施工

发包人发生除以上第（4）目以外的违约情况时，承包人可向发包人发出通知，要求发包人采取有效措施纠正违约行为。发包人收到承包人通知后的28天内仍不履行合同义务，承包人有权暂停施工，并通知监理人，发包人应承担由此增加的费用和（或）工期延误，并支付承包人合理利润。

【行业惯例】公路工程专用合同条款规定为：

发包人发生除第22.2.1（4）、（5）目以外的违约情况时，承包人可向发包人发出通知，要求发包人采取有效措施纠正违约行为。发包人收到承包人通知后的28天内仍不履行合同义务，承包人有权暂停施工，并通知监理人，发包人应承担由此增加的费用和（或）工期延误，并支付承包人合理利润。

发包人发生第22.2.1（5）目的违约情况时，承包人可向发包人发出通知，要求发包人采取有效措施纠正违约行为。发包人收到承包人通知后的28天内仍不返还履约保证金、质量保证金或农民工工资保证金的，发包人应按项目专用合同条款的约定向承包人支付逾期返还保证金的违约金。

（2）承包人解除合同

1）发生第（4）目的违约情况时，承包人可书面通知发包人解除合同。

2）发生第（4）目以外的违约情况，承包人暂停施工 28 天后，发包人仍不纠正违约行为的，承包人可向发包人发出解除合同通知。但承包人的这一行动不免除发包人承担的违约责任，也不影响承包人根据合同约定享有的索赔权利。

3. 解除合同后的付款与撤离

（1）解除合同后的付款

因发包人违约解除合同的，发包人应在解除合同后 28 天内向承包人支付下列金额，承包人应在此期限内及时向发包人提交要求支付下列金额的有关资料和凭证：

1）合同解除日以前所完成工作的价款；

2）承包人为该工程施工订购并已付款的材料、工程设备和其他物品的金额。发包人付还后，该材料、工程设备和其他物品归发包人所有；

3）承包人为完成工程所发生的，而发包人未支付的金额；

4）承包人撤离施工场地以及遣散承包人人员的金额；

5）由于解除合同应赔偿的承包人损失；

6）按合同约定在合同解除日前应支付给承包人的其他金额。

发包人应按本项约定支付上述金额并退还质量保证金和履约担保，但有权要求承包人支付应偿还给发包人的各项金额。

（2）解除合同后的撤离

因发包人违约而解除合同后，承包人应妥善做好已竣工工程和已购材料、设备的保护和移交工作，按发包人要求将承包人设备和人员撤出施工场地。承包人撤出施工场地应遵守［竣工清场］项的约定，发包人应为承包人撤出提供必要条件。

16.4 争议的解决

16.4.1 争议的解决方式

标准文本规定，发包人和承包人在履行合同中发生争议的，可以友好协商解决或者提请争议评审组评审。合同当事人友好协商解决不成、不愿提请争议评审或者不接受争议评审组意见的，可在专用合同条款中约定下列一种方式解决。

（1）向约定的仲裁委员会申请仲裁；

（2）向有管辖权的人民法院提起诉讼。

因此，工程施工合同争议的解决方式共有四种：

（1）友好解决；

（2）争议评审；

（3）仲裁；

（4）诉讼。

16.4.2 友好解决

在提请争议评审、仲裁或者诉讼前，以及在争议评审、仲裁或诉讼过程中，发包人和承包人均可共同努力友好协商解决争议。这里的友好解决方式主要包括和解、调解两种方式。

1. 和解

合同当事人可以就争议自行和解，自行和解达成协议的经双方签字并盖章后作为合同补充文件，双方均应遵照执行。

2. 调解

合同当事人可以就争议请求建设行政主管部门、行业协会或其他第三方进行调解，调解达成协议的，经双方签字并盖章后作为合同补充文件，双方均应遵照执行。

16.4.3　争议评审

1. 争议评审的程序

（1）成立争议评审组

采用争议评审的，发包人和承包人应在开工日后的28天内或在争议发生后，协商成立争议评审组。

（2）申请人提交争议评审申请报告

合同双方的争议，应首先由申请人向争议评审组提交一份详细的评审申请报告，并附必要的文件、图纸和证明材料，申请人还应将上述报告的副本同时提交给被申请人和监理人。

（3）被申请人提交争议评审答辩报告

被申请人在收到申请人评审申请报告副本后的28天内，向争议评审组提交一份答辩报告，并附证明材料。被申请人应将答辩报告的副本同时提交给申请人和监理人。

（4）举行争议评审调查会

除专用合同条款另有约定外，争议评审组在收到合同双方报告后的14天内，邀请双方代表和有关人员举行调查会，向双方调查争议细节；必要时争议评审组可要求双方进一步提供补充材料。

（5）作出评审意见

除专用合同条款另有约定外，在调查会结束后的14天内，争议评审组应在不受任何干扰的情况下进行独立、公正的评审，作出书面评审意见，并说明理由。在争议评审期间，争议双方暂按总监理工程师的确定执行。

（6）评审意见的执行

发包人和承包人接受评审意见的，由监理人根据评审意见拟定执行协议，经争议双方签字后作为合同的补充文件，并遵照执行。

发包人或承包人不接受评审意见，并要求提交仲裁或提起诉讼的，应在收到评审意见后的14天内将仲裁或起诉意向书面通知另一方，并抄送监理人，但在仲裁或诉讼结束前应暂按总监理工程师的确定执行。

2. 争议评审组的组成

“标准文本”规定，争议评审组由有合同管理和工程实践经验的专家组成。

【行业惯例】铁路工程专用合同条款补充：

争议评审组由3人或5人组成，发包人和承包人各指定1人，其余人员在项目专用合同条款约定，其中1人经发包人和承包人同意后，任争议评审组组长。

“示范文本”规定，合同当事人可以共同选择一名或三名争议评审员，组成争议评审小组。除专用合同条款另有约定外，合同当事人应当自合同签订后 28 天内，或者争议发生后 14 天内，选定争议评审员。

选择一名争议评审员的，由合同当事人共同确定；选择三名争议评审员的，各自选定一名，第三名成员为首席争议评审员，由合同当事人共同确定或由合同当事人委托已选定的争议评审员共同确定，或由专用合同条款约定的评审机构指定第三名首席争议评审员。

除专用合同条款另有约定外，评审员报酬由发包人和承包人各承担一半。

复习思考题

1. 请综合分析工程竣工验收和结算的处理程序，并画出流程图。
2. 请分析不同试车方式在程序上的区别。
3. 缺陷责任与保修责任有何区别？
4. 在各类司法判例库中分别查找一个发包人、承包人违约的案例，并加以分析。
5. 请分析合同争议评审的处理程序，并画出流程图。

第 17 章　工程勘察设计合同管理

导读

工程勘察、设计合同属于工程合同的一类，由于勘察、设计的工作流程和合同条款有很多类似的地方，因此将其合并介绍。

本章首先介绍组成勘察设计合同的文件及解释顺序；然后介绍勘察设计合同中当事人的权利义务；接下来介绍勘察设计合同的履行，包括勘察设计要求、勘察设计进度管理、勘察设计文件的接收与审查、合同变更、合同价格与支付等；最后，对设计与施工期间的配合、不可抗力、勘察设计责任与保险、违约责任等内容进行介绍和分析。

17.1　勘察设计合同文件

工程勘察设计合同由多项合同文件组成，这些合同文件对当事人双方都有约束力。除专用合同条款另有约定外，合同文件解释的优先顺序如下。

1. 合同协议书

勘察设计人按中标通知书规定的时间与发包人签订合同协议书。除法律另有规定或合同另有约定外，发包人和勘察设计人的法定代表人或其委托代理人在合同协议书上签字并盖单位章后，合同生效。

2. 中标通知书

指发包人通知勘察设计人中标的函件。

3. 投标函及投标函附录

投标函及投标函附录是勘察设计合同文件的一部分，其具体内容详见第 11 章。

4. 专用合同条款

专用合同条款是对通用合同条款原则性约定的细化、完善、补充、修改或另行约定的条款。合同当事人可以根据不同建设工程的特点及具体情况，通过双方的谈判、协商对相应的专用合同条款进行修改补充。

5. 通用合同条款

通用合同条款是根据法律、行政法规规定及工程勘察设计的需要订立，通用于工程勘察设计的合同条款。

勘察设计合同标准文本的通用合同条款包括一般约定、发包人义务、发包人管理、勘察设计人义务、勘察设计要求、开始勘察设计和完成勘察设计、暂停勘察设计、勘察设计文件、勘察设计责任与保险、设计和施工期间配合（或施工期间配合）、合同变更、合同价格与支付、不可抗力、违约、争议的解决等 15 部分。

“示范文本”的通用合同条款包括一般约定、发包人、勘察人、工期、成果资料、后期服务、合同价款与支付、变更与调整、知识产权、不可抗力、合同生效与终止、合同解除、责任与保险、违约、索赔、争议解决及补充条款等共计 17 条。

6. 发包人要求

勘察设计合同中的发包人要求一般包括但不限于：勘察设计要求、适用规范标准、成果文件要求、发包人财产清单、发包人提供的便利条件、勘察设计人需要自备的工作条件、发包人的其他要求等。其具体内容详见第 11 章。

勘察人应认真阅读、复核发包人要求，发现错误的，应及时书面通知发包人。无论是否存在错误，发包人均有权修改发包人要求，并在修改后 3 日内通知勘察人。除专用合同条款另有约定外，由此导致勘察人费用增加和（或）周期延误的，发包人应当相应地增加费用和（或）延长周期。

如果发包人要求违反法律规定，勘察人应在发现后及时书面通知发包人，要求其改正。发包人收到通知书后不予改正或不予答复的，勘察人有权拒绝履行合同义务，直至解除合同；由此引起的勘察人的全部损失由发包人承担。

7. 勘察设计费用清单

指勘察设计人投标文件中的勘察设计费用清单，其具体内容和格式详见第 11 章。

8. 勘察纲要或设计方案

指勘察设计人在投标文件中的勘察纲要（或设计方案），其具体内容和编制方法详见第 11 章。

9. 其他合同文件

指经合同双方当事人确认构成合同文件的其他文件。

勘察设计合同“示范文本”确定的合同文件及优先解释顺序为：

（1）合同协议书；

（2）专用合同条款及其附件；

（3）通用合同条款；

（4）中标通知书（如果有）；

（5）投标文件及其附件（如果有）；

（6）技术标准和要求；

（7）图纸；

（8）其他合同文件。

17.2 当事人权利义务

17.2.1 当事人权利义务的一般约定

1. 文件的提供和照管

（1）勘察设计文件的提供

勘察文件指勘察人按合同约定向发包人提交的工程勘察报告、服务大纲、勘察方案、外业指导书、进度计划、图纸、计算书、软件和其他文件等，包括阶段性文件和最终文件。

设计文件指设计人按合同约定向发包人提交的设计说明、图纸、图板、模型、计算书、软件和其他文件等，包括阶段性文件和最终文件。

除专用合同条款另有约定外，勘察设计人应在合理的期限内按照合同约定的数量、格式和载体向发包人提供勘察设计文件。合同约定勘察设计文件应经发包人批复的，发包人应当在合同约定的期限内批复或提出修改意见。

（2）发包人提供的文件

按专用合同条款约定由发包人提供的文件，包括基础资料、勘察报告（勘察合同无此项）、勘察设计任务书等，发包人应按约定的数量和期限交给勘察设计人。由于发包人未按时提供文件造成勘察设计服务期限延误的，按［发包人引起的周期延误］承担责任。

（3）发现文件错误

任何一方当事人发现文件中存在的明显错误或疏忽，均应及时通知对方当事人，并应立即采取适当的措施防止损失扩大。

2. 知识产权

（1）勘察设计成果的知识产权归属

除专用合同条款另有约定外，勘察设计人完成的勘察设计工作成果，除署名权以外的著作权和其他知识产权均归发包人享有。

（2）知识产权的侵权责任

勘察设计人在从事勘察设计活动时，不得侵犯他人的知识产权。因侵犯专利权或其他知识产权所引起的责任，由勘察设计人自行承担。因发包人提供的勘察设计资料导致侵权的，由发包人承担责任。

（3）知识产权费用

勘察设计人在投标文件中采用专利技术、专有技术的，相应的使用费视为已包含在投标报价之中。

（4）文件及信息的保密

未经对方同意，任何一方当事人不得将有关文件、技术秘密、需要保密的资料和信息泄露给他人或公开发表与引用。

3. 其他一般约定

勘察设计合同的其他一般约定，诸如语言文字、适用法律、联络、转让、严禁贿赂等，均与施工合同的约定一致，此处不再赘述。

17.2.2 发包人义务

1. 遵守法律

发包人在履行合同过程中应遵守法律，并保证勘察设计人免于承担因发包人违反法律而引起的任何责任。

2. 发出开始勘察设计通知

发包人应按合同约定向勘察设计人发出开始勘察设计通知。

3. 办理证件和批件

法律规定和（或）合同约定由发包人负责办理的工程建设项目必须履行的各类审批、

核准或备案手续，发包人应当按时办理，勘察设计人应给予必要的协助。

4. 支付合同价款

发包人应按合同约定向勘察设计人及时支付合同价款。

5. 提供勘察设计资料

发包人应按合同约定向勘察设计人提供勘察设计资料。

6. 其他义务

发包人应履行合同约定的其他义务。

17.2.3　发包人管理

1. 发包人代表

（1）发包人代表的权限告知

除专用合同条款另有约定外，发包人应在合同签订后 14 天内，将发包人代表的姓名、职务、联系方式、授权范围和授权期限书面通知勘察设计人，由发包人代表在其授权范围和授权期限内，代表发包人行使权利、履行义务和处理合同履行中的具体事宜。发包人代表在授权范围内的行为由发包人承担法律责任。

（2）发包人代表的更换

发包人代表违反法律法规、违背职业道德或者不按合同约定履行职责及义务，导致合同无法继续正常履行的，勘察设计人有权通知发包人更换发包人代表。发包人收到通知后 7 天内，应当核实完毕并将处理结果通知勘察设计人。

发包人更换发包人代表的，应提前 14 天将更换人员的姓名、职务、联系方式、授权范围和授权期限书面通知勘察设计人。

（3）发包人代表的授权

发包人代表可以授权发包人的其他人员负责执行其指派的一项或多项工作。发包人代表应将被授权人员的姓名及其授权范围通知勘察设计人。被授权人员在授权范围内发出的指示视为已得到发包人代表的同意，与发包人代表发出的指示具有同等效力。

2. 监理人

发包人可以根据工程建设需要确定是否委托监理人进行勘察设计监理。如果委托监理，则监理人享有合同约定的权力，其所发出的任何指示应视为已得到发包人的批准。监理人的监理范围、职责权限和总监理工程师信息，应在专用合同条款中指明。未经发包人批准，监理人无权修改合同。

合同约定应由勘察设计人承担的义务和责任，不因监理人对勘察设计文件的审查或批准，以及为实施监理作出的指示等职务行为而减轻或解除。

3. 发包人的指示

发包人应按合同约定向勘察设计人发出指示，发包人的指示应盖有发包人单位章，并由发包人代表签字确认。

除专用合同条款另有约定外，勘察设计人只从发包人代表或被授权人员处取得指示。

勘察设计人收到发包人作出的指示后应遵照执行。指示构成变更的，应按［合同变更］执行。

在紧急情况下，发包人代表或其授权人员可以当场签发临时书面指示，勘察设计人应遵照执行。发包人代表应在临时书面指示发出后 24 小时内发出书面确认函，逾期未发出书面确认函的，该临时书面指示应被视为发包人的正式指示。

由于发包人未能按合同约定发出指示、指示延误或指示错误而导致勘察设计人费用增加和（或）周期延误的，发包人应承担由此增加的费用和（或）周期延误。

4. 发包人的决定或答复

发包人在法律允许的范围内有权对勘察设计人的勘察设计工作和 / 或文件作出处理决定，勘察设计人应按照发包人的决定执行，涉及勘察设计服务期限或勘察设计费用等问题按［合同变更］的约定处理。

发包人应在专用合同条款约定的时间之内，对勘察人书面提出的事项作出书面答复；逾期没有做出答复的，视为已获得发包人的批准。

17.2.4　勘察设计人义务

1. 一般义务

（1）遵守法律

勘察设计人在履行合同过程中应遵守法律，并保证发包人免于承担因勘察设计人违反法律而引起的任何责任。

（2）依法纳税

勘察设计人应按有关法律规定纳税，应缴纳的税金（含增值税）包括在合同价格之中。

（3）完成全部勘察设计工作

勘察设计人应按合同约定以及发包人要求，完成合同约定的全部工作，并对工作中的任何缺陷进行整改、完善和修补，使其满足合同约定的目的。勘察设计人应按合同约定提供勘察设计文件及设计相关服务。

勘察人还需要提供为完成勘察服务所需的劳务、材料、勘察设备、实验设施等，并应自行承担勘探场地临时设施的搭设、维护、管理和拆除。

（4）保证勘察作业规范、安全和环保

勘察人应按法律、规范标准和发包人要求，采取各项有效措施，确保勘察作业操作规范、安全、文明和环保，在风险性较大的环境中作业时应当编制安全防护方案并制定应急预案，防止因勘察作业造成的人身伤害和财产损失。

“示范文本”规定，勘察人在燃气管道、热力管道、动力设备、输水管道、输电线路、临街交通要道及地下通道（地下隧道）附近等风险性较大的地点，以及在易燃易爆地段及放射、有毒环境中进行工程勘察作业时，应编制安全防护方案并制定应急预案。

（5）避免勘探对公众与他人的利益造成损害

勘察人在进行合同约定的各项工作时，不得侵害发包人与他人使用公用道路、水源、市政管网等公共设施的权利，避免对邻近的公共设施产生干扰，保证勘探场地的周边设施、建构筑物、地下管线、架空线和其他物体的安全运行。勘察人占用或使用他人的施工场地，影响他人作业或生活的，应承担相应责任。

（6）其他义务

勘察设计人应履行合同约定的其他义务。

2. 履约保证金

除专用合同条款另有约定外，履约保证金自合同生效之日起生效，在发包人签收最后一批勘察设计成果文件之日起28日后失效。如果勘察设计人不履行合同约定的义务或其履行不符合合同的约定，发包人有权扣留相应金额的履约保证金。

3. 分包和不得转包

（1）禁止转包

勘察设计人不得将其勘察设计的全部工作转包给第三人。

（2）不得分包的情形

勘察设计人不得将勘察设计的主体、关键性工作分包给第三人。除专用合同条款另有约定外，未经发包人同意，勘察设计人也不得将非主体、非关键性工作分包给第三人。

（3）分包责任

发包人同意勘察设计人分包工作的，勘察设计人应向发包人提交1份分包合同副本，并对分包勘察设计工作质量承担连带责任。除专用合同条款另有约定外，分包人的勘察设计费用由勘察设计人与分包人自行支付。

（4）分包人资格

分包人的资格能力应与其分包工作的标准和规模相适应，包括必要的企业资质、人员、设备和类似业绩等。

4. 联合体

联合体各方应共同与发包人签订合同。联合体各方应为履行合同承担连带责任。

联合体协议经发包人确认后作为合同附件。在履行合同过程中，未经发包人同意，不得修改联合体协议。

联合体牵头人或联合体授权的代表负责与发包人联系，并接受指示，负责组织联合体各成员全面履行合同。

5. 合同价款应专款专用

发包人按合同约定支付给勘察设计人的各项价款，应专用于合同勘察设计工作。

17.2.5 勘察设计人管理

1. 项目负责人

（1）项目负责人的指派与更换

勘察设计人应按合同协议书的约定指派项目负责人，并在约定的期限内到职。勘察设计人更换项目负责人应事先征得发包人同意，并应在更换14天前将拟更换的项目负责人的姓名和详细资料提交发包人。项目负责人2天内不能履行职责的，应事先征得发包人同意，并委派代表代行其职责。

（2）项目负责人的职责

项目负责人应按合同约定以及发包人要求，负责组织合同工作的实施。在情况紧急且无法与发包人取得联系时，可采取保证工程和人员生命财产安全的紧急措施，并在采取措施后24小时内向发包人提交书面报告。

勘察设计人为履行合同发出的一切函件均应盖有勘察设计人单位章，并由勘察设计人的项目负责人签字确认。

按照专用合同条款约定，项目负责人可以授权其下属人员履行其某项职责，但事先应将这些人员的姓名和授权范围书面通知发包人。

2. 勘察设计人员的管理

（1）项目机构和人员安排

勘察设计人应在接到开始勘察设计通知之日起 7 天内，向发包人提交勘察设计项目机构以及人员安排的报告，其内容应包括项目机构设置、主要勘察设计人员和作业人员的名单及资格条件。主要勘察设计人员应相对稳定，更换主要勘察设计人员的，应取得发包人的同意，并向发包人提交继任人员的资格、管理经验等资料。

除专用合同条款另有约定外，主要勘察人员包括项目负责人、勘探负责人、试验负责人等；勘察作业人员包括勘探描述（记录）员、机长、观测员、试验员等。主要设计人员包括项目负责人、专业负责人、审核人、审定人等；其他设计人员包括各专业的设计人员、管理人员等。

（2）人员的到岗与上岗

勘察设计人应保证其主要勘察设计人员（含分包人）在合同期限内的任何时候，都能按时参加发包人组织的工作会议。

国家规定应当持证上岗的工作人员均应持有相应的资格证明，发包人有权随时检查。发包人认为有必要时，可以进行现场考核。

3. 发包人要求撤换项目负责人和其他人员

勘察设计人应对其项目负责人和其他人员进行有效管理。发包人要求撤换不能胜任本职工作、行为不端或玩忽职守的项目负责人和其他人员的，勘察设计人应予以撤换。

4. 保障人员的合法权益

（1）合同与工资：勘察设计人应与其雇佣的人员签订劳动合同，并按时发放工资。

（2）休息休假权：勘察设计人应按劳动法的规定安排工作时间，保证其雇佣人员享有休息和休假的权利。因勘察设计需要占用休假日或延长工作时间的，应不超过法律规定的限度，并按法律规定给予补休或付酬。

（3）保险：勘察人应按有关法律规定和合同约定，为其雇佣人员办理保险。

（4）勘察人员生活条件与环境：勘察人应为其现场人员提供必要的食宿条件，以及符合环境保护和卫生要求的生活环境，在远离城镇的勘探场地，还应配备必要的伤病防治和急救设施。

（5）勘察人员劳保要求：勘察人应按国家有关劳动保护的规定，采取有效的防止粉尘、降低噪声、控制有害气体和保障高温、高寒、高空作业安全等劳动保护措施。其雇佣人员在勘探作业中受到伤害的，勘察人应立即采取有效措施进行抢救和治疗。

17.3 勘察设计合同的履行

17.3.1 勘察设计要求

1. 一般要求

（1）发包人应当遵守法律和规范标准：不得以任何理由要求勘察设计人违反法律和工

程质量、安全标准进行勘察设计服务，降低工程质量。

（2）勘察设计人应当遵守法律、规范标准和发包人要求：勘察设计人应按照法律规定，以及国家、行业和地方的规范和标准完成勘察设计工作，并应符合发包人要求。各项规范、标准和发包人要求之间如对同一内容的描述不一致时，应以描述更为严格的内容为准。

（3）规范和标准的版本：除专用合同条款另有约定外，勘察设计人完成勘察设计工作所应遵守的法律规定，以及国家、行业和地方的规范和标准，均应视为在基准日适用的版本。基准日之后，前述版本发生重大变化，或者有新的法律，以及国家、行业和地方的规范和标准实施的，勘察设计人应向发包人提出遵守新规定的建议。发包人应在收到建议后7天内发出是否遵守新规定的指示。发包人指示遵守新规定的，按照［合同变更］的约定执行。

（4）设计选用材料设备的要求：设计人在设计服务中选用的材料、设备，应当注明其规格、型号、性能等技术指标及适应性，满足质量、安全、节能、环保等要求。

2. 勘察设计依据

除专用合同条款另有约定外，工程的勘察设计依据如下：

（1）适用的法律、行政法规及部门规章；

（2）与工程有关的规范、标准、规程；

（3）工程基础资料及其他文件；

（4）勘察设计服务合同及补充合同；

（5）工程设计和施工需求（设计合同规定为“工程勘察文件和施工需求”）；

（6）合同履行中与勘察设计服务有关的来往函件；

（7）其他勘察设计依据。

3. 勘察设计范围

勘察设计范围包括工程范围、阶段范围和工作范围，具体勘察设计范围应当根据三者之间的关联内容进行确定。

（1）工程范围

指所勘察设计工程的建设内容，具体范围在专用合同条款中约定。

（2）阶段范围

勘察的阶段范围指工程建设程序中的可行性研究勘察、初步勘察、详细勘察、施工勘察等阶段中的一个或者多个阶段，具体范围在专用合同条款中约定。

设计的阶段范围指工程建设程序中的方案设计、初步设计、扩大初步（招标）设计、施工图设计等阶段中的一个或者多个阶段，具体范围在专用合同条款中约定。

（3）工作范围

勘察的工作范围指工程测量、岩土工程勘察、岩土工程设计（如有）、提供技术交底、施工配合、参加试车（试运行）、竣工验收和发包人委托的其他服务中的一项或者多项工作，具体范围在专用合同条款中约定。

设计的工作范围指编制设计文件、编制设计概算、预算、提供技术交底、施工配合、参加试车（试运行）、编制竣工图、竣工验收和发包人委托的其他服务中的一项或者多项工作，具体范围在专用合同条款中约定。

4. 勘察设计文件要求

（1）编制要求

勘察设计文件的编制应符合法律法规、规范标准的强制性规定和发包人要求，相关勘察设计依据应完整、准确、可靠，勘察设计方案论证充分，计算成果规范可靠，并能够实施。

（2）深度要求

勘察设计文件的深度应满足合同相应勘察设计阶段的规定要求，满足发包人的下步工作需要，并应符合国家和行业现行规定。

（3）设计文件的特殊要求

设计服务应当根据法律、规范标准和发包人要求，保证工程的合理使用寿命年限，并在设计文件中予以注明。

设计文件必须保证工程质量和施工安全等方面的要求，按照有关法律法规规定在设计文件中提出保障施工作业人员安全和预防生产安全事故的措施建议。

5. 勘察作业的特殊要求

勘察合同标准文本中，对勘察作业的过程、设备、临时占地、设施、安全作业、环境保护、事故处理等拟定了具体要求，作业过程中要按要求实施。

17.3.2　勘查设计进度管理

1. 开始勘察设计

符合专用合同条款约定的开始勘察设计条件的，发包人应提前 7 天向勘察设计人发出开始勘察设计的通知。勘察设计服务期限自通知中载明的开始勘察设计日期起算。

除专用合同条款另有约定外，因发包人原因造成合同签订之日起 90 天内未能发出开始勘察设计通知的，勘察设计人有权提出价格调整要求，或者解除合同。发包人应当承担由此增加的费用和（或）周期延误。

2. 勘察设计周期延误

（1）发包人引起的周期延误

由于发包人的下列原因造成勘察设计服务期限延误的，发包人应当延长勘察设计服务期限并增加勘察设计费用，具体方法在专用合同条款中约定。

1）合同变更；

2）未按合同约定期限及时答复勘察设计事项；

3）因发包人原因导致的暂停勘察设计；

4）未按合同约定及时支付勘察设计费用；

5）发包人提供的基准资料错误；

6）未及时按照履行合同约定的相关义务；

7）未能按照合同约定期限对勘察设计文件进行审查；

8）发包人造成周期延误的其他原因。

（2）勘察设计人引起的周期延误

由于勘察设计人原因造成周期延误，勘察设计人应支付逾期违约金。逾期违约金的计算方法和最高限额在专用合同条款中约定。

（3）第三人引起的周期延误

由于行政管理部门审查或其他第三人原因造成费用增加和（或）周期延误的，由发包人承担责任。

（4）非人为因素引起的勘察周期延误

由于出现专用合同条款规定的异常恶劣气候条件、不利物质条件等因素导致周期延误的，勘察人有权要求发包人延长周期和（或）增加费用。

勘察人发现地下文物或化石时，应按规定及时报告发包人和文物部门，并采取有效措施进行保护；勘察人有权要求发包人延长周期和（或）增加费用。

3. 暂停勘察设计

（1）发包人原因暂停勘察设计

发生下列情形之一的，勘察设计人可向发包人发出通知，要求发包人采取有效措施予以纠正。发包人收到勘察设计人通知后的28天内仍不履行合同义务时，勘察设计人有权暂停勘察设计并通知发包人；发包人应承担由此导致的费用增加和（或）周期延误。

1）发包人违约；

2）发包人确定暂停勘察设计；

3）合同约定由发包人承担责任的其他情形。

（2）勘察人原因暂停勘察

发生下列情形之一的，发包人可向勘察设计人发出通知暂停勘察设计，由此造成费用的增加和（或）周期延误由勘察设计人承担：

1）勘察设计人违约；

2）勘察设计人擅自暂停勘察设计；

3）合同约定由勘察设计人承担责任的其他情形。

（3）暂停期间的文件照管

不论由于何种原因引起暂停勘察设计的，暂停期间勘察设计人应负责妥善保护已完部分的勘察设计文件，由此增加的费用由责任方承担。

4. 完成勘察设计

（1）编制勘察设计文件

勘察设计人完成勘察设计服务之后，应当根据法律、规范标准、合同约定和发包人要求编制勘察设计文件。

勘察设计文件是工程勘察设计的最终成果和设计、施工的重要依据，应当根据本工程的勘察设计内容和不同阶段的勘察设计任务、目的和要求等进行编制。勘察设计文件的内容和深度应当满足对应阶段的设计需求（或规范要求）。

除专用合同条款另有约定外，勘察设计文件包括纸质文件和电子文件两种形式，两者若有不一致时，应以纸质文件为准。纸质文件一式八份，应当加盖单位章和项目负责人注册执业印章；电子文件中的文字为word格式、图形为CAD格式，并应使用光盘和U盘分别贮存。

（2）提前完成勘察设计

根据发包人要求或者基于专业能力判断，勘察设计人认为能够提前完成勘察设计的，可向发包人递交一份提前完成勘察设计建议书，包括实施方案、提前时间、勘察设计费用变动等内容。除专用合同条款另有约定之外，发包人接受建议书的，不因提前完成勘察设计而减少勘察设计费用；增加勘察设计费用的，所增费用由发包人承担。

发包人要求提前完成勘察设计但勘察设计人认为无法实施的，应在收到发包人书面指示后 7 天内提出异议，说明不能提前完成的理由。发包人应在收到异议后 7 天内予以答复。任何情况下，发包人不得压缩合理的勘察设计服务期限。

由于勘察设计人提前完成勘察设计而给发包人带来经济效益的，发包人可以在专用合同条款中约定勘察设计人因此获得的奖励内容。

17.3.3　勘察设计文件的接收与审查

1. 勘察设计文件接收

发包人应当及时接收勘察设计人提交的勘察设计文件。如无正当理由拒收的，视为发包人已经接收勘察设计文件。

发包人接收勘察设计文件时，应向勘察设计人出具文件签收凭证，凭证内容包括文件名称、文件内容、文件形式、份数、提交和接收日期、提交人与接收人的亲笔签名等。

勘察设计文件提交的份数、内容、纸幅、装订格式、电子文件等要求，在专用合同条款中约定。

2. 发包人审查勘察设计文件

发包人接收勘察设计文件之后，可以自行或者组织专家会进行审查，勘察设计人应当给予配合。审查标准应当符合法律、规范标准、合同约定和发包人要求等；审查的具体范围、明细内容和费用分担，在专用合同条款中约定。

除专用合同条款另有约定外，发包人对于勘察设计文件的审查期限，自文件接收之日起不应超过 14 天。发包人逾期未做出审查结论且未提出异议的，视为勘察设计人的勘察设计文件已经通过发包人审查。

发包人审查后不同意勘察设计文件的，应以书面形式通知勘察设计人，说明审查不通过的理由及其具体内容。勘察设计人应根据发包人的审查意见修改完善勘察设计文件，并重新报送发包人审查，审查期限重新起算。

3. 审查机构审查勘察设计文件

勘察设计文件需经政府有关部门审查或批准的，发包人应在审查同意后，按照有关主管部门要求，将勘察设计文件和相关资料报送施工图审查机构进行审查。发包人的审查和施工图审查机构的审查不减免勘察设计人因为质量问题而应承担的勘察设计责任。

对于施工图审查机构的审查意见，如不需要修改发包人要求的，应由勘察设计人按照审查意见修改完善勘察设计文件；如需修改发包人要求的，则由发包人重新修改和提出发包人要求，再由勘察设计人根据新的发包人要求修改完善勘察设计文件。

由于自身原因造成勘察设计文件未通过审查机构审查的，勘察设计人应当承担违约责任，采取补救措施直至达到合同约定的质量标准，并自行承担由此导致的费用增加和（或）周期延误。

17.3.4　合同变更

1. 变更情形

合同履行中发生下述情形时，合同一方均可向对方提出变更请求，经双方协商一致后进行变更，勘察设计服务期限和勘察设计费用的调整方法在专用合同条款中约定。

（1）勘察设计范围发生变化；

（2）除不可抗力外，非勘察设计人的原因引起的周期延误；

（3）非勘察设计人的原因，对工程同一部分重复进行勘察设计；

（4）非勘察设计人的原因，对工程暂停勘察设计及恢复勘察设计。

基准日后，因颁布新的或修订原有法律、法规、规范和标准等引发合同变更情形的，按照上述约定进行调整。

2. 合理化建议

合同履行中，勘察设计人可对发包人要求提出合理化建议。合理化建议应以书面形式提交发包人，被发包人采纳并构成变更的，按［变更情形］执行。

勘察设计人提出的合理化建议降低了工程投资、缩短了施工期限或者提高了工程经济效益的，发包人应按专用合同条款中的约定给予奖励。

勘察设计合同变更，或采纳了勘察设计人的合理化建议，涉及合同价款的确定，参考施工合同变更价款的确定原则。

17.3.5 合同价格与支付

1. 合同价格

（1）合同价的确定

合同的价款确定方式、调整方式和风险范围划分，在专用合同条款中约定。

“示范文本”规定，勘察设计合同可以选用总价合同、单价合同或其他合同价格形式。对于总价合同，双方在专用合同条款中约定合同价款包含的风险范围和风险费用的计算方法，在约定的风险范围内合同价款不再调整。风险范围以外的合同价款调整因素和方法，应在专用合同条款中约定。对于单价合同，合同价款根据工作量的变化而调整，合同单价在风险范围内一般不予调整，双方可在专用合同条款中约定合同单价调整因素和方法。

（2）费用签证

勘察设计费用实行发包人签证制度，即勘察设计人完成勘察设计项目后通知发包人进行验收，通过验收后由发包人代表对实施的勘察设计项目、数量、质量和实施时间签字确认，以此作为计算勘察设计费用的依据之一。

（3）合同价类目

除专用合同条款另有约定外，勘察合同价格应当包括收集资料，踏勘现场，制订纲要，进行测绘、勘探、取样、试验、测试、分析、评估、配合审查等，编制勘察文件，设计施工配合，青苗和园林绿化补偿，占地补偿，扰民及民扰，占道施工，安全防护、文明施工、环境保护，农民工工伤保险等全部费用和国家规定的增值税税金。设计合同价格应当包括收集资料，踏勘现场，进行设计、评估、审查等，编制设计文件，施工配合等全部费用和国家规定的增值税税金。

（4）额外费用

发包人要求勘察设计人进行外出考察、试验检测、专项咨询或专家评审时，相应费用不含在合同价格之中，由发包人另行支付。

2. 定金或预付款

定金或预付款应专用于合同工程的勘察设计。定金或预付款的额度、支付方式及抵扣方式在专用合同条款中约定。

发包人应在收到定金或预付款支付申请后 28 天内，将定金或预付款支付给勘察设计人；勘察设计人应当提供等额的增值税发票。

勘察设计服务完成之前，由于不可抗力或其他非勘察设计人的原因解除合同时，定金不予退还。

设计合同“示范文本”规定，定金的比例不应超过合同总价款的 20%。预付款的比例由发包人与设计人协商确定，一般不低于合同总价款的 20%。发包人逾期支付定金或预付款超过专用合同条款约定的期限的，设计人有权向发包人发出要求支付定金或预付款的催告通知，发包人收到通知后 7 天内仍未支付的，设计人有权不开始设计工作或暂停设计工作。

3. 中期支付

（1）中期支付申请：勘察设计人应按发包人批准或专用合同条款约定的格式及份数，向发包人提交中期支付申请，并附相应的支持性证明文件。

（2）支付：发包人应在收到中期支付申请后的 28 天内，将应付款项支付给勘察设计人；勘察设计人应当提供等额的增值税发票。发包人未能在前述时间内完成审批或不予答复的，视为发包人同意中期支付申请。发包人不按期支付的，按专用合同条款的约定支付逾期付款违约金。

（3）政府投资资金的支付：支付涉及政府投资资金的，按照国库集中支付等国家相关规定和专用合同条款的约定执行。

4. 费用结算

（1）结算申请：合同工作完成后，勘察设计人可按专用合同条款约定的份数和期限，向发包人提交勘察设计费用结算申请，并提供相关证明材料。

（2）支付：发包人应在收到费用结算申请后的 28 天内，将应付款项支付给勘察设计人；勘察设计人应当提供等额的增值税发票。发包人未能在前述时间内完成审批或不予答复的，视为发包人同意费用结算申请。发包人不按期支付的，按专用合同条款的约定支付逾期付款违约金。

（3）异议：发包人对费用结算申请内容有异议的，有权要求勘察设计人进行修正和提供补充资料，由勘察设计人重新提交。勘察设计人对此有异议的，按 [争议的解决] 执行。

17.4　勘察设计合同的责任

17.4.1　设计和施工期间的配合

1. 设计期间配合

设计配合指勘察人配合设计人，在设计期间对本工程进行的补充勘察或其他配合工作。

勘察人应当根据设计工作需要，对勘察报告和资料文件中的不完善或者错误之处，进行验证、补充或者修改；如遇不利的工程地质条件，勘察人应与设计人研讨并提出解决建议。

2. 施工期间配合

施工配合指勘察设计人配合施工承包人，在施工期间对本工程进行的补充勘察、设计服务或其他配合工作，直至工程通过竣工验收为止。

（1）发包人提供工作条件

除专用合同条款另有约定外，发包人应为勘察设计人派赴施工现场的工作人员，在施工期间提供办公房间、办公桌椅、互联网接口、冷暖设施、生活设施、进出现场交通服务和其他便利条件。

（2）勘察设计人提供的配合服务

勘察设计人应在工程的施工期间，积极提供勘察设计配合服务。勘察人主要进行勘察技术交底，委派专业人员配合施工承包人及时解决与勘察有关的问题，参与基坑基底验收和工程竣工验收等工作。设计人主要进行但不限于设计技术交底、施工现场服务、参与施工过程验收、参与投产试车（试运行）、参与工程竣工验收等工作。

（3）技术交底及工程验收的配合

发包人应当组织勘察设计技术交底会，由勘察设计人向发包人、监理人和施工承包人等进行勘察设计交底，对本工程的勘察设计意图、勘察设计文件和施工要求等进行系统地说明和解释。

工程施工完毕后，发包人应当组织投产试车（试运行）和工程竣工验收，勘察设计人参加验收并出具本单位的验收结论。如因设计原因致使工程不合格的，设计人应当承担违约责任，免费修改设计文件和赔偿发包人由此产生的经济损失。

17.4.2 不可抗力

1. 不可抗力的确认

不可抗力是指勘察设计人和发包人在订立合同时不可预见，在履行合同过程中不可避免发生并不能克服的自然灾害和社会性突发事件，如地震、海啸、瘟疫、水灾、骚乱、暴动、战争和专用合同条款约定的其他情形。

不可抗力发生后，发包人和勘察设计人应及时认真统计所造成的损失，收集不可抗力造成损失的证据。合同双方对是否属于不可抗力或其损失的意见不一致的，由合同双方协商确定。

2. 不可抗力的通知

合同一方当事人遇到不可抗力事件，使其履行合同义务受到阻碍时，应立即通知合同另一方当事人，书面说明不可抗力和受阻碍的详细情况，并提供必要的证明。

如不可抗力持续发生，合同一方当事人应及时向合同另一方当事人提交中间报告，说明不可抗力和履行合同受阻的情况，并于不可抗力事件结束后 28 天内提交最终报告及有关资料。

3. 不可抗力后果及其处理

不可抗力引起的后果及其损失，应由合同当事人依据法律规定各自承担。不可抗力发生前已完成的勘察设计工作，应当按照合同约定进行支付。

不可抗力发生后，合同当事人应当采取有效措施避免损失进一步扩大，如未采取有效措施致使损失扩大的，应当自行承担扩大部分的损失。

因一方当事人迟延履行合同义务，致使迟延履行期间遭遇不可抗力的，应由该当事人承担全部损失。

17.4.3　勘察设计责任与保险

1. 工作质量责任

（1）质量标准

勘察设计工作质量应满足法律规定、规范标准、合同约定和发包人要求等。

（2）勘察设计人质量责任

1）全过程质量控制

勘察设计人应做好勘察设计服务的质量与技术管理工作，建立健全内部质量管理体系和质量责任制度，加强勘察设计服务全过程的质量控制，建立完整的勘察设计文件的设计、复核、审核、会签和批准制度，明确各阶段的责任人。

2）全过程质量检验

勘察设计人应按合同约定对勘察设计服务进行全过程的质量检查和检验，并作详细记录，编制勘察设计工作质量报表，报送发包人审查。

3）现场作业与试验管理

勘察人应当强化现场作业质量和试验工作管理，保证原始记录和试验数据的可靠性、真实性和完整性，严禁离开现场进行追记、补记和修改记录。

（3）发包人质量检查与审核

发包人有权对勘察设计工作质量进行检查和审核。勘察设计人应为发包人的检查和检验提供方便，包括发包人到勘察设计场地、试验室或合同约定的其他地方进行察看，查阅、审核勘察设计的原始记录和其他文件。发包人的检查和审核，不免除勘察设计人按合同约定应负的责任。

2. 勘察设计文件责任

（1）勘察设计文件存在缺陷的责任

勘察设计文件存在错误、遗漏、含混、矛盾、不充分之处或其他缺陷，无论勘察设计人是否通过了发包人审查或审查机构审查，勘察设计人均应自费对前述问题带来的缺陷和工程问题进行改正，但由发包人提供的文件错误导致的除外。

（2）勘察设计文件不合格的责任

因勘察设计人原因造成勘察设计文件不合格的，发包人有权要求勘察设计人采取补救措施，直至达到合同要求的质量标准，并承担违约责任。

因发包人原因造成勘察设计文件不合格的，勘察设计人应当采取补救措施，直至达到合同要求的质量标准，由此造成的勘察设计费用增加和（或）勘察服务期限延误由发包人承担。

3. 勘察设计责任主体

勘察设计人应运用一切合理的专业技术、知识技能和项目经验，按照职业道德准则和行业公认标准尽其全部职责，勤勉、谨慎、公正地履行其在本合同项下的责任和义务。

勘察设计责任为勘察设计单位项目负责人终身责任制。项目负责人应当保证勘察设计文件符合法律法规和工程建设强制性标准的要求，对因勘察设计导致的工程质量事故或质量问题承担责任。

项目负责人应当在办理工程质量监督手续前签署工程质量终身责任承诺书，连同法定代表人出具的授权书，报工程质量监督机构备案。

4. 勘察设计责任保险

除专用合同条款另有约定外，勘察设计人应具有发包人认可的、履行本合同所需要的工程勘察设计责任险，于合同签订后28天内向发包人提交工程勘察设计责任险的保险单副本或者其他有效证明，并在合同履行期间保持足额、有效。

工程勘察设计责任险的保险范围，应当包括由于勘察设计人的疏忽或过失而造成的工程质量事故损失，以及由于事故引发的第三者人身伤亡、财产损失或费用赔偿等。

发生工程勘察设计保险事故后，勘察设计人应按保险人要求进行报告，并负责办理保险理赔业务；保险金不足以补偿损失的，由勘察设计人自行补偿。

17.4.4 违约责任

1. 勘察设计人违约

合同履行中发生下列情况之一的，属勘察设计人违约：

（1）勘察设计文件不符合法律以及合同约定；

（2）勘察设计人转包、违法分包或者未经发包人同意擅自分包；

（3）勘察设计人未按合同计划完成勘察设计，从而造成工程损失；

（4）勘察设计人无法履行或停止履行合同；

（5）勘察设计人不履行合同约定的其他义务。

勘察设计人发生违约情况时，发包人可向勘察设计人发出整改通知，要求其在限定期限内纠正；逾期仍不纠正的，发包人有权解除合同并向勘察设计人发出解除合同通知。勘察设计人应当承担由于违约所造成的费用增加、周期延误和发包人损失等。

2. 发包人违约

合同履行中发生下列情况之一的，属发包人违约：

（1）发包人未按合同约定支付勘察设计费用；

（2）发包人原因造成勘察设计停止；

（3）发包人无法履行或停止履行合同；

（4）发包人不履行合同约定的其他义务。

发包人发生违约情况时，勘察设计人可向发包人发出暂停勘察设计通知，要求其在限定期限内纠正；逾期仍不纠正的，勘察设计人有权解除合同并向发包人发出解除合同通知。发包人应当承担由于违约所造成的费用增加、周期延误和勘察设计人损失等。

“示范文本”对发包人违约后的处理，作了较为详细的规定：

（1）合同生效后，发包人无故要求终止或解除合同，勘察设计人未开始勘察设计工作的，不退还发包人已付的定金或发包人按照专用合同条款约定向勘察人支付违约金；勘察设计人已开始勘察设计工作的，若完成计划工作量不足50%的，发包人应支付勘察设计人合同价款的50%; 完成计划工作量超过50%的，发包人应支付勘察设计人合同价款的100%。

（2）发包人发生其他违约情形时，发包人应承担由此增加的费用和工期延误损失，并给予勘察设计人合理赔偿。双方可在专用合同条款内约定发包人赔偿勘察设计人损失的计算方法或者发包人应支付违约金的数额或计算方法。

3. 第三人造成的违约

在履行合同过程中，一方当事人因第三人的原因造成违约的，应当向对方当事人承担违约责任。一方当事人和第三人之间的纠纷，依照法律规定或者按照约定解决。

复习思考题

1. 设计合同中，发包人有什么义务？
2. 勘察合同与设计合同有什么不同？
3. 勘察设计合同中，发包人违约应如何处理？

第 18 章　工程监理合同管理

导 读

工程监理合同在广义上仍属于工程合同的一种，但由于其性质更接近委托合同，因此与勘察、设计、施工合同略有不同。

本章首先介绍工程监理合同文件的组成和解释顺序、委托人义务、监理人义务以及对委托人和监理人的管理；然后介绍工程监理合同履行过程中的监理要求、监理周期管理、合同变更、合同价格与支付等内容；最后介绍监理责任与保险、不可抗力以及违约责任等内容。

18.1　工程监理合同概述

18.1.1　监理合同文件

工程监理合同由多项合同文件组成，这些合同文件对当事人双方都有约束力。除专用合同条款另有约定外，合同文件解释的优先顺序如下。

1. 合同协议书

监理人按中标通知书规定的时间与委托人签订合同协议书。除法律另有规定或合同另有约定外，委托人和监理人的法定代表人或其委托代理人在合同协议书上签字并盖单位章后，合同生效。

2. 中标通知书

指委托人通知监理人中标的函件。

3. 投标函及投标函附录

投标函及投标函附录是工程监理合同文件的一部分，其具体内容详见第 11 章。

4. 专用合同条款

专用合同条款是对通用合同条款原则性约定的细化、完善、补充、修改或另行约定的条款。合同当事人可以根据不同建设工程的特点及具体情况，通过双方的谈判、协商对相应的专用合同条款进行修改补充。

5. 通用合同条款

工程监理合同“标准文本”的通用合同条款包括一般约定、委托人义务、委托人管理、监理人义务、监理要求、开始监理和完成监理、监理责任与保险、合同变更、合同价格与支付、不可抗力、违约、争议的解决等 12 部分。

“示范文本”的通用合同条款包括定义与解释、监理人的义务、委托人的义务、违约责任、支付、合同生效变更暂停解除与终止、争议解决、其他等共 8 条。

6. 委托人要求

"委托人要求"由招标人根据行业标准监理招标文件（如有）、招标项目具体特点和实际需要编制，并与"投标人须知""通用合同条款""专用合同条款"相衔接。

工程监理合同中的委托人要求通常包括但不限于：监理要求、适用规范标准、成果文件要求、委托人财产清单、委托人提供的便利条件、监理人需要自备的工作条件、委托人的其他要求等内容。

监理人应认真阅读、复核委托人要求，发现错误的，应及时书面通知委托人。无论是否存在错误，委托人均有权修改委托人要求，并在修改后 3 日内通知监理人。除专用合同条款另有约定外，由此导致监理人费用增加和（或）周期延误的，委托人应当相应地增加费用和（或）延长周期。

如果委托人要求违反法律规定，监理人应在发现后及时书面通知委托人，要求其改正。委托人收到通知书后不予改正或不予答复的，监理人有权拒绝履行合同义务，直至解除合同；由此引起的监理人的全部损失由委托人承担。

委托人要求采用国外规范和标准进行监理时，应由委托人负责提供该规范和标准的外国文本和中文译本，提供的时间、份数和其他要求在专用合同条款中约定。

7. 监理报酬清单

指监理人投标文件中的监理报酬清单，其具体内容和格式详见第 11 章。

8. 监理大纲

指监理人在投标文件中的监理大纲，其具体内容和编制方法详见第 11 章。

9. 其他合同文件

指经合同双方当事人确认构成合同文件的其他文件。

工程监理合同"示范文本"确定的合同文件及优先解释顺序为：

（1）协议书；

（2）中标通知书（适用于招标工程）或委托书（适用于非招标工程）；

（3）专用条件及附录 A、附录 B；

（4）通用条件；

（5）投标文件（适用于招标工程）或监理与相关服务建议书（适用于非招标工程）。

18.1.2 委托人义务

1. 遵守法律

委托人在履行合同过程中应遵守法律，并保证监理人免于承担因委托人违反法律而引起的任何责任。

2. 发出开始监理通知

委托人应按约定向监理人发出开始监理通知。

除专用合同条款另有约定外，委托人应为监理人的现场人员，在施工期间提供办公房间、办公桌椅、互联网接口、冷暖设施、生活设施、进出现场交通服务和其他便利条件。

3. 办理证件和批件

法律规定和（或）合同约定由委托人负责办理的工程建设项目必须履行的各类审批、核准或备案手续，委托人应当按时办理，监理人应给予必要的协助。

4. 支付合同价款

委托人应按合同约定向监理人及时支付合同价款。

5. 提供监理资料

委托人应按约定向监理人提供监理资料，通常包括规范标准、承包合同、勘察文件、设计文件等。由于委托人未按时提供文件造成监理服务期限延误的，由委托人承担责任。

6. 其他义务

委托人应履行合同约定的其他义务。

18.1.3 委托人管理

1. 委托人代表

（1）委托人代表的权限告知

除专用合同条款另有约定外，委托人应在合同签订后14天内，将委托人代表的姓名、职务、联系方式、授权范围和授权期限书面通知监理人，由委托人代表在其授权范围和授权期限内，代表委托人行使权利、履行义务和处理合同履行中的具体事宜。委托人代表在授权范围内的行为由委托人承担法律责任。

（2）委托人代表的更换

委托人代表违反法律法规、违背职业道德守则或者不按合同约定履行职责及义务，导致合同无法继续正常履行的，监理人有权通知委托人更换委托人代表。委托人收到通知后7天内，应当核实完毕并将处理结果通知监理人。

委托人更换委托人代表的，应提前14天将更换人员的姓名、职务、联系方式、授权范围和授权期限书面通知监理人。

2. 委托人的指示

（1）委托人发出指示

委托人应按合同约定向监理人发出指示，委托人的指示应盖有委托人单位章，并由委托人代表签字确认。

（2）监理人收到指示

监理人收到委托人作出的指示后应遵照执行。指示构成变更的，应按［合同变更］执行。

（3）委托人临时指示

在紧急情况下，委托人代表或其授权人员可以当场签发临时书面指示，监理人应遵照执行。委托人代表应在临时书面指示发出后24小时内发出书面确认函，逾期未发出书面确认函的，该临时书面指示应被视为委托人的正式指示。

（4）委托人指示缺陷责任

由于委托人未能按合同约定发出指示、指示延误或指示错误而导致监理人费用增加和（或）周期延误的，委托人应承担由此增加的费用和（或）周期延误。

3. 委托人的决定或答复

委托人在法律允许的范围内有权对监理人的监理工作和/或监理文件作出处理决定，监理人应按照委托人的决定执行，涉及监理服务期限或监理报酬等问题按［合同变更］的约定处理。

委托人应在专用合同条款约定的时间之内，对监理人书面提出的事项作出书面答复；逾期没有做出答复的，视为已获得委托人的批准。

18.1.4　监理人义务

1. 一般义务

（1）遵守法律

监理人在履行合同过程中应遵守法律，并保证委托人免于承担因监理人违反法律而引起的任何责任。

（2）依法纳税

监理人应按有关法律规定纳税，应缴纳的税金（含增值税）包括在合同价格之中。

（3）完成全部监理工作

监理人应按合同约定以及委托人要求，完成合同约定的全部工作，并对工作中的任何缺陷进行整改，使其满足合同约定的目的。

（4）其他义务

监理人应履行合同约定的其他义务。

2. 履约保证金

除专用合同条款另有约定外，履约保证金自合同生效之日起生效，在委托人签发竣工验收证书之日起 28 日后失效。如果监理人不履行合同约定的义务或其履行不符合合同的约定，委托人有权扣划相应金额的履约保证金。

3. 联合体

联合体各方应共同与委托人签订合同。联合体各方应为履行合同承担连带责任。

联合体协议经委托人确认后作为合同附件。在履行合同过程中，未经委托人同意，不得修改联合体协议。

联合体牵头人或联合体授权的代表负责与委托人联系，并接受指示，负责组织联合体各成员全面履行合同。

18.1.5　监理人管理

1. 总监理工程师

（1）总监理工程师的指派与更换

监理人应按合同协议书的约定指派总监理工程师，并在约定的期限内到职。监理人更换总监理工程师应事先征得委托人同意，并应在更换 14 天前将拟更换的总监理工程师的姓名和详细资料提交委托人。总监理工程师 2 天内不能履行职责的，应事先征得委托人同意，并委派代表代行其职责。

（2）总监理工程师的职责

总监理工程师应按合同约定以及委托人要求，负责组织合同工作的实施。在情况紧急且无法与委托人取得联系时，可采取保证工程和人员生命财产安全的紧急措施，并在采取措施后 24 小时内向委托人提交书面报告。

监理人为履行合同发出的一切函件均应盖有监理人单位章或由监理人授权的项目机构

章，并由监理人的总监理工程师签字确认。

按照专用合同条款约定，总监理工程师可以授权其下属人员履行其某项职责，但事先应将这些人员的姓名和授权范围书面通知委托人和承包人。

2. 监理人员的管理

（1）监理项目机构和人员安排

监理人应在接到开始监理通知之日起 7 天内，向委托人提交监理项目机构以及人员安排的报告，其内容应包括项目机构设置、主要监理人员和作业人员的名单及资格条件。主要监理人员应相对稳定，更换主要监理人员的，应取得委托人的同意，并向委托人提交继任人员的资格、管理经验等资料。

除专用合同条款另有约定外，主要监理人员包括总监理工程师、专业监理工程师等；其他人员包括各专业的监理员、资料员等。

（2）人员的到岗与上岗

监理人应保证其主要监理人员在合同期限内的任何时候，都能按时参加委托人组织的工作会议。

国家规定应当持证上岗的工作人员均应持有相应的资格证明，委托人有权随时检查。委托人认为有必要时，可以进行现场考核。

3. 撤换总监理工程师和其他人员

监理人应对其总监理工程师和其他人员进行有效管理。委托人要求撤换不能胜任本职工作、行为不端或玩忽职守的总监理工程师和其他人员的，监理人应予以撤换。

4. 保障人员的合法权益

（1）合同与工资：监理人应与其雇佣的人员签订劳动合同，并按时发放工资。

（2）休息休假权：监理人应按劳动法的规定安排工作时间，保证其雇佣人员享有休息和休假的权利。因监理需要占用休假日或延长工作时间的，应不超过法律规定的限度，并按法律规定给予补休或付酬。

（3）保险：监理人应按有关法律规定和合同约定，为其雇佣人员办理保险。

18.2 工程监理合同的履行

18.2.1 监理要求

1. 监理范围

监理合同的监理范围包括工程范围、阶段范围和工作范围，具体监理范围应当根据三者之间的关联内容进行确定。

（1）工程范围

工程范围指所监理工程的建设内容，具体范围在专用合同条款中约定。

（2）阶段范围

阶段范围指工程建设程序中的勘察阶段、设计阶段、施工阶段、缺陷责任期及保修阶段中的一个或者多个阶段，具体范围在专用合同条款中约定。

（3）工作范围

工作范围指监理工作中的质量控制、进度控制、投资控制、合同管理、信息管理、组织协调和安全监理、环保监理中的一项或者多项工作，具体范围在专用合同条款中约定。

2. 监理依据

除专用合同条款另有约定外，工程的监理依据如下：

（1）适用的法律、行政法规及部门规章；

（2）与工程有关的规范、标准、规程；

（3）工程勘察文件、设计文件及其他文件；

（4）本工程监理的委托合同及补充合同；

（5）委托人签订的勘察、设计和施工承包合同；

（6）合同履行中与监理服务有关的来往函件；

（7）其他监理依据。

3. 监理内容

除专用条件另有约定外，监理工作内容包括：

（1）收到工程设计文件后编制监理规划，并在第一次工地会议7天前报委托人。根据有关规定和监理工作需要，编制监理实施细则；

（2）熟悉工程设计文件，并参加由委托人主持的图纸会审和设计交底会议；

（3）参加由委托人主持的第一次工地会议；主持监理例会并根据工程需要主持或参加专题会议；

（4）审查施工承包人提交的施工组织设计，重点审查其中的质量安全技术措施、专项施工方案与工程建设强制性标准的符合性；

（5）检查施工承包人工程质量、安全生产管理制度及组织机构和人员资格；

（6）检查施工承包人专职安全生产管理人员的配备情况；

（7）审查施工承包人提交的施工进度计划，核查承包人对施工进度计划的调整；

（8）检查施工承包人的试验室；

（9）审核施工分包人资质条件；

（10）查验施工承包人的施工测量放线成果；

（11）审查工程开工条件，对条件具备的签发开工令；

（12）审查施工承包人报送的工程材料、构配件、设备质量证明文件的有效性和符合性，并按规定对用于工程的材料采取平行检验或见证取样方式进行抽检；

（13）审核施工承包人提交的工程款支付申请，签发或出具工程款支付证书，并报委托人审核、批准；

（14）在巡视、旁站和检验过程中，发现工程质量、施工安全存在事故隐患的，要求施工承包人整改并报委托人；

（15）经委托人同意，签发工程暂停令和复工令；

（16）审查施工承包人提交的采用新材料、新工艺、新技术、新设备的论证材料及相关验收标准；

（17）验收隐蔽工程、分部分项工程；

（18）审查施工承包人提交的工程变更申请，协调处理施工进度调整、费用索赔、合同争议等事项；

（19）审查施工承包人提交的竣工验收申请，编写工程质量评估报告；

（20）参加工程竣工验收，签署竣工验收意见；

（21）审查施工承包人提交的竣工结算申请并报委托人；

（22）编制、整理工程监理归档文件并报委托人。

4. 监理文件要求

（1）编制要求

监理文件的编制应符合法律、规范标准的强制性规定和委托人要求，相关的监理依据应当完整准确，文件内容和相应数据应当真实可靠。

（2）深度要求

监理文件的深度应满足本阶段相应监理工作的规定要求，满足委托人的下步工作需要，并应符合国家和行业现行规定。

（3）其他要求

本工程监理文件的具体类别、编制要求、编制内容、提交时间和份数等，在专用合同条款中约定。

18.2.2 监理周期管理

1. 开始监理

符合专用合同条款约定的开始监理条件的，委托人应提前 7 天向监理人发出开始监理通知。监理服务期限自开始监理通知中载明的开始监理日期起计算。

除专用合同条款另有约定外，因委托人原因造成合同签订之日起 90 天内未能发出开始监理通知的，监理人有权提出价格调整要求，或者解除合同。委托人应当承担由此增加的费用和（或）周期延误。

2. 监理周期延误

在履行合同过程中，由于下列原因造成监理服务期限延误的，委托人应当延长监理服务期限并增加监理报酬，具体方法在专用合同条款中约定。

（1）合同变更；

（2）因委托人原因导致的监理工作暂停；

（3）未按合同约定及时支付监理报酬；

（4）未及时履行合同约定的相关义务；

（5）由于承包人延误、行政管理造成的监理服务期延误。

3. 完成监理

（1）编制监理文件

监理人应当根据法律、规范标准、合同约定和委托人要求实施和完成监理，并编制和移交监理文件。

委托人应当及时接收监理人提交的监理文件。如无正当理由拒收的，视为委托人已经接收监理文件。接收监理文件时，委托人应向监理人出具文件签收凭证，凭证内容包括文件名称、文件内容、文件形式、份数、提交和接收日期、提交人与接收人的亲笔签名等。

除专用合同条款另有约定外，监理文件包括纸质文件和电子文件两种形式，两者若有不一致时，应以纸质文件为准。纸质文件应当加盖单位章和总监理工程师的注册执业印章，具体份数、纸幅、装订格式等要求，应在专用合同条款中约定；电子文件应使用光盘和 U 盘分别贮存。

（2）提前完成监理

根据委托人要求或者基于专业能力判断，监理人认为能够提前完成监理的，可向委托人递交一份提前完成监理建议书，包括实施方案、提前时间、监理报酬变动等内容。除专用合同条款另有约定之外，委托人接受建议书的，不因提前完成监理而减少监理报酬；增加监理报酬的，所增费用由委托人承担。

（3）缺陷修复的监理

缺陷修复监理指缺陷责任期间，监理人对承包人修复质量缺陷进行的监理。缺陷修复监理的责任由监理人负责。

18.2.3　合同变更

1. 变更情形

合同履行中发生下述情形时，合同一方均可向对方提出变更请求，经双方协商一致后进行变更，监理服务期限和监理报酬的调整方法在专用合同条款中约定。

（1）监理范围发生变化；

（2）除不可抗力外，非监理人的原因引起的周期延误；

（3）非监理人的原因，对工程同一部分重复进行监理；

（4）非监理人的原因，对工程暂停监理及恢复监理。

基准日后，因颁布新的或修订原有法律、法规、规范和标准等引发合同变更情形的，按照上述约定进行调整。

2. 合理化建议

合同履行中，监理人可对委托人要求提出合理化建议。合理化建议应以书面形式提交委托人，被委托人采纳并构成变更的，按［变更情形］执行。

监理人提出的合理化建议降低了工程投资、缩短了施工期限或者提高了工程经济效益的，委托人应按专用合同条款中的约定给予奖励。

18.2.4　合同价格与支付

1. 合同价格

合同的价款确定方式、调整方式和风险范围划分，在专用合同条款中约定。

除专用合同条款另有约定外，合同价格应当包括收集资料、踏勘现场、制订纲要、实施监理、编制监理文件等全部费用和国家规定的增值税税金。

委托人要求监理人进行外出考察、试验检测、专项咨询或专家评审时，相应费用不含在合同价格之中，由委托人另行支付。

2. 预付款

预付款应专用于本工程的监理。预付款的额度、支付方式及抵扣方式在专用合同条款中约定。

委托人应在收到预付款支付申请后 28 天内，将预付款支付给监理人；监理人应当提供等额的增值税发票。

3. 中期支付

（1）中期支付申请：监理人应按委托人批准或专用合同条款约定的格式及份数，向委托人提交中期支付申请，并附相应的支持性证明文件。

（2）支付：委托人应在收到中期支付申请后的 28 天内，将应付款项支付给监理人；监理人应当提供等额的增值税发票。委托人未能在前述时间内完成审批或不予答复的，视为委托人同意中期支付申请。委托人不按期支付的，按专用合同条款的约定支付逾期付款违约金。

（3）政府投资资金的支付：中期支付涉及政府投资资金的，按照国库集中支付等国家相关规定和专用合同条款的约定执行。

4. 费用结算

（1）结算申请：合同工作完成后，监理人可按专用合同条款约定的份数和期限，向委托人提交监理费用结算申请，并提供相关证明材料。

（2）支付：委托人应在收到费用结算申请后的 28 天内，将应付款项支付给监理人；监理人应当提供等额的增值税发票。委托人未能在前述时间内完成审批或不予答复的，视为委托人同意费用结算申请。委托人不按期支付的，按专用合同条款的约定支付逾期付款违约金。

（3）异议：委托人对费用结算申请内容有异议的，有权要求监理人进行修正和提供补充资料，由监理人重新提交。监理人对此有异议的，按［争议的解决］执行。

18.3 工程监理合同的责任

18.3.1 监理责任与保险

1. 监理责任主体

监理人应运用一切合理的专业技术、知识技能和项目经验，按照职业道德准则和行业公认标准尽其全部职责，勤勉、谨慎、公正地履行其在本合同项下的责任和义务。

监理责任为监理单位项目负责人终身责任制。总监理工程师应当按照法律法规、有关技术标准、设计文件和工程承包合同进行监理，对施工质量承担监理责任。

总监理工程师应当在办理工程质量监督手续前签署工程质量终身责任承诺书，连同法定代表人出具的授权书，报工程质量监督机构备案。

2. 监理责任保险

除专用合同条款另有约定外，建议监理人根据工程情况对监理责任进行保险，并在合同履行期间保持足额、有效。

18.3.2 不可抗力

1. 不可抗力的确认

不可抗力是指监理人和委托人在订立合同时不可预见，在履行合同过程中不可避免发生并不能克服的自然灾害和社会性突发事件，如地震、海啸、瘟疫、水灾、骚乱、暴动、战争和专用合同条款约定的其他情形。

不可抗力发生后，委托人和监理人应及时认真统计所造成的损失，收集不可抗力造成损失的证据。合同双方对是否属于不可抗力或其损失的意见不一致的，由合同双方协商确定。

2. 不可抗力的通知

合同一方当事人遇到不可抗力事件，使其履行合同义务受到阻碍时，应立即通知合同另一方当事人，书面说明不可抗力和受阻碍的详细情况，并提供必要的证明。

如不可抗力持续发生，合同一方当事人应及时向合同另一方当事人提交中间报告，说明不可抗力和履行合同受阻的情况，并于不可抗力事件结束后 28 天内提交最终报告及有关资料。

3. 不可抗力后果及其处理

不可抗力引起的后果及其损失，应由合同当事人依据法律规定各自承担。不可抗力发生前已完成的监理工作，应当按照合同约定进行支付。

不可抗力发生后，合同当事人应当采取有效措施避免损失进一步扩大，如未采取有效措施致使损失扩大的，应当自行承担扩大部分的损失。

因一方当事人迟延履行合同义务，致使迟延履行期间遭遇不可抗力的，应由该当事人承担全部损失。

18.3.3　违约责任

1. 监理人违约

合同履行中发生下列情况之一的，属监理人违约：

（1）监理文件不符合规范标准以及合同约定；

（2）监理人转让监理工作；

（3）监理人未按合同约定实施监理并造成工程损失；

（4）监理人无法履行或停止履行合同；

（5）监理人不履行合同约定的其他义务。

监理人发生违约情况时，委托人可向监理人发出整改通知，要求其在限定期限内纠正；逾期仍不纠正的，委托人有权解除合同并向监理人发出解除合同通知。监理人应当承担由于违约所造成的费用增加、周期延误和委托人损失等。

2. 委托人违约

合同履行中发生下列情况之一的，属委托人违约：

（1）委托人未按合同约定支付监理报酬；

（2）委托人原因造成监理停止；

（3）委托人无法履行或停止履行合同；

（4）委托人不履行合同约定的其他义务。

委托人发生违约情况时，监理人可向委托人发出暂停监理通知，要求其在限定期限内纠正；逾期仍不纠正的，监理人有权解除合同并向委托人发出解除合同通知。委托人应当承担由于违约所造成的费用增加、周期延误和监理人损失等。

3. 第三人造成的违约

在履行合同过程中，一方当事人因第三人的原因造成违约的，应当向对方当事人承担违约责任。一方当事人和第三人之间的纠纷，依照法律规定或者按照约定解决。

复习思考题

1. 工程监理合同中，监理人员有哪些，应如何管理？
2. 请对工程监理合同中的监理内容进行归纳总结。

第 19 章　工程货物采购合同管理

导 读

工程货物的采购包括工程设备和材料的采购，货物采购合同的性质属于买卖合同的范畴，因此可参照买卖合同的有关规定。

本章首先介绍货物采购合同的合同文件和解释顺序、合同转让与联合体、知识产权和保密、履约保证金的基本内容；然后介绍合同价格与支付、监造及交货前检验、包装、标记、运输、交付、检验和验收等工程货物采购合同的履行内容；最后介绍工程货物采购合同的服务、卖方保证、违约责任、合同的解除等内容。

19.1　工程货物采购合同概述

19.1.1　货物采购合同文件

工程货物采购合同由多项合同文件组成，这些合同文件对当事人双方都有约束力。除专用合同条款另有约定外，合同文件解释的优先顺序如下。

1. 合同协议书

指买方和卖方共同签署的合同协议书。除专用合同条款另有约定外，买方和卖方的法定代表人（单位负责人）或其授权代表在合同协议书上签字并加盖单位章后，合同生效。

2. 中标通知书

指卖方通知买方中标的函件。

3. 投标函

投标函是合同文件的一部分，其具体内容详见第 11 章。

4. 商务和技术偏差表

商务和技术偏差表是合同文件的一部分，其具体内容详见第 11 章。

5. 专用合同条款

专用合同条款是对通用合同条款原则性约定的细化、完善、补充、修改或另行约定的条款。合同当事人可以根据合同材料或设备的特点及具体情况，通过双方的谈判、协商对相应的专用合同条款进行修改补充。

6. 通用合同条款

材料采购合同的通用合同条款有 12 条。设备采购合同的通用合同条款有 17 条，与材料采购合同相比增加了监造及交货期检验、质保期服务、知识产权、保密、不可抗力等 5 条，共性的条款为一般约定、合同范围、合同价格与支付、包装标记运输和交付、检验和验收（设备采购合同为“开箱检验、安装、调试、考核、验收”）、相关服务（设备采购合同为“技术服务”)、质量保证期、履约保证金、保证、违约责任、争议的解决等。

7. 供货要求

“供货要求”由招标人根据行业标准材料（或设备）采购招标文件（如有)、招标项目具体特点和实际需要编制，并与“投标人须知”“通用合同条款”“专用合同条款”相衔接。

材料（或设备）采购合同中的供货要求通常包括但不限于：项目概况及总体要求、材料（或设备）需求一览表、质量标准（或设备技术性能指标)、验收标准（或设备检验考核要求)、相关服务要求（或设备技术服务和质保期服务要求）等内容。

8. 分项报价表

指卖方投标文件中的分项报价表，其具体内容和格式详见第 11 章。

9. 中标材料质量标准（或设备技术性能指标）的详细描述

指卖方投标文件中材料质量标准（或设备技术性能指标）的详细描述，其具体内容和编制方法详见第 11 章。

10. 相关服务（或技术服务和质保期服务）计划

相关服务，指在质量保证期届满前卖方提供的与合同材料有关的辅助服务，包括简单加工、解决合同材料存在的质量问题，以及为买方检验、使用和修补合同材料进行的技术指导、培训、协助等。

技术服务，指卖方按合同约定，在合同设备验收前，向买方提供的安装、调试服务，或者在由买方负责的安装、调试、考核中对买方进行的技术指导、协助、监督和培训等。

质保期服务，指在质量保证期内，卖方向买方提供的合同设备维护服务、咨询服务、技术指导、协助以及对出现故障的合同设备进行修理或更换的服务。

11. 其他合同文件

指经合同双方当事人确认构成合同文件的其他文件。

19.1.2 合同转让与联合体

1. 合同转让

未经对方当事人书面同意，合同任何一方均不得转让其在本合同项下的权利和（或）义务。

2. 联合体

卖方为联合体的，联合体各方应当共同与买方签订合同，并向买方为履行合同承担连带责任。

在合同履行过程中，未经买方同意，不得修改联合体协议。联合体协议中关于联合体成员间权利义务的划分，并不影响或减损联合体各方应就履行合同向买方承担的连带责任。

联合体牵头人代表联合体与买方联系，并接受指示，负责组织联合体各成员全面履行合同。除非专用合同条款另有约定，牵头人在履行合同中的所有行为均视为已获得联合体各方的授权。买方可将合同价款全部支付给牵头人并视为其已适当履行了付款义务。如牵头人的行为将构成对合同内容的变更，则牵头人须事先获得联合体各方的特别授权。

19.1.3　知识产权和保密

1. 知识产权

（1）卖方保证买方不受知识产权带来的伤害

合同材料（或合同设备）涉及知识产权的，卖方保证买方免于受到任何知识产权侵权的主张、索赔或诉讼的伤害。

如果买方收到任何有关知识产权的主张、索赔或诉讼，卖方在收到买方通知后，应以买方名义处理与第三方的索赔或诉讼，并承担因此产生的费用以及给买方造成的损失。

（2）设备采购合同涉及知识产权的归属

设备采购合同中，分别对买方和卖方所提供资料的知识产权归属作了规定。

买方在履行合同过程中提供给卖方的全部图纸、文件和其他含有数据和信息的资料，其知识产权属于买方。

除专用合同条款另有约定外，买方不因签署和履行合同而享有卖方在履行合同过程中提供给买方的图纸、文件、配套软件、电子辅助程序和其他含有数据和信息的资料的知识产权。

2. 保密

合同双方应对因履行合同而取得的另一方当事人的信息、资料等予以保密。未经另一方当事人书面同意，任何一方均不得为与履行合同无关的目的使用或向第三方披露另一方当事人提供的信息、资料。

19.1.4　履约保证金

除专用合同条款另有约定外，履约保证金自合同生效之日起生效，在合同材料（或设备）验收证书或验收款支付函签署之日起 28 日后失效。如果卖方不履行合同约定的义务或其履行不符合合同的约定，买方有权扣划相应金额的履约保证金。

19.2　工程货物采购合同的履行

19.2.1　合同价格与支付

1. 合同价格

合同协议书中载明的签约合同价包括卖方为完成合同全部义务应承担的一切成本、费用和支出以及卖方的合理利润。

材料采购合同，除专用合同条款另有约定外，供货周期不超过 12 个月的签约合同价为固定价格。供货周期超过 12 个月且合同材料交付时材料价格变化超过专用合同条款约定的幅度的，双方应按照专用合同条款中约定的调整方法对合同价格进行调整。

设备采购合同，除专用合同条款另有约定外，签约合同价为固定价格。

2. 合同价款的支付

除专用合同条款另有约定外，买方应通过以下方式和比例向卖方支付合同价款。

（1）预付款

合同生效后，买方在收到卖方开具的注明应付预付款金额的财务收据正本一份并经审核无误后 28 日内，向卖方支付签约合同价的 10% 作为预付款。

买方支付预付款后，如卖方未履行合同义务，则买方有权收回预付款；如卖方依约履行了合同义务，则预付款抵作进度款。

（2）进度款

1）材料采购合同。卖方按照合同约定的进度交付合同材料并提供相关服务后，买方在收到卖方提交的下列单据并经审核无误后 28 日内，应向卖方支付进度款，进度款支付至该批次合同材料的合同价格的 95%：

① 卖方出具的交货清单正本一份；

② 买方签署的收货清单正本一份；

③ 制造商出具的出厂质量合格证正本一份；

④ 合同材料验收证书或进度款支付函正本一份；

⑤ 合同价格 100% 金额的增值税发票正本一份。

2）设备采购合同。进度款分交货款和验收款两部分支付。

① 交货款

卖方按合同约定交付全部合同设备后，买方在收到卖方提交的下列全部单据并经审核无误后 28 日内，向卖方支付合同价格的 60%：

a. 卖方出具的交货清单正本一份；

b. 买方签署的收货清单正本一份；

c. 制造商出具的出厂质量合格证正本一份；

d. 合同价格 100% 金额的增值税发票正本一份。

② 验收款

买方在收到卖方提交的买卖双方签署的合同设备验收证书或已生效的验收款支付函正本一份并经审核无误后 28 日内，向卖方支付合同价格的 25%。

（3）结清款

全部合同材料质量保证期届满后，买方在收到卖方提交的由买方签署的质量保证期届满证书并经审核无误后 28 日内，向卖方支付合同价格 5% 的结清款。

设备采购合同中，如果依照［质保期服务］第 1 项，卖方应向买方支付费用的，买方有权从结清款中直接扣除该笔费用。

设备采购合同，除专用合同条款另有约定外，在买方向卖方支付验收款的同时或其后的任何时间内，卖方可在向买方提交买方可接受的金额为合同价格 5% 的合同结清款保函的前提下，要求买方支付合同结清款，买方不得拒绝。

3. 买方扣款的权利

当卖方应向买方支付合同项下的违约金或赔偿金时，买方有权从上述任何一笔应付款中予以直接扣除和（或）兑付履约保证金。

19.2.2 监造及交货前检验

设备采购合同中，专用合同条款约定买方对设备进行监造以及交货前检验的，双方应按以下规定及专用合同条款约定履行。

1. 监造

在合同设备的制造过程中，买方可派出监造人员，对合同设备的生产制造进行监造，监督合同设备制造、检验等情况。监造的范围、方式等应符合专用合同条款和（或）供货要求等合同文件的约定。

（1）除专用合同条款和（或）供货要求等合同文件另有约定外，买方监造人员可到合同设备及其关键部件的生产制造现场进行监造，卖方应予配合。卖方应免费为买方监造人员提供工作条件及便利，包括但不限于必要的办公场所、技术资料、检测工具及出入许可等。除专用合同条款另有约定外，买方监造人员的交通、食宿费用由买方承担。

（2）卖方制订生产制造合同设备的进度计划时，应将买方监造纳入计划安排，并提前通知买方；买方进行监造不应影响合同设备的正常生产。除专用合同条款和（或）供货要求等合同文件另有约定外，卖方应提前 7 日将需要买方监造人员现场监造事项通知买方；如买方监造人员未按通知出席，不影响合同设备及其关键部件的制造或检验，但买方监造人员有权事后了解、查阅、复制相关制造或检验记录。

（3）买方监造人员在监造中如发现合同设备及其关键部件不符合合同约定的标准，则有权提出意见和建议。卖方应采取必要措施消除合同设备的不符，由此增加的费用和（或）造成的延误由卖方负责。

（4）买方监造人员对合同设备的监造，不视为对合同设备质量的确认，不影响卖方交货后买方依照合同约定对合同设备提出质量异议和（或）退货的权利，也不免除卖方依照合同约定对合同设备所应承担的任何义务或责任。

2. 交货前检验

（1）合同设备交货前，卖方应会同买方代表根据合同约定对合同设备进行交货前检验并出具交货前检验记录，有关费用由卖方承担。卖方应免费为买方代表提供工作条件及便利，包括但不限于必要的办公场所、技术资料、检测工具及出入许可等。除专用合同条款另有约定外，买方代表的交通、食宿费用由买方承担。

（2）除专用合同条款和（或）供货要求等合同文件另有约定外，卖方应提前 7 日将需要买方代表检验事项通知买方；如买方代表未按通知出席，不影响合同设备的检验。若卖方未依照合同约定提前通知买方而自行检验，则买方有权要求卖方暂停发货并重新进行检验，由此增加的费用和（或）造成的延误由卖方负责。

（3）买方代表在检验中如发现合同设备不符合合同约定的标准，则有权提出异议。卖方应采取必要措施消除合同设备的不符，由此增加的费用和（或）造成的延误由卖方负责。

（4）买方代表参与交货前检验及签署交货前检验记录的行为，不视为对合同设备质量的确认，不影响卖方交货后买方依照合同约定对合同设备提出质量异议和（或）退货的权利，也不免除卖方依照合同约定对合同设备所应承担的任何义务或责任。

19.2.3　包装、标记、运输和交付

1. 包装

卖方应对合同材料（或设备）进行妥善包装，以满足合同材料（或设备）运至施工场地及在施工场地保管的需要。包装应采取防潮、防晒、防锈、防腐蚀、防震动及防止其他

损坏的必要保护措施，从而保护合同材料（或设备）能够经受多次搬运、装卸、长途运输并适宜保管。

对于合同设备的包装，每个独立包装箱内应附装箱清单、质量合格证、装配图、说明书、操作指南等资料。

除专用合同条款另有约定外，买方无需将包装物退还给卖方。

2. 标记

除专用合同条款另有约定外，卖方应按合同约定在材料包装上以不可擦除的、明显的方式作出必要的标记。对于合同设备，应在每一包装箱相邻的四个侧面以不可擦除的、明显的方式标记必要的装运信息和标记，以满足合同设备运输和保管的需要。

根据合同材料（或设备）的特点和运输、保管的不同要求，卖方应对合同材料（或在设备包装箱上）清楚地标注“小心轻放”“此端朝上，请勿倒置”“保持干燥”等字样和其他适当标记。如果合同材料（或设备）中含有易燃易爆物品、腐蚀物品、放射性物质等危险品，应在包装箱上标明危险品标志。

对于专用合同条款约定的超大超重件，卖方应在包装箱两侧标注“重心”和“起吊点”以便装卸和搬运。

3. 运输

卖方应自行选择适宜的运输工具及线路安排合同材料（或设备）运输。

除专用合同条款另有约定外，卖方应在合同材料（或设备）预计启运 7 日前，将有关运输信息预通知买方，并在合同材料（或设备）启运后 24 小时之内正式通知买方。合同材料的运输信息包括名称、装运材料数量、重量、体积（用 m^3 表示）、合同材料单价、总金额、运输方式、预计交付日期和合同材料在装卸、保管中的注意事项等；合同设备的运输信息包括名称、数量、箱数、总毛重、总体积（用 m^3 表示）、每箱尺寸（长 × 宽 × 高）、装运合同设备总金额、运输方式、预计交付日期和合同设备在运输、装卸、保管中的注意事项等。

如果合同材料中包括单个包装超大和（或）超重的，合同设备中包括专用合同条款约定的超大超重包装的，卖方应将超大和（或）超重的每个包装（箱）的重量和尺寸通知买方；如果合同材料（或设备）中包括易燃易爆物品、腐蚀物品、放射性物质等危险品，则危险品的品名、性质、在装卸、保管方面的特殊要求、注意事项和处理意外情况的方法等，也应一并通知买方。

除专用合同条款另有约定外，每件能够独立运行的设备应整套装运。该设备安装、调试、考核和运行所使用的备品、备件、易损易耗件等应随相关的主机一齐装运。

4. 交付

除专用合同条款另有约定外，卖方应根据合同约定的交付时间和批次在施工场地卸货后将合同材料交付给买方，或在施工场地车面上将合同设备交付给买方。买方对卖方交付的合同材料（或设备）的外观及件数进行清点核验后应签发收货清单。买方签发收货清单不代表对合同材料的接受，双方还应按合同约定进行后续的检验和验收。

合同材料（或设备）的所有权和风险自交付时起由卖方转移至买方，合同材料（或设备）交付给买方之前包括运输在内的所有风险均由卖方承担。

除专用合同条款另有约定外，买方如果发现技术资料存在短缺和（或）损坏，卖方应在收到买方的通知后 7 日内免费补齐短缺和（或）损坏的部分。如果买方发现卖方提供的技术资料有误，卖方应在收到买方通知后 7 日内免费替换。如由于买方原因导致技术资料丢失和（或）损坏，卖方应在收到买方的通知后 7 日内补齐丢失和（或）损坏的部分，但买方应向卖方支付合理的复制、邮寄费用。

19.2.4　检验和验收

1. 合同材料的检验和验收

（1）交付前的检验

合同材料交付前，卖方应对其进行全面检验，并在交付合同材料时向买方提交合同材料的质量合格证书。

（2）交付后的检验

1）检验方式

合同材料交付后，买方应在专用合同条款约定的期限内安排对合同材料的规格、质量等进行检验，检验按照专用合同条款约定的下列一种方式进行：

① 由买方对合同材料进行检验；

② 由专用合同条款约定的拥有资质的第三方检验机构对合同材料进行检验；

③ 专用合同条款约定的其他方式。

2）检验程序

买方应在检验日期 3 日前将检验的时间和地点通知卖方，卖方应自负费用派遣代表参加检验。若卖方未按买方通知到场参加检验，则检验可正常进行，卖方应接受对合同材料的检验结果。

合同材料经检验合格，买卖双方应签署合同材料验收证书一式二份，双方各持一份。合同材料验收证书的签署不能免除卖方在质量保证期内对合同材料应承担的保证责任。

除专用合同条款另有约定外，买方在全部合同材料交付后 3 个月内未安排检验和验收的，卖方可签署进度款支付函提交买方，如买方在收到后 7 日内未提出书面异议，则进度款支付函自签署之日起生效。进度款支付函的生效不免除卖方继续配合买方进行检验和验收的义务，合同材料验收后双方应签署合同材料验收证书。

若合同约定了合同材料的最低质量标准，且合同材料经检验达到了合同约定的最低质量标准的，视为合同材料符合质量标准，买方应验收合同材料，但卖方应按专用合同条款的约定进行减价或向买方支付补偿金。

3）第三方检验

合同材料由第三方检验机构进行检验的，第三方检验机构的检验结果对双方均具有约束力。

2. 合同设备的检验和验收

（1）开箱检验

1）开箱检验的时间和地点

合同设备交付后应进行开箱检验，即合同设备数量及外观检验。开箱检验在专用合同条款约定的下列任一种时间进行：

① 合同设备交付时；

② 合同设备交付后的一定期限内。

如开箱检验不在合同设备交付时进行，买方应在开箱检验 3 日前将开箱检验的时间和地点通知卖方。

除专用合同条款另有约定外，合同设备的开箱检验应在施工场地进行。

2）开箱检验程序

开箱检验由买卖双方共同进行，卖方应自负费用派遣代表到场参加开箱检验。

在开箱检验中，买方和卖方应共同签署数量、外观检验报告，报告应列明检验结果，包括检验合格或发现的任何短缺、损坏或其他与合同约定不符的情形。

如果卖方代表未能依约或按买方通知到场参加开箱检验，买方有权在卖方代表未在场的情况下进行开箱检验，并签署数量、外观检验报告，对于该检验报告和检验结果，视为卖方已接受，但卖方确有合理理由且事先与买方协商推迟开箱检验时间的除外。

如开箱检验不在合同设备交付时进行，则合同设备交付以后到开箱检验之前，应由买方负责按交货时外包装原样对合同设备进行妥善保管。除专用合同条款另有约定外，在开箱检验时如果合同设备外包装与交货时一致，则开箱检验中发现的合同设备的短缺、损坏或其他与合同约定不符的情形，由卖方负责，卖方应补齐、更换及采取其他补救措施。如果在开箱检验时合同设备外包装不是交货时的包装或虽是交货时的包装但与交货时不一致且出现很可能导致合同设备短缺或损坏的包装破损，则开箱检验中发现合同设备短缺、损坏或其他与合同约定不符的情形的风险，由买方承担，但买方能够证明是由于卖方原因或合同设备交付前非买方原因导致的除外。

开箱检验的检验结果不能对抗在合同设备的安装、调试、考核、验收中及质量保证期内发现的合同设备质量问题，也不能免除或影响卖方依照合同约定对买方负有的包括合同设备质量在内的任何义务或责任。

3）第三方检验

如双方在专用合同条款和（或）供货要求等合同文件中约定由第三方检测机构对合同设备进行开箱检验或在开箱检验过程中另行约定由第三方检验的，则第三方检测机构的检验结果对双方均具有约束力。

（2）安装和调试

1）安装和调试程序

开箱检验完成后，双方应对合同设备进行安装、调试，并对安装、调试情况共同及时进行记录。除专用合同条款另有约定外，安装、调试中合同设备运行需要的用水、用电、其他动力和原材料（如需要）等均由买方承担。

2）安装和调试方式

安装、调试应按照专用合同条款约定的下列任一种方式进行：

① 卖方按照合同约定完成合同设备的安装、调试工作；

② 买方或买方安排第三方负责合同设备的安装、调试工作，卖方提供技术服务。

除专用合同条款另有约定外，在安装、调试过程中，如由于买方或买方安排的第三方未按照卖方现场服务人员的指导导致安装、调试不成功和（或）出现合同设备损坏，买方应自行承担责任。如在买方或买方安排的第三方按照卖方现场服务人员的指导进行安装、调试的情况下出现安装、调试不成功和（或）造成合同设备损坏的情况，卖方应承担责任。

（3）考核

1）考核程序

安装、调试完成后，双方应对合同设备进行考核，以确定合同设备是否达到合同约定的技术性能考核指标。考核期间，双方应及时共同记录合同设备的用水、用电、其他动力和原材料（如有）的使用及设备考核情况。对于未达到技术性能考核指标的，应如实记录设备表现、可能原因及处理情况等。除专用合同条款另有约定外，考核中合同设备运行需要的用水、用电、其他动力和原材料（如需要）等均由买方承担。

2）由于卖方原因考核未达标

如由于卖方原因合同设备在考核中未能达到合同约定的技术性能考核指标，则卖方应在双方同意的期限内采取措施消除合同设备中存在的缺陷，并在缺陷消除以后，尽快进行再次考核。

由于卖方原因未能达到技术性能考核指标时，为卖方进行考核的机会不超过三次。如果由于卖方原因，三次考核均未能达到合同约定的技术性能考核指标，则买卖双方应就合同的后续履行进行协商，协商不成的，买方有权解除合同。但如合同中约定了或双方在考核中另行达成了合同设备的最低技术性能考核指标，且合同设备达到了最低技术性能考核指标的，视为合同设备已达到技术性能考核指标，买方无权解除合同，且应接受合同设备，但卖方应按专用合同条款的约定进行减价或向买方支付补偿金。

3）由于买方原因考核未达标

如由于买方原因合同设备在考核中未能达到合同约定的技术性能考核指标，则卖方应协助买方安排再次考核。由于买方原因未能达到技术性能考核指标时，为买方进行考核的机会不超过三次。

（4）验收

1）考核达标的验收

如合同设备在考核中达到或视为达到技术性能考核指标，则买卖双方应在考核完成后 7 日内或专用合同条款另行约定的时间内签署合同设备验收证书一式二份，双方各持一份。验收日期应为合同设备达到或视为达到技术性能考核指标的日期。合同设备验收证书的签署不能免除卖方在质量保证期内对合同设备应承担的保证责任。

2）由于买方原因考核未达标的验收款支付

如由于买方原因合同设备在三次考核中均未能达到技术性能考核指标，买卖双方应在考核结束后 7 日内或专用合同条款另行约定的时间内签署验收款支付函。

除专用合同条款另有约定外，卖方有义务在验收款支付函签署后 12 个月内应买方要求提供相关技术服务，协助买方采取一切必要措施使合同设备达到技术性能考核指标。买方应承担卖方因此产生的全部费用。

在上述 12 个月的期限内，如合同设备经过考核达到或视为达到技术性能考核指标，则买卖双方应按照约定签署合同设备验收证书。

3）由于买方原因未考核的验收款支付

除专用合同条款另有约定外，如由于买方原因在最后一批合同设备交货后 6 个月内未能开始考核，则买卖双方应在上述期限届满后 7 日内或专用合同条款另行约定的时间内签署验收款支付函。

除专用合同条款另有约定外，卖方有义务在验收款支付函签署后 6 个月内应买方要求提供不超出合同范围的技术服务，协助买方采取一切必要措施使合同设备达到技术性能考核指标，且买方无须因此向卖方支付费用。

在上述 6 个月的期限内，如合同设备经过考核达到或视为达到技术性能考核指标，则买卖双方应按照约定签署合同设备验收证书。

4）卖方单方签署验收款支付函

在上述 2）、3）项情形下，卖方也可单方签署验收款支付函提交买方，如果买方在收到卖方签署的验收款支付函后 14 日内未向卖方提出书面异议，则验收款支付函自签署之日起生效。

19.3 工程货物采购合同的服务与责任

19.3.1 服务

1. 技术服务

卖方应派遣技术熟练、称职的技术人员到施工场地为买方提供技术服务（材料采购合同也可通过电话联系进行服务）。卖方的技术服务应符合合同的约定，卖方技术人员应遵守买方施工现场的各项规章制度和安全操作规程，并服从买方的现场管理。如果任何技术人员不合格，买方有权要求卖方撤换，因撤换而产生的费用应由卖方承担。在不影响技术服务并且征得买方同意的条件下，卖方也可自负费用更换其技术人员。

买方应免费为卖方技术人员提供工作条件及便利，包括但不限于必要的办公场所、技术资料及出入许可等。除专用合同条款另有约定外，卖方技术人员的交通、食宿费用由卖方承担。

2. 质量保证期

（1）合同材料的质量保证期

1）质量保证期限

除专用合同条款和（或）供货要求等合同文件另有约定外，合同材料的质量保证期自合同材料验收之日起算，至合同材料验收证书或进度款支付函签署之日起 12 个月止（以先到的为准）。

2）质量保证责任

除非因买方使用不当，合同材料在质量保证期内如破损、变质或被发现存在任何质量问题，卖方应负责对合同材料进行修补和退换。更换的合同材料的质量保证期应重新计算。

3）质量保证期满

质量保证期届满且卖方按照合同约定履行完毕质量保证期内义务后，买方应在 7 日内向卖方出具合同材料的质量保证期届满证书。

（2）合同设备的质量保证期

1）质量保证期限

除专用合同条款和（或）供货要求等合同文件另有约定外，合同设备整体质量保证期为验收之日起 12 个月。如对合同设备中关键部件的质量保证期有特殊要求的，买卖双方可在专用合同条款中约定。在由于买方原因考核未达标的情形下，无论合同设备何时验收，其质量保证期最长为签署验收款支付函后 12 个月。在由于买方原因未考核的情形下，无论合同设备何时验收，其质量保证期最长为签署验收款支付函后 6 个月。

2）质量保证责任

在质量保证期内如果合同设备出现故障，卖方应自负费用提供质保期服务，对相关合同设备进行修理或更换以消除故障。更换的合同设备和（或）关键部件的质量保证期应重新计算。但如果合同设备的故障是由于买方原因造成的，则对合同设备进行修理和更换的费用应由买方承担。

3）质量保证期满

质量保证期届满后，买方应在 7 日内或专用合同条款另行约定的时间内向卖方出具合同设备的质量保证期届满证书。

在由于买方原因考核未达标的情形下，如在验收款支付函签署后 12 个月内由于买方原因合同设备仍未能达到技术性能考核指标，则买卖双方应在该 12 个月届满后 7 日内或专用合同条款另行约定的时间内签署结清款支付函。

在由于买方原因未考核的情形下，如在验收款支付函签署后 6 个月内由于买方原因合同设备仍未进行考核或仍未达到技术性能考核指标，则买卖双方应在该 6 个月届满后 7 日内或专用合同条款另行约定的时间内签署结清款支付函。

在由于买方原因考核未达标或未考核的情形下，卖方也可单方签署结清款支付函提交买方，如果买方在收到卖方签署的结清款支付函后 14 日内未向卖方提出书面异议，则结清款支付函自签署之日起生效。

3. 合同设备的质保期服务

卖方应为质保期服务配备充足的技术人员、工具和备件并保证提供的联系方式畅通。除专用合同条款和（或）供货要求等合同文件另有约定外，卖方应在收到买方通知后 24 小时内做出响应，如需卖方到合同设备现场，卖方应在收到买方通知后 48 小时内到达，并在到达后 7 日内解决合同设备的故障（重大故障除外）。如果卖方未在上述时间内作出响应，则买方有权自行或委托他人解决相关问题或查找和解决合同设备的故障，卖方应承担由此发生的全部费用。

如果任何技术人员不合格，买方有权要求卖方撤换，因撤换而产生的费用应由卖方承担。在不影响质保期服务并且征得买方同意的条件下，卖方也可自负费用更换其技术人员。

除专用合同条款另有约定外，卖方应就在施工现场进行质保期服务的情况进行记录，记载合同设备故障发生的时间、原因及解决情况等，由买方签字确认，并在质量保证期结束后提交给买方。

如卖方技术人员需到合同设备现场进行质保期服务，则买方应免费为卖方技术人员提供工作条件及便利，包括但不限于必要的办公场所、技术资料及出入许可等。除专用合同条款另有约定外，卖方技术人员的交通、食宿费用由卖方承担。卖方技术人员应遵守买方施工现场的各项规章制度和安全操作规程，并服从买方的现场管理。

19.3.2 卖方保证

1. 基本保证

（1）卖方保证其具有完全的能力履行本合同项下的全部义务。

（2）卖方保证其所提供的合同材料（或设备）及对合同的履行符合所有应适用的法律、行政法规、地方性法规、自治条例和单行条例、规章及其他规范性文件的强制性规定。

（3）卖方保证其对合同材料（或设备）的销售不损害任何第三方的合法权益和社会公众利益。任何第三方不会因卖方原因而基于所有权、抵押权、留置权或其他任何权利或事由对合同材料主张权利。

2. 功能保证

（1）合同材料的功能保证

1）卖方保证合同材料符合合同约定的规格、质量标准，并且全新、完整，能够安全使用，除非专用合同条款和（或）供货要求等合同文件另有约定。

2）卖方保证，卖方所提供的技术资料完整、清晰、准确，符合合同约定并且能够满足买方使用合同材料的需要。

3）卖方保证，在合同材料使用寿命期内，如果卖方发现合同材料存在足以危及人身、财产安全的缺陷，卖方将及时通知买方并及时采取修补、更换等措施消除缺陷。

（2）合同设备的功能保证

1）卖方保证合同设备符合合同约定的规格、标准、技术性能考核指标等，能够安全和稳定地运行，且合同设备（包括全部部件）全新、完整、未使用过，除非专用合同条款和（或）供货要求等合同文件另有约定。

2）卖方保证，卖方所提供的技术资料完整、清晰、准确，符合合同约定并且能够满足合同设备的安装、调试、考核、操作以及维修和保养的需要。

3）卖方保证，在合同设备设计使用寿命期内，如果卖方发现合同设备由于设计、制造、标识等原因存在足以危及人身、财产安全的缺陷，卖方将及时通知买方并及时采取修正或者补充标识、修理、更换等措施消除缺陷。

3. 合同设备备品备件保证

（1）卖方保证合同范围内提供的备品备件能够满足合同设备在质量保证期结束前正常运行及维修的需要，如在质量保证期结束前因卖方原因出现备品备件短缺影响合同设备正常运行的，卖方应免费提供。

（2）除专用合同条款和（或）供货要求等合同文件另有约定外，如果在合同设备设计使用寿命期内发生合同项下备品备件停止生产的情况，卖方应事先将拟停止生产的计划通知买方，使买方有足够的时间考虑备品备件的需求量。根据买方要求，卖方应:

1）以不高于同期市场价格或其向任何第三方销售同类产品的价格提供合同设备正常运行所需的全部备品备件。

2）免费提供可供买方或第三方制造停产备品备件所需的全部技术资料，以便买方持续获得上述备品备件以满足合同设备在寿命期内正常运行的需要。卖方保证买方或买方委托的第三方制造及买方使用这些备品备件不侵犯任何人的知识产权。

19.3.3 违约责任

1. 违约责任的承担方式

合同一方不履行合同义务、履行合同义务不符合约定或者违反合同项下所作保证的，应向对方承担继续履行、采取补救措施或者赔偿损失等违约责任。设备采购合同中的补救措施明确为修理、更换、退货等。

2. 迟延交货违约金

（1）迟延交付合同材料的违约金

卖方未能按时交付合同材料的，应向买方支付迟延交货违约金。卖方支付迟延交货违约金，不能免除其继续交付合同材料的义务。除专用合同条款另有约定外，迟延交付违约金计算方法如下：

延迟交付违约金＝延迟交付材料金额 ×0.08%× 延迟交货天数

迟延交付违约金的最高限额为合同价格的 10%。

（2）迟延交付合同设备的违约金

卖方未能按时交付合同设备（包括仅迟延交付技术资料但足以导致合同设备安装、调试、考核、验收工作推迟的）的，应向买方支付迟延交付违约金。除专用合同条款另有约定外，迟延交付违约金的计算方法如下：

1）从迟交的第一周到第四周，每周迟延交付违约金为迟交合同设备价格的 0.5%；

2）从迟交的第五周到第八周，每周迟延交付违约金为迟交合同设备价格的 1%；

3）从迟交第九周起，每周迟延交付违约金为迟交合同设备价格的 1.5%。

在计算迟延交付违约金时，迟交不足一周的按一周计算。迟延交付违约金的总额不得超过合同价格的 10%。

迟延交付违约金的支付不能免除卖方继续交付相关合同设备的义务，但如迟延交付必然导致合同设备安装、调试、考核、验收工作推迟的，相关工作应相应顺延。

3. 迟延付款违约金

买方未能按合同约定支付合同价款的，应向卖方支付延迟付款违约金。除专用合同条款另有约定外，迟延付款违约金的计算方法如下。

（1）迟延支付材料款的违约金：

延迟付款违约金＝延迟付款金额 ×0.08%× 延迟付款天数

迟延付款违约金的总额不得超过合同价格的 10%。

（2）迟延支付设备款的违约金：

1）从迟付的第一周到第四周，每周迟延付款违约金为迟延付款金额的 0.5%；

2）从迟付的第五周到第八周，每周迟延付款违约金为迟延付款金额的 1%；

3）从迟付第九周起，每周迟延付款违约金为迟延付款金额的 1.5%。

在计算迟延付款违约金时，迟付不足一周的按一周计算。迟延付款违约金的总额不得超过合同价格的 10%。

19.3.4 合同的解除

1. 材料采购合同解除的情形

（1）合同一方当事人无法继续履行或明确表示不履行或实质上已停止履行合同；

（2）合同一方当事人需支付的违约金已达合同约定的最高限额；

（3）合同材料未能达到质量标准，或在合同约定了最低质量标准时，不能达到最低质量标准；

（4）合同一方当事人出现破产、清算、资不抵债、成为失信被执行人等可能丧失履约能力的情形，且未能提供令对方满意的履约保证金；

（5）因不可抗力不能实现合同目的。

2. 设备采购合同解除的情形

（1）卖方迟延交付合同设备超过3个月；

（2）合同设备由于卖方原因三次考核均未能达到技术性能考核指标或在合同约定了或双方在考核中另行达成了最低技术性能考核指标时均未能达到最低技术性能考核指标，且买卖双方未就合同的后续履行协商达成一致；

（3）买方迟延付款超过3个月；

（4）合同一方当事人未能履行合同项下任何其他义务（细微义务除外），或在未事先征得另一方当事人同意的情况下，从事任何可能在实质上不利影响其履行合同能力的活动，经另一方当事人书面通知后14日内或在专用合同条款约定的其他期限内未能对其行为作出补救；

（5）合同一方当事人出现破产、清算、资不抵债、成为失信被执行人等可能丧失履约能力的情形，且未能提供令对方满意的履约保证金。

复习思考题

1. 设备采购合同和材料采购合同的内容及履行有何区别？
2. 请分析工程货物采购合同违约责任的承担方式。
3. 请结合本书第6章的相关内容及《合同法》第94条，分析工程货物采购合同解除的情形。

第 4 篇

国际工程合同管理

第 20 章　国际工程合同管理

导读

随着我国走出去战略的实施，越来越多的中国企业走向国外，承担国际工程项目，2018 年在 ENR 国际承包商 250 强榜单上，中国共有 69 家企业上榜，国际营业额共计 1140.97 亿美元。随着我国国际工程承包的快速发展，需要了解学习国际工程招投标和合同管理的知识，与国际接轨。国际上一些著名的行业学会，如：国际咨询工程师联合会（FIDIC）、英国土木工程师学会（ICE）、美国建筑师学会（AIA）都编制了许多版本的合同条件，适用于不同的工程招投标活动，在世界上许多国家和地区广泛应用。

本章第 1 节首先介绍国际工程招标的相关知识，第 2 节以世行贷款项目工程采购标准招标文件为主详细介绍招标文件的具体内容，第 3 节、第 4 节、第 5 节分别介绍目前国际上影响力较大的 FIDIC 合同、NEC 合同和 AIA 合同。

20.1　国际工程招投标

20.1.1　招投标的起源与概念

招标投标最早起源于 18 世纪后期英国实行的“公共采购”，这种“公共采购”是公开招标的雏形和最原始形式。当时英国的社会购买市场可按购买人划分为公共购买和私人购买两种。私人采购的方法和程序是任意的；而公共采购的方式则必须招标，只有在招标不可能的情况下才能以谈判购买。其原因是：政府和公用事业部门有义务保证自己购买行为的合理和有效，为便于公众监督上述部门的采购要最大限度地透明、公开，由此产生公开招标。招标投标是一种方法，是一种商品交易行为，是商品经济高度发展的产物，是应用技术、经济的方法和市场经济的竞争机制的作用，有组织开展的一种择优成交的方式。

20.1.2　国际工程招投标及其特点

国际工程招标与投标是一种国际上普遍应用的、有组织的工程市场交易行为，是国际贸易中一种工程货物、服务和劳务的买卖方法，它既延续了人类商品交易原始的思想与方法，又运用了市场经济的竞争机制。通过招标的手段，利用投标人之间的竞争，可达到优中择优的目的。

工程招投标体现了市场经济的基本特征，它既是供需关系的博弈，也是供方间的博弈，具有如下特点：

（1）招投标不是一般的商品买卖行为，而是一种综合性的高级交易方式。

（2）招标是雇主的择优方式，招投标的目的是使采购活动尽量节省开支，最大限度的满足采购目标。

（3）招标为投标人提供了平等竞争的平台，投标人通过公开、公正、公平的相互竞争，取得工程承包合同或货物采购合同。

（4）招标是招标人对投标人的限制性招标，投标人如要参加投标，只能接受“投标人须知”的限制，作响应性投标。

（5）招标有时会体现政策性。政府采购招标，所体现的政策性更强。

20.1.3　国际工程招标方式

1. 公开招标

公开招标又称无限竞争性公开报标，这种招标方式是业主刊登招标公告，承包商购买资格预审文件，参加资格预审，预审合格者均可购买招标文件进行投标。

这种方式可以为一切有能力的承包商提供一个平等的竞争机会。业主也可以选择一个比较理想的承包商。一般各国的政府采购，世行、亚行的绝大部分采购均要求公开招标。

2. 限制性招标

限制性招标指对投标人有某些范围或条件的限制的招标，包括以下三种形式。

（1）邀请招标

邀请招标又称有限竞争性选择招标。邀请招标主要是专业技术性强的工程，希望能由具有专业实力的承包商承建，因此只向业内少数具有专业实力的投标人发出要约邀请。这样也可减少部分招标、评标工作量。邀请招标一般 5 ～ 8 家为宜，但不能少于 3 家。

（2）排他性招标

在两国政府或机构间有专门协议的工程，有时排斥第三国投标人参加；还有一些地区性工程限于地区内投标人参加；一般国际金融组织贷款的工程也仅限于成员国的承包商参加投标。如世界银行贷款的工程招标，便只允许成员国的承包商参加。

（3）保留性招标

对投标人附加一些条件，如中标必须使用当地的分包；或规定投标人需与所在国承包商联合投标等。

3. 议标

也称谈判招标或指定招标。它属于一种非竞争性招标。严格地讲这不算一种招标方式，只是一种“谈判合同”。目前，在国际承包实践中，发包单位已不再仅仅是同一家承包商议标，而是同时与多家承包商进行谈判，最后无任何约束地将合同授给其中一家，无须优先授予报价最低者。适用于工期紧、工程总价较低、专业性强、军事保密工程或国家间的政治工程，有时对专业咨询、设计、指导性服务或专用设备、仪器的采购安装、调试、维修等也采用这种方式。

4. 其他招标方式

国际工程常用的招标方式除了上述三种通用的方式外，有时还采用一些其他的方式。

（1）两阶段招标：这种招标实质是一种无限竞争性招标和有限竞争性招标的结合。第一阶段按公开招标方式进行，经过开标、评标之后，再邀请其中报价较低的或最有资格的 3 ～ 4 家进行第二次报价。

考虑到透明性和知识产权的要求，在第二阶段对招标文件进行修改时，借款人应尊重投标人在第一阶段投标时所提交的关于技术建议书保密性的要求。

这种方式适合于交钥匙合同，某些大型的、复杂的设施，或特殊性质的工程，或复杂的信息和通信技术，要求事先准备好完整的技术规范，不现实的项目。

世行、亚行的采购指南中均允许采用两阶段招标。

（2）多层次招标：指大型项目在招标结束后，中标人即总包商，在征得业主同意的情况下，以招标人的身份将工程的一部分分包给其他专业承包商即二包商，从而形成多层次的招标。在这种情况下，总包商对分包出去的工程仍然承担责任。

20.1.4 国际工程招标程序

国际上一些著名的行业学会，如国际咨询工程师联合会（FIDIC）、英国土木工程师学会（ICE）、美国建筑师学会（AIA）都编制了许多版本的合同条件。适用于不同的工程招投标活动，在世界上许多国家和地区广泛应用。图 20-1 为“FIDIC 合同指南”（2000 年版）中编制并推荐使用的“招标程序”。该流程图主要用于国际工程施工合同的招标，共分为确定项目策略、资格预审、招标和投标、开标、评审投标书及谈判、授予合同六个部分。

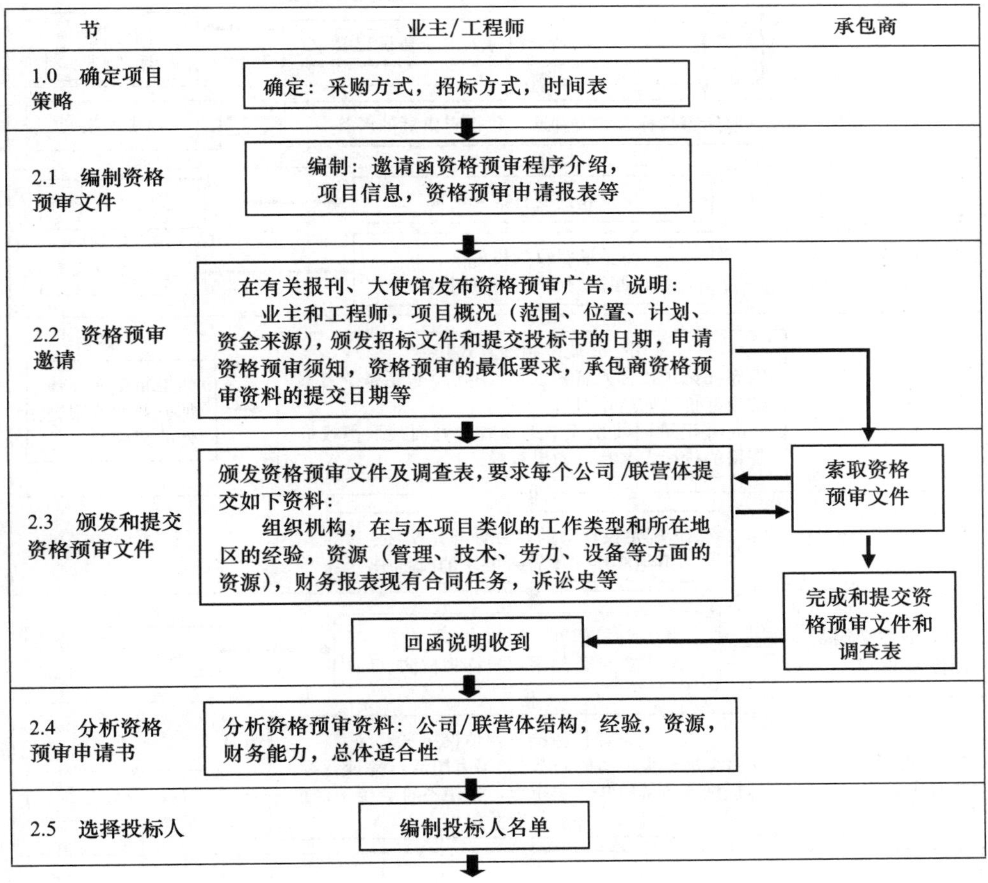

图 20-1 国际工程招标流程图（一）

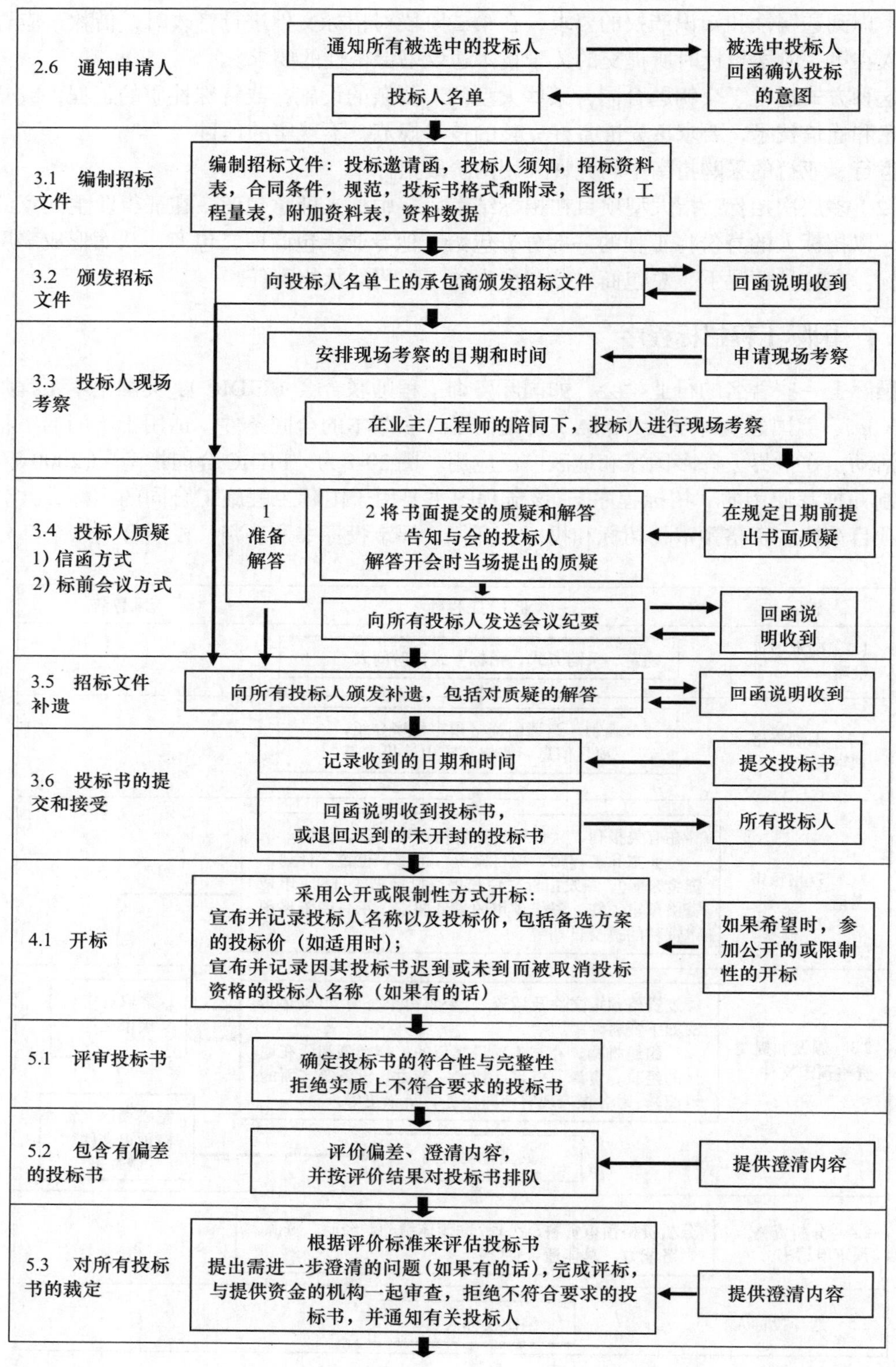

图 20-1　国际工程招标流程图（二）

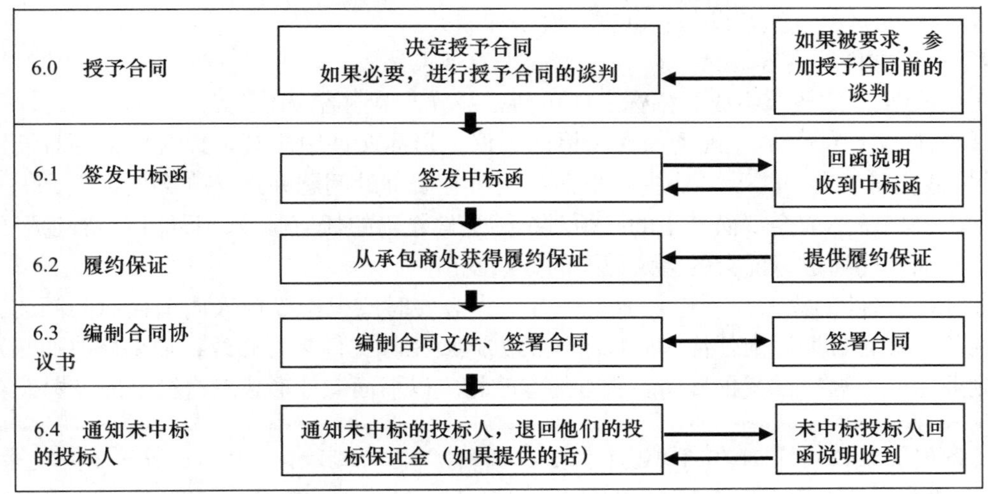

图 20-1 国际工程招标流程图（三）

20.2 世行贷款项目工程采购标准招标文件

世界银行招标采购文件是国际上最通用的、传统管理模式的文件，是高水平的国际工程合同管理文件，也是典型的、权威性的文件，被众多国际多边援助机构尤其是国际工业发展组织和许多金融机构以及一些国家的政府援助机构视为标准模式。

以下简要介绍“世行标准采购招标文件”（2007 版，简称 SBDW）的特点和内容。

20.2.1 SBDW 的规定和特点

1. SBDW 在全部或部分世行贷款超过 1000 万美元的项目中必须强制性使用。

2. SBDW 中的“投标人须知”和合同条件第一部分的“通用合同条件”对任何工程都是不变的，如要修改可放在“招标资料”和“专业合同条款”中。

3. 使用本文件的所有较重要的工程均应进行资格预审，经世行同意可进行资格后审。

4. 对超过 5000 万美金的合同需强制采用三人争端审议委员会（DRB）的方法而不宜由工程师来充当准司法的角色。

5. 本招标文件适用于单价合同。

20.2.2 SBDW 的组成

1. 第一部分：招标程序

（1）投标人须知：主要是告知投标人投标时有关注意事项，招标文件中这一部分内容和文字不准改动，如需改动可在“招标资料表”中改动。其具体内容如下。

1）总则

① 招标范围；

② 资金来源；

③ 欺诈与腐败；

④ 合格投标人；

⑤ 合格的材料、生产设备、供货、设备和服务。

2）招标文件的内容

① 招标文件的各节组成。招标文件包括三部分九节内容及附件。

② 招标文件的澄清、现场考察和标前会议。招标文件中应规定提交质询的日期限制（如投标截止日期前 21 天）。业主将书面答复所有质询的问题并送交全部投标人，但不说明提问人。由于标前会议而产生的必须对招标文件作出的任何修改，只能以“补遗”的方式发出，而不能通过标前会的会议纪要的方式发出。

③ 招标文件的修改。不论是业主一方认为必要时或根据投标人质询提出的问题，均可以在投标截止日期以前任何时间以补遗的方式对招标文件进行修改，如果修改通知发出太晚则业主应推迟投标截止日期。所有的修改均应以书面文件形式发送给全部投标人。

【案例】某公司于 2010 年 12 月参与 G 国的项目工程投标，做标前曾派出一支考察队赴现场考察。由于当时正值 G 国的旱季，地面干燥，土质坚硬，通往工地的要道显得宽敞结实，因而该公司在报价时丝毫没有考虑到交通会给工程施工造成不利影响。2011 年 5 月，该公司中标签约后开始施工，恰逢雨期，整个工作区及工地入口处一片泥泞，施工设备无法进入作业区，该公司只好先修路，致使工程费用成倍增加，工期延误。

针对这种情况承包商是否可以索赔？

3）投标文件的准备

① 投标费用。

② 投标文件语言。

③ 组成投标文件的文件：投标函及其附件，投标保证，完成的所要求的资料表及标价的工程量表；有关资格证；以及按“投标人须知”所要求提供的其他各类文件。

④ 投标函和资料表：应该依照“投标书格式”提供的表格进行编制，投标人不能对其进行修改和变动，否则将不被接受，并应按照要求填写所有的空格。

⑤ 备选方案投标：只有在“招标资料表”中规定可以提交备选方案，承包商才能在投标时提交备选方案。投标人必须首先按照业主招标文件中的设计和其他要求递交投标报价，然后再提备选方案的建议。

⑥ 投标报价和折扣：投标人应仔细填写工程量表中工程全部的有关单价和价格。如果忽视填写某些子项的单价或价格，则在合同实施时业主可以不对此子项支付。

投标人可提出其投标报价中标时的价格折扣额（也可不提），这样即可按打折扣的价格参与评标。但如果中标时，则必须以投标时许诺的折扣后的价格作为签订合同的价格。

【案例】供应商为某设备提交的投标完全符合招标文件的技术规定。招标文件规定的投标有效期为 90 天。然而，该投标人提出，如果中标决定在开标后 60 天内做出，还可以给予投标报价 3% 的折扣。借款人因此加速在 30 天内就完成了评标，计算该投标人的评标价时考虑了 3% 的折扣，则该投标人为最低评标价，借款人认为，既然评标是在 60 天内完成的，当然评标时应该考虑这个折扣。

请问你对此有何评论？招标人的意见是正确的吗？

⑦ 投标和支付的货币。

⑧ 技术建设书的组成文件。

⑨ 投标人资格的证明文件。

⑩ 投标有效期：投标有效期是从投标截止日期起到公布中标日为止的一段时间，具体天数规定在“招标资料表”中，按照国际惯例，一般为 90 ～ 120 天。如投标文件中要求将业主规定的投标有效期缩短，将被视为非实质性响应招标而被业主拒绝。

如果投标有效期的延长超过 56 天时，对中标人的合同价格按如下规定调整：

a. 当合同价格为固定总价合同时，则业主应在“招标资料表”中规定一个合同价格调价系数。合同价应该按照调整系数进行调整；

b. 当合同价格为可调整价格合同时，为了确定合同价格，投标价格中的固定部分应根据“招标资料表”规定的系数进行调整。

但评标仍以投标价为依据，不考虑上述的修正。

⑪ 投标保证。

投标保证的有效期为投标有效期（或加上延长期）后的 28 天内。

投标保证的金额通常为投标总额的 1% ～ 3%。

在世行 SBDW2007 版中，还增加了投标人可采用的另一种方式，提供“投标保证声明”。采用此种方式，实际上是用承包商的诚信资格作为投标保证。

⑫ 投标文件的格式和签署：

正本和副本均应使用不能擦去的墨水打印或书写，签署授权的每一位成员的名字和职位必须打印或者印刷在签名下面。正本、副本的每一页均应由投标人的正式授权人签署确认。授权证书应一并递交业主。

【案例】某国际公司参加世行贷款城市污水项目的竞标，在招标文件中明确规定，投标商必须在其完成的投标文件上逐页小签。该公司在完成投标文件后，只在投标报价信上由该公司法人代表人签署，其他投标文件重要组成部分，如工程量表 BOQ 分项报价表、技术参数表等均未小签。评标结果，该公司标书未被通过商务审查，原因之一就是投标文件无逐页小签。

4）投标文件的递交和开标

① 投标文件的密封和印记。

② 投标截止日期：投标文件应在“招标资料表”规定的截止日期和时刻前提交。

③ 迟到的投标文件：在规定的投标截止日期之后递交的任何投标文件，将被拒绝并原封不动地退还投标人。

④ 投标文件的撤销、替代和修改。可以通过书面形式向业主提出修改或撤销已提交的投标文件，任何替代或撤销的投标文件应在内、外信封上注明“修改”“替代”和“撤销”字释。在投标截止日到投标有效期终止日期间，投标人不得撤销或修改投标文件。

⑤ 开标：业主将按照“招标资料表”中规定的时间和地点举行开标会议，在投标人代表在场情况下公开开标。如果使用电子投标，开标程序应按照“招标资料表”中的规定。

5）投标文件的评审和比较

① 保密。

② 投标文件的澄清：在必要时，业主有权邀请任一投标人澄清其投标文件，澄清时不得修改投标文件及价格，对要求澄清的问题及其答复均应用书面公函或电报、电传形式进行。

如果投标人不能在评标委员会规定的澄清时间内对其投标文件进行澄清，该投标文件将被拒绝。

③ 偏差，保留和遗漏："偏差"是指与招标文件的要求偏离；"保留"是指设定限制条件或者拒绝完全接受招标文件中规定的要求；"遗漏"是指未能按照招标文件的要求提交所有资料或者文件。

④ 响应性的裁定：在评标之前，业主将首先裁定每份投标文件是否完全符合招标文件要求，包括是否符合世行合格性标准，是否按要求签署，是否提交了投标保函及要求的各种文件以及是否对招标文件实质上响应，并且对招标文件不能有实质性的偏差、保留和遗漏。

⑤ 非实质性的不符合：当投标文件实质性响应时，对于未构成重大偏差、保留和遗漏的投标文件，业主可以认为该投标文件符合要求。

⑥ 计算错误的修正：对于符合招标文件要求而且有竞争力的投标，业主将对其计算和累加方面是否有数字错误进行审核或修改。其中：如数字金额与文字表示的金额不符，则以文字表示的金额为准；如单价乘工程量之和不等于总价时，一般以单价乘工程量之和为准；除非业主认为明显的是由价格小数点定位错误造成的，则以总价为准；如每页小计之和不等于总价时，以每页小计之和为准。

⑦ 折算成一种货币：为了方便评标和比较，投标货币应该按照"招标资料表"中的规定换算成单一货币。

⑧ 优惠差额："优惠差额"是指在评标时给予某国承包商或者由某国承包商参加的联营体一个优惠的评标差价，但签合同时仍然按照投标价签订。

⑨ 投标文件的评审：

评审投标文件时，应考虑以下因素：a. 投标报价，在工程量表总计中，扣除暂定金额和不可预见费（如果有），但应包括具有竞争性标价的计日工；b. 修正计算错误对报价所做的调整；c. 按折扣对报价所作的调整；d. 将前述三项因素中的金额换算成同一种货币；e. 对不符合处的调整；f. "评标和资格标准"中标明的评标因素。

评标时不考虑价格调整对条款的预期影响。

如果雇主认为，最低标价的投标是严重地不平衡报价，可要求投标人对工程量表中个别的或全部的子项目做出详细的价格分析，以证明该报价和其建议的施工方法和计划之间是一致的。

⑩ 投标文件的比较：业主比较所有实质响应招标文件要求的投标文件，来确定最低评标价的投标文件。

⑪ 投标人的资格：投标人满足"评标和资格标准"中的要求是授予合同的前提条件。

⑫ 业主有接受任一投标和拒绝任何或所有投标的权利。

【案例】以 ICB 方式招标采购 400000 个铁轨紧固件。通过世行前审的招标文件要求投标人或报一个固定总价，或报一个可调价的报价，调价公式由投标人自行提出。两个最低标，一个是英国供货商，以英镑报的固定总价；一个是德国供货商，以欧元报价，初始报价比英国供货商低 5%，但带有一个调价公式。借款人想授标给英国供货商，认为它更有吸引力。

借款人应如何做出中标决定？

6）授予合同

① 合同授予标准：业主将把合同授予评标价最低且又实质上响应招标文件要求的投标人，但前提条件是该投标人必须能够满意地履行合同所规定的义务。

② 授予合同的通知：在投标有效期期满之前，业主应该以书面形式通知中标人，中标函中应明确合同价格；同时业主还应在"联合国发展商报"或"发展门户网站"上公布。

③ 签订合同：业主向中标人寄发中标函的同时，也应寄去招标文件中所提供的合同协议书格式。中标人应在收到上述文件后在规定时间（如 28 天）内派出全权代表与业主签署合同协议书。

④ 履约保证：中标人在收到中标函后的 28 天内应向业主提交一份履约保证。如果中标人未能按业主的规定提交履约保证，则业主有权取消其中标资格，没收其投标保证金，而考虑与另一投标人签订合同或重新招标。

（2）招标资料表

招标资料表将由业主方在发售招标文件之前对应投标人须知中有关各条进行编写，为投标人提供具体资料、数据、要求和规定。

投标人须知的文字和规定不允许修改，针对具体的项目只能在招标资料表中进行补充和修改。但两者不一致时，应以招标资料表为准。

（3）评标和资格标准

评标：按照前述投标人须知中的规定。

资格：投标人满足资格预审的标准。

在进行资格预审后，投标人应该提供投标书格式中所要求的信息。没有资格预审时，资格审查应包含：合格性；不履行合同的历史；财务状况；经验；人员；设备。

（4）投标书格式

投标函：是业主在招标文件中为投标人拟定好统一固定格式的、以投标人名义写给业主的一封信。

投标书附录：是一个十分重要的合同文件，业主对承包商的许多要求和规定都列在此附录中。世行 SBDW2007 版中投标书附录主要由投标人填写，并附在投标函之后，在投标时递交给业主。

工程量表：对合同规定实施的工程的全部项目和内容按工程部位、性质或工序列在一系列的表内，用于投标人按表中各子项进行报价，并汇总工程的投标报价。工程量表一般包括前言、工作项目、计日工表和汇总表。

技术建议书：由现场组织、方法说明、动员计划、施工计划、设备、人员及其他部分组成，是依据项目自身特点编制的。

投标保证格式：SBDW 中附有的投标保证格式为银行保函。

（5）合格国家

借款人和投标人应该知道，对于《世行采购指南》所列出的排外情况的相关国家的货物和服务不得参与投标。

2. 第二部分：工程要求

工程要求主要包括：工程的范围、规范、图纸、补充的资料。

工程的范围：是对招标文件要求承包商工作的范围和内容的具体描述，此外还应说明承包商实施的具体工作内容：如：设计、施工、设备采购、安装、调试及其他工作。

规范：每一类工程都有专门的技术要求，而每一个项目又有其特定的技术规定。技术规范是招标文件中非常重要的组成部分，可以分为以下两种：总体规范和技术规范（相当于我国的施工技术规范）。

图纸：图纸是招标文件和合同的重要组成部分，国际招标项目中图纸往往比较简单，仅相当于初步设计。

补充的资料：除上述三个方面之外的其他资料。

3. 第三部分：合同条件和合同格式

（1）合同通用条件

合同条件是合同双方必须遵守的“条件”，是合同中商务条款的重要组成部分，也是论述在合同执行过程中，当事人双方的职责范围、权利和义务，监理工程师的职责和授权范围，遇到各类问题时各方应遵守的原则及采取的措施等。

通用合同条件不分具体工程项目，不论项目所在国别均可使用，具有普遍性。

（2）合同专用条件

专用条件是针对某一特定工程项目的有关具体规定，是对通用条件的修改和补充。

（3）专用条件附录—合同格式

授予合同通知：即中标函。

协议书：投标人接到中标函后应及时与业主谈判，并随后签署协议书。

履约保证：是承包商向业主提出的保证认真履行合同的一种经济担保，一般有两种形式：银行保函（有条件和无条件）和履约担保。履约保函金额为合同总价的 10%，履约担保金额则为合同总价的 30%。

预付款保函：承包人要求银行向业主（发包人）出具的保证业主所支付的工程预付款用于实施项目的一种信用函件。

保留金保函：如承包商需要业主支付全额而不扣预留金时，应提交银行开立的保留金保函，保证在工程保用期满时，如果收到业主关于工程有缺陷的书面通知时，银行负责归还预留金。

【案例】国际工程投标对于投标保函格式要求严格，投标商在向银行申请开列时，不得更改。在招标文件附件中投标保函格式样本必须完全按照上述投标保函格式开具银行保函。某中国建筑承包商在世界银行贷款项目投标时，某中国银行按以前的项目通用格式开具了银行保函，虽然其他条件均符合要求，但是格式有更改，最后导致了废标。

20. 3 FIDIC 1999 版合同条件

20. 3. 1 FIDIC 简介

FIDIC是国际咨询工程师联合会（FEDERATION INTERNATIONALE DES INGENIEURS-CONSEILS）法文的缩写，中文译作“菲迪克”，英文翻译为: International Federation of Consulting Engineers。

FIDIC 成立于 1913 年，是一个非官方机构。其宗旨是：通过编制高水平的标准文件，召开研讨会，传播工程信息，从而推动全球工程咨询行业的发展。我国在 1996 年正式加入。

FIDIC 的权威性主要体现在其高质量的工程合同范本上，世界银行、亚洲开发银行、非洲开发银行等国际金融机构的贷款项目指定使用 FIDIC 的合同范本，并被国际工程界广泛采纳。

对于 FIDIC 合同的应用主要包括三种形式: 1. 直接采用，国际金融组织贷款项目等; 2. 部分采用，总包、分包合同; 3. 修改采用，内容体系大同小异的各国合同条件。

20. 3. 2 FIDIC 合同条件的适用条件

2017 年 12 月 5 日～ 6 日，FIDIC 在伦敦正式发布 2017 年第二版 FIDIC 合同系列文件。历经 18 年的运用，FIDIC 对 1999 版新彩虹版合同条件进行了大幅修订，合同文本的字数从 1999 版的 30400 增加到 50000 多字；条款也从 1999 版的 167 款增加到 174 款。2017 年第二版合同将 1999 版合同的第 20 条进行拆分，形成了第 20 条［业主和承包商索赔］和第 21 条［争议和仲裁］，打破了 1999 版 FIDIC 合同 20 条的体例安排。

1. 土木工程施工合同条件的适用条件

适用工程范围广泛，业主负责全部或大部分设计工作，施工单位主要完成施工工作；由工程师来监理施工和签发支付证书；按工程量表中的单价来支付完成的工程量（即单价合同）；业主和承包商的风险分担均衡。

2. 工程设备和设计建造合同条件的适用条件

适用于机电设备项目、其他基础设施项目以及其他类型的项目，承包商负责设计、施工提供生产设备；实行总价合同，在个别情况下也可能采用单价支付；工程师来监督设备的制造和安装以及工程的施工，签发支付证书；业主和承包商的风险分担均衡，单设计风险由承包商承担。

3. EPC 交钥匙合同条件的适用条件

适用于承包商以交钥匙方式承包的项目；实行固定总价不变的交钥匙合同，并按里程碑方式支付；业主或业主代表直接管理项目实施过程，采用较宽松的管理方式，但严格竣工检验和竣工后检验，以保证完工项目的质量；项目风险大部分由承包商承担，因此，投标时风险费高，但业主愿意为此多付出一定的费用。

4. 简明合同格式的适用条件

适用于施工合同金额较小（如低于 50 万美元）、施工工期较短（如少于 6 个月）的小型项目；合同可以是单价合同也可以是总价合同或成本加酬金合同，在编制具体合同时，可以在协议书中给出具体规定；设计工作既可以是业主负责，也可以是承包商负责；业主和承包商的风险相对均衡，列出了业主应承担的 16 种风险。

20.3.3　FIDIC 合同和建设工程合同示范文本的不同

我国的建设工程合同示范文本是借鉴了 FIDIC 红皮书而进行编制的，这里仅就 FIDIC 红皮书和示范文本做一比较。

1. 条款框架对比

从框架来看，两者都包含了 20 个主题条款，其中一般规定，业主（发包人），工程师（监理人），承包商（承包人），生产设备、材料和工艺（材料与设备），竣工检验（验收和工程试车），缺陷责任（缺陷责任与保修），变更与调整（变更、价格调整），合同价格与支付（合同价格、计量与支付），保险，不可抗力，索赔、争议和仲裁（索赔，争议解决）这些主题条款两者基本是相同的。FIDIC 有指定分包商，职员与劳工，业主提出终止，承包商提出暂停和终止，风险与责任，示范文本则没有；示范文本有工程质量，安全文明施工与环境保护，工期和进度，违约，FIDIC 合同没有。两者既有相同也有所不同，但整体的框架编排都是为了更好的依据合同进行管理。只是示范文本更加强调的是项目“三控”（投资、质量、进度），单独作为框架列出来，FIDIC 则将其相关的规定融入相关的条款中。

2. 宏观方面对比

（1）监理工程师的权限不同

监理工程师是施工过程中的重要管理者，在 FIDIC 中工程师拥有很多的控制权和指示权，以及下达命令的权利。如：变更必须经过工程师指示或批准才可以执行；而在我国监理人发出变更指示前应征得发包人同意；工程师可以直接向承包商发出开工日期的通知；工程师有分包决定权，而我国的分包决定权在业主。

（2）特色不同

FIDIC 红皮书作为国际惯例，更强调其通用性，示范文本是对 FIDIC 红皮书的改进，更具中国特色。FIDIC 中指出承包商应为其所需要的专用和（或）临时道路包括进场道路的通行权承担全部费用和开支；示范文本中，发包人要为取得因施工所需修建道路、桥梁以及其他基础设施承担相关手续费用和建设费用。

示范文本中明确发包人应该办理相关的手续；而 FIDIC 在这方面只字未提，因为 FIDIC 只能讲通用的、与合同有关的，各个国家法律规定不同，因此没有具体列出。

（3）计价方式不同

FIDIC 的计价方式是单价合同，而示范文本规定发可采用固定价格合同、可调价格合同、成本加酬金合同三种计价方式。

（4）对合同价格支付方式规定不同

FIDIC 对工程各阶段付款做了具体规定，如第 14.2 条预付款保函的提交、预付款开始抵扣的时间、扣除方式、扣除比例等。而示范文本对工程预付款、工程量确认都做了规定，但没有具体的抵扣方式、计算方法。

（5）操作程序规定不同

在竣工时间上，示范文本明确规定验收合格的话，提请竣工验收的时间即为工程的实际竣工日期，而 FIDIC 却没有详细的日期规定，这样在操作性上就要稍差一点。

在质量保证金方面，示范文本明确规定：经合同当事人协商一致扣留质量保证金的，应在专用合同条款中予以明确。在工程项目竣工前，承包人已经提供履约担保的，发包人不得同时预留工程质量保证金。这样就可以减轻承包商的负担，而这个问题 FIDIC 一直没有明确的约定。另外，在索赔程序上，二者也有所不同。

【案例】工程暂停引起的索赔

某公路工程在一座桥梁引桥路堤施工到最高点时，其中一个桥台的桩柱出现裂痕，该裂痕是基底土沉陷所致。监理工程师于 4 月 1 日下令暂停有关工程。

4 月 15 日监理工程师又下令附近一座桥梁暂停施工，因为该桥可能会遇到同样的问题。上述两座桥梁的桥台已经建成，而预应力大梁亦准备妥当，随时可以开始安装。监理工程师应承包商的要求于 4 月 20 日撤销大梁吊装的指令。于 5 月 30 日重新开始土方工程，并指示将上述两座桥的引桥路基加上辅助桩，作为变更工程，价格由监理工程师与承包商议定。

承包商索赔：5 月 10 日，承包商提出索赔意向通知，就上述两项暂停指令要求补偿额外费用。索赔数额是中断工程期间的机械闲置费、雇人看管的费用、吊装小组的窝工费用、在没有引桥路堤的条件下架设所需要的附加拖架设备所需费用。

思考：承包商提出的索赔要求是否合理？

20.4 NEC 合同

20.4.1 ICE 简介

英国土木工程师协会（Institution of Civil Engineers，简称ICE）于1818年在英国成立，是一个专业学会，非盈利学术组织，成员是个体土木工程师。会员分布在一百多个国家，约 8 万人。

ICE 于 1956 年出版了 ICE 合同第四版，在英国及其海外工程项目上广为使用，导致以 ICE 合同第四版为蓝本的 FIDIC 合同的第一版于 1957 年出版，成为适用于全世界的土木工程的施工合同。随后几乎每隔十年进行一次修订。1977 年 FIDIC 合同第三版是以 ICE 合同第五版为蓝本修订的。

1991 年，ICE 发表了 NEC 咨询版本，1993 年正式颁布；第 2 版 NEC 合同命名为 ECC 并形成了完整的合同系列，包括适用于小型项目的简明合同；第 3 版在 2005 年出版，被称为 NEC3，其最显著的特点是引入了伙伴关系的概念。

20.4.2 NEC 合同范本的特点

1. 最新的 NEC 合同范本（NEC3）得到了英国政府商务部的推荐和支持，其包含了六大类文件：

（1）工程施工合同（ECC）：适用于所有工程领域的工程施工，代表了 NEC 合同范本的核心思想。

（2）专业服务合同（PSC）：用于聘用专业咨询人员、项目经理、设计师、监理等专业技术人员或机构。

（3）工程施工简要合同（ECSC）：适用于结构简单，风险较低，对项目管理要求不太苛刻的工程项目。

（4）评判人合同（AJC）：业主和聘用的评判人之间的合同。

（5）定期合同（TSC）：用于采购有固定期限的服务。

（6）框架合同（FC）：用于在业主和承包商之间在完全确定项目内容之前建立一种工作关系。

2. 与传统的 ICE 合同相比，其主要特点如下：

（1）强调伙伴关系理念：NEC 合同强调合同双方的合作，强调各自的管理工作，鼓励开展良好的管理实践以减少或避免争端，使合同参与各方均受益。

（2）灵活性：NEC 合同适用于所有工程领域，承包商可以承担全部、部分或不承担设计任务，工程分包的比例可以从 0 ～ 100%，其法律适用性也可以适用于英国以外的国家。

（3）简洁性：语言容易理解，把法律术语的使用减少到最低水平，无须任何法律知识培训就能理解；合同的起草更为严密，更能减少争端的产生；更清晰的合同指南，方便使用。

（4）提高工程管理效率：明确提出早期警告程序，建立补偿事件机制，明确规定各方面要合作，不合作要受罚。

20. 4. 3　NEC 合同的核心条款和各种选项

NEC 合同的核心是 ECC 合同，ECC 主要包含了九个核心条款，六个主要选项条款和 18 项次要选项条款。

1. 核心条款：是一般工程合同类型共有的条款。具体包括：（1）总则；（2）承包商的主要责任；（3）工期；（4）测试和缺陷；（5）付款；（6）补偿事件；（7）所有权；（8）风险与保险；（9）争端和合同终止。

2. 主要选项：

（1）有分项工作量表的标价合同—属总价包干合同。分项工作量表是一种由承包商编制的，表明其实施过程中所要进行的工作的清单。业主可规定分项工作量表的格式。每一分项工作按包干价标价。这就是在承包商完成该分项工作时应得的分项价款金额。这些包干价的总和就是在承包商完成全部工程时应得的工程价款总额。在对每项工作标价时，承包商必须对工作量和资源的计算，以及风险的估算负全部责任。

（2）有工程量清单（即 BOQ 单）的标价合同（适用于采用综合单价计量承包）。工程量清单，由业主根据某一计量方法规定的详细规则编制。这种计量方法往往是一种标准的正式公布的文件，指明了要包括的项目、每一项目单价所包含的内容以及工程量的计算方法。

（3）有分项工作量表的目标合同。

适用于拟建工程范围在订立合同时还没有完全界定或预测风险较大的情况。承包商使用分项工作量表报出工作的目标价格（即合同价），并就承包商管理费和利润以费率的形式报出间接费。

它是固定总价合同和成本加酬金合同的结合和改进形式。在这些项目中承包商在项目可行性研究阶段，甚至在目标设计阶段就介入工程，并以全包的形式承包工程。

（4）有工程量清单的目标合同。

把成本超支和节余的风险在业主和承包商之间分摊。除了目标价格通过工程量清单而不是分项工程表确定外，在合同期内，应考虑工程量的改变，也应考虑补偿事件的处理结果来调整目标价格。

（5）成本补偿合同：

工程成本部分实报实销，按合同约定的工程成本的百分比值作为承包商的收入，按实际成本减去拒付费用加上间接费向承包商付款，在合同签订时只能确定酬金的比率。在这类合同中，承包商不承担任何风险，而业主承担了全部工作量和价格风险。适用于工程范围的界定尚不明确，甚至以目标合同为基础也不够充分，而且又要求尽早动工的情况。

（6）管理合同。

这种合同的所有施工工程均由分包商完成，而承包商管理分包工程的采购和分包工程的实施。承包商报价仅报工程间接费（管理费），合同总价为已认可的实际成本加间接费。若承包商直接参与施工，将部分承包任务分包，则不属于管理合同。

以上六个选项包含四种合同定价模式：标价合同，目标合同，成本补偿合同以及管理合同。标价合同适用于项目范围已经有明确的定义的项目。目标合同也需要有明确定义的项目范围，承包商的投标将成为合同的目标成本，如果发生费用超支或节约，业主和承包商需要按照合同事先约定进行分摊。

3. 次要选项条款：

业主在招标时可根据工程的特点、工程要求和计价方式做出选择，也可不选。NEC3 的 18 个次要选项为：通货膨胀引起的调价，法律的变化，多种货币，母公司担保，区段竣工，提前竣工奖金，误期损害赔偿费，“伙伴关系”协议，履约保证，支付承包商预付款，承包商对其设计所承担的责任限于运用合理的技术和精心设计，保留金，功能欠佳赔偿费，有限责任，关键绩效指标（含三条），争议的解决。

20.5 AIA 合同

20.5.1 AIA 简介

美国建筑师学会（AIA）成立于 1857 年，是重要的建筑师专业组织，致力于提高建筑师的专业水平。AIA 出版的系列合同文件在美国建筑业界及国际工程承包界，特别在美洲地区具有较高的权威性，应用广泛。

20.5.2 AIA 系列合同范本

2007 年 AIA 对其系列合同范本进行了大规模的修订，很多文件无论从编号到内容都有较大的变化，修订后的范文大致可以分为：A、B、C、D、E、G 六个系列。

A 系列，关于业主与承包人之间的合同文件；

B 系列，关于业主与建筑师之间的合同文件；

C 系列，关于建筑师与提供专业服务的咨询机构之间的合同文件；

D 系列，建筑师行业有关文件；

E 系列，电子文件协议附件；

G 系列，合同和办公管理中使用的文件；

AIA 系列合同条件主要用于私营的房屋建筑工程，该合同条件下确定了三种主要的工程项目管理模式，即：传统模式、设计—建造模式和 CM 模式。计价方式主要有总价合同，成本补偿合同（有最高限价和无最高限价）。

1. 传统模式

AIA 合同范本中最基本的组合形式是配合使用 A201—2007 施工合同通用条件与 A201—2007 业主与承包商协议书标准格式，适用于在传统模式下以固定总价方式支付的情况，如表 20-1 所示。由于工程项目的具体情况不同，多数工程项目都需要使用专用条件来补充修改 A201 的标准规定。

2007 年 AIA 对业主—建筑师协议书标准格式的基本用法作了较大的改动。主要的变化是调整了协议书条款与建筑师服务范围之间的配合关系。业主与建筑师双方也可以就支付方式和服务范围另外签订协议。

如果项目规模较大或者比较复杂，业主则应使用 B103—2007 与建筑师签订协议书。此外，AIA 还为住宅和小规模项目以及有限范围的项目专门制定了专用版本的协议书标准格式。

AIA 合同范本组合关系：传统模式　　　　表 20-1

<table>
<tr><th>项目类型</th><th>业主与承包商协议书</th><th>业主与建筑师协议书</th><th>核心文件</th><th>建筑师与咨询机构协议书</th><th>承包商与分包商协议书</th></tr>
<tr><td>普通工程—总价合同</td><td>A101</td><td rowspan="2">B101，或 B102 加 B200 系列，或 B103</td><td rowspan="2">A201 以及 A503</td><td rowspan="4">C401</td><td rowspan="4">A401</td></tr>
<tr><td>普通工程—成本补偿合同</td><td>A102，A103</td></tr>
<tr><td>住宅与小型项目专业</td><td>A105</td><td>B105</td><td rowspan="2">包含于业主与承包商协议书中</td></tr>
<tr><td>限定范围工程—总价合同</td><td>A107</td><td>B104</td></tr>
</table>

2. CM 模式

CM 模式一般分为代理型和风险型两类，如表 20-2 所示。

代理型 CM 经理与业主之间签订的协议书标准格式为 B801 CMa—1992。该文件必须和业主与建筑师的协议书（B141 CMa—1993）配合使用。CM 经理与业主之间签订的不是施工合同。业主需另外与承包商签订 A101 CMa—1992 业主与承包商的协议书。工程造价则需要通过招标或谈判方式确定。

风险型 CM 经理在工程项目建设中的角色更接近于传统意义上的承包商。风险型 CM 经理既在项目设计及策划阶段提供专业服务也负责具体施工。如果业主需要在施工合同中规定最好限定价格，则应与 CM 经理签订 A121 CMc—2003。业主为了能够直接监控工程成本，也可采用成本补偿而非保证最高价格的方法与 CM 经理协议书 A131 CMc—2003。

AIA 合同范本组合关系：CM 模式 **表 20-2**

CM 经理模式	使用状况	业主与承包商协议书	业主与建筑师协议书	业主与 CM 经理协议书	核心文件
代理型	CM 经理为独立一方	A101 CMa	B141 CMa	B801 CMa	A201 CMa 以及 A511 CMa
	建筑师兼任 CM 经理	A101（总价）或 A111（成本补偿）	B141 及 B144 Arch-CMa	建筑师兼任 CM 经理	
风险型	最大价格保证	A121 CMc	B151（1997 版）及 B511（2001 版）	CM 经理即承包商	A201（1997 版）
	成本补偿合同无最大价格保证	A131CMc			

3. 设计—建造模式

AIA 设计—建造全套文本的核心部分是业主与设计—建造承包商协议书之间的协议，A141。该文件包括协议书和三个主要组成部分。

（1）合同条件，相当于传统模式中的 A201，因此不需与 A201 配合使用。

（2）确定工程费用的方法。当双方约定采用固定总价的时候，则不使用该部分。

（3）保险和担保，规定了保险和担保所应涵盖的内容。

协议中还要求各方从以下三种定价方式中选定一种：固定总价，成本，补偿加设计—建造承包商的佣金，以及成本补偿加设计—建造承包商的佣金并有保证最高价格。

4. 集成化项目管理合同范本

集成化项目管理（Integrated Project Delivery，IPD）是 AIA 在 2007 年提出的一个新概念，要求项目参与各方竭诚合作，努力为业主提供最大价值，减少浪费，在项目建设的全过程中最大限度的提高效率。集成化项目管理的原则适用于各种工程项目管理模式，而不仅限于传统模式里的业主、建筑师和承包商之间的三角关系。作为一个过渡措施，各方之间可以使用一系列与目前合同体系类似的协议书来确定各方之间的关系。

5. 特殊用途的合同范本

AIA 为了方便美国建筑师在海外市场开展业务，发布了一个专用的业主—建筑师协议书标准格式，称为 B161—2002 业主与咨询机构协议书标准格式。通常由于专业注册与当地法律规定等原因，美国建筑师在海外市场仅可为工程设计提供咨询服务。该文件用于规范与澄清项目各方之间的基本关系以及各方的权利与义务。在美国，室内设计、家具、装修及设备设计也是在建筑师的相关业务范畴之内。

20.5.3 A201 文件

AIA 系列合同中的文件 A201，即土木工程施工合同通用条件，类似于 FIDIC 的土木工程施工合同条件，是 AIA 系列合同中的核心文件。由于篇幅有限，其结构在这里就不做详细介绍，如需了解请参阅原文。

复习思考题

1. 世行贷款项目招标程序与我国工程施工招标程序有哪些不同之处?
2. 请查阅相关资料，分析 FIDIC、NEC、AIA 等合同文件之间有何区别?

参 考 文 献

[1] 高等学校工程管理和工程造价学科专业指导委员会编制．高等学校工程管理本科指导性专业规范[M]．北京：中国建筑工业出版社，2015.05.

[2] 高等学校工程管理和工程造价学科专业指导委员会编著．高等学校工程造价本科指导性专业规范2015年版[M]．北京：中国建筑工业出版社，2015.11.

[3] 全国人大常委会法制工作委员会编．中华人民共和国合同法释义[M]．北京：法律出版社，2012.12.

[4] 全国人大常委会法制工作委员会民法室编著；孙礼海主编．中华人民共和国担保法释义[M]．北京：法律出版社，1995.08.

[5] 全国人大常委会法工委编．中华人民共和国物权法释义[M]．北京：法律出版社，2007.03.

[6] 江平主编．民法学[M]．北京：中国政法大学出版社，2011.04.

[7] 余卫明主编．高等院校法学专业核心课程规划教材 中南大学本科精品课程教材 民法学 第2版[M]．长沙：中南大学出版社，2013.02.

[8] 刘晓霞主编．民法学[M]．北京：法律出版社，2014.03.

[9] 韩松编著．民法分论 第2版[M]．北京：中国政法大学出版社，2013.11.

[10] 兰花主编．合同法案例[M]．太原：山西教育出版社，2004.07.

[11] 程翔，房燕主编．担保理论与实务[M]．北京：北京邮电大学出版社，2014.08.

[12]（日）反町胜夫主编；（日本）LEC·东京法思株式会社编著．合同·担保管理精要[M]．上海：复旦大学出版社，1999.

[13] 何佰洲．工程合同法律制度[M]．北京：中国建筑工业出版社，2008.09.

[14] 全国人大法工委研究室编著．中华人民共和国招标投标法释义[M]．北京：人民法院出版社，1999.

[15] 国家发改委法规司等编著．中华人民共和国招标投标法实施条例释义[M]．北京：中国计划出版社，2012.06.

[16] 扈纪华等著．中华人民共和国政府采购法释义[M]．北京：中国法制出版社，2002.07.

[17] 财政部国库司编著．《中华人民共和国政府采购法实施条例》释义[M]．北京：中国财政经济出版社，2015.06.

[18]《标准文件》编制组编．中华人民共和国标准施工招标文件2007年版[M]．北京:中国计划出版社，2007.11.

[19]《标准文件》编制组编．中华人民共和国标准施工招标资格预审文件2007年版[M]．北京：中国计划出版社，2007.11.

[20] 本书编写组编著．中华人民共和国2007年版标准施工招标资格预审文件使用指南[M]．北京：中国计划出版社，2008.04.

[21]《标准文件》编制组编写．中华人民共和国简明标准施工招标文件2012年版[M]．北京：中国计划出版社，2012.04.

[22]《标准文件》编制组编写．中华人民共和国标准设计施工总承包招标文件[M]．北京：中国计划出版社，2012.04.

[23] 国家发展和改革委员会法规司编．中华人民共和国标准勘察招标文件2017年版[M]．北京：机械

工业出版社，2018.01.

[24] 国家发展和改革委员会法规司编．中华人民共和国标准设计招标文件 2017 年版［M］．北京：机械工业出版社，2018.01.

[25] 国家发展和改革委员会法规司编．中华人民共和国标准监理招标文件 2017 年版［M］．北京：机械工业出版社，2018.01.

[26] 国家发展和改革委员会法规司编．中华人民共和国标准设备采购招标文件 2017 年版［M］．北京：机械工业出版社，2018.01.

[27] 国家发展和改革委员会法规司编．中华人民共和国标准材料采购招标文件 2017 年版［M］．北京：机械工业出版社，2018.01.

[28]《房屋建筑和市政工程标准施工招标文件》编制组．中华人民共和国房屋建筑和市政工程标准施工招标文件 2010 年版［M］．北京：中国建筑工业出版社，2010.07.

[29] 铁路建设项目总价承包标准施工招标文件补充文本［M］．北京：中国铁道出版社，2014.05.

[30] 中华人民共和国交通运输部．公路工程标准勘察设计招标文件 2018 年版［M］．北京：人民交通出版社，2018.04.

[31] 中华人民共和国交通运输部．公路工程标准施工监理招标文件 2018 年版［M］．北京：人民交通出版社，2018.03.

[32] 中华人民共和国交通运输部著．公路工程标准施工招标文件　第 1 册　2018 年版［M］．北京：人民交通出版社，2018.01.

[33] 中华人民共和国交通运输部著．公路工程标准施工招标文件　第 2 册　2018 年版［M］．北京：人民交通出版社，2018.01.

[34] 中华人民共和国交通运输部著．公路工程标准施工招标文件　第 3 册　2018 年版［M］．北京：人民交通出版社，2018.01.

[35] 梁鸿颉，姜铁主编．工程招投标原理与实务［M］．长沙：中南大学出版社，2016.08.

[36] 刘树红，王岩主编．建设工程招投标与合同管理［M］．北京：北京理工大学出版社，2017.02.

[37] 朱宏亮，成虎．工程合同管理　第 2 版［M］．北京：中国建筑工业出版社，2018.06.

[38] 李启明．高等学校工程管理专业规划教材建设工程合同管理　第 3 版［M］．北京：中国建筑工业出版社，2018.05.

[39] 李启明主编．土木工程合同管理［M］．南京：东南大学出版社，2015.05.

[40] 何佰洲，刘禹编著．工程建设合同与合同管理　第 4 版［M］．大连：东北财经大学出版社，2014.03.

[41] 刘伊生主编；刘菁副主编．建设工程招投标与合同管理　第 2 版［M］．北京：北京交通大学出版社，2014.07.

[42] 全国一级建造师执业资格考试用书编写委员会编写．2018 全国一级建造师执业资格考试用书　建设工程法规及相关知识［M］．北京：中国建筑工业出版社，2018.04.

[43] 中国建设监理协会编．2018 全国监理工程师培训考试用书　建设工程合同管理［M］．北京：中国建筑工业出版社，2018.02

[44] 全国造价工程师执业资格考试培训教材编审委员会编．2017 年版全国造价工程师执业资格考试培训教材　建设工程造价管理［M］．北京：中国计划出版社，2018.09.

[45] 李启明．面向“新工科”课程教材　国际工程管理　第 2 版［M］．南京：东南大学出版社，2019.05.

[46] 本书编委会著．建设工程施工合同（示范文本）GF—2017—0201 使用指南 2017 版［M］．北京：中国建筑工业出版社，2018.01.

[47] 住房城乡建设部，国家工商行政管理总局编．建设工程设计合同示范文本［M］．北京：中国建筑工业出版社，2016.07.

[48] 住房和城乡建设部，国家工商行政管理总局编．建设工程监理合同示范文本 GF—2012—0202［M］．北京：中国建筑工业出版社，2013.06.